计算机网络精编教程
——原理与实践

李志远　覃　科　朱昌洪　陶晓玲　编著

电子工业出版社

Publishing House of Electronics Industry

北京·BEIJING

内 容 简 介

本书包括"概述""直连网络""网络互连""端到端的通信""互联网应用层协议"共 5 章内容，较为系统全面地介绍了计算机网络的基本原理和基本应用："直连网络"中介绍了数据链路层的相关内容，"网络互连"中介绍了网络层的相关内容，"端到端的通信"中介绍了运输层的相关内容，"互联网应用层协议"中介绍了应用层的相关内容。每章都包含若干实验内容，且在最后附有习题，与其他计算机网络书籍不同，本书中与协议分析相关的主观题居多，而计算题相对较少，需要较多计算题的读者，可以参考由电子工业出版社出版、谢希仁教授编著的《计算机网络释疑与习题解答》一书。

本书需要读者具备初步的 Python 编程经验；当然，具备 C、C++或 Java 编程经验的读者，也能够理解本书中的 Python 程序。无编程经验的读者可以忽略与 Python 相关的实验内容。本书可作为计算机类专业和电气信息类专业的本科生教材，也可作为非计算机类相关专业的研究生教材；对于 IT 行业的从业人员及计算机网络工程的从业人员，本书也具有一定的参考价值。

图书在版编目（CIP）数据

计算机网络精编教程：原理与实践 / 李志远等编著. —北京：电子工业出版社，2024.2
ISBN 978-7-121-47271-8

Ⅰ. ①计… Ⅱ. ①李… Ⅲ. ①计算机网络－高等学校－教材 Ⅳ. ①TP393

中国国家版本馆 CIP 数据核字（2024）第 023514 号

责任编辑：牛晓丽　　　　特约编辑：郑香玉
印　　刷：三河市鑫金马印装有限公司
装　　订：三河市鑫金马印装有限公司
出版发行：电子工业出版社
　　　　　北京市海淀区万寿路 173 信箱　　　　邮编：100036
开　　本：787×1092　1/16　　　　印张：27.75　　字数：710 千字
版　　次：2024 年 2 月第 1 版
印　　次：2024 年 2 月第 1 次印刷
定　　价：79.00 元

凡所购买电子工业出版社图书有缺损问题，请向购买书店调换。若书店售缺，请与本社发行部联系，联系及邮购电话：（010）88254888，88258888。
质量投诉请发邮件至 zlts@phei.com.cn，盗版侵权举报请发邮件至 dbqq@phei.com.cn。
本书咨询联系方式：QQ 9616328。

网络仿真软件是多种多样的，本书采用 GNS3 作为网络仿真软件，学习者也可以选择 ENSP（华为）、Packet Tracer（Cisco）作为网络仿真软件。

3. **安装 Python 编程环境并掌握简单的 Python+Scapy 的编程方法**：Python 是一种简单易学、非常接近人类自然语言的编程语言，但其功能非常强大。编程有助于理解网络协议和分析协议存在的问题。本书实验中给出了 Python 源代码且给出了详细的注释，稍有点英语基础的学习者就能够非常容易地理解程序的含义。如果学习者没有编写程序的基础，习题中的部分程序设计题可以忽略。

4. **内容取舍**：计算机网络涵盖的知识面极为广泛，虽然本书选取了其中重要的内容进行介绍，但是对于不同的学习者，仍可对本书的内容进行取舍，例如，根据学时数，学习者可以忽略通信基础相关的知识、HDLC、BGP、MPLS 及 IPv6 等内容，也可以选择 OSPF 的部分内容进行学习。但是对于 Telnet、FTP 等过时的、一般人不可能使用的网络应用，还是建议学习者了解一下，这有利于学习者了解计算机网络的先驱们分析问题和解决问题的方式和方法。

学习计算机网络是一件充满挑战且具有强大吸引力的事情，它需要学习者不断实践、不断总结，从工程实践管理和程序设计的挫折中找到成功的喜悦。

本书资源

1. **课程思政资源**：习近平总书记指出，"高校立身之本在于立德树人"。高校不仅具有传播真理、传播思想的功能，还应承载落实立德树人的根本任务，以解决思政教育与专业教育"两张皮"的问题。本书提供了计算机网络课程思政的相关资源，以培养学生精益求精的大国工匠精神，同时激发学生科技强国的家国情怀。

扫码查看课程思政资源

2. **计算机网络综合实验教程——协议分析与应用（电子工业出版社，2022 年 2 月）**：该书采用协议应用与分析相结合的方式，帮助读者理解和掌握计算机网络的基本原理。该书绝大部分的实验配有视频讲解，但是读者需要注意的是，其实验内容与本书中的实验内容并不完全一样，读者可以选择使用。

扫码查看实验视频

3. Mynet 学网络：采用 Python+Scapy 开发的计算机网络仿真系统，在该系统中对网络协议进行了仿真并分析了部分协议存在的问题。有兴趣的读者可根据该系统的思路，自己设计并开发网络仿真系统。

扫码查看"Mynet 学网络"视频

除此之外，本书还提供教学课件、习题答案等教学资源，需要的读者可登录华信教育资源网（www.hxedu.com.cn）免费下载。

本书的编写得到了桂林航天工业学院计算机网络教学团队、桂林电子科技大学计算机网络教学团队及朋友们的大力支持，感谢魏星、胡庆辉和杨华三位教授提供的各类资源和各种修改建议，正是他们默默的支持，才使我们能够专注于写作、设计实验和调试程序，在多次试图放弃的时候，也是他们的鼓励才使本书得以完成。

如前所述，计算机网络涉及的知识面相当广泛且更新速度相对较快，本书未能增加这些新的理论、新的技术。另外，本书中的 Python 程序的编写也相对简洁和实用，这些程序仅仅是为了说明或实现某个协议的功能，不能作为真正意义上的"软件"。另外，限于编著者水平，书中一定存在不少错误和不足，敬请广大读者批评指正。

编著者

2023 年 12 月 31 日

于桂林航天工业学院

目 录

第 1 章 概述

本章从计算机网络的定义、性能指标、体系结构以及互联网的发展四个方面，对计算机网络进行概述。

本章主要内容如下：

（1）主机、时延等基本术语：是计算机网络中较为重要的概念。

（2）直连网络、网络互连：是理解互联网的基础。

（3）通信基础知识：理解计算机所产生的比特如何经传输媒体进行传输，这其中带宽、速率以及信号等是十分重要的概念。奈氏准则和香农定理给出了信道的极限速率。

（4）计算机网络体系结构：分层、协议、对等层以及服务等概念十分重要，也比较抽象，是本章最为重要的内容。

1.1 计算机网络简介

1.1.1 计算机网络的定义

最早的网络的概念是指一些功能单一的终端连接到大型计算机所租用的线路的集合，这些终端共享大型计算机的软硬件资源，如图 1-1 所示。也有人认为网络就是语音电话网络，还有人认为，网络特指传播视频信号的电缆网络（例如有线电视）。

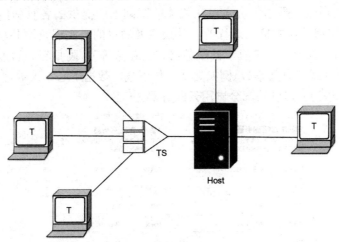

图 1-1 主机终端的网络

图 1-1 中的终端（T）指的是字符终端，可以认为它们是 Host 的输入和输出设备，用来键入字符和显示字符。在该网络中传输的是字符。

上述这些网络有一个特点：只能处理某一种特定的数据类型（例如字符、声音或视频等），并且仅与特定的设备相连（例如终端、电话或计算机等），因此这些网络不具有通用性。

1. 计算机网络的定义

计算机网络由通用可编程的硬件来构建，能够传输各种不同类型的数据以支持广泛的、不断增长的新应用，并且不会为某一特定的应用进行任何优化：

（1）计算机网络连接的硬件是多种多样的，它们可以是除计算机之外的"可编程的"设备，例如移动服务器、路由器、智能终端（例如手机）、智慧屏、智能摄像头等。这些设备相互连接在一起，设备之间便可以发送或接收数据，本书将这些设备统称为"主机"（其他一些相关资料中称之为"站"）。注意，不能与其他主机交换数据的设备不能称为主机，例如独立运行的、未连入网络的单台计算机。

（2）主机间主要有两种连接方式：一种是直接相连（直连网络），如图 1-2(a)所示；一种是通过转发设备（例如路由器）间接相连，如图 1-2(b)所示。无论哪种方式，主机都是通过网卡连接到网络的，网卡也称为网络适配器或网络接口。

(a) 主机直接相连   (b) 主机间接相连

图 1-2　主机间的两种连接方式

（3）计算机网络可支持各种各样的应用（包括未来可能出现的新应用），即具有通用性。

2. 计算机网络的功能

计算机网络的功能，是指各类主机在相连的基础上所提供的各种新应用（相对于单主机而言）。这些应用都是在主机上运行的，其最主要的目的是实现资源共享。资源共享可以是硬件共享，例如华为云（云主机、云服务器、云存储等）、阿里云、百度云盘、云计算等。也可以是软件共享（或信息共享），例如文件上传下载、数据中心、大数据处理等。

图 1-3 展示了华为云提供的部分试用云服务器。

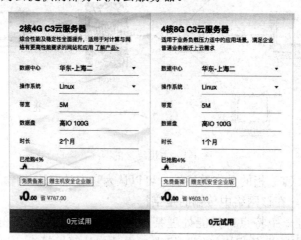

图 1-3　华为云提供的部分试用云服务器

图 1-4 给出了通过计算机网络应用进行大数据处理的模型。大数据处理中心是由一组高

性能的主机组成，这些主机能够运行大数据处理所需要的系列软件。源数据库、目标数据库与大数据处理中心建立安全的网络连接。通过安全的网络连接，大数据处理中心能够从源数据库中读取数据，并且对这些数据进行处理，然后将处理的结果发送给目标数据库。

图 1-4　大数据处理应用服务

注意，路由器是一种用于网络互连的特殊用途的主机，它的资源共享体现在路由器间共享通信线路，以及共享计算路由表所需的必要信息（例如，邻居路由器间交换路由表）。这些共享资源对于普通用户而言是"透明"的，即事实上存在并为用户提供服务，但是用户却感觉不到它的存在。事实上，计算机网络中很多的应用对于普通用户来说都是"透明"的，例如 ARP 协议、DHCP 协议等。

1.1.2　计算机网络的分类

1. 直连网络

直连网络是一种最简单的网络，直连网络中所有主机通过传输媒体（铜缆或光纤）直接相连，主机间数据传输不需要经过转发设备（如路由器、交换机等）转发。直连网络的覆盖范围可大可小，覆盖范围大的称为广域网（例如，家庭用户接入 ISP[①]或地区、国家间互连等），覆盖范围小的称为局域网（例如，覆盖一间教室、一栋办公大楼等）[②]。

注意，除了按覆盖范围划分之外，还要从以下两方面来区分广域网和局域网：

（1）按组建与管理方式

局域网由某一单位所拥有，由该单位负责组建、运行和管理，局域网中的应用大多与该单位核心业务相关。广域网一般由各大 ISP、网络公司等负责组建、运行和管理，是一种公共的数据网络资源，将分布在世界各地的局域网等互连起来，扩大了信息共享的范围。

（2）按技术与标准不同

局域网技术是多种多样的，局域网的标准由 IEEE 802 委员会来管理和制定。要注意的是，除了以太网、无线局域网和无线蓝牙，其余局域网基本停止活动。在局域网技术中，以太网处于绝对的统治地位。因此，本书后续章节将重点介绍以太网，包括广播式的传统总线型以太网和具有过滤功能的交换式以太网（参考"第 2 章　直连网络"）。

广域网技术也是多种多样的，例如 X.25 分组交换网、帧中继、HDLC 等，本书仅讨论 PPP 和 HDLC 协议。

2. 基于交换设备互连的网络

（1）扩展直连网络

局域网常常需要进行必要的扩展，用以扩大局域网的覆盖范围，使更多的主机能够接

---

① ISP：Internet Service Provider，互联网服务供应商，为用户提供接入互联网服务。

② 按覆盖范围划分，还有一种网络称为城域网，本书不做讨论。

入网络。总线型以太网中采用中继器或集线器来扩展网络，而交换式以太网则采用以太网交换机来扩展网络。注意，在采用 VLAN 等其他技术来划分网络的情况下，扩展之后的网络仍是一个直连网络，如图 1-5(a)、图 1-5(b)所示。

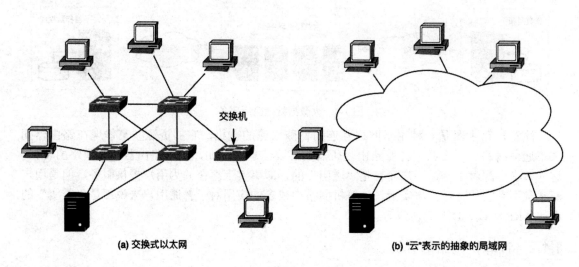

(a) 交换式以太网　　　　　　　　　　**(b) "云"表示的抽象的局域网**

图 1-5　交换机组建的交换式以太网

图 1-5(b)表示将一个直连的局域网抽象成一朵"云"，主机通过"云"相互连接在一起。

（2）网络互连

为了实现更远距离的信息共享，需要将各种网络互连起来，组建一个大规模的网络。这些相互连接在一起的网络可以是局域网也可以是广域网，也就是说，可以将较小规模的网络连接成一个任意大规模的网络。

由于这些较小规模的网络采用的技术的差异性（称为异构），所以不能用这些较小规模网络中的扩展设备（例如以太网交换机）来将这些异构的网络互连起来，它们之间互连需要采用"三层转发设备"（例如路由器）来实现，如图 1-6 所示。

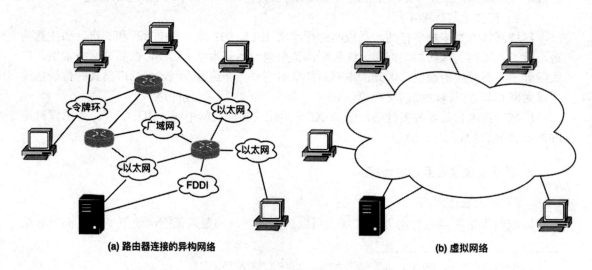

(a) 路由器连接的异构网络　　　　　　　　　　**(b) 虚拟网络**

图 1-6　异构网络互连

图 1-6(a)展示了路由器将异构网络（小"云"）连接起来，构成了一个图 1-6(b)所示的大"云"，这个"云"称为虚拟网络。把这种主机通过虚拟网络连接在一起构成的网络称为internet（互连网）。

常把这个大"云"称为 internet 的核心部分，那些通过虚拟网络互连在一起的主机称为网络的边缘部分。核心部分的主要功能是提供主机间的连通性，而边缘部分的主机则是实现资源共享。注意，一般情况下，主机是指处于某个直连网络中的主机。

如果虚拟网络采用 TCP/IP 协议来实现异构网络互连，则该虚拟网络就是当今全球最大的虚拟网络 Internet（互联网，也叫因特网，一般认为是 internet 的具体实现）。本书以互联网为核心来介绍计算机网络。

1.1.3 互联网边缘部分

处于网络边缘的主机，通常采用客户-服务器（Client/Server，C/S）模式或对等连接（Peer-to-Peer，P2P）模式进行通信，从而实现资源共享。注意，主机通过网络进行通信，是指运行在不同主机中的进程（程序）间的通信，一台主机可以同时运行多个程序分别与网络中的其他主机中运行的程序进行通信，例如，一台计算机通过浏览器访问一个站点的同时，又可以运行下载软件从其他主机下载文件等。

1. 客户-服务器模式

在互联网中，很多的应用都是采用客户-服务器模式。在这种模式中，通信一方的主机运行客户程序，而另一方的主机运行服务器程序，客户程序主动向服务器程序请求服务，而服务器程序被动向客户程序提供服务。资源集中在服务器程序所在的主机一端，是这种通信模式的最大特点。

（1）客户程序

通常称为客户端或客户（软件），它运行在客户主机（硬件）中，在需要与服务器程序进行通信时，才由用户运行以向服务器程序请求服务（例如，运行浏览器程序来访问一个站点）。为了能够得到服务器程序的服务，客户程序必须知道运行服务器程序的主机的地址。

（2）服务器程序

通常称为服务器端或服务器（软件），它运行在服务器主机（硬件）中。服务器程序一旦运行，支持 7×24 小时（每周 7 天，每天 24 小时）不间断的服务，以便能够随时响应多个客户程序向其提出的服务请求。因此，服务器程序和服务器主机，都必须具有非常高的稳定性、可靠性和安全性，这对服务器主机的硬件资源和操作系统都有非常高的要求。

客户-服务器模式的工作方式如图 1-7 所示。服务器主机中用于提供站点访问服务的服务器程序（例如 Apache）已经运行，用户在客户主机中运行客户程序（例如谷歌的 Chrome 浏览器），当用户在浏览器的地址栏中输入一个网址（服务器程序的地址）并按下回车键后，浏览器程序便向服务器程序发送请求服务的信息。服务器程序收到用户请求后，便向客户程序返回用户所需要的信息（站点首页页面）。

图 1-7　客户-服务器模式

2. 对等连接模式

P2P 常被称为点对点技术或对等互联网技术,如图 1-8 所示。在这种模式下,两台主机中的通信程序,互为服务器和客户程序,即相互通信的两个程序既可以提供服务,也可以相互请求服务。这种通信模式的最大特点是,资源分散在所有的通信程序所在的主机中,这使得获取资源的网络流量不是集中在少数服务器中,从而减少了服务器对高带宽和高计算能力的需求。通俗地说,采用 P2P 模式使得通信程序可能直接在用户主机间相互通信来获取资源,而不是仅仅到服务器上去获取资源。

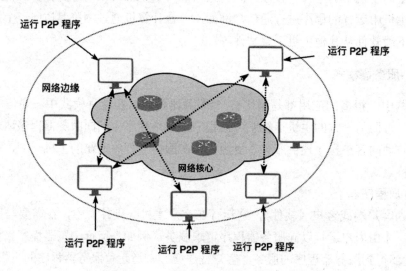

图 1-8　P2P 模式

1.1.4　互联网核心部分

互联网核心部分的主要功能是提供网络间的连通性。该部分的三层转发设备(路由器)的主要功能是把消息(在互联网中被称为"IP 分组""分组"或"IP 数据报")从一个网络转发至另一个网络,其转发方式主要分为虚电路和分组交换。

1. 虚电路方式

虚电路是面向连接的,网络边缘的源主机与目的主机在发送或接收数据之前,在网络核心中必须建立一条虚电路。虚电路可以是由网络管理员手动配置建立的"永久虚电路"(Permanent Virtual Circuit,PVC),也可以是由源主机发送的一系列建立虚电路的消息(称为信令)来建立的"交换的虚电路"(Switched Virtual Circuit,SVC)。PVC 只有管理员可以删除，SVC 是主机随时可以动态建立或删除的。SVC 的示意图如图 1-9 所示。

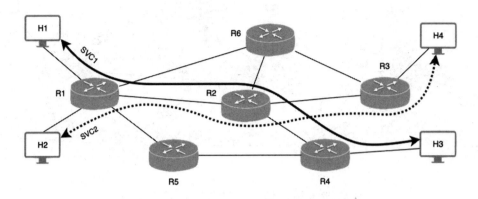

图 1-9　虚电路

在图 1-9 中，主机 H1 与主机 H3 之间建立了一条虚电路 SVC1，主机 H2 与主机 H4 之间也建立了虚电路 SVC2。H1 和 H3 之间的所有分组都会沿着虚电路 SVC1 传送，同样，H2 和 H4 之间的所有分组都会沿着虚电路 SVC2 传送。

虚电路具有以下的特点：

（1）虚电路中的转发节点可以为分组传输预留资源（例如缓存空间），分组沿着虚电路传输，不会出现失序的情况。

（2）分组不需要携带目的主机的地址等信息，该信息仅在建立虚电路时使用一次，因此分组传输的开销比较小。

（3）源主机与目的主机间分组传输的可靠性由网络核心部分保证。

（4）通过 SVC 来传送分组，源主机在发送分组之前至少需要消耗一个 RTT（信号从源端到达目的端，再从目的端返回到源端所经历的时间，称为往返时延）来建立 SVC，如果源主机同时与很多不同的目的主机间传输分组，则需要花很多时间来建立多条虚电路。

（5）如果虚电路中的某个节点或链路发生故障，则可能导致多条虚电路失效，这些虚电路全部需要重新建立，并且还需要撤销发生故障的虚电路以释放预留的资源，这种情况对于实时的网络应用等十分不利。

2. 分组交换方式

互联网的先驱们采用了基于存储转发的分组交换技术来实现网络间的互联互通，以保障核心部分的健壮性：当网络核心中的部分转发节点或链路出现故障时，能够迅速找到其他的替代路径以维持源主机与目的主机之间的通信，这也是互联网前身 ARPANET 最重要的目标之一。

1983 年，ARPANET 将原来使用的 NCP 协议转换成了 TCP/IP 协议，这成为 Internet 诞生的标志。

在图 1-10 所示的网络中，展示了源主机发送 IP 分组至目的主机的情形。

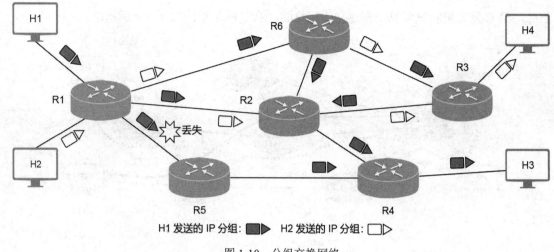

H1 发送的 IP 分组: ■▶   H2 发送的 IP 分组: ▢▷

图 1-10　分组交换网络

分组交换网络有以下的特点：

（1）源主机在发送分组之前，事先不需要与目的主机建立连接。

（2）源主机在任何时候都可以发送分组，网络中的路由器都能根据自己的转发表对收到的分组立即进行转发（有一些排队时延和处理时延）。

（3）源主机在发送分组之后，并不能确定网络是否能够将该分组继续转发下去，也不能确定目的主机是否可以正确收到该分组。

（4）去往同一目的主机的分组，在网络中被路由器独立地路由到目的主机，即去往同一目的主机的每个分组所经由的路径可能是不同的。因此，分组可能以失序的方式到达目的主机。

（5）每个分组必须携带目的主机的地址信息，这会增加一定的开销。

（6）在分组交换网络中，源主机与目的主机间必须包含多条冗余的路径，若网络中的某一路由器或链路出现了故障，路由器会寻找另外一条替代路径来转发分组，并更新自己的路由表。

（7）分组在网络转发过程中可能会丢失，即分组交换网络是不可靠的。

1.2　计算机网络的性能指标

通常用以下几个指标来衡量计算机网络的性能。

1.2.1　速率

在计算机网络中，主机间通过物理传输媒体传输数据以实现数据共享（或许要经过路由器逐跳转发）。这些数据以信号的形式在物理媒体中的信道上进行传输，网络中的主机将数字数据转换成数字信号。这些数字数据都是二进制数字的组合，即由二进制数字 1 或 0 所组成。用比特（binary digit，bit）来表示一个二进制数字 1 或 0。

本书中的速率（也称为数据率）特指主机发送数据的速率，即主机的网络接口向其连接的物理媒体中的信道发送比特的速率，速率的单位是 b/s（或 bit/s，有时被写成 bps）。

例如某主机将 1000b 的数据以 100b/s 的速率发送到信道中，则需要花费 10s 的时间才能将比特数据发送完毕。

其他常用的速率单位如下：

kb/s，k(kilo) = 10^3 = 千；
Mb/s，M(Mega) = 10^6 = 兆；
Gb/s，G(Giga) = 10^9 = 吉；
Tb/s，T(Tera) = 10^{12} = 太。

注意，比特速率不是指电磁信号沿信道进行传播的速率，电磁信号在信道中的传播速率是固定不变的。另外，在计算机中，存储数据的基本单位是字节（Byte，简写为 B，1 字节等于 8 比特），依次有以下常用的单位：

KByte(KB)，K= 2^{10} = 千；
MByte(MB)，M= 2^{20} = 兆；
GByte(GB)，G= 2^{30} = 吉。

主机间的数据传输，还要注意源主机与目的主机速率匹配的问题：考虑图 1-2(a)，假设主机 A 的发送速率是 100Mb/s，而主机 B 的接收速率是 10Mb/s，那么主机 B 根本来不及接收主机 A 发送来的比特，它会被主机 A 发送的比特"淹没"掉。

为了解决上述问题，主机 A 会和主机 B 进行速率协商：假设主机 A 的网卡支持 1000/100/10(Mb/s)自适应，如果主机 B 仅能够支持 10Mb/s 的速率，则主机 A 与主机 B 协商的速率是 10Mb/s，最终主机 A 将以 10Mb/s 的速率向主机 B 发送比特（假设连接主机间的物理传输媒体能够支持的速率是无上限的）。

实际上，物理传输媒体中的信道是有数据传输能力上限的（参考以下带宽的概念），不同的物理传输媒体，能够支持的信道传输数据的最高数据率也是不同的，例如，五类双绞线可支持的最高数据率是 100Mb/s，在短距离内六类双绞线可支持的最高数据率达到 1000Mb/s。

1.2.2　带宽

信号往往包含了很多种不同频率的成分。带宽是信道具有的一个物理属性，指的是信道允许通过的信号的频率范围，单位是 Hz/kHz/MHz（赫兹/千赫兹/兆赫兹），例如，传统电话线信道的标准带宽是 3.1kHz，其频率范围是 300Hz～3.4kHz。

在计算机网络中，也有一个常用的术语称为"带宽"，指的是信道传输数据的最高数据率，即信道极限传输数据的能力（极限数据率）。

1. 奈氏准则

传输媒体的带宽越高，该传输媒体中的信道支持的最高数据率也就越高。

根据奈氏准则，在理想低通（没有噪声、带宽受限）的信道中，为了避免码间串扰（如果存在串扰，接收端无法识别码元），最高码元传输速率 = $2W$ Baud（波特），其中 W 是理想低通信道的带宽，单位是 Hz。可以看出，信道的带宽越高，码元传输速率也就越高。

什么是码元呢？码元是可以在信道中传输的某种波形，该种波形可以表示比特或若干比特的组合，接收端根据收到的波形，来判断收到的是何种比特的组合。

例如，信道的带宽是 400Hz，则该信道的最高码元传输速率是 800 Baud，如果每个码元仅能够表示比特 1 或 0（两种波形），则该信道的最高数据率是 800b/s。

若用 v 表示每个码元的离散电平数目，则

$$理想低通信道下的最高数据率 = 2W\log_2 v(\text{b/s})$$

码元的离散电平数目，指的是有多少种不同的码元，比如 16 种不同的码元，则需要 4 位二进制编码来区分这些码元，也就是说，每个不同的码元可以表示不同的四位二进制比特的组合，故数据率是码元传输速率的 4 倍。

二进制码元，如图 1-11(a)所示，电平数目只有二个，分别表示比特 0 和 1。四进制码元，如图 1-11(b)所示，电平数有四个（0~3），每个电平分别表示两位比特的任意组合中的一种，例如，电平是 0 的码元表示比特"00"，电平是 1 的码元表示比特"01"，依次类推。如果是八进制码元，如图 1-11(c)所示，则有八个电平数，每个电平分别可以表示三位比特的任意组合中的一种，例如，电平是 7 的码元表示比特"111"。

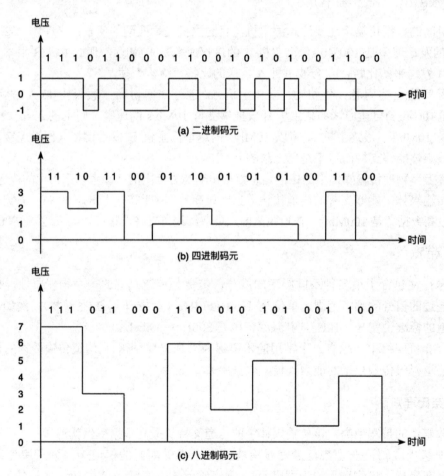

图 1-11　不同进制码元表示比特组合的情况

例 1-1　在无噪声的情况下，某通信信道的带宽是 4kHz，离散电平数目是 16，求该通信信道的最高数据率？

$$S_{\text{dmax}} = 2W\log_2 v(\text{b/s})$$
$$= 2 \times 4000 \times \log_2 16$$
$$= 8000 \times 4$$
$$= 32(\text{kb/s})$$

2. 香农定理

在理想低通信道下，如果离散电平数目无限增大，也就意味着最高数据率可以无限增加。事实上，信道不可能没有噪声。1984 年，香农（Shannon）用信息论的理论推导出了带宽受限且有高斯白噪声干扰的信道的无差错的最高数据率：

$$C = W\log_2(1 + S/N) \ (\text{b/s})$$

式中　　W——信道的带宽（Hz）；

　　　　S——信道内传输信号的平均功率；

　　　　N——信道内部的高斯噪声功率。

信道中的噪声是随机产生的，它的瞬时值有时会很大。噪声会使接收端对码元的判断产生错误。噪声的影响是相对的，如果信号相对较强，那么噪声的影响就相对较小，例如，教师在十分安静（几乎没有噪声）的教室（不是很大的教室）讲课，教师用正常的声音授课，学生们都能正确、无误地接收；反之，教师需要提高授课音量（例如，借助扩音设备）以确保学生能够正确、无误地接收。

信噪比就是信号的平均功率和噪声的平均功率之比，常记为S/N，并用分贝（dB）作为度量单位：

$$信噪比(\text{dB}) = 10 \times \log_{10}(S/N) \ (\text{dB})$$

例 1-2　假设某信道的带宽是 3kHz，信噪比是 30dB，则该信道的最高数据率是多少？

已知　$30\text{dB} = 10 \times \log_{10}(S/N) \ (\text{dB})$

则　　$S/N = 1000$

于是　$C = W\log_2(1 + S/N)$

　　　　$= 3000 \times \log_2(1 + 1000)$

　　　　$\approx 30 \text{ kb/s}$

香农定理给出的重要提示是：只要信道的数据率低于香农定理给出的最高数据率，就可以实现信道的无差错传输；如果要提高信道的数据率，可行的办法就是让一个码元表示多个比特的组合，但是，无论一个码元能够表示多少比特的组合，信道的最高数据率都不可能突破香农定理的限制。

3. 速率、最高数据率

再次说明速率与最高数据率的区别：本书中的速率，指的是主机网络接口向信道发送比特的速率，最高数据率（带宽）指的是信道极限传输数据的能力，可理解为向该信道发送比特的速率的极限值，两者的单位都是 b/s。奈氏准则和香农定理给出的是信道的极限传输速率，即信道的最高数据率。例如，某信道的最高数据率是 1000Mb/s，则与之相连的网络接口向该信道发送比特的速率不能超过 1000Mb/s。

1.2.3 时延

计算机网络中的很多应用，对于分组从源主机到达目的主机所经历的时间（也被称为时延、延迟或迟延）要求较高，例如一些实时应用、IP 语音等。

从图 1-10 可以看到，H1 发送的分组需经过若干链路，再经若干个路由器转发，最终才能够被 H3 接收。在这个过程中，分组沿途被路由器多次转发时会经历多种不同类型的时延，其中最重要的是处理时延（d_{proc}）、排队时延（d_{queue}）、发送时延（d_{trans}）和传播时延（d_{prop}）。分组在某个路由器进行转发时，分组所经历的总时延就是这四种时延之和。注意，总时延在每个转发设备（包括主机）上都存在，因此称之为"节点总时延"（d_{nodal}）：

$$d_{nodal} = d_{queue} + d_{proc} + d_{trans} + d_{prop}$$

图 1-12 给出了不同类型的时延产生的地方。

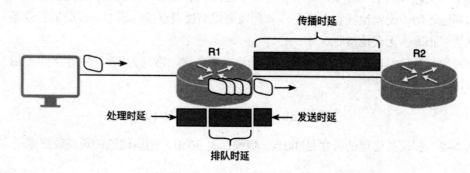

图 1-12　R1 不同类型的时延产生的地方

1. 处理时延（Process Delay）

处理时延包含的内容较多，其中的一部分来自差错检测和查找转发表。当分组进入 R1，R1 首先对分组首部进行检测，如果出错，R1 丢弃该分组。如果分组首部检测没有出错，R1 便查找自己的转发表，以决定该分组应该从哪个链路上转发出去。路由器的处理时延肯定与路由器的性能（例如 CPU 的性能等）、路由器转发表的大小等相关。

2. 排队时延（Queue Delay）

在图 1-12 中，R1 需将分组从与 R2 相连的链路上发送出去，如果 R1 与 R2 之间的链路比较繁忙或该链路上已经有其他分组在等待发送，则待发送的分组将参与排队。分组排队的时间称为排队时延，排队时延与进入路由器等待转发的分组的数量及分组的大小有关。当然，分组进入 R1 等待处理的时间，也是排队时延。

3. 发送时延（Transmission Delay）

发送时延（也称作传输时延）指的是主机或路由器等，从开始发送数据的第 1 比特开始，至发送完数据的最后 1 比特所消耗的时间，发送时延与所发送的数据的长度以及发送速率有关。

假设某个需要发送的数据的长度是 $L(b)$，R1 通过链路发送比特的速率是 $R(b/s)$，则 R1 发送完这些数据的发送时延为

$$d_{\text{trans}} = \frac{L}{R} (s)$$

例如，设 R1 与 R2 之间链路的速率 R = 10Mb/s（即 R1 最高能以 10Mb/s 的速率向 R1 与 R2 之间的链路上发送比特），待发送的数据长度 L = 100Mb，则 R1 发送这些数据的发送时延为

$$d_{\text{trans}} = 10s$$

4. 传播时延（Propagation Delay）

帧（连续比特组成的数据块）在链路上传输时，组成帧的那些比特组合，最终需要转换成信号在物理传输媒体（例如光纤、同轴电缆或双绞线等）中的信道上进行传输，这些信号也称为电磁信号（电磁波）。当某一比特被发送到链路上，表示该比特的信号从传输媒体一端传播到另一端所消耗的时间，称为传播时延。假设物理传输媒体的长度是 $D(m)$，信号在该传输媒体中的传播速率是 $S(m/s)$，则信号的传播时延为

$$d_{\text{prop}} = \frac{D}{S} (s)$$

电磁信号在传输媒体中的传播速率在2×10^8~3×10^8m/s之间，电磁信号在铜缆中的传播速率约为2.3×10^8m/s（约为 200m/μs），而光波在光纤中的传播速率约为3×10^8m/s。注意，电磁信号在传输媒体中的传播速率是固定不变的。

传播时延与发送时延是两个完全不同的概念：发送时延是将由若干比特组成的帧全部发送至链路上所需要的时间，它与帧的长度和比特的发送速率有关，与链路的长度无关；传播时延是将表示比特的信号从链路的一端传播到另一端所需要的时间，与链路长度有关，与帧的长度以及发送速率无关。

在图 1-13 中，有一个 10 辆车组成的车队（以固定的顺序相互跟随），该车队需要通过收费站 1 进入高速公路，前往 100km 外的目的地收费站 2。

图 1-13　时延的例子

当 10 辆车全部到达收费站 1，该车队中的第 1 辆车负责全部 10 辆车的交费工作，并且交费的时间是 60s，则该车队在收费站 1 的处理时延是 60s。

在交费完成以后，假设车队中的每辆车均需要花费 6s 的时间驶离收费站 1 并进入高速公路（即收费站 1 每 60s 发送 10 辆车），则该车队中的车辆全部驶入高速公路的发送时延是 (10 辆)/(10 辆/60s) = 60s。

假设每辆车驶离收费站 1，便立即能以 100km/h 的速度在高速公路上行驶，则每一辆车在高速公路上的传播时延是 100km/(100km/h) = 1h。

5. 端到端的时延

前面仅仅对某一个转发设备的时延（节点时延）进行了分析，在计算机网络中，分组一般需要经过多台路由器逐跳转发才能到达目的端，因此需要分析从源主机到目的主机的端到端的总时延。假设源主机 A 发送的分组需要经过 N 台路由器转发，才能够到达目的主机 B，则该分组一共需要经历 $N + 1$ 个节点总时延（包含源主机的节点总时延），因此端到端的总时延为

$$d_{\text{end-end}} = (N + 1) \times (d_{\text{queue}} + d_{\text{proc}} + d_{\text{trans}} + d_{\text{prop}})$$

实际上每个节点的 d_{queue}、d_{proc}、d_{trans} 和 d_{prop} 都是不一样的。

下面简单分析一下各种时延对节点总时延的影响情况：如果网络没有拥塞，节点上的排队时延无须考虑；如果网络直径很小，分组的长度很长，则传播时延影响较小，而发送时延影响较大；如果分组的长度很短，而网络直径很大，则发送时延影响较小，而传播时延影响较大。

6. 端到端的往返时延

计算机网络中的很多应用都需要实现可靠传输，这就要求目的主机收到源主机发送的数据后，必须向源主机发送确认信息来告知源主机已经正确收到数据。在这种情况下，数据从源主机到达目的主机，然后再从目的主机返回源主机的时延（注意，两者路径可能不同，强调的是一去一回的总时间），即从源主机发送数据开始到源主机收到来自目的主机的确认（目的主机收到数据后立即发送确认）所经历的时间，称为往返时延（Round-Trip Time，RTT）。

注意，由于从源主机到目的主机，再从目的主机返回源主机，两者所经过的路径可能不同，如果再考虑网络负荷等多种因素，"一去"和"一回"所经历的时延是不一样的。如果需要精确知道"去"或"回"的时延，需要使用后续介绍的一些协议中的"时间戳"来进行计算。

图 1-14 给出了往返时延和传播时延的图示。注意，本书中后续介绍的部分协议，所用的部分图示可能会忽略传播时延，即表示 H1 和 H2 之间的数据传输时不再以斜线表示，而是直接以水平线来表示。

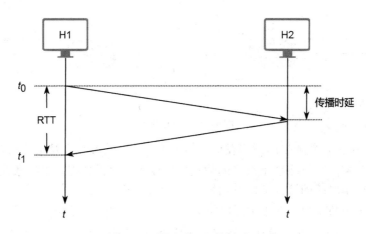

图 1-14 往返时延和传播时延

例如，用 ping 命令访问清华大学官网的结果如下：

```
Mac-mini:~ $ ping -c 4 www.tsinghua.edu.cn
PING www.tsinghua.edu.cn (166.111.4.100): 56 data bytes
64 bytes from 166.111.4.100: icmp_seq=0 ttl=48 time=53.787 ms
64 bytes from 166.111.4.100: icmp_seq=1 ttl=48 time=53.202 ms
64 bytes from 166.111.4.100: icmp_seq=2 ttl=48 time=53.333 ms
64 bytes from 166.111.4.100: icmp_seq=3 ttl=48 time=53.324 ms

--- www.tsinghua.edu.cn ping statistics ---
4 packets transmitted, 4 packets received, 0.0% packet loss
round-trip min/avg/max/stddev = 53.202/53.412/53.787/0.223 ms
```

在上述输出结果的最后一行中，给出了从源主机到目的主机，再从目的主机到源主机的往返时延的统计结果。

再看一下另外一条路由追踪命令的输出结果（Windows 中的命令是 tracert）：

```
Mac-mini:~ $ traceroute 180.140.105.17
traceroute to 180.140.105.17 (180.140.105.17), 64 hops max, 52 byte packets
 1  192.168.1.1 (192.168.1.1)  0.797 ms  0.494 ms  0.338 ms
 2  100.72.0.1 (100.72.0.1)  8.970 ms  7.506 ms  6.076 ms
 3  180.140.105.17 (180.140.105.17)  5.308 ms  4.226 ms  4.452 ms
```

从源主机到目的主机（IP 地址是 180.140.105.17）一共经过了两个路由器的转发，每次源主机向中间转发路由器发送 3 个分组，因此可测得源主机到中间路由器的三次往返时延。例如，在序号是 1 的输出结果中，显示了源主机到第 1 跳路由器之间的三次往返时延，它们分别是 0.797ms、0.494ms 和 0.338ms；在序号是 3 的输出结果中，显示了端到端的三次往返时延，分别是 5.308ms、4.226ms 和 4.452ms。

1.2.4 吞吐量

为了理解吞吐量，简化网络：网络的一端是数据输入端（只有一个总的源端），而另一端是数据输出端（只有一个总的接收端），并且路由器不会丢弃分组（路由器的缓存无限大），排队时延也可以是无限大，如图 1-15 所示。

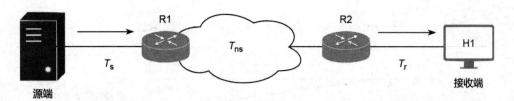

图 1-15　简化的网络

在图 1-15 中，T_s 是源端向网络发送数据的速率，T_r 是接收端从网络接收数据的速率，T_{ns} 是源端到接收端的转发路径上最小的数据发送速率（假设数据仅沿一条路径进行转发），这时，图 1-15 所示网络的端到端的吞吐量是：$\min\{T_s, T_{ns}, T_r\}$。

如果 $T_{ns} > \max\{T_s, T_r\}$，即不考虑网络容量，则网络吞吐量是 $\min\{T_s, T_r\}$。例如，如果源端以 1000Mb/s 的速率向网络发送比特流，而接收端仅能以 100Mb/s 的速率接收比特流，则网络的吞吐量是 100Mb/s。

考虑另外一种情况，源端一共有 10 台服务器向接收端提供数据流量，每台服务器向网络发送比特流的速率均是 100Mb/s，假设接收端能以 1000Mb/s 的速率从网络中接收比特，在不考虑网络容量的情况下，网络的吞吐量是 1000Mb/s。如果网络中链路的最高比特传输速率是 100Mb/s，则网络的吞吐量是 100Mb/s，这种情况下，网络就成为数据传输的瓶颈。

从上述分析可以知道，吞吐量是单位时间内接收端通过网络收到的源端发送的数据量，单位是 b/s，也称为瞬时吞吐量。事实上，非实时的网络应用（例如，浏览网页、收发电子邮件、即时聊天等），接收端不可能时时刻刻都在接收数据。因此，一般情况下，吞吐量以接收端某段时间内通过网络收到的数据量来进行估算。例如，图 1-15 中，接收端在时间段 $T(s)$ 内，一共收到了源端通过网络发送的 $F(b)$ 的数据，则

$$\text{网络的平均吞吐量} = \frac{F}{T}\text{(b/s)}$$

吞吐量在网络工程设计和网络管理中是非常重要的一项性能指标，其最主要的功能是分析网络应用中的业务流量。考虑图 1-16 所示的网络监控应用场景：假设有 100 个监控摄像头，每个摄像头每秒钟产生 1MB 的数据并通过网络传输至主机 H1，则在极限情况下（100 个摄像头同时正常工作），100 个摄像头产生的数据流量是

$$100 \times (1 \times 1024 \times 1024 \times 8) = 838.8608\text{(Mb/s)}$$

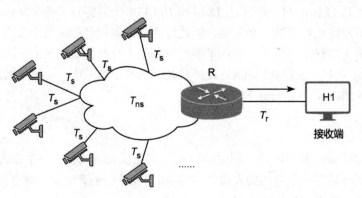

图 1-16　网络监控应用

在不考虑该网络中的其他应用流量的情况下（事实上还有其他网络应用流量需要分析），该网络的瞬时吞吐量至少要达到约840Mb/s，即 $\min\{T_{ns}, T_r\} \geq 840\text{Mb/s}$。

在实际工作中，管理员常常在网络边界路由器的接口上侦测流出网络的比特数据，以获取网络的瞬时吞吐量以及一段时间内的吞吐量。图 1-17 给出了某单位网络中的用户通过边界路由器向互联网中主机请求资源的流量情况（称为上行流量），以及互联网中的主机通过边界路由器返回到单位网络内的流量（称为下行流量）。一般情况下，上行流量要小于下行流量，即请求资源的数据量小，而返回的数据量更大。

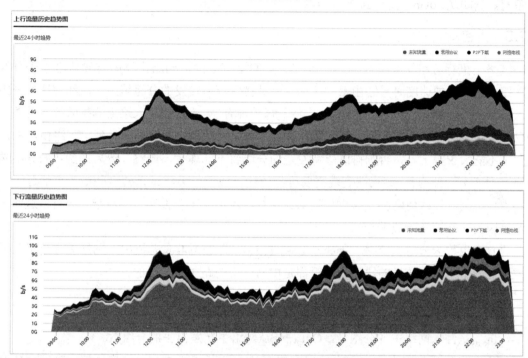

图 1-17 边界路由器上行、下行流量（原图为 24 小时，因为版面限制，只截取了其中一部分）

注意，如图 1-18 所示，一般单位的网络，往往处于互联网的最末端，被称为"存根网络"（Stub Network，也称为叶子节点），即在互联网中没有用户穿透该单位的网络而去访问网络中的其他主机。一般情况下，存根网络对外只有一个出口与互联网相连，例如图 1-18 中 R1 与 R2 相连的接口。在经费允许的情况下，为了保证可靠性和增加存根网络访问互联网的带宽，存根网络也可以通过多个接口接入互联网。

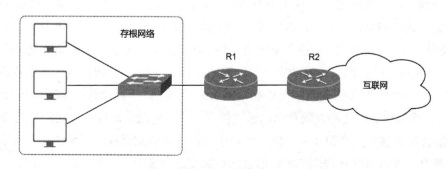

图 1-18 存根网络

另外，路由器的接口、服务器的接口、路由器与路由器之间的链路等，也常常用吞吐量来衡量其性能。在全双工的情况下，某时间段内通过接口或链路的上行数据和下行数据的总量称为接口或链路的吞吐量。

在图 1-18 中，如果 R1 与 R2 之间链路的吞吐量长期（一个月或一年时间内等）处于较高的值，例如吞吐量超过链路最高数据率（租用 ISP 线路的带宽）的 70%，则在两台路由器之间就会出现拥塞。此时，网络管理员需要付出更高的成本，来提高单位网络接入互联网的带宽，例如从 10Gb/s 提高到 20Gb/s。

1.2.5　丢包率

网络中执行分组转发的路由器，其缓存空间是有限的，当路由器的转发速度小于分组进入路由器排队的速度时，路由器的缓存将会被排队等待转发的分组填满，后续到达的分组将被丢弃。假设每个分组的长度是 L 比特，每秒钟有 N 个分组进入路由器排队等待转发，则$(L \times N)/T_r$被称为流量强度。由于路由器存在对分组进行处理的处理时延，故路由器的流量强度不能大于等于 1，否则排队等待发送的分组将不断增大，最终导致后续到达的分组被丢弃（网络出现拥塞）。如果端到端需要可靠传输，源端又会尝试重传这些被丢弃的分组，这种重传机制，往往使网络变得更加拥塞。注意，路由器还会丢弃一些出错的分组，这些分组不是因为网络拥塞而被丢弃的。

丢包率也称为分组丢弃率（Packet Loss Rate），即在吞吐量范围内，网络丢失分组数量占发送到网络中分组数量的比率（分组都是由网络中的路由器丢弃的），即

$$[(\text{In}_{pkts} - \text{Out}_{pkts})/\text{In}_{pkts}] \times 100\%$$

式中，In_{pkts}是注入网络中的分组数，Out_{pkts}是从网络中转发出去的分组数。

如果网络的丢包率太高，则会出现网络上的主机可能不能访问的或访问速度很慢的情况。与侦测网络吞吐量类似，网络管理员常常需要侦测路由器的丢包情况。

1.3　计算机网络体系结构

1.3.1　分层的体系结构

现实中的一些复杂问题，往往需要分解为较小的局部问题去解决。用一个似乎很复杂的例子来说明这个问题：公司 A 和公司 B 的两位经理，需要洽谈一笔货物的买卖合同，经理 A 仅懂法语，而经理 B 仅懂西班牙语。图 1-19 展示了两位经理之间洽谈合同的过程。

经理 A 将向经理 B 购买石油的需求告诉他的助理 A，助理 A 根据这些需求草拟了一份石油合同，然后助理 A 将合同草稿交给翻译 A，翻译 A 将合同草稿翻译成中文交给文员 A，最终文员 A 将翻译成中文的合同草稿，通过传真（或其他通信形式）发送给文员 B。文员 B 将收到的合同草稿上交给翻译 B，翻译 B 将中文合同草稿翻译成西班牙语的合同草稿，然后交给助理 B，最终助理 B 将西班牙语的合同草稿交给经理 B。

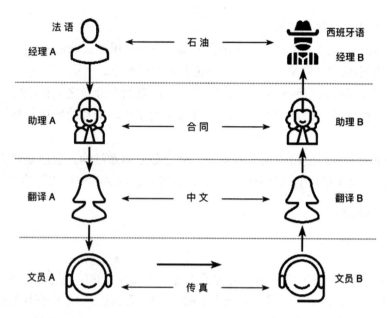

图 1-19　经理间商谈石油合同

当经理 B 收到合同草稿，他把自己的修改意见告诉助理 B，助理 B 根据经理 B 的要求修订成一份新的合同草稿并交给翻译 B，翻译 B 将新的合同草稿翻译成中文并交付给文员 B，文员 B 再将这份新的合同草稿发送给文员 A。经过若干次这样的交流，最终两位经理达成一致意见，签署一份正式的石油买卖合同。

如果翻译间可以采用多种语言作为中间语言，则发送端的翻译 A 将助理 A 传下来的合同翻译成中文时，翻译 A 一定会采用某种方式告诉翻译 B，传送的合同采用的是何种语言，例如，在合同草稿中的特定位置用数字 1 表示中文，数字 2 表示英文等。

从上述分析可以看出，谈判双方需要四个对等部门（人员）共同参与合同的谈判工作，直至最终合同签署：

（1）公司中除了有专门从事石油合同事宜的经理之外，还可能有专门从事其他业务活动的经理，即业务的多样性（某些经理或许能够从事多种业务）；

（2）公司中除了有专门负责起草石油合同的助理之外，可能还有专门起草其他业务活动的助理，即不同业务合同格式的不同要求（某些助理或许能够从事多种业务合同的起草工作）；

（3）公司中除了有使用中文作为中间语言的翻译之外，可能还有使用其他中间语言的翻译，即有多个翻译（某些翻译或许能够使用多种语言作为中间语言）；

（4）公司中有多名文员，分别能够使用不同的技术来传送合同文稿（或许某些文员能够使用多种技术手段传送文稿）。

总之，两公司对等部门之间洽谈业务，需要确定洽谈何种业务、采用何种样式的合同、合同内容采用何种中间语言以及公司间采用何种方式来相互传送合同，也就是说，需要确定参与部门（人员）间交流的规则。

在上述例子中，石油合同问题被分为四个对等层次来解决，每个对等层次在他们之间协商的规则约束下，解决石油合同谈判过程中一小部分问题：

（1）下层向上层提供服务；

（2）上层使用下层提供的服务；

（3）上层只需看见下层的服务，而不需要知道下层使用什么规则来提供服务；

（4）本层使用何种规则来实现本层的功能，不会影响上、下层的功能。

例如，对等翻译间采用何种语言作为中间语言，是两个翻译之间使用的规则，这些规则不会影响上层助理的工作，也不会影响下层文员的工作，即每层实现功能的方式具有独立性。

把这种分层及对等层使用的规则的集合，称为分层体系结构。分层是将大而复杂的问题分割成较小的、易于解决的局部问题。注意，对等层之间必须使用相同的协议。

1.3.2 协议与分层

1. 协议

在网络中，"协议"指网络协议，是为了使通信主机双方的对等层间有条不紊地进行数据交换而制定的规则、约定或标准，即规定了通信主机双方的对等层间交换数据的格式和传输规则。协议包含以下三部分内容：

（1）语法：对等层间交换信息的格式，即某种数据结构，这种结构可以是交换数据的结构，也可以是交换控制信息的结构。例如，图 1-19 助理间交换的石油商业合同，就是一种数据格式。不同的商业活动，相互交换的合同格式是不一样的，例如，购买保险的合同格式与购买房屋的合同格式肯定是不一样的。

（2）语义：对等层间交换信息格式的具体含义，这些含义可以指明发送的是何种控制信息、完成何种动作以及做出何种响应。例如，石油合同格式中如果注明了"商谈合同"，则收到该合同的一方可以就某些格式信息中的内容进行修改，比如修改价格等，即做出了一定的响应。

（3）同步：对等层间交换信息的执行顺序，即先做什么，后做什么。例如，买卖石油一般遵循的过程是：合同商谈、签订合同、按合同条款预付定金、按时发货、验货、收货、收付尾款等。当然，对于一些突发事件，还需要有一些应对方案。

计算机间通过网络进行数据交换也是一个非常复杂的问题，网络设计者们也采用了分层的方式将这个复杂问题划分成一些局部较小的问题，同时将所有数据交换所需的协议组织到不同的层次之中，并且利用硬件或软件来实现这些协议，即这些协议一定属于某一个层次并且在该层被实现。各层的所有协议的集合被称为协议栈。

2. 分层

协议栈应该分为多少层呢？层次划分太少，每层需完成的功能相对较多，协议实现相对复杂；层次太多，每层完成的功能太少，效率太低。

（1）OSI 体系结构

在 1977 年，开放系统互连（Open System Interconnection，OSI）参考模型被 Charlie Bachman 为组长的研究小组提出。1978 年，ISO 采纳了该模型，并在 1979 年稍加细化之后，发布了最终版本。OSI 参考模型一共分为七层，从下至上分别是物理层、数据链路层、网络层、运输层、表示层、会话层和应用层。

（2）TCP/IP 体系结构

互联网的前身 ARPANET，最早使用的是网络控制协议（Network Control Protocol，NCP）。该协议最大的问题是，只能使用于同一网络环境中，即只能将同构的直连网络互相连接起来。

1973 年，罗伯特卡恩（Robert Elliot Kahn）与温顿·瑟夫（Vinton G. Cerf）开发了 TCP/IP 协议栈中最为核心的 TCP 协议和 IP 协议，并于 1974 年验证了这两个协议的可用性。1983 年，TCP/IP 协议正式替代 NCP 协议，成为互联网的正式标准。

TCP/IP 体系结构划分为四个层次，从下至上分别是网络接口层、网际层、运输层和应用层。互联网协议最主要的工作是实现网际互联（异构直连网络间互联），网络接口层实际上是在各种异构的、具体的网络中实现的，例如 CSMA/CD 协议、PPP 协议、HDLC 协议等。因此，可以认为，TCP/IP 体系结构仅有三层：网际层、运输层和应用层。

（3）五层体系结构

在大部分的计算机网络参考资料中，将 TCP/IP 体系结构中的网络接口层划分为两个层次：物理层和数据链路层，因此这些教材将协议栈分为五个层次进行介绍。本教材重点介绍数据链路层（直连网络）、网络层（网络互连）、运输层（端到端的通信）和应用层（网络应用）。部分物理层中的传输媒体及通信基础知识的相关内容，被分散至相关章节进行介绍，例如，本章 1.2 节介绍了部分通信基础知识。

以上三种计算机网络体系结构如图 1-20 所示。

图 1-20　计算机网络体系结构

从图 1-20 可以看出，网络体系结构中的协议栈被分成了三个不同的作用范围：物理层和数据链路层作用于某个具体的物理网络，即本书介绍的直连网络。网络层协议实现了异构直连网络间的互连，从而构建了一个虚拟互连的网络（internet），如果网络层采用的是 TCP/IP 体系结构中的网际层协议，则这个互连的虚拟网络就是现今最大的计算机网络 Internet（互联网）。运输层及以上的协议主要在端系统中实现，即在网络边缘部分的主机中实现（可以简单地认为，网络层及以下设备没有实现运输层和应用层，但事实并非如此）。

TCP/IP 体系结构将 OSI 体系结构中的表示层和会话层全部集成到了应用层中。另外需要注意的是，OSI 体系结构在商业化运作中是失败了的，几乎没有厂商愿意去实现 OSI 体系结构，目前真正在使用的是 TCP/IP 体系结构。导致 OSI 体系结构失败的最主要的原因之一是其推出的时机不佳：在大部分厂商都已经实现了 TCP/IP 协议的情况下，没有厂商再愿意花费时间和金钱去实现庞大而复杂的 OSI 体系结构。

3. 各层功能

（1）应用层

应用层的任务是，通过不同端系统中的应用进程间的通信来完成特定的网络应用，例如，通过浏览器访问一个站点，发送或接收一封电子邮件等。应用进程指的是运行在端系统中的应用程序，该程序能够与其他端系统中运行的程序通信。应用层的协议规定了应用进程间通信的规则。在互联网中，已有很多经典的应用层协议，例如，支持域名解析的 DNS、万维网中采用的 HTTP 和 HTTPS、电子邮件中采用的 SMTP 和 POP3 以及网络管理中使用的 SNMP 等。在互联网中，应用层间交换数据的单位被称为"报文"（Message）。注意，在没有歧义的情况下，本书中常将其他层次的协议间交换数据的单位也称为"报文"。

（2）运输层

TCP/IP 体系结构中的运输层，其最主要的功能是为应用层提供端到端的、通用的逻辑通信服务。端到端指的是运输层是在端系统中实现的，即在网络边缘部分的主机中实现的；通用指的是运输层能够为不同的应用层提供服务，即在发送方多个不同的应用程序共用一个运输层（复用），在接收方运输层能将数据分发给不同的应用程序（分用）；逻辑通信指的是为应用进程提供数据传输服务。运输层提供了两种不同类型的数据传输服务：

传输控制协议（Transmission Control Protcol，TCP）：该协议提供了一种面向连接的、可靠的数据传输服务，TCP 协议交换数据的单位称为"报文段"（Segment）。

用户数据报协议（User Datagram Protocol，UDP）：该协议提供了一种无连接的、尽最大努力（Best Effort）的数据传输服务，UDP 协议交换数据的单位称为"用户数据报"。

考虑图 1-19 中的公司 A 和公司 B（经理 A 代表公司 A，经理 B 代表公司 B），这两个公司分别雇有 TCP 助理和 UCP 助理。当经理 A 需要传输一份重要的文件给经理 B，该经理把这份重要的文件交付给 TCP 助理 A，TCP 助理 A 可能会采取以下措施来保证文件能够正确无误地传送到公司 B：

- TCP 助理 A 打电话给 TCP 助理 B，以确保 TCP 助理 B 做好接收文件的准备；
- TCP 助理 A 传输文件给 TCP 助理 B（通过不可靠的网络传输系统）；
- TCP 助理 B 收到文件便打电话给 TCP 助理 A，告知对方文件已正确收到；
- 为了确保对方一定能够正确收到文件，TCP 助理 A 可能需要多次重传文件，另外，TCP 助理 A 还需要考虑对方接收文件的能力（例如，每分钟接收 20 页）以及网络传送文件的能力，来调整自己传送文件的速度等。

如果经理 A 把一份不那么重要的文件交给 UDP 助理 A 来传送，UDP 助理 A 会将文件直接交付给不可靠的网络进行传输，对方是否正确收到，该助理不必理会，对方在收到之后也不会向 UDP 助理 A 发送确认。

再次强调，运输层上的协议被称为"端到端"的协议，可以认为这些协议仅在网络边缘部分的主机中实现，但事实上网络核心部分的路由器也实现了运输层上的协议。

（3）网际层

TCP/IP 体系结构中的网际层（常称为网络层，二者含义相同，本书对此不做严格区分），主要负责把称为"数据报"（Datagram）或"分组"的网际层数据单元，从处于某一网络中的一台主机转发（移动）到处于另一网络中的另一台主机（可能需要经过中间转发设备多次逐跳转发）。因此，网际层的协议被称为"主机到主机"的协议。互联网的网际层采用的是 IP 协议，因此互联网中传输数据的单位是"IP 分组"（简称分组）或"IP 数据报"，在本书的相关章节中，在不会产生明显的歧义时，这三个称谓含义相同。网际层协议最重要的工作是：

- 为互联网上的每台主机分配 IP 地址（类似人们的通信地址）；
- 通过某种路由选择协议，寻找一条（或多条）从源端到目的端的路径。

网际层中的转发设备被称为"路由器"（Router)。路由器有多个接口，这些接口分别连接不同的直连网络，它能够把从某一接口上接收到的分组，依据转发表从另一个接口转发出去。类似于高速公路网络中的交通枢纽，或城市交通网络中的十字路口，当车辆从某一路口驶入交通枢纽或十字路口，司机根据交通指示信息（路由信息），快速地将车辆从合适的路口驶离。

从以上分析可以看出，互联网中的 IP 协议起到了"黏合剂"的作用，它将异构的网络"黏合"在一起，构成了现今最大规模的互联网。类似于高速公路上的交通枢纽将各省（市、县等）规模较小的高速公路网络连接起来，构成了一个更加庞大的、全国性的高速公路网络。

（4）数据链路层

数据链路层常简称为链路层，数据链路层间交换数据的单位称为"帧"（Frame）。

通过某条路径进行转发的、从源端至目的端的网络层分组，它是在这条路径上一系列的、相邻的路由器间一跳一跳地进行转发而实现的，为了将分组从一个节点（路由器或主机）移动到路径上的下一跳邻居节点，网络层需要使用节点间的链路层的服务：

发送端链路层对收到的网络层分组，首先将分组进行封装，即加上链路层间交换数据所需的信息（同步信息、地址信息、差错控制等），称为封装成帧；然后，沿着转发路径交付给下一跳邻居节点的链路层，下一跳邻居节点从收到的帧中提取出封装的数据（网络层分组），上交给网络层。

链路层的服务存在于直连的邻居节点之间，即其作用范围是直连的网络。注意，链路层提供的服务也是多种多样的，即使用的协议是多种多样的，本书将介绍三个重要的链路层协议：PPP、HDLC 和 CSMA/CD 协议。分组可能要经过多段链路才能到达目的端，因此，分组可能被沿途不同链路上的不同的链路层协议处理，类似于物流中的货物，需要使用不同的运输工具（例如汽车、火车、轮船、飞机等）、经过若干次转运而到达目的地。

（5）物理层

数据链路层实现了邻居节点间帧的传输，而物理层的任务是将数据链路层的帧，以比特为单位一个一个地（也可以是若干比特的组合）移动到下一跳邻居节点。

比特是通过邻居节点间的物理传输媒体来进行传输的，这些传输媒体是多种多样的，从信号的传播方向上来区分，可分为有方向性的和无方向性的，例如光纤、同轴电缆、双绞线都是有方向性的，而无线电磁波则是无方向性的；从传输信号的形式上来区分，可分为光信号和电信号等。

比特或比特的组合，通过编码或调制的方式，被转换成能够在物理传输媒体的信道中进行传输的信号。信号又可分为两大类：带有比特信息的电流或电压、无线电波等，称为电信号；带有比特信息的光脉冲等，称为光信号。通过解码或解调，接收端将收到的信号还原成比特或比特的组合，最终再将这些比特还原为帧，上交给链路层。

4. 协议封装与解封装

协议封装，指本层接收到上层交付的数据单元，加上本对等层间使用的协议（规则），从而构成本对等层间使用的数据单元。解封装，指对等层的接收方，在接收到本层的数据单元后，根据本层的协议完成本层的工作，然后移除本层协议附加的信息，还原出上层使用的数据单元，并将该数据单元交付给上层协议进行处理。

图 1-21 给出了协议封装的一个实例（仅用来说明问题）：

某老师在外地学习期间，分别为同一班级的每位同学购买了不同的小礼物（例如书籍等）。该老师需要通过物流公司将这些小礼物寄回到学校，并且分发给每一位同学。

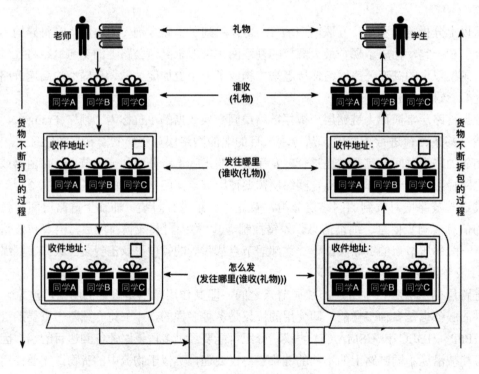

图 1-21 礼物邮寄的过程

发送方：老师首先用包装纸包装好小礼物，并分别写上接收礼物同学的姓名，然后将这些包装好的、写上了姓名的小礼物交给物流公司，并且告诉物流公司接收这些礼物的目的地址；物流公司将老师的这些礼物封装成一个大的包裹，包裹上注明接收包裹的地址，并用交通工具发往目的地址。包裹在到达目的地址之前，可能需要经过多种不同的运输工具转运，例如飞机、火车、汽车等，这里假设只通过火车一种运输工具一跳就能把包裹运送到目的地址。

接收方：火车沿铁轨到达目的地，车站的工作人员从火车上卸下包裹交给班长，班长拆开包裹将小礼物按姓名分发给同学，同学拆掉包装纸，最终高兴地收到老师发来的小礼物。

注意：发送方从上至下，各层是不断"打包"的过程，而接收方从下至上是不断"拆包"的过程。

在图 1-22 中，数据从源系统 H1 沿着 R1、R2 这条路径最终到达目的系统 H3，S1 和 S2 是直连网络中的链路层交换机，R1 和 R2 是源主机和目的主机所在直连网络的网关，它们或许处于同一直连网络中，或许需要经路由器多跳才能相互连接。

可以认为，直连网络中的 S1 和 S2 实现了数据链路层和物理层，即在直连网络内，仅用数据链路层和物理层协议就可以实现主机间的通信，且使用硬件地址来标识相互通信的主机。R1 和 R2 将图 1-22 中分别位于上面和下面的两个直连网络互连起来，可以认为，它们实现了物理层、数据链路层和网络层（实际上还实现了运输层和应用层）的协议。相较于直连网络中的 S1 和 S2，路由器多了一个网络层。网络层能够标识互联网中的每一台主机（采用第三层地址，例如 IP 地址），使得处于某一直连网络中的源主机能够识别（找到）另一直连网络中的目的主机，并且能够寻找到一条通往该目的主机的路径（需要网络中的路由器参与寻找）。在端系统中，实现了所有的五层协议，即将互联网中主机进程间通信的最为复杂的功能（运输层协议），全部放在了智能的端系统中实现（在互联网边缘部分的系统中实现），这使得互联网核心部分的路由器功能趋于简单且易于实现。

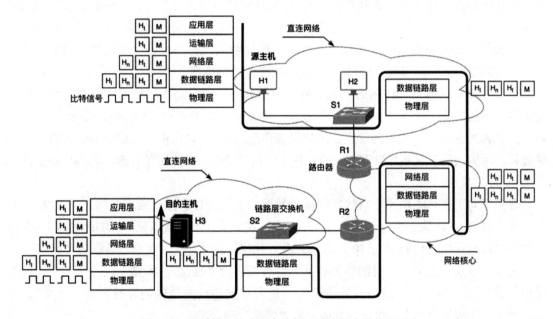

图 1-22 端系统、链路层交换机、路由器中的协议层次

重申一下两个地址的概念：第二层地址，也称为硬件地址，该地址用于识别直连网络中的主机；第三层地址，通常指互联网中采用的 IP 地址，该地址用于标识互联网中的某台主机和从源主机到目的主机的寻找路径。注意，分组沿路径逐跳进行转发的时候，逐跳间需要使用硬件地址（逐跳间是直连的网络），例如图 1-22 中，源主机 H1 首先将分组发送给 R1（第一跳），R1 再转发给下一跳，经互联网核心部分的路由器逐跳转发，最后到达与目的主机同处于一个直连网络的 R2，最终 R2 直接交付给目的主机 H3。

通过上面分析不难看出：数据从源主机的协议栈向下流动，然后流过链路层交换机 S1、路由器 R1 和 R2、链路层交换机 S2，最后再从下向上流过目的主机的协议栈。

下面分析互联网中协议（以五层为例）的封装过程：

①在源主机中，应用进程将其产生的数据（Application-layer Message，应用层报文，图 1-22 中的 M）向下交付给运输层；

②运输层附加上对等层（接收方运输层）间传输数据所需的、被称为运输层首部的必要信息（图 1-22 中的 H_t）生成运输层报文段（TCP 协议）或用户数据报（UDP 协议），向下交付给网络层。运输层报文段或用户数据报可理解为运输层封装了应用层报文。若运输层上采用 TCP 协议，则附加的信息相对比较多且复杂，包含了可靠传输、差错检测、流量控制和拥塞控制等所需的信息；

③网络层附加上（封装）对等层（接收方网络层）间传输数据所需的、被称为网络层首部的必要信息（图 1-22 中的 H_n）生成网络层数据报（Network-layer Datagram，简称数据报），向下交付给数据链路层。网络层首部的信息中包含了源主机、目的主机的第三层地址信息等；

④同样，数据链路层附加上对等层间传输数据所需的必要信息（图 1-22 中的 H_l）生成链路层帧（Link-layer Frame，简称为帧），向下交付给物理层。附加的信息中包含了以太网中的源地址和目的地址（均是硬件地址）、差错检测信息等。另外，以太网帧还会附加帧尾部信息；

⑤最终，物理层将数据链路层交付的帧，以比特或比特的组合为单位转换成能够在信道中传输的信号（电信号或光信号），传输给接收方的物理层。

可以看出，对等层间传输的数据可分成两部分，一部分是本层的附加信息，另一部分是上层交付的数据。上层交付给本层的数据称为本层的有效载荷（Payload Field），本层的附加信息称为首部（链路层协议还会附加尾部信息）。在协议栈中，协议的封装是自上而下的过程，而协议的解封装是自下而上的过程，解封装就是拆除本层的首部，将有效载荷交付给上层协议的过程。

这里再对五层体系结构中对等层间传输数据的单元进行总结：应用层称为"报文"（有时也称为消息）、运输层称为"报文段"（TCP 协议）或"用户数据报"（UDP 协议）、网络层称为"数据报"（IP 数据报、IP 分组或分组）、链路层称为"帧"、物理层称为"比特"。

注意，本层对于上层交付的协议数据，也可以称为"报文"，即指上层一次性交付给本层的协议数据。另外，在讨论具体协议时，也常常把协议间传输的数据称为"报文"。总之，读者需要根据上下文的含义来具体分析"报文"的含义。

1.3.3 TCP/IP 体系结构

TCP/IP 体系结构又称为互联网体系结构，在前面的章节中，从分层的角度对互联网体系结构中各层的功能进行了简单的描述，本节将从对等层间使用的协议的角度来介绍互联网体系结构。TCP 协议和 IP 协议是互联网体系结构中最为重要的两个协议，该体系结构的各层中还包含其他多种协议，如图 1-23 所示。

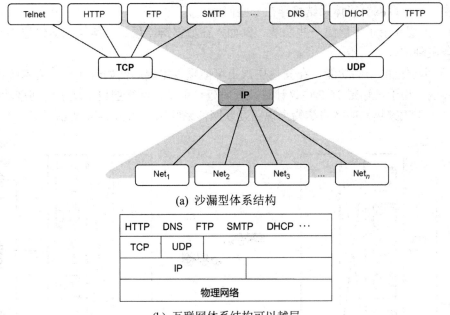

(a) 沙漏型体系结构

HTTP DNS FTP SMTP DHCP ···		
TCP	UDP	
IP		
物理网络		

(b) 互联网体系结构可以越层

图 1-23　互联网体系结构（互联网协议簇）

从图 1-23(a)可以看出，互联网体系结构中的协议呈沙漏的形式分布：顶部宽、中间窄、底部又宽，IP 协议是整个互联网体系结构的焦点，它为下面异构的网络 Net_1、Net_2 等提供了一种通用的分组交换方法，以使这些网络相互连通。最底层的异构物理网络是多种多样的（例如以太网、FDDI、ATM、PPP 等），但是只要在这些物理网络实现了 IP 协议，就能够实现这些异构物理网络间的分组交换，即通过 IP 协议，下层不同物理网络间的差异性被屏蔽了，异构的物理网络被统一起来了，从而形成了现今最大的虚拟网络——互联网。在 IP 协议之上有两个运输层协议，这两个协议分别为各种各样的应用层协议提供了端到端的、应用进程间的两种通信服务（一种是可靠的，一种是不可靠的）。IP 协议实现的是主机到主机的通信，因此，可以说 IP 协议通过运输层协议为端系统中多种多样的应用进程，提供了基本的通信服务。

从图 1-23(b)所示的互联网体系结构中，可以看到另外一种情况，互联网体系结构没有严格划分层次：应用层可以越过运输层而直接使用网络层，也可以越过运输层、网络层而直接使用具体的物理网络的协议。

在后续内容可以看到，网络层中用于寻找转发路径的路由选择协议，如果按层次结构划分，并没有被划分到网络层中，而是被划分到了应用层中。例如，RIP 路由选择协议首先被封装到了 UDP 用户数据报中，然后再被封装到 IP 数据报中进行转发。

另一个最为常用的应用程序 ping（用于测试主机间的通连性），它是越过了运输层而直接使用了网络层中的 ICMP 协议（参考"1.5　本章实验"）。

另外，在直连的网络中，应用层中的程序，可以越过运输层、网络层而直接使用具体网络协议（数据链路层）便可实现主机进程间的通信。例如，在以太网中，应用进程仅需将需要传输的数据封装到以太网帧中发送给目的主机（使用的目的地址标识），目的主机提取帧中的数据便可接收到源主机发送的数据。

事实上，互联网分层体系结构存在一些问题：

（1）上层冗余了下层的一些功能。例如，在数据链路层、网络层和运输层均有相应的差错检测机制。

（2）本层上的一些功能，在其他层次上可能重复出现。例如时间戳，它本应该仅在运输层上实现，用于运输层 TCP 协议计算往返时延，但是，网络层也实现了时间戳功能。

最后，用大家熟知的网络购物来说明互联网体系结构，如图 1-24 所示。

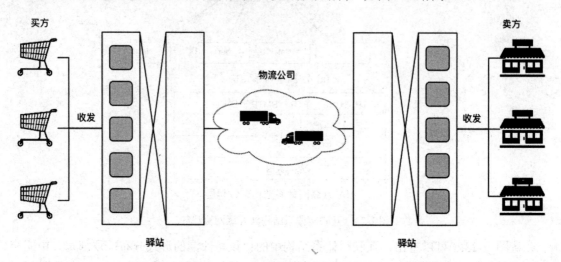

图 1-24 网络购物中货物运输过程

买方向卖方购买某种货物——对应于应用层；卖方通过驿站来发送货物和买方通过驿站来收取货物——对应于运输层；驿站选用合适的物流公司运输货物——对应于网络层；买方和卖方分别位于不同的物理地点——对应于链路层和物理层，即处于某个具体的网络中。

1.4 互联网的发展

1.4.1 互联网的起源

在苏、美冷战时期，美国国防部认为，集中式的、单一的军事指挥中心一旦被苏联核武器摧毁，全美的军事指挥必然处于瘫痪状态，其后果不堪设想。因此美国国防部认为，需要将分散的、独立工作的防区军事指挥系统相互连接起来，组建一个分散且互连的军事指挥系统，即使该系统中的部分指挥点被摧毁，但整个指挥系统仍能正常工作。

1968 年夏，美国国防部正式启动了"ARPANET"项目招标，1969 年 1 月，BBN（Bolt Beranek and Newman Inc.）公司以 100 万美元的价格中标。1969 年 12 月，BBN 建立了四个节点的 ARPANET 网络，这四个节点是分别位于斯坦福大学研究院、加州大学圣巴巴拉分校、加州大学洛杉矶分校和犹他州大学的四台大型计算机，四个节点通过专门的 IMP 设备和通信线路进行连接，通信线路由 AT&T 提供，速率是 50kb/s 并且采用了分组交换技术，如图 1-25 所示。注意，这四个节点的网络都是以主机为中心的网络（如图 1-1 所示）。

IMP 的作用类似于现今的路由器，它将连接、调度和管理等工作从大型主机中分离出来，解决了不同大型主机间不兼容的问题（类似于路由器可连接异构的网络）。

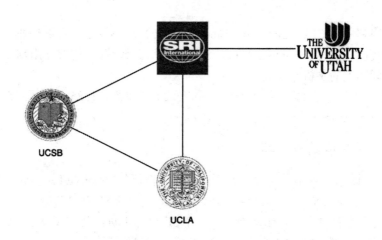

图 1-25　4 个节点的 ARPANET

有趣的事件：在第一台、第二台 IMP 分别被运抵加州大学洛杉矶分校和斯坦福大学研究院之后，1969 年 10 月 29 日晚 22:30 分，UCLA 的本科生查理·克莱恩（Charley Kline），激动地在键盘上键入了一个字母"L"，然后通过麦克风问 SRI 的终端操作员：

"你收到'L'了吗？"

"是的，我收到了'L'。"

"你收到'O'了吗？"

"是的，我收到'O'了，再传下一个。"

当查理·克莱恩输入第三个字母"G"时，IMP 传输系统崩溃了，世界上的第一次互联网传输实验，仅传输了两个字母"LO"。经过数小时的修复，查理·克莱恩不仅传输了"LOGIN"，而且还传输了其他的数据。

1.4.2　TCP/IP：互联网的根基

在 ARPANET 项目启动的同时，拉里·罗伯茨（Larry Roberts）成立了 NWG（Network Working Group），负责研究主机与主机之间的通信软件。1970 年，NWG 完成了最初的 ARPANET 使用的通信协议 NCP（网络控制协议）。

随着 ARPANET 节点数量的增加，对于节点及用户数量有严格要求的、且只能用于同构环境的（所有主机运行相同的操作系统）NCP 协议无法满足 ARPANET 日益增长的需求。

1973 年，温顿·瑟夫和罗伯特·卡恩加入了 ARPA，不久他们便共同提出了新的传输控制协议（Transmission Control Protocol，TCP）。

1978 年，温顿·瑟夫、罗伯特·卡恩、丹尼·科恩（Danny Cohen）和约翰·普斯特尔（Jon Postel）又将 TCP 拆分为两个部分：一个是用于解决网络传输差错的传输控制协议 TCP，一个是用于异构网络互连的网际协议 IP，最终形成了稳定的 TCP/IP 协议。

1983 年 1 月 1 日，ARPANET 正式将 TCP/IP 协议作为网络的核心协议，NCP 协议退出。同年，ARPANET 被拆分为军用（MILNET）和民用两个部分，民用部分仍然称为 ARPANET。

1985 年，随着 TCP/IP 协议在 UNIX 中的实现而成为 UNIX 的组成部分，越来越多的操作系统支持 TCP/IP 协议，即 TCP/IP 协议已经成为网络互连的主流协议。

这期间，诞生了一批互联网应用，例如 DNS、电子邮件、文件传输协议 FTP、BBS 应用等，这些应用都采用 CLI（Command Line Interface）用户界面，且被专业技术人员广泛使用。1983 年问世的 DNS（Domain Name System，域名系统），能够让用户使用域名来更加方便地访问互联网上的主机。

1985 年 1 月 1 日，世界上第一个域名 nordu.net 被注册。1985 年 3 月 15 日，世界上第一个.com 域名 Symbolics.com 被注册。

1.4.3 NSF：互联网的推进者

1984 年，美国国家科学基金会（NSF）建立了自己的 NSFNET，以此作为超级计算机研究中心之间的连接。NSF 本想利用 ARPANET 作为 NSFNET 的通信干线，但是由于 ARPANET 具有军方背景且受控于政府，于是 NSF 自己出资，建立了基于 TCP/IP 协议的、完全属于自己的广域网。NSFNET 的网络速度比 ARPANET 快了 25 倍，这使得全美各地的大学、政府、企业和私人科研机构纷纷接入 NSFNET。到 20 世纪 80 年代末，接入到 NSFNET 的用户数量远远超过了 ARPANET 的用户数量。

ARPANET 于 1989 年被关闭，并于 1990 年 6 月 1 日正式被 NSFNET 所取代，退出历史舞台。

1990 年 9 月，由 IBM、MCI、MERIT 三家公司组建的高级网络科学公司 ANS（Advanced Network&Science Inc.）建立了一个全美范围的 T3 级主干网（45Mb/s）。1991 年底，NSFNET 主干网与 ANS 提供的 T3 级主干网互相连通。同年，NSF 授权 NSFNET 开展网络商业活动，这项决定促成了第一个商业性互联网拨号服务供应商——The World 的诞生，这使得接入 NSFNET 的用户数量呈指数级增长。至此，NSFNET 已经成为互联网的重要骨干之一。

1995 年 4 月 30 日，NSFNET 被正式宣布停止运作，而此时互联网的骨干网已经覆盖了全球 91 个国家，主机数量已经超过 400 万台。另外，在这一时期，各种层级的 ISP 纷纷出现，使得用户能够更加便捷地接入互联网。

1.4.4 WWW：互联网的"分水岭"

随着互联网的发展，接入互联网的主机越来越多，人们怎样才能便捷地访问互联网中的资源呢？1989 年，蒂姆·伯纳斯·李（Tim Berners-Lee）设计并实现了 WWW（World Wide Web，万维网）：整个万维网是大量相互连接在一起的站点的集合，这些站点通过网址可以相互访问，用户通过客户端能够方便地从一个站点中的页面访问另一个站点中的页面。

蒂姆还提出了 HTTP（超文本传输协议）和 HTML（超文本标记语言），并于 1989 年夏，成功开发出了世界上第一台 Web 服务器和第一台 Web 客户机。1989 年 12 月，蒂姆为他的发明正式命名为"World Wide Web"。1991 年 5 月 WWW 在 Internet 上首次露面，这是世界上第一个站点，该站点仍被保留在欧洲核子研究组织的官网中。

WWW 的广泛应用，极大地方便了非专业人员来使用互联网，这也成为了互联网呈指数级增长的主要驱动力。至此，互联网已向普通用户正式敞开了大门，因此，1989 年也就成了互联网发展史上划时代的"分水岭"：互联网从此由学术网络变化为商业网络，开始真正地面向社会公众全面开放。

1993 年 1 月，在 NCSA（National Center for Supercomputing Applications，美国国家超级电脑应用中心）工作的两位工作人员马克·安德森（Marc Andreessen）和吉姆·克拉克（Jim H. Clark），用了六个星期的时间，在 UNIX 上开发了互联网史上的第一款能够显示图片的、图形化界面的网页浏览器 Mosaic（随后发布了 Apple Macintosh 和 Microsoft Windows 版本）。Mosaic 浏览器使得非专业人员能够更加便捷地使用互联网，受到人们的普遍欢迎。

1994 年马克·安德森和吉姆·克拉克共同创立了 Mosaic 通信公司（Mosaic Communication Corporation）。为了避免与 NCSA 产生法律纠纷，同年 11 月将公司更名为网景公司（Netscape Communication Corporation），随后网景又开发了导航者（Netscape Navigator）浏览器。

随即网景试图开发基于浏览器操作的应用软件平台，网景公司的这一思路，使得以开发操作系统为目标的微软公司感受到了巨大的威胁，随后便爆发了网景与微软的浏览器大战。微软通过将 IE（Internet Explorer）浏览器捆绑到 Windows 95 系统中，免费供用户使用的方式而最终获得了胜利。2022 年 6 月 15 日，微软的 IE 浏览器正式告别历史舞台，取而代之的是 Microsoft Edge 浏览器。两种浏览器如图 1-26 所示。

(a) Netscape Browser 9.0

(b) Internet Explorer 6.0

图 1-26　浏览器之争

1994 年，斯坦福大学的研究生杨致远（Jerry Yang）和 David Filo 创建了雅虎（Yahoo!），并于 1995 年组建了公司。雅虎是互联网上的第一个门户网站。雅虎对互联网最大的贡献是奠定了使用互联网的基本规则：开放、免费和赢利（一部分用户使用免费服务，一部分用户使用付费服务），正是这个基本规则，使得人们可以从互联网上免费获取多种多样的信息，并且通过互联网传递和分享这些信息。

1998 年提供搜索引擎服务的公司——谷歌（Google）诞生，2000 年雅虎斥资 720 万美元让谷歌为其提供搜索服务，这使得谷歌第一次开始赢利。雅虎在其商业道路上，最终是一个失败者：第一，雅虎未能收购谷歌是其商业活动的败笔之一；第二，2008 年雅虎拒绝了微软报价 446 亿美元的收购计划，这是其商业活动的败笔之二。2016 年，雅虎的核心资产最终被 Verizon 公司以 48 亿美元收购。

1.4.5　移动互联网

2007 年 1 月 9 日，苹果 CEO 史蒂夫·乔布斯发布了第一代 iPhone，标志着移动互联网（Mobile Internet）时代正式到来。2008 年，苹果发布了 App Store，让开发者开发基于苹果设备的应用，这使得 iPhone 的应用功能更加丰富。苹果公司的这种将移动通信和互联网相结合的方式，使得人们能够随时随地接入并使用互联网，另一方面也促成了多种多样的移动互联网应用产品的研发和使用。目前，移动互联网是信息产业中发展最快、创新最多的领域，正在迅猛地向金融、社交、文化和教育等各个领域广泛渗透。

移动设备（例如智能手机）接入互联网的方式是多种多样的，其中最能体现其移动特征的是通过运营商的通信网络（例如中国电信、中国移动等）接入互联网。到目前为止，移动通信技术一共经历了五代，从第四代（也称为 4G）开始，彻底取消了电路交换技术而采用了 IP 网络。

中国自主研制的 TD-LTE 成为第四代移动通信技术的主流标准之一，到 2016 年 6 月，采用 TD-LTE 的基站超过了 132 万个，并与 126 个国家和地区开通了 4G 漫游服务，成为世界最大规模的 4G 网络系统。

2017 年 12 月 21 日，5GNR 首发版本被正式发布。

2018 年 2 月 27 日，中国华为发布了首款 5G 商用芯片和 5G 商用终端。

2019 年 6 月 6 日，5G 商用牌照被工业和信息化部发放给中国电信、中国移动、中国联通和中国广电，至此，中国正式全面进入 5G 移动通信时代。

在 5G 移动通信技术中，中国起到了十分关键的作用。截止到 2022 年 6 月 6 日，即中国 5G 商用发牌三周年之际，国家知识产权局的相关报告显示："当前全球声明的 5G 标准必要专利共 21 万余件，涉及近 4.7 万项专利族，其中中国声明 1.8 万余项专利族，占比接近40%，排名世界第一。申请人排名方面，华为公司声明 5G 标准必要专利族 6500 余项，占比 14%，全球居首。"

在移动互联网的应用方面，除了实现"人与人"之间的通信要求（人联网）之外，"物与物"之间的通信要求（物联网）也已被实现且被广泛使用。5G 移动互联网已经重新定义了通信的目的，也促使通信技术发生了较大的变化，使得人们的生活模式、学习模式、工作模式等发生了重大变化。中国华为在"5G 时代十大应用场景白皮书"中强调："移动网络的目标是连接全世界，产生的数据通过连接在云端构建，不断创造价值。车联网、智能制造、全球物流跟踪系统、智能农业、市政抄表等，是物联网在垂直行业的首要切入领域，都将在5G 时代蓬勃发展。"

1.5 本章实验

本书的实验环境包含了 GNS3 网络仿真、Wireshark 网络嗅探及 Scapy 发包与收包分析。

本章的实验目的：

参考相关资料，掌握 GNS3、Wireshark、Scapy 的安装与使用。

利用 Wireshark 抓取网络数据包，理解协议封装的概念。

掌握 Scapy 构建数据包及发送、接收数据包的方法。

掌握协议越层封装的概念。

1.5.1 实验环境配置

1. GNS3 简介

GNS3 是一款开源的、可以运行在多平台（包括 Windows、Linux、macOS 等）且具有良好图形界面的网络仿真软件，类似于 Cisco 的 Packet Tracer，它可以直接运行 Cisco 的 IOS（Internetworking Operating System-Cisco），也支持其他厂商的设备（例如华为）。有关 GNS3 的安装使用说明，请参考 GNS 官方文档。图 1-27 显示的是在 macOS 系统下运行的 GNS3 界面：左边列出的是可用的网络设备，这些设备有一部分是 GNS3 自带的，有一部分需要用户手动添加（例如 ESW 三层交换机、c3600、c3640、c3725 和 c3745 等）；最上面一行是工具栏；右边最大的区域是网络拓扑栏。

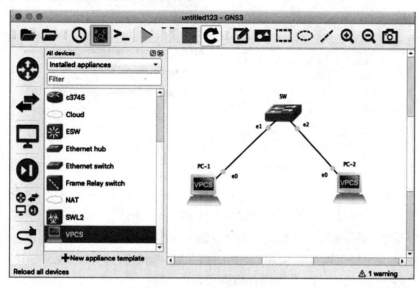

图 1-27　GNS3 运行界面

读者可以根据实际情况，选择其他网络仿真工具完成本书的实验，例如华为公司开发的 eNSP（enterprise Network Simulation Platform）、Cisco 公司开发的 PT（Packet Tracer）以及 EVE-NG 等。GNS3 和 PT 分别有其各自的优点和缺点：PT 相对简单，对硬件要求较低，其缺点是功能有限，适用于初学者；GNS3 较为复杂，它直接使用厂商设备的 IOS 来仿真，因此其仿真的真实程度几乎与真实设备一致。由于在 GNS3 采用了 Cisco 的路由器来仿真 Cisco 的三层交换机，故仿真的三层交换机可能存在一些不足，但基本能够满足本书的实验要求。

2. Wireshark 简介

Wireshark 是一款开源的、支持多平台的、图形化界面的网络数据包截取（抓包）软件，它能够方便地抓取网络传输过程中的各种协议数据包，并能够展示这些数据包的详细信息。通常网络中传输的数据包非常多，默认情况下 Wireshark 将这些数据包全部抓取并显示，而在进行协议分析时，常常只需要选取所关心的数据包进行分析，这种情况下需要使用 Wireshark 的数据包过滤功能，例如过滤条件"tcp.port==9090"，就是告诉 Wireshark，仅显示运输层端口号是"9090"的数据包。Wireshark 的详细使用说明，请参考 Wireshark 官网。

3. Scapy 简介

Scapy 是一款由 Python 编写的强大的交互式包处理程序，它可以方便地构造多种协议的数据包，也能够将这些数据包发送给目的主机，且可以接收目的主机的返回结果。有关

Scapy 的安装和使用说明，请参考 Scapy 官方网站。在安装时要特别注意 Python 和 Scapy 的版本匹配问题。当正确安装了 Python 和 Scapy，可在操作系统的命令行窗口（例如 Windows 操作系统中的 CMD）中输入 scapy，便可启动 Scapy 交互式工作界面，图 1-28 给出了 macOS 下的运行界面（与 Windows 环境下的运行界面是一样的）。

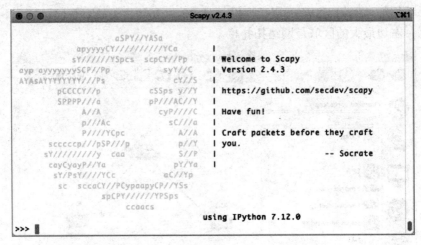

图 1-28　macOS 中 Scapy 的运行界面

"＞＞＞"是 Python 提示符，在该提示符下输入 ls() 指令，则终端上会列出 Scapy 支持的网络协议，输入 lsc() 则可以查看 Scapy 支持的指令集（函数）。例如，输入 ls(IP)，则终端上显示 IP 数据报的数据结构（IP 分组的首部格式）：

```
>>> ls(IP)
version    : BitField (4 bits)              = (4)
ihl        : BitField (4 bits)              = (None)
tos        : XByteField                     = (0)
len        : ShortField                     = (None)
id         : ShortField                     = (1)
flags      : FlagsField (3 bits)            = (<Flag 0 ()>)
frag       : BitField (13 bits)             = (0)
ttl        : ByteField                      = (64)
proto      : ByteEnumField                  = (0)
chksum     : XShortField                    = (None)
src        : SourceIPField                  = (None)
dst        : DestIPField                    = (None)
options    : PacketListField                = ([])
>>>
```

1.5.2　协议封装

用 Wireshark 和 Scapy 展示协议封装的一些实例。

1. 抓包观察协议的封装

图 1-29 展示了 Wireshark 嗅探到的一个包的输出结果，这是一个 HTTP 响应报文：

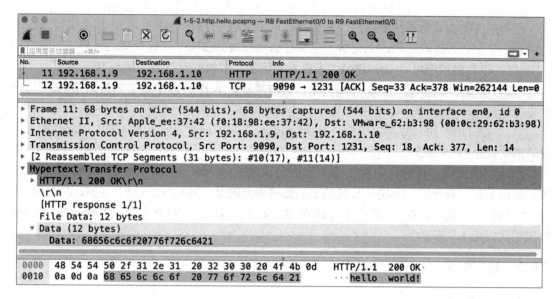

图 1-29　Wireshark 网络嗅探结果

Hypertext Transfer Protocol 指的是应用层使用了超文本传输协议 HTTP，HTTP 协议用于主机使用浏览器访问某个站点的页面，例如，使用浏览器访问 www.baidu.com。这个 HTTP 响应报文中携带了 12 字节的数据 "hello world!"（有效载荷），这 12 字节的数据被 HTTP 协议的 19 字节的首部封装，构成了应用层报文（注意，应用层报文也由两部分构成，分别是首部和有效载荷）；应用层报文被封装到 TCP 报文段中（Transmission Control Protocol），该报文段的有效载荷是 31 字节；TCP 报文段在网络层中被封装到 IP 分组中（Internet Protocol Version 4），IP 分组又被封装到以太网帧中（Ethernet II）；最终该帧被发送给直连网络中的主机，该主机的硬件地址是 "00:0c:29:62:b3:98"。

读者可以用 Wireshark 抓取访问一个网站的数据包，仔细观察协议封装的过程。

2. 构建数据包观察协议封装

在 Scapy 交互界面中输入以下几行代码，可直观地理解协议封装：

```
>>> pkt = Ether()/IP()/UDP()/DNS()          # 协议封装
>>> pkt                                       # 显示封装结果
<Ether type=IPv4 |<IP frag=0 proto=udp |<UDP sport=domain |<DNS |>>>>
```

最后一行显示了协议封装的结果，一对符号 "<>" 中的内容是每个层次的协议报文：

（1）"<DNS |>" 表示应用层 DNS 报文，"|" 后面的内容表示该报文中的有效载荷，这里没有有效载荷。

（2）"<UDP sport=domain |<DNS |>>" 表示将 DNS 报文作为数据封装到 UDP 用户数据报中，"<DNS |>" 是 UDP 用户数据报中的有效载荷。

（3）"<IP frag=0 proto=udp |<UDP sport=domain |<DNS |>>>" 表示将 UDP 用户数据报封装到 IP 分组中，"<UDP sport=domain |<DNS |>>" 是 IP 分组中的有效载荷。

（4）"<Ether type=IPv4 |<IP frag=0 proto=udp |<UDP sport=domain |<DNS |>>>>" 表示将 IP 分组封装到以太网帧中，其有效载荷就是上层 IP 分组。

对等层间的协议是多种多样的（例如，应用层上有 HTTP、DNS 等），因此必须考虑一个问题，本层在解封装之后，上交给上层的什么协议去处理呢？仔细观察上述协议封装：

（1）以太网帧中用"type=IPv4"来告诉对等层，本帧中封装的数据是 IP 分组。

（2）在 IP 分组中用"proto=udp"来告诉对等层，本 IP 分组中封装的数据是 UDP 用户数据报。

（3）在 UDP 用户数据报中用"sport=domain"来告诉对等层，本 UDP 用户数据报中封装的数据是 DNS 报文。

由此可以知道：对等层中某一个具体的协议报文，一定包含有上层协议相关的信息，该信息用于告诉对等层，本层所封装的上层数据采用的是何种协议。注意，协议是以代码的形式来指定的，例如，在 IP 分组中，UDP 协议的代码是 17，TCP 协议的代码是 6，ICMP 协议的代码是 1，等等。

1.5.3 越层封装

1. 数据封装

以下用几行 Scapy 代码来实现越层的协议封装：

```
01: >>> Frame = Ether(src='f0:18:98:ee:37:42', dst='d4:41:65:ee:5c:c0')  # 构造一
个帧
02: >>> Ip = IP(src='192.168.1.10 ', dst='192.168.1.1') # 构造一个 IP 分组
03: >>> Icmp = ICMP(type=8, code=0)      # 构造一个 ICMP 回送请求报文
04: >>> pkt = Frame/Ip/Icmp              # 协议封装
05: >>> pkt.show()                       # 显示封装结果
06: ###[ Ethernet ]###                   # 数据链路层：以太网帧
07:    dst= d4:41:65:ee:5c:c0            # 目的地址（第二层地址，硬件地址）
08:    src= f0:18:98:ee:37:42            # 源地址（第二层地址，硬件地址）
09:    type= IPv4                        # 以太网帧中封装的是 IP 分组
10: ###[ IP ]###                         # 网络层：IP 分组
11:       version= 4
12:       ihl= None
13:       tos= 0x0
14:       len= None
15:       id= 1
16:       flags=
17:       frag= 0
18:       ttl= 64
19:       proto= icmp                    # IP 分组中封装的是 ICMP 回送请求报文
20:       chksum= None
21:       src= 192.168.1.10              # 源 IP 地址（第三层地址，IP 地址）
22:       dst= 192.168.1.1               # 目的 IP 地址（第三层地址，IP 地址）
23:       \options\
24: ###[ ICMP ]###                       # ICMP 回送请求报文
25:          type= echo-request
26:          code= 0
27:          chksum= None
28:          id= 0x0
```

```
29:              seq= 0x0
```

在上述输出结果中，已经将重要的输出内容做了注释，其中第 01～05 行是手动输入的内容，其余内容均为执行第 05 行代码输出的结果。

ICMP 也是应用层协议之一，它直接被封装到了网络层的 IP 分组，并没有被封装到运输层的协议之中，即 ICMP 越过了运输层协议而直接使用了网络层协议，最后 IP 分组又被封装到了数据链路层的以太网帧之中。

ICMP 主要作用之一是用于测试互联网上主机间的连通性，源主机向目的主机发送一个 ICMP 回送请求报文，目的主机收到该请求报文便会回送一个 ICMP 回送回答报文（参考"第 3 章 网络互连"的相关内容）。Windows 操作系统中的一个很重要的命令 ping，采用的就是 ICMP 协议。

本实验环境中，由于 IP 地址是"192.168.1.10"的源主机与 IP 地址是"192.168.1.1"的目的主机同处于一个直连的以太网中，因此，可以用 Scapy 提供的发送数据链路层帧的函数 srp()，直接将上述封装了数据的以太网帧发送给目的主机（注意，没有经过网络层进行转发）。

2. 发送帧

首先启动 Wireshark 并选择正确的网络接口进行抓包，然后执行以下发送数据帧的语句行：

```
>>> ans, unans = srp(pkt)
Begin emission:
Finished sending 1 packets.
.*
Received 2 packets, got 1 answers, remaining 0 packets
```

3. 结果分析

函数 srp()返回的是一个元组，该元组中的数据类型是两个列表元素，其中一个列表是 Results（响应），另一个是 Unanswered（未响应）。用 ans 和 unans 两个变量，来分别保存函数 srp()返回元组中的这两个列表元素，ans 保存 Results 列表，unans 保存 Unanswered 列表，即 ans 是目的主机回送的包的列表。列表中的元素又是元组，元组中的第 1 个元素是发送的包，第 2 个元素是收到的响应包（对发送包的响应）。具体结构如下：

（1）ans：[(发送的包 0,收到的响应包 0),(发送的包 1,收到的响应包 1)……]

（2）ans[0]：(发送的包 0,收到的响应包 0)

（3）ans[1]：(发送的包 1,收到的响应包 1)

（4）ans[0][0]：发送的包 0

（5）ans[0][1]：收到的包 0

以此类推。

上述的代码中，只发送了 1 个 ICMP 回送请求包 pkt，提示信息显示收到了 2 个包，其中一个是响应包，另一个是发送的原始包，即(发送的包 0,收到的响应包 0)。

用下列方法，可以显示指令 srp(pkt, timeout=1)返回的结果：

```
>>> ans[0][0].summary()
'Ether / IP / ICMP 192.168.1.10 > 192.168.1.1 echo-request 0'
>>> ans[0][1].summary()
'Ether / IP / ICMP 192.168.1.1 > 192.168.1.10  echo-reply 0 / Padding'
```

分析一下"ans[0][0].summary()"的输出结果（源主机发送的包）：

（1）"Ether / IP / ICMP"给出的是协议封装过程。

（2）"192.168.1.10 > 192.168.1.1"说明是源主机"192.168.1.10"向目的主机"192.168.1.1"发送了报文。

（3）"echo-request 0"说明源主机发送的是 ICMP 回送请求报文。

"ans[0][0].show()"可显示更为详细的发送的包的信息，"ans[0][1].show()"可显示更为详细的收到的包的信息。

请读者自己分析目的主机返回的包。注意，"echo-reply 0"表明目的主机返回给源主机的是 ICMP 回送回答报文。图 1-30 给出了执行上述 Scapy 发包函数的抓包结果：

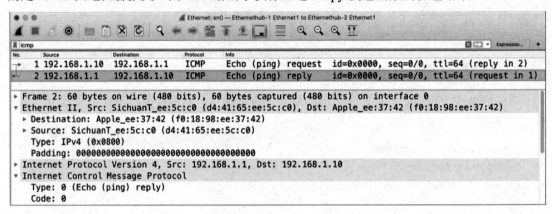

图 1-30　Wireshark 嗅探的 Scapy 发包收包的结果

仔细观察图 1-30 的抓包结果，序号是 1 的包是前面构造并发送出去的包，序号是 2 的包是目的主机在收到 ICMP 回送请求报文之后回送的 ICMP 回送回答报文，这与 Windows 中的 ping 命令的功能是一样的，即通过几行交互式的 Scapy 代码，实现了 ping 命令最基本的功能。如果将这几行代码组织成一个可运行的 Python 脚本程序，也就实现了类似于 ping 命令的功能，参考以下实验程序 1-1.py。

```
01: # 实验程序 1-1.py, 越层封装, 发送帧（向目的主机发送 ICMP 回送请求报文）
02:
03: from scapy.all import ICMP, IP, Ether, srp
04:
05: def pingEx(srcip, dstip, srcmac, dstmac):
06:     '''发送帧的 ping'''
07:     Frame = Ether(src=srcmac, dst=dstmac)
08:     Ip = IP(src=srcip, dst=dstip)
09:     Icmp = ICMP(type=8, code=0)
10:     #Icmp = ICMP(type=8, code=0)/b'12345678'
11:     pkt = Frame/Ip/Icmp
12:
13:     try:
```

```
14:          print('\'{}\' ==> \'{}\' 发送回送请求报文'.format(
15:              pkt[IP].src, pkt[IP].dst))
16:
17:          # 发送帧并接收返回的包
18:          ans, unans = srp(pkt, timeout=1, verbose=False)
19:
20:          print('\'{}\' ==> \'{}\' 返回回送回答报文'.format(
21:              ans[0][1][IP].src, ans[0][1][IP].dst))
22:
23:          print('收到的以太网帧：')
24:          print('{:<7}{}'.format('源地址：', ans[0][1][Ether].src))
25:          print('{:<6}{}'.format('目的地址：', ans[0][1][Ether].dst))
26:          print('{:<8}{}'.format('类型：', hex(ans[0][1][Ether].type)))
27:
28:          print('帧中封装的 IP 数据报：')
29:          print('{:<7}{}'.format('源地址：', ans[0][1][IP].src))
30:          print('{:<6}{}'.format('目的地址：', ans[0][1][IP].dst))
31:          print('{:<8}{}'.format('协议：', hex(ans[0][1][IP].proto)))
32:
33:          print('IP 数据报中封装的 ICMP 回送回答报文：')
34:          print('{:<8}{}'.format('类型：', ans[0][1][ICMP].type))
35:          print('{:<8}{}'.format('代码：', ans[0][1][ICMP].code))
36:          # 输出 ICMP 报文的负载
37:          print(ans[0][1][ICMP].load.decode('utf-8'))
38:
39:      except Exception as e:
40:          print('Error.{}'.format(e))
41:
42:  if __name__ == '__main__':
43:      # 以下四个参数根据实际网络进行修改
44:      srcip = '192.168.1.10'
45:      dstip = '192.168.1.1'
46:      srcmac = 'f0:18:98:ee:37:42'
47:      dstmac = 'd4:41:65:ee:5c:c0'
48:
49:      pingEx(srcip, dstip, srcmac, dstmac)
```

第 44 行指定了源主机的 IP 地址，第 45 行指定了目的主机的 IP 地址，第 46 行指定了源主机的 MAC 地址，第 47 行指定了目的主机的 MAC 地址。这几个地址需要程序编写者根据实验环境进行修改。

稍有编程基础的读者，理解实验程序 1-1.py 所示的 Python 程序并不是十分困难。在实验程序 1-1.py 中，第 7～11 行和第 18 行是最核心的几行代码，已在 Scapy 交互方式中正确运行；第 20～37 行的功能是输出 srp() 返回的信息。实验程序 1-1.py 的运行结果如下：

```
Mac-mini:code $ python 1-1.py
'192.168.1.10 ' ==> '192.168.1.1' 发送回送请求报文
'192.168.1.1' ==> '192.168.1.10 ' 返回回送回答报文
收到的以太网帧：
```

```
源地址:      d4:41:65:ee:5c:c0
目的地址:    f0:18:98:ee:37:42
类型:        0x800
帧中封装的 IP 数据报:
源地址:      192.168.1.1
目的地址:    192.168.1.10
协议:        0x1
IP 数据报中封装的 ICMP 回送回答报文:
类型:        0
代码:        0
```

在收到的以太网帧中,类型值是十六进制的"0x800",表明该帧中封装的数据是 IP 分组。在 IP 分组中,协议值是"0x1",表明该 IP 分组中封装的数据是 ICMP 报文。在 ICMP 报文中,类型值是 0,代码值是 0,表明这是一个 ICMP 回送回答报文(程序中发送的是 ICMP 回送请求报文)。注意,实验程序 1-1.py 中并没有使用运输层协议,也就是说应用层程序越过了运输层而直接使用了网络层的协议。

4. 问题讨论

(1) 如何获取目的主机的硬件地址

由于是在直连网络中发送帧,因此发送方需要知道源主机和目的主机的第二层地址(硬件地址,也称为 MAC 地址)。在这种情况下,如何获取目的主机的硬件地址成为最关键的问题。在 Windows 系统中,管理员可以使用 ipconfig /all 命令手动获取本机的网络接口(网卡)的 IP 地址和硬件地址(macOS、Linux 系统中使用 ifconfig,有些 Linux 使用 ip addr)。因此,管理员可以使用该命令,为直连网络中的每台主机建立一个 IP 地址和硬件地址的对应表,以实现直连网络中主机间帧的发送与接收。

这种由管理员手动管理直连网络内主机 MAC 地址的方式,难以应付主机更换网卡或网卡损坏的问题:若主机更换网卡,其硬件地址也随之发生变化。后续章节中将会介绍主机采用 ARP 协议来自动获取直连网络中目的主机的硬件地址,从而自动建立目的主机的 IP 地址和硬件地址的对应表(注意,IPv6 不再使用 ARP 协议)。

(2) ICMP 报文负载

将实验程序 1-1.py 中的第 9、10 行稍做修改:在第 9 行前添加注释符号"#",将该行改为注释行;删除第 10 行行首的注释符号"#",将该行改为语句行,即给 ICMP 报文添加 8 字节的负载数据"12345678",修改结果如下:

```
09:      #Icmp = ICMP(type=8, code=0)
10:      Icmp = ICMP(type=8, code=0)/b'12345678'
```

启动 Wireshark 抓包之后,重新运行实验程序 1-1.py,观察程序输出的结果和抓包结果。

习题

1-01 请列出使用互联网时用户常用的一些客户程序,并说明这些客户程序分别请求什么服务。

1-02 在图 1-13 中,假设有第二个车队紧跟着第一个车队到达收费站 1,请分析第二个车队的排队时延。

1-03 二进制信号在信噪比是 127/1、带宽是 4kHz 的信道上传输，该信道的最高数据率是多少？若改为十六进制信号结果如何？

1-04 分组的长度是 100B，现经过一个网络直径是 2km 的局域网进行传输，信号的传播速率是 $2×10^8$m/s，假设主机的发送速率不受限制，问该网络的数据率是多大时，其传播时延等于传输时延？如果分组的长度是 512B 呢？

1-05 在习题图 1-1 中，主机 H1 和主机 H2 均以 10Mb/s 的链路与交换机 SW 相连，每段链路的传播时延均是 10μs，SW 在收到分组 20μs 之后开始将其发送出去。假设 H1 在 t 时刻开始发送数据，试计算以下不同情况下 H2 收到最后 1 比特数据的时间。

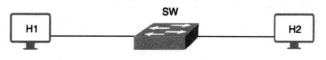

习题图 1-1　主机与 SW 相连

（1）所有数据作为一个 10kb 的分组发送。

（2）所有数据分为两个 5kb 的分组一个接一个地发送。

1-06 假设实时视频直播以 1920 像素×1080 像素的分辨率在网络上进行传输，且不对传输的数据进行压缩，试计算以下不同情况下传输所需的带宽。

（1）4B/像素，30 帧/s。

（2）4B/像素，60 帧/s。

1-07 月球到地球的距离约是 385000km，假设月球和地球之间有一条点到点的链路，该链路的带宽是 1Gb/s，且信号在该链路上以光速 $3×10^8$m/s传播。现从月球源源不断地向地球发送数据，地球在收到月球发送的第 1 比特数据之后，向月球发送确认信息，试计算：

（1）该链路的 RTT。

（2）在月球收到地球发来的确认信息之前，一共向地球发送了多少比特的数据。

1-08 假设主机 H1 通过某网络中的三段链路，向主机 H2 发送大量的数据，这三段链路的带宽分别是 1Gb/s、100Mb/s 和 10Mb/s（不考虑 H1 的速率）。

（1）假设该三段链路上没有其他数据流量，通过这三段链路传输数据的瞬时吞吐量是多少？

（2）假设 H1 需要向 H2 发送 7.5Gb 的数据，从 H1 发送数据开始，H2 需要经过多少时间才能接收完全部数据（不考虑出错重传等因素）？

1-09 在下述情况下，计算传输一个 100MB 的文件所需的时间。RTT 是 10ms，每个分组的长度是 1kb，在收发数据之前，双方"协商"时间是 2 倍的 RTT。

（1）分组连续发送，带宽是 10Mb/s。

（2）发送完一个分组，等待一个 RTT 后继续发送下一个分组，带宽是 10Mb/s。

（3）假设带宽无限大，即发送时延是 0，且每个 RTT 只能传输 20 个分组。

（4）假设带宽无限大，第一个 RTT 时间内发送2^{1-1}=1 个分组，第二个 RTT 时间内发送2^{2-1}=2 个分组，第三个 RTT 时间内发送2^{3-1}=4 个分组，依次类推，第 i 个 RTT 时间内发送2^{i-1}个分组（参考运输层拥塞控制）。

1-10 主机 H1 与主机 H2 相隔 10000km，它们之间相连的链路的带宽是 10Mb/s（没有其他主机使用该链路），信号传播速率是$2×10^8$m/s。假设 H1 能够不间断地向 H2 发送数据，试计算：

（1）在任何时刻，H1 与 H2 之间的链路中容纳了多少比特。

（2）若以时间（秒）为单位计，链路中每比特的宽度是多少。

（3）若以长度（米）为单位计，链路中每比特的宽度是多少。

1-11 有一受随机噪声干扰的信道，其信噪比是 30dB，最高数据率是 30kb/s。试计算该信道的带宽。

1-12 假设信道的带宽是 10kHz，信噪比为 127/1，采用八进制码元，该信道的最高数据率是多少？如果采用三十二进制码元，该信道的最高数据率又是多少？

1-13 Windows 中的 ping 命令可以用来观察到互联网中某个目的主机的 RTT，在一天的不同时间段，分别找出到 www.baidu.com、www.qq.com、www.cnnic.cn 等主机的 RTT，并比较结果。

1-14 Windows 中的 tracert（Linux 中是 traceroute）命令可用来追踪到达互联网中某个目的主机所经过的路由器序列。在一天的不同时间段，利用该命令分别找出去往 www.baidu.com、www.qq.com 等主机所经过的路由器序列，并比较结果。在 Linux 中，traceroute 命令支持多种协议的路由追踪，请参考 traceroute 帮助文档，分别采用 ICMP、TCP、UDP 协议进行路由追踪，并比较结果。

1-15 参考相关文档，安装 Wireshark、GNS3 网络嗅探和仿真环境，用交换机组建如图 1-27 所示的小型局域网并实践以下操作：

（1）鼠标双击 PC-1 即可进入 PC-1 仿真终端。

（2）配置 PC1 的 IP 地址为 192.168.1.10/24，PC2 的 IP 地址为 192.168.1.20/24。

```
PC-1> ip 192.168.1.10/24
PC-2> ip 192.168.1.20/24
```

（3）在 PC1 与交换机相连的链路上右击鼠标，从出现的快捷菜单中选择 Wireshark 启动抓包。

（4）在 PC1 仿真终端中运行命令 ping 192.168.1.20。

```
PC-1> ping 192.168.1.20
```

（5）分析 Wireshark 抓包结果，理解协议封装和越层的概念。

1-16 参考相关文档，正确安装配置 Python 3.x 和 Scapy 并进行以下操作：

（1）在文本编辑器（例如 Sublime 3.0）输入实验程序 1-1.py。

（2）启动 Wireshark 抓包工具，选择正确的网络接口进行抓包。

（3）在仿真终端中进入实验程序 1-1.py 所在的目录中，执行 python 1-1.py。

（4）分析抓包结果和实验程序 1-1.py 运行结果。

（5）修改实验程序 1-1.py，计算源主机与目的主机间的 RTT。

第 2 章　直连网络

本章主要讨论在直连网络中主机间通过网络接口（也称为"网络适配器"或"网卡"）发送和接收数据帧的问题，以及比特在链路上传的问题。注意，在直连网络中，主机间发送和接收数据不需要经过转发设备（第三层设备，例如路由器）进行转发。本章介绍的网络接口层包含了五层体系结构中的数据链路层和物理层。

本章主要内容如下：

（1）直连网络的概念。

（2）直连网络中主机发送和接收数据需要解决的问题。

（3）PPP 和 HDLC 协议。

（4）CSMA/CD 协议。

（5）以太网硬件地址。

（6）以太网数据帧格式。

2.1　直连网络

2.1.1　直连网络的概念

本书中所介绍的直连网络，指所有通信主机通过某种传输媒体直接连接，直连网络中的任何一台主机发送一个广播帧，其他主机都能够收到该广播帧。直连网络分为两大类：一类是直接通过物理传输媒体（或工作在物理层的集线器等）将主机连接在一起所构成的网络，例如传统的总线型以太网；另一类是通过交换机（工作在数据链路层、未划分 VLAN）将主机间接连接在一起所构成的网络（有些教材称为"交换网络"），例如，利用以太网交换机组建的一个网络。直连网络中主机的网卡与传输媒体直接相连，网卡实现了数据链路层和物理层的功能，这些功能使得直连网络中的主机具备了发送和接收数据帧（简称为"帧"）的能力，即直连网络中的主机通过相互交换数据帧实现了主机间数据的传输。直连网络中使用的传输媒体可以是铜缆或光纤等，其传输距离可以很近也可以很远，即直连的网络可以覆盖一个较小的区域，也可能覆盖一个很大的区域，最简单的直连网络就是用一根双绞线将两台计算机直接相连而构成的网络。直连网络覆盖范围如图 2-1 所示。

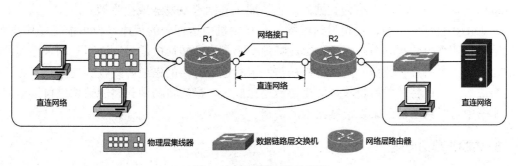

图 2-1　直连网络覆盖范围

图 2-1 所示的网络中，左边是用工作在物理层的集线器组建的一个小型局域网，是一个直连的网络，主机间的网卡通过物理层设备直接相连（集线器可被看作是一种特殊的传输媒体）；右边是用数据链路层交换机组建的另一个小型局域网，也是一个直连的网络，主机间的网卡通过数据链路层设备间接相连，本章将要介绍的以太网就是这样的一个直连网络（局域网）。路由器 R1 和 R2 的接口之间构成了一个特殊的网络，这个特殊的网络距离可以很远也可以很近，可以是点对点的网络，也可以是通过交换机相互连接在一起的网络。本章将要介绍的 PPP、HDLC 以及以太网均属于直连网络。注意，图 2-1 左边的直连网络中的主机的数据，可能需要经过路由器间多次逐跳转发，才能够到达右边的直连网络中的某个主机，相邻路由器之间连接的网络是直连网络，如图 2-2 所示。

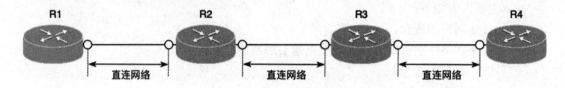

图 2-2　相邻路由器间的直连网络

在直连的网络中，仅实现了协议栈中的物理层和数据链路层，即物理层和数据链路层的作用范围仅限于直连的网络，一个直连网络中的"帧"，不可能穿越路由器而到达另一个直连的网络，即在直连网络中，主机间不需要经过第三层设备转发便可以直接相互交换"帧"。

2.1.2　直连网络的数据传输

直连网络中的主机，当它通过网卡相连的链路发送数据时，需要解决以下几个问题。

1. 比特传输的问题

通过第 1 章的学习知道，主机产生的比特 0 或者 1 是通过编码（Encoding）和调制被转换成能在合适的链路上进行传输的信号的，而链路又是多种多样的，因此，这些信号可能是电信号，也可能是光信号等。

2. 完整消息的问题

为了把一个完整的消息发送给接收主机，发送方主机需要将这些消息比特封装成数据帧（称为"封装成帧"，简称"成帧"），因此直连网络中主机间交换数据的单位为帧（Frame），本教材中有时也称为数据帧。主机通过其网卡来发送或接收帧。

注意，在直连网络中，主机发送数据，是指主机中运行着的程序（也可能是操作系统），通过网卡将数据封装到帧中，然后将组成帧的一个个比特转换成信号发送至与网卡相连的链路的信道中；主机接收数据，是指主机从与网卡相连的链路的信道中接收到信号，并将该信号转换成相应的比特，然后将收到的比特流还原成帧，最后将帧中封装的数据交付给应用程序。本书中有时将用链路来表示链路中的信道。

3. 传输出错的问题

信号在信道中的传输可能会受到干扰，从而导致出现错误，例如，在某些情况下发送的比特 1 变成了比特 0 或接收方无法还原接收到的信号，在这种情况下，接收方主机无法判断接收的比特是否出错。因此，按收方主机判断收到的帧是否正确是非常必要的，它不能把传输过程中出错的数据交付给应用程序。所以必须有一种机制来保证接收方不会将传输中出错的数据交付给应用程序，这种机制就是帧的差错检测（Error Detection）。

4. 共享链路的问题

在直连网络中，另一个需要解决的重要问题是共享链路的问题。如果直连网络中的多台主机共享同一链路，则需要通过某种机制来协调主机使用共享链路，这种机制被称为媒体接入控制（Media Access Control），也被称为介质访问控制。本章将要介绍的广播式以太网，采用的是 CSMA/CD 媒体接入控制方法。

5. 主机标识的问题

在点对点直连网络中，仅有两台主机位于链路的两端，正常情况下，一台主机将帧发送至链路上，另一台主机一定能够从该链路上收到发送给自己的帧，即在这种网络中，发送方不需要指明哪台主机来接收自己发送的帧。但是，在某些共享链路的直连网络中，例如传统的广播式以太网，任何一台主机向共享链路上发送帧，所有连接在该共享链路上的主机均能收到这个帧，最终哪台主机来处理这个帧呢？为了解决这一问题，需要对连接到共享链路上的主机进行标识。网卡的"硬件地址"的作用，就是用来标识直连网络中的主机。因此，帧中一定包含有发送主机的源地址（硬件地址）和接收主机的目的地址（硬件地址）。

本章将分别讨论两种类型的直连网络：一种是通过共享链路将多台主机连接所组成的直连网络；另一种是通过点对点链路仅将两台主机连接而成的直连网络。

2.1.3 直连网络的硬件组成

直连网络的硬件由两部分组成：一部分是能够发送或接收帧的主机（也称为节点），主机可以是计算机、链路层交换机（用于把帧从一条链路发送到另一条链路）也可以是路由器；另一部分是用于主机间传输信号的链路，如图 2-3 所示。

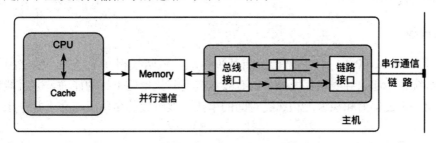

图 2-3　直连网络的硬件组成

1. 主机

能够接入网络中的主机，包含有中央处理器（CPU）、高速缓存（Cache）、内存（Memory）和网卡等硬件，网卡是主机与网络之间的接口。网卡通过总线接口，与中央处理器进行并行通信，其链路接口通过链路与网络进行串行通信。CPU 生成需要发送的数据，并且从网卡上接收需要处理的数据。

2. 链路

能够传输信号的链路，一定是在某种具体的物理传输媒体上实现的，而传输媒体又被分为两大类：一类是导向型传输媒体，另一类是非导向型传输媒体。例如，同轴电缆、双绞线、光纤属于导向型传输媒体；能够在空间中自由传播的无线电波、微波、红外、蓝牙等属于非导向型传输媒体。

无论何种类型的传输媒体，信号都是以电磁波的形式在传输媒体中传输的，电磁波在铜缆中的传播速度大约是光速的 2/3（200m/μs 或2×10^8m/s）。电磁波的一个重要属性是频率（Frequency），以赫兹（Hz）为单位。奈氏准则和香农定理告诉我们，信道的频率越高，码元速率越高，信道的比特速率也就越高。双绞线、光纤是直连网络中最常使用的传输媒体。图 2-4 给出了特定传输媒体的大致的频率范围。

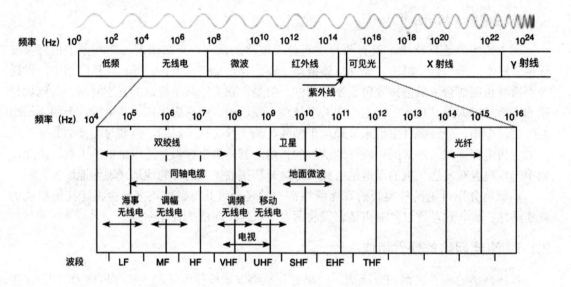

图 2-4　通信领域使用的电磁波频谱

2.1.4　导向传输媒体

1. 双绞线

双绞线（Twisted Pair，TP）是指按照某种标准，将两根相互绝缘的、独立的导线以绞合的方式缠绕在一起。导线相互缠绕可以有效地提高其抗电磁干扰的能力，并且能够减少线缆内线对间的电磁辐射和线缆内相邻线对间的串扰。双绞线的传输距离介于几千米到几十千米之间。

传统的固定电话是通过双绞线接入电话交换机中的。在互联网的早期，人们通过电话拨号来接入互联网，其实际的接入速率受制于双绞线的质量和接入距离，如果是窄带拨号，则接入速率不会超过 56kb/s（56k Modem），如果是宽带（ADSL）拨号上网，则接入速率为1～8Mb/s。

70 年代出现的局域网，采用双绞线实现了计算机间短距离内的高速数据传输。根据传输数据安全性的要求，双绞线分为了两大类：一类是非屏蔽双绞线（Unshielded Twisted Pair，UTP），另一类是屏蔽双绞线（Shielded Twisted Pair，STP）。

屏蔽双绞线可以用不同的屏蔽材料和不同的屏蔽方式进行屏蔽，屏蔽材料可以是铝箔（Foil，用 F 表示），也可以是金属编织网（Braid Screen，用 S 表示），无屏蔽则用 U 表示。根据 ISO/IEC 11801 标准，可以使用某些字母的组合来标识双绞线线缆的类型，其标识方式如图 2-5(a)所示。

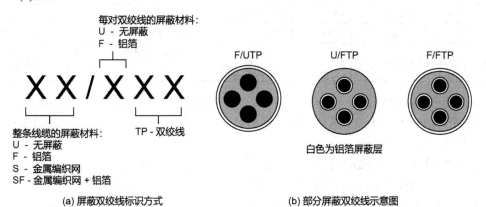

图 2-5　不同类型双绞线标识

U/FTP：每对双绞线有铝箔屏蔽层，整条双绞线线缆没有总屏蔽层（仅有线对屏蔽层）。

F(S)/UTP：整条双绞线线缆有铝箔屏蔽层或金属编织网屏蔽层（仅有总屏蔽层）。

F(S)/FTP：整条双绞线线缆有铝箔屏蔽层或金属编织网屏蔽层（总屏蔽层），并且每对双绞线有铝箔屏蔽层。

SF/UTP：整条双绞线线缆有铝箔屏蔽层和金属编织网屏蔽层（双层总屏蔽层），而每对双绞线无屏蔽层。

SF/FTP：整条双绞线线缆有双层总屏蔽层，且每对双绞线有铝箔屏蔽层。

图 2-5(b)中给出了部分屏蔽双绞线的示意图。

注意，用于计算机间进行数据传输的双绞线线缆，一共有 4 对 8 根铜导线，这 8 根铜导线均被不同色标的绝缘材料包裹。双绞线的绞距越小，它能够支持的数据率也就越高。所谓绞距，是指双绞线一个扭绞周期的长度，也称为节距，如图 2-6 所示。

图 2-6　双绞线绞距/节距

根据传输特性的不同，双绞线又被分为了多种规格型号，常用的规格型号、带宽及应用场景如表 2-1 所示。

表 2-1　常用双绞线类型和应用场景

型号	带宽	最高数据率	最大距离	应用场景	线型
CAT2	1Mhz	4Mb/s	—	令牌环网络	—
CAT3	16MHz	10Mb/s	100m	令牌环网络，以太网	—
CAT4	20MHz	16Mb/s	100m	令牌环网络，以太网，快速以太网	—
CAT5	100MHz	100Mb/s	100m	令牌环网络，以太网，快速以太网	—

型号	带宽	最高数据率	最大距离	应用场景	线型
CAT5E	125MHz	1Gb/s	100m	以太网，快速以太网，千兆以太网	—
CAT6	250MHz	10Gb/s	100m	千兆以太网，万兆以太网（55m）	—
CAT6A	500MHz	10Gb/s	100m	千兆以太网，万兆以太网（100m）	—
CAT7	600MHz	10Gb/s	100m	千兆以太网，万兆以太网（100m）	必须使用屏蔽双绞线
CAT8	2000MHz	40Gb/s	36m	数据中心、短距离服务器与交换机连接，4万兆以太网（30～36m）	必须使用屏蔽双绞线

以太网是指 10BASE-T（10 代表 10Mb/s，BASE 代表基带传输，T 代表双绞线）；快速以太网是指 100BASE-T；千兆以太网是指 1000BASE-T；万兆以太网是指 10GBASE-T；4 万兆以太网是指 40GBASE-T。

在网络工程中，用于计算机间进行数据传输的双绞线，采用 RJ-45 作为双绞线的连接器。1991 年 7 月，美国电信工业协会（TIA）和美国电子工业协会（EIA）制定了《商业大楼电信布线标准》（ANSI/TIA/EIA-568），1995 年正式推出了第二个版本 TIA/EIA-568-A，2001 年 EIA/TIA 又发布了第三个版本 TIA/EIA-568-B，TIA/EIA-568-A 和 TIA/EIA-568-B 分别规定了双绞线的两种排列线序。两种不同标准的 RJ-45 连接器中的线序排列如图 2-7 所示。

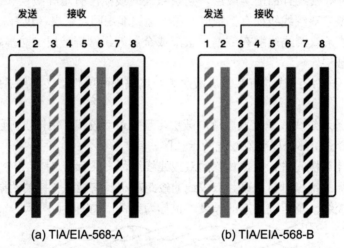

图 2-7　两种不同的线序标准

2. 光纤（光导纤维）

光纤具有传输带宽高、传输距离远、抗干扰能力强的特点，被广泛应用于中远距离以及高速的网络互连。

（1）光纤的基本概念

光纤是由两种不同折射率的材质包裹在一起而合成的双层圆柱体，处于里层的材质（纤芯），其折射率要高于外层（包层）的，当光通过纤芯到达纤芯与包层的结合面时，光会形成折射，如果光的入射角度选择合适，光的折射角度就会大于入射角度而形成光的全反射，即光遇到包层，又折回到纤芯中，这个过程的不断重复，使得光能够沿着纤芯不断传输下去，如图 2-8 所示。光纤通信正是利用光在纤芯中不断进行全反射而沿光纤传送光脉冲来实现的，例如，有光脉冲表示 1，无光脉冲表示 0。

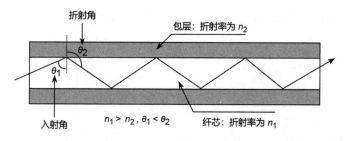

图 2-8　光在光纤中全反射

常用的光纤纤芯和包层的材料是高纯度的石英（SiO_2），纤芯的直径为 8～100μm。在光纤通信中，使用的是红外区域的光，其波长为 800～1600nm。经研究发现，波段中心位于 850、1310 和 1550nm 的光源最适合在光纤中传输，且这三个波段都具有 25000～30000GHz 的带宽，因此光纤的通信容量非常大。

（2）光纤的分类

光纤根据光在光纤内的传播模式（模式即光的传播路径）可以分为两种：多模光纤和单模光纤，如图 2-9 所示。

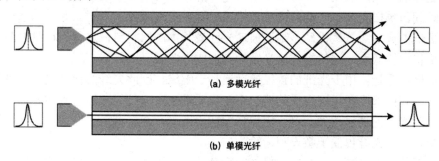

图 2-9　单模光纤与多模光纤

- 多模光纤：若在一条光纤中，光能够以多个不同的入射角进入该光纤而形成全反射，即光能够以不同的传播路径通过光纤进行传输，这种光纤被称为多模光纤。多模光纤以 LED 作为光源，这种光源比较分散（包含多种模式的光）。多模光纤的传输距离较短，在传输速率是 10Gb/s，且不使用中继器的情况下，多模光纤的传输距离仅为 550m，故多模光纤一般用于建筑物或小型单位。
- 单模光纤：若光纤的直径非常细（纤芯直径一般是 9μm 或 10μm），仅能够传输一种模式的光，这种光纤被称为单模光纤。单模光纤以激光作为光源，这种光源能够被更精确地控制且具有更高的功率。相比多模光纤，单模光纤的传输距离更远，在传输速率是 10Gb/s，且不使用中继器的情况下，单模光纤的传输距离可达 240km。

两种光纤的区别如表 2-2 所示。

表 2-2　常用的单模光纤与多模光纤的区别

光纤	波长(nm)	光纤直径(μm)	光源	传输距离[①]
单模光纤	1310，1550	9/125，10/125	激光	240km
多模光纤	850	50/125，62.5/125	发光二极管	550m

[①] 在传输速率是 10Gb/s，且不使用中继器的情况下。

图 2-10 展示的是光纤的剖面，图中示意了常用的单模光纤和多模光纤的纤芯直径和包层直径。

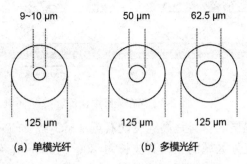

图 2-10　光纤纤芯、包层的直径

（3）光纤的优点

与铜缆（例如双绞线）相比，光纤的优点更加明显：

- 更高的带宽：从图 2-4 可以看出，光纤的带宽要远高于双绞线的带宽，这使得单位时间内单根光纤中传输的比特数量要远远多于双绞线。
- 更低的成本：二氧化硅是制造玻璃光纤最基本的原材料，这种原材料来源十分丰富，价格比较低廉，这使得玻璃光纤的制造成本要低于双绞线。
- 更轻的重量：由于光纤的直径要远远小于铜线，因此光纤的体积更小，重量也更轻。且在相同长度和相同容量的情况下，需要数千对双绞线才能达到的容量，可能仅需几对光纤就能够达到。这一优点特别适用于飞行器、人造卫星、空间站等的通信要求，另外光纤也便于敷设和运输。
- 更低的信号衰减：光纤中光信号的衰减要小于铜线中的电信号，这也使得光纤的中继距离更长。
- 更强的抗干扰能力：由于光纤不导电的特点，使得光纤传输的光信号，不会受到电磁场的干扰，也不存在电磁泄漏的问题，因此光纤也具有更好的保密性。
- 更高的承载能力：由于光纤非常细小，同样直径的线缆，能够容纳的光纤的数量多于铜线，这使得光缆可以承载更高的通信容量。
- 更长的使用寿命：玻璃光纤的制造材料是二氧化硅，而二氧化硅的化学性质较为稳定，这使得光纤的寿命要远大于铜线，普通的光缆的使用寿命约为 20 年，而海底光缆的使用寿命可达 25 年。

（4）光纤的缺点

- 质地脆，机械强度较差。
- 需要专业的工具和技术才能完成光纤的接续。
- 分路、耦合不灵活。
- 弯曲半径不能太小。

光缆现已成为一个国家信息传输的基础设施，也是全球信息共享的高速通道，可以这样想象，全球正被光缆织起的"蜘蛛"网络所覆盖。

（5）光纤通信模型

光纤通信的基本模型如图 2-11 所示，由于通信的发送端和接收端处理的都是电信号，因此从发送端到接收端需要经过"电—光—电"的转换。

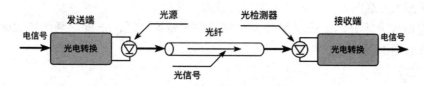

图 2-11　光纤通信的基本模型

在发送端，源主机产生的电信号通过光电转换器转换成光信号，并将光信号耦合到光纤中进行传输；在接收端，光电转换器把光检测器检测到的光信号转换成电信号，然后将该电信号发送至接收主机。如果发送端与接收端距离较远，则需要使用中继器将衰减、畸变后的光信号整形、放大，然后再将整形、放大后的光信号送入光纤继续传输。即长距离传输情况下，发送端到接收端的信号经历了"电—光—中继器—光—电"的过程。

光纤收发器是一种最常见的、独立的、有源的光电转换器；另一种光电转换器是交换机、路由器等设备中使用的光模块（Optical Modules），光模块不能独立使用，需要插入到交换机或路由器设备中才能使用。

在实际工程中，光纤最终要导引接入到端设备中与相关设备相连接，这种导引光纤称为"尾纤"。在光纤到户（Fiber To The Home，FTTH）的工程应用中，尾纤始于光纤终端盒子（Fiber Optic Termination Box），终于光网络终端（Optical Network Terminal，ONT），例如电信家用的天翼网关（俗称"光猫"）。

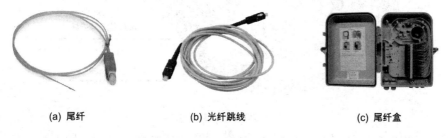

(a) 尾纤　　　　　　　　　(b) 光纤跳线　　　　　　　　　(c) 尾纤盒

图 2-12　尾纤、光纤跳线及尾纤盒

尾纤通过熔接技术，将一端与其他光纤纤芯的断头衔接，另一端与连接器连接。如果光纤的两端连接的都是连接器，则这种光纤被称为光纤跳线，用于连接两个光模块。如果将光纤跳线从中间剪断，则该光纤跳线就变成两根尾纤。光纤跳线的连接器是多种多样的，图 2-13显示的是在网络工程中常用的、不同类型的光纤连接器的参考示意图（请以真实的连接器产品为准）。

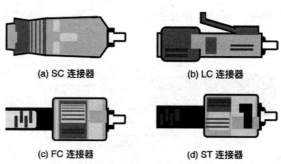

(a) SC 连接器　　　　　　　　　(b) LC 连接器

(c) FC 连接器　　　　　　　　　(d) ST 连接器

图 2-13　不同类型的光纤连接器

从尾纤中含有光纤的数量上区分，尾纤分为单芯尾纤、双芯尾纤、4 芯尾纤等，现在的家庭用光纤接入互联网时，大多数采用单芯或双芯尾纤。

从传输模式上区分，尾纤又可分为单模尾纤和多模尾纤，单模尾纤的标识颜色是橙色，而多模尾纤的标识颜色是黄色。

（6）光缆

为了让光纤适应室内或室外不同环境下的长距离敷设，人们将单根或多根光纤（多达数千根）进行铠装而成为光缆。所谓铠装是指在单根或一组光纤外面，包裹一层保护性的"铠甲"。有了这层"铠甲"，光缆能够抗强压、抗拉伸、抗腐蚀和防鼠咬虫蛀，这使得光缆能够在各种野外环境下进行敷设，例如，光缆可以直埋、架空或在海底敷设等。光缆的剖面示意如图 2-14 所示。

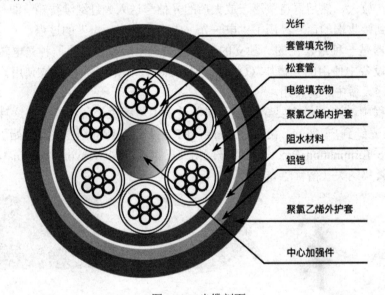

图 2-14　光缆剖面

由于光信号在传输过程中也会出现衰减，因此，长距离敷设的光缆中包含供电线，该供电线可用于为光纤的中继设备提供电力，在图 2-14 中并没有给出供电线。

3. 同轴电缆

一般的同轴电缆一共有四层，分别是内导体、绝缘层、外导体（金属织物屏蔽层）和外保护层，如图 2-15 所示。一些特殊用途的同轴电缆，其层数可能会多一些，例如，在绝缘层与外导体之间，再增加一层铝箔屏蔽层。

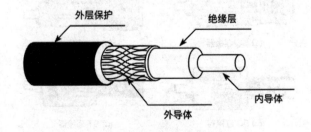

图 2-15　同轴电缆的结构

同轴电缆一般分为两种类型：基带同轴电缆和宽带同轴电缆。

基带同轴电缆：特征阻抗是 50Ω，主要用于传输数字信号，屏蔽层采用铜质的网状结构。早期传统的总线型以太网，就是采用基带同轴电缆作为物理传输媒体的，目前这种传统的以太网已被采用双绞线或光纤作为传输媒体的交换式以太网所取代。

宽带同轴电缆：特征阻抗是 70Ω，主要用于传输模拟信号，屏蔽层采用铝材料冲压而成。其最主要的应用是有线电视系统（Cable Television，CATV）。通过 Cable Modem，用户也可以通过 CATV 来接入互联网，这使得 CATV 既可以传输模拟信号，同时又能传输数字信号。但是，随着电信部门光纤到户（FTTH）计划的实施，"三网融合"日趋完善，以及交互式网络电视（Internet Protocol TeleVision，IPTV）、网络电话（Voice over IP，VoIP）的广泛使用，CATV 和传统的电话系统慢慢地退出了普通家庭用户。

2.1.5 非导向传输媒体

在综合布线工程中，双绞线、光纤、同轴电缆一般作为永久或半永久基础设备进行敷设，即需要先期花费一定的时间和费用，将这些传输媒体按要求和标准安装调试完成，才能够使用这些传输媒体进行通信。对于需要临时进行通信及通信设备不断移动的场景，双绞线、光纤、同轴电缆这种导向型传输媒体不够方便。

主机间的数据通信能否采用类似于对讲机、移动电话间的通信模式呢？答案是肯定的。无线网络技术正是采用无线电波作为传输媒体，来实现主机间的数据通信的。无线网络技术具有覆盖范围大、组网速度快以及适用范围广等优点，同时也存在安全性不高、抗干扰能力弱、稳定性不强、带宽不够大等缺点。无线网络的传输距离可长可短，短距离的无线网络的代表就是无线局域网，长距离的无线网络的代表是微波和卫星通信。

1. 无线局域网

根据是否需要基础设施，无线局域网可分为有基础设施（Infrastructure-based）的无线局域网和无基础设施（Infrastructure-less）的无线局域网。WLAN（Wireless Local Area Network，常被称为无线网络）是最典型的有基础设施的无线局域网，在这种网络中，移动通信节点与基站（基础设施）进行通信，基站与基站之间通过路由器相连，实现基站间的分组转发。在图 2-16 中，采用无线通信的主机通过 AP（Access Point，无线接入点）实现主机间的相互通信，如果将 AP 接入有线网络，则可以实现无线网络与有线网络的互连互通。

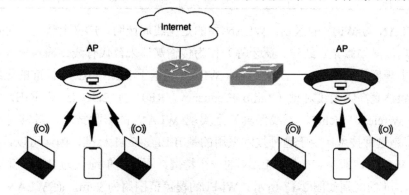

图 2-16　IEEE 802.11 无线网络

著名的 802.11 标准被用于短距离的 WLAN，这种局域网使用 ISM 频段（Industrial Scientific Medical Band，分配给工业、科研和医疗所使用的频段）进行通信。使用 ISM 频段不需要费用，也不需要许可证，只要发射功率低于 1W 且不干扰其他频段的信号即可使用。每个国家的 ISM 频段是不统一的，但是 2.4GHz 是每个国家共同使用的 ISM 频段之一，因此，无线局域网、蓝牙和 ZigBee 等无线网络，以及无线电话、RFID 和 NFC 等低功耗短距离的通信，均可以工作在 2.4GHz 的频段上。全世界部分共用的 ISM 频段如表 2-3 所示。

表 2-3　各国部分共用的 ISM 频段

频率范围	带宽	中位频率
13.553~13.567MHz	14kHz	13.560MHz
26.957~27.283MHz	32.6kHz	27.120MHz
40.660~40.700MHz	40kHz	40.680MHz
2.400~2.500GHz	100MHz	2.450GHz
5.725~5.875GHz	150MHz	5.800GHz
24.000~24.250GHz	250MHz	24.125GHz

随着技术的发展，802.11 标准不断升级换代，截止到 2021 年，802.11 一共有八代标准，表 2-4 给出了这八代标准的一些详细信息。

表 2-4　802.11 几个主要标准的演进史

时间（年）	标准	最高速率	工作的频段	典型产品
1997	802.11	2Mb/s	2.4GHz	—
1999	802.11b	11Mb/s	2.4GHz	Wi-Fi 1
1999	802.11a	54Mb/s	5GHz	Wi-Fi 2
2003	802.11g	54Mb/s	2.4GHz	Wi-Fi 3
2009	802.11n	600Mb/s	2.4GHz、5GHz	Wi-Fi 4
2013	802.11ac	3460Mb/s	5GHz	Wi-Fi 5
2019	802.11ax	9.6Gb/s	2.4GHz、5GHz	Wi-Fi 6
2021	802.11be	30Gb/s	2.4GHz、5GHz、6GHz	Wi-Fi 7

注意 WLAN 与 Wi-Fi 的区别：WLAN 指的是无线局域网，广义上认为它可以采用各种类型的无线电波（如激光、红外、蓝牙等）作为传输媒体来替代有线传输媒体（导向型传输媒体）组建小规模的局域网，从狭义上看，WLAN 是基于 IEEE 802.11 标准的无线局域网，其无线传输媒体是高频无线射频（Radio Frequency，RF），如 2.5GHz 或 5GHz 的无线电磁波；Wi-Fi（Wireless-Fidelity，无线保真）是实现 WLAN 的一种技术，最常见的家用无线 AP 使用的就是这种技术，由于这种技术采用的是 IEEE 802.11 标准，因此可以认为 Wi-Fi 是一种狭义的 WLAN，即 Wi-Fi 是 WLAN 的一个特例，不能简单地认为 Wi-Fi 就是 WLAN。WLAN 与 Wi-Fi 的区别如图 2-17 所示。Wi-Fi 的覆盖范围约为 90m，而 WLAN 的覆盖范围可达 5km。

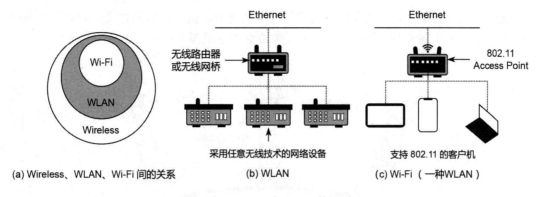

(a) Wireless、WLAN、Wi-Fi 间的关系　　(b) WLAN　　(c) Wi-Fi（一种WLAN）

图 2-17　WLAN 与 Wi-Fi 的区别

Ad hoc 是一种无中心（无基础设施）的、对等的、多跳的自组织网络（Self-organizing Network），主机可以随时加入或撤出网络。Ad hoc 的含义是"for the specific purpose only"，即"事先未准备的、临时的、为某个特定目的的"，图 2-18 是一个 Ad hoc 的示意图。

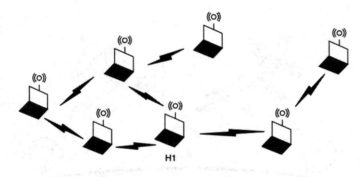

图 2-18　Ad hoc 无线网络

在 Ad hoc 中，由于每个主机的无线覆盖范围受限，并且不断有新的主机加入或原有主机退出，因此，Ad hoc 网络的拓扑结构常常处于动态变化之中。由于 Ad hoc 没有基础设施，使得两个主机间的通信，往往需要借助于其他主机进行分组转发才能够实现，即网络中的每个主机必须具备路由功能。因此，Ad hoc 网络中的每个主机既要承担主机的责任（运行用户程序），又要运行路由程序，承担执行相关路由策略、维护路由条目等功能。另外，从图 2-18 中可以看出，Ad hoc 网络中部分主机可能需要承担较重的路由功能（例如主机 H1），当这些主机移动了位置或者失效，就会造成部分主机失去与 Ad hoc 网络的连接。

2. 微波通信

微波是指频率范围在 300MHz～3THz 之间的电磁波，从表 2-3 可以看出，无线局域网中使用的电磁波，例如 ISM 中的 2.4Ghz、5GHz 等都是微波。微波通信（Microwave Communication）是指使用微波（频率范围是 3GHz～40GHz）作为载体、用于长途中继的通信网络。

微波与光波类似，采用径直向前的传输方式，并且微波具有极强的反跳能力，它不仅不能"绕过"传播路径上的障碍物，而且还会被障碍物反射回来。因此，微波只能在无障碍的视距范围内传播，即微波是在自由空间中以直线方式进行传播的。由于地表是一个凹凸不平的曲面，使得微波的传输距离受到限制，一般情况下，其传输距离不超过 50km。因此，采用微波来进行远距离长途通信时，需要进行微波接力。微波接力的方式分为两种：一种是微波地面接力（如图2-19所示），另一种是微波空中卫星覆盖接力（如图2-20所示）。

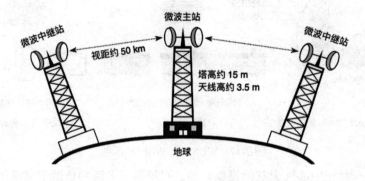

图2-19　微波地面接力

在微波地面接力中，如果微波中继站的高度达到100m，则中继站间的视距（Line of Sight）可达100km。

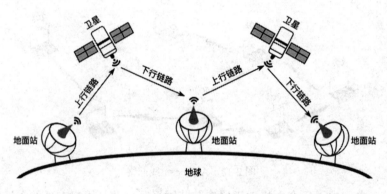

图2-20　微波空中卫星覆盖接力

卫星通信的最大优点是覆盖面广，几乎可以覆盖整个地球表面，特别适用于偏僻复杂的无人环境以及海洋环境（例如卫星电话）。如果按轨道高度（距地表高度）进行区分，人造地球卫星（简称卫星）运行的轨道大致可分为三大类：低地轨道/近地轨道（Low Earth Orbit，LEO），其轨道高度约是400～2000km；中地轨道（Middle Earth Orbit，MEO），其轨道高度约为2000～36000km；地球同步轨道/对地静止轨道（Geostationary Orbit，GEO），其轨道高度约为36000km。卫星运行轨道高度和覆盖区域如图2-21所示。

运行在地球同步轨道上的卫星，具有以下几方面的特点：运行轨道位于地球赤道之上；运行的方向与地球自转方向相同；运行周期等于地球自转一周的时间；运行角速度与地球自转的角速度相同。相对地球而言，运行在地球同步轨道上的卫星是静止的，因此，如果在地球赤道的上方，均匀地放置三颗这样的卫星（实际上不止三颗），则这三颗卫星的信号基本能够覆盖整个地球表面（南、北极小部分表面不能被覆盖），即有这样的三颗卫星便可以实现全球通信。我国于2023年5月17日，成功发射了第五十六颗北斗导航卫星（GEO-4），该卫星是我国北斗三号工程（已有的三颗GEO卫星）的首颗备份卫星，即我国已有4颗GEO卫星。

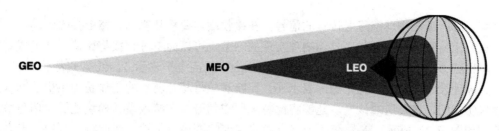

图 2-21　卫星运行轨道高度和覆盖区域示意图

经过一颗卫星中继的两个地面站间的传播时延大约在 250～300ms 之间（一般认为是 270ms），在微波地面接力中，中继站间的传播时延一般取 3.3μs/km。如果不计卫星间链路的传播时延，图 2-20 中左右两个地面站间的传播时延可达 540ms。由于卫星通信的频带很宽，因此卫星通信的容量也非常大。

注意，运行在低地轨道的卫星通信系统已经开始使用，例如美国太空探索公司（SpaceX）2015 年开启的星链项目（Starlink)，采用低地轨道卫星群，以实现覆盖全球的互联网接入服务，该项目计划部署 4.2 万颗低地轨道卫星。截止到 2023 年 5 月，SpaceX 已经将 4391 颗卫星布置到了低地轨道上。中国航天科技集团公司于 2016 年 11 月 2 日宣布建设"鸿雁卫星星座通信系统（鸿雁星座）"，2018 年 12 月 29 日，"鸿雁星座"的首星成功发射并成功入轨，这标志我国正式开启了"鸿雁星座"的系统建设工作，"鸿雁星座"在建设完成之后，将与"北斗"相互配合，组建更加完善的全球数据通信服务系统。可以预见，地面的光纤通信网络与空间的卫星通信网络相结合，将成为互联网新的基石。

卫星通信以其覆盖面广的独特优势，在诸多领域有着广泛的应用，例如民用的卫星电视、卫星电话、卫星导航以及应用于气象、陆地、海洋资源监测和科学实验的遥感卫星系统等。据统计预测，到 2026 年，理论上卫星通信行业容量可达 218Tb/s，如表 2-5 所示。

表 2-5　全球卫星通信行业容量发展预测[①]

	2023 年	2026 年
总容量	97Tb/s	218Tb/s
可销售容量	53Tb/s	113Tb/s
LEO 容量	83%	91%
MEO 容量	11%	5%
GEO 容量	6%	8%

另外，卫星激光通信，将克服卫星微波通信的一些缺点（例如高时延），且具有更宽的频带、更高的数据率、更小的时延以及更小的功耗等特点，可能是未来实现星间组网以及星地大数据信息交互的重要手段之一。

2.2　编码

在直连网络中，主机产生的比特数据，如何通过主机间相连的物理链路传输到另一台主机，是需要解决的关键问题之一。在物理链路上传输的是信号，因此在发送端需要将比特

---

① 资料来源于《2022 上半年全球卫星通信产业链态势分析》。

数据编码成能够在物理链路上传输的信号，在接收端需要将从物理链路上接收到的信号解码成二进制比特数据。不必关心具体物理实现的细节，可以简单理解成将比特 1 转换成某种信号，将比特 0 转换成另一种信号，例如，在铜缆中用高电平表示 1，低电平表示 0；在光纤中有光脉冲表示比特 1，无光脉冲表示 0。比特和信号相互转换的工作是由主机的网卡的信令模块实现的，在发送端该模块能够将比特编码成信号，在接收端该模块能够将信号解码成比特。如图 2-22 所示，信号在两个信令模块相连的链路上传输，而比特在两块网卡之间流动。

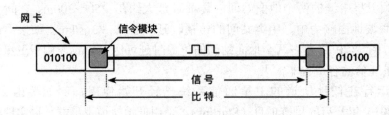

图 2-22　信令模块间传输信号、网卡间传输比特流

2.2.1　不归零编码

如图 2-23 所示，高电平表示比特 1，低电平表示比特 0 的这种编码方式，称为不归零编码（Non-Return to Zero，NRZ）。

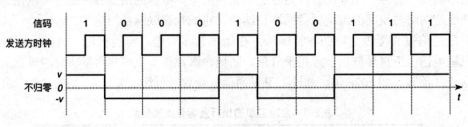

图 2-23　不归零编码

编码和解码的过程是由时钟来驱动的，只有在发送方与接收方的时钟精准一致的情况下，才能实现发送方编码 1 比特，接收方解码 1 比特，即发送方的编码工作与接收方的解码工作是在同一"节拍"下进行的；如果发送方的时钟稍快或慢于接收方的时钟（时钟漂移），即接收方不能从编码信号的开始边界接收信号，接收方采样后就有可能不能正确解码接收到的信号，参考图 2-24 的示例。

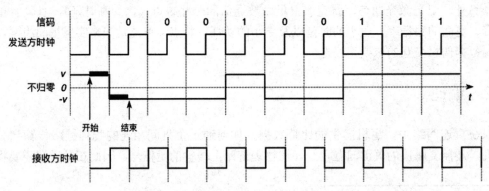

图 2-24　接收方时钟与发送方时钟不同步

如图 2-24 所示，接收方的时钟比发送方的时钟慢了"半拍"，它收到的编码中，一半是发送方发送的前 1 比特的编码，另一半是发送方发送的后 1 比特的编码，如果接收方以收到的电平的平均值来解码信号，则接收方收到的电平为 0，即没有编码信号。如果接收方的时钟再向右"漂移"更多一点，则接收方可能解码成比特 0。一方面，由于不归零编码没有时钟信息（或同步信息），因此不归零编码难以应对比特流中一连串比特 0 和一连串比特 1 的情况（难以获取时钟或同步信息），另一方面，很多信道不允许传输直流分量和低频分量。为了解决这个问题，可以在发送方与接收方之间增加一条时钟线，用来将发送方的时钟发送给接收方，这种通信系统被称为同频通信系统，显而易见，同频通信系统成本较高。

2.2.2 曼彻斯特编码

解决时钟同步的另外一种办法，就是采用曼彻斯特编码（Manchester Encoding），它是将发送方的时钟与不归零编码进行异或而得到的编码，即将信号与时钟（一对低/高变化的电平，是一个内部信号）合并起来（如图 2-25 所示）。

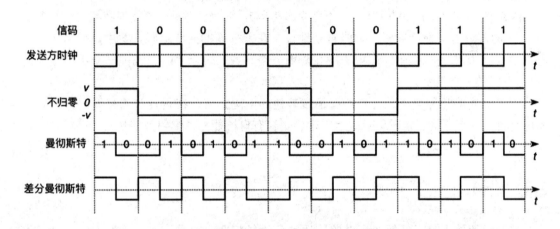

图 2-25　不归零、曼彻斯特与差分曼彻斯特编码

在上述曼彻斯特编码中，"1"被编码为"10"，"0"被编码为"01"，由于所需带宽比原码扩大了一倍，因此曼彻斯特编码的效率是 50%，即比特速率仅有码元速率的 1/2。由于曼彻斯特编码将"0"变成了电平由低到高的跳变，将"1"变成了电平由高到低的跳变，因此不管是传输比特"1"还是"0"，均会出现信号的跳变，接收方可根据这些跳变信息，来实现时钟同步。另外，还有一些其他的编码方案，较好地解决了曼彻斯特编码效率低的问题，例如 4B/5B 编码，其效率达到 80%。曼彻斯特编码常用于局域网中，例如本章将要介绍的以太网就是采用曼彻斯特编码。曼彻斯特编码具有二电性（极性相反）、定时信息丰富、无直流分量、连码个数不会超过 2 个（可用于宏观检错）等特点，其不足是所需带宽比原信码大了 1 倍，降低了频带的利用率。

2.2.3 差分曼彻斯特编码

差分编码的基本原理如图 2-26 所示。

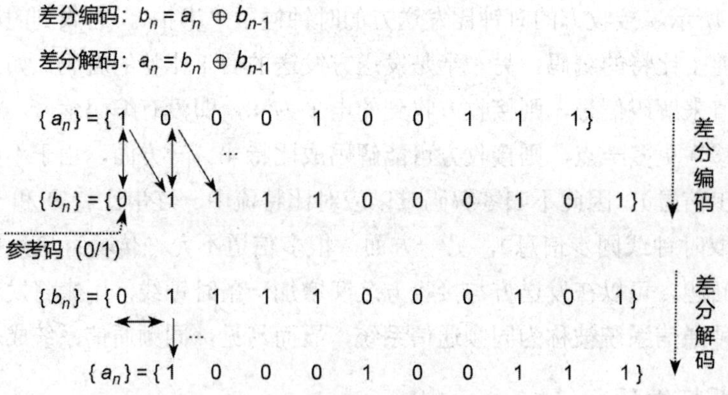

差分编码: $b_n = a_n \oplus b_{n-1}$

差分解码: $a_n = b_n \oplus b_{n-1}$

$\{a_n\} = \{1 \quad 0 \quad 0 \quad 0 \quad 1 \quad 0 \quad 0 \quad 1 \quad 1 \quad 1\}$

$\{b_n\} = \{0 \quad 1 \quad 1 \quad 1 \quad 1 \quad 0 \quad 0 \quad 0 \quad 1 \quad 0 \quad 1\}$

参考码 (0/1)

差分编码

$\{b_n\} = \{0 \quad 1 \quad 1 \quad 1 \quad 1 \quad 0 \quad 0 \quad 0 \quad 1 \quad 0 \quad 1\}$

$\{a_n\} = \{1 \quad 0 \quad 0 \quad 0 \quad 1 \quad 0 \quad 0 \quad 1 \quad 1 \quad 1\}$

差分解码

图 2-26 差分编码原理图

差分曼彻斯特编码（Differential Manchester Encoding）就是在去除差分编码中的参考码之后，再采用曼彻斯特编码进行编码，即先进行差分编码，然后再进行曼彻斯特编码，最终得到的结果就是差分曼彻斯特编码。在图 2-26 中，对信码 $\{a_n\}=\{1000100111\}$ 差分编码的结果是 $\{b_n\}=\{1111000101\}$（不包含参考码），对 $\{b_n\}$ 再进行曼彻斯特编码就得到了图 2-25 中的差分曼彻斯特编码。非常直观地说，在差分曼彻斯特编码方案中，采用相邻码元电平跳变/不变来进行编码，即电平跳变与前一个一致，表示"0"，与前一个不一致，则表示"1"（1 变，0 不变）。

除了上述的几种编码之外，还有很多其他的编码方案，在设计和选择编码方案时，应考虑是否无直流分量、定时信息是否丰富、是否有自检能力、编码效率是否较高以及编、解码是否简单等因素。

2.3 成帧

前面介绍的内容已经解决了链路上比特传输的问题，但是，在直连网络中主机间传输的消息是由若干比特组合而成的，即主机间交换的是一个完整的数据块（称为帧）而不是单个的比特。当发送方主机发送一个帧到链路上时，链路上传输的是比特流，接收方主机在收到比特流之后，如何准确识别出哪些比特构成一个帧，即如何确定帧的边界？这是网卡需要完成的一项重要工作。不同的协议，其成帧的方法也不尽相同，以下将介绍被广泛使用的面向字符的协议 PPP 和面向比特的协议 HDLC 的成帧方法，对于广播多路访问的链路，也必须讨论成帧的问题，本书将在广播式以太网的章节中进行介绍。

2.3.1 面向字符的协议 PPP

1. 概述

点对点协议（Point to Point Protocol，PPP，在 RFC 1548 中被定义）也称对等协议、点到点协议，一般用于用户通过调制解调器拨号接入 ISP，以建立用户至 ISP 间点对点的通信链路。PPP 把帧看作一个字节/字符（8 比特组成 1 字节）集而非比特集，即帧是以字节为单位进行封装的，每个帧中包含若干字节，帧的长度一定是字节的整数倍。PPP 的优点体现在以下几方面：

（1）支持同步传输和异步传输。

（2）当在以太网上承载 PPP 时，可扩展为 PPPoE（Point-to-Point Protocol over Ethernet），解决了传统以太网没有身份认证、加密以及压缩等功能的问题。

（3）通过链路控制协议（Link Control Protocol，LCP），实现了各种链路层参数的协商，主要用于建立、监控和关闭数据链路。

（4）通过网络控制协议（Network Control Protocol，NCP），能够支持多种网络层协议。

（5）支持 CHAP 和 PAP 认证，保证了网络的安全性。

（6）没有重传机制，速度快且开销较小。

2. PPP 帧的格式

PPP 帧的格式，如图 2-27 所示。

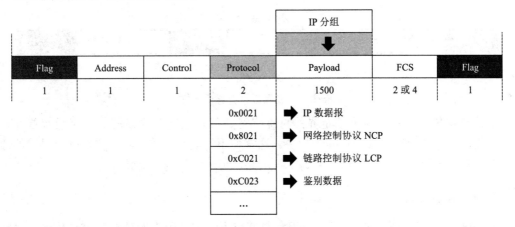

图 2-27　PPP 帧的格式

（1）Flag：帧的标志字段，占 1 字节，该字段用于标识帧的开始与帧的结束（帧定界），其值固定是"01111110"，即十六进制"7E"，表示为"0x7E"。

（2）Address：地址字段，占 1 字节，由于 PPP 是点对点的协议，用于标识接收方的地址字段没有意义，因此，其值固定是"11111111"，即十六进制"FF"，表示为"0xFF"。

（3）Control：控制字段，占 1 字节，其值固定是"00000011"，即十六进制"03"，表示为"0x03"。

（4）Protocol：协议字段，占 2 字节，用来标明帧中的载荷（即所封装的数据）采用的是什么协议，接收方主机依据该字段的值所代表的协议，将载荷的内容交给相关的协议进行处理。例如，从图 2-27 中可以看出，如果协议字段的值是"0x0021"，则该 PPP 帧中封装的数据是 IP 分组，等等。

（5）Payload：载荷字段（信息字段），即主机间真正传输的、完整的消息（数据块），其长度是可变的，默认最长是 1500 字节，即帧中最多能够承载的数据量是 1500 字节（双方可以协商）。这个最多可承载的数据量被称为最大传输单元（Maximum Transmission Unit，MTU），如果上层交来的需要传输的数据块超过了帧的 MTU，则需要对该数据块进行分割（如果是 IP 分组，需要对 IP 分组进行分片）。

（6）FCS（Frame Check Sequence）：帧检验序列，长度是 2 字节或 4 字节（默认是 2 字节）。该字段用于检测帧在传输过程中是否出现了比特错误。生成 FCS 的方法有很多，与以太网帧的 FCS 一样，PPP 也是采用循环冗余校验（Cyclic Redundancy Check，CRC）来生成 FCS 的。接收方通过 FCS 来检测帧在传输过程中是否出现了比特级的错误，如果有错，接收方将该帧直接丢弃。

注意，PPP 帧的字段数量不是完全固定的，双方可以通过 LCP 进行协商，此时，PPP 帧中 Protocol 的值是"0xC021"。

Flag、Address、Control 和 Protocol 这几个字段被合称为 PPP 帧的首部，FCS 和 Flag 被合称为 PPP 帧的尾部，协议的主要内容体现在首部和尾部中。

如果在 PPP 帧中，用于定界的字节"01111110"是载荷的一部分，即用于帧定界的特殊字符出现在了上层的数据块中，这种情况会影响接收方对帧的定界，接收方会认为这是一个错误的帧，如图 2-28 所示。

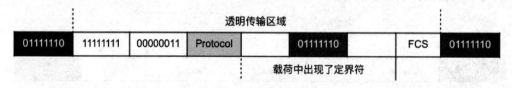

图 2-28　帧定界符出现在载荷

所谓透明传输，就是用于帧定界的特殊字符，可以出现在除帧的标志字段和首部外的任何位置，且不会影响接收方对帧的判决。通常使用"填充"的办法，实现帧定界符的透明传输，PPP 有两种填充方法：一种称为字符填充，另一种称为 0 比特填充。

3. 字符填充方法

当 PPP 帧采用异步传输方式时，用字符填充方法来实现透明传输。异步传输是以字节作为基本的传输单位的，即在传输过程中，将一个完整的 PPP 帧按字节进行拆分，然后一字节一字节地在异步链路上传输。字符填充的方法是对出现在透明传输区域的特定字符（例如帧定界符）进行转义，将可能产生误解的字符转换成另一种表达方式，以消除那些可能产生歧义的字符。

字符填充方法中的转义规则如下（RFC 1662）：

（1）使用 0x7D 作为转义字符，将载荷字段中出现的每一个 0x7E，转换为 2 字节的序列"0x7D，0x5E"。

（2）如果载荷中出现了 0x7D（转义字符也是载荷的一部分），则将每一个 0x7D 转换为 2 字节的序列"0x7D，0x5D"。

（3）由于在异步链路中，常常需要使用 ASCII 控制字符，因此，需要将出现在载荷中的、其 ASCII 值小于 0x20 的控制字符也转换为 2 字节的序列：第 1 字节仍是 0x7D，第 2 字节是原字符的 ASCII 值与 0x20 相加的结果，例如，字符 0x03 转换后的结果是"0x7D，0x23"。

4. 比特填充方法

当 PPP 帧在 SONET/SDH 链路上使用同步传输时，用比特填充方法来实现透明传输。

同步传输将 PPP 帧看成一个比特串，即在传输过程中，将一个完整的 PPP 帧的比特串一位一位地连续不断地进行传输。为了防止载荷中出现字符 0x7E（01111110），发送方发送载荷时，如果任意时刻起连续发送了 5 比特 1，则在发送下一比特之前发送 1 比特 0（插入 1 比特 0），通过这种填充方法，发送方可以确保发送的载荷不会出现连续 6 个 1 的情况；接收方在识别出 PPP 帧开始的定界符之后，将连续收到的 5 个 1 之后的 0 删除，这样就可以还原发送端发送的比特流。

5. PPP 的工作状态

PPP 一共有五种工作状态，如图 2-29 所示。

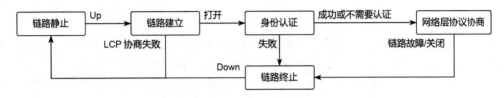

图 2-29　PPP 的工作状态

（1）链路静止状态：PPP 链路从链路静止（Link Dead）状态开始，也结束于该状态。在该状态下，用户主机与 ISP 之间没有物理连接。当用户主机通过调制解调器拨号向 ISP 服务器（通常是一台路由器）发送载波信息后，双方 PPP 之间的物理连接便 Up 起来进入 PPP 链路建立状态（Link Establish）。

（2）链路建立状态：在链路建立状态，用户主机与 ISP 服务器之间，通过交换一系列的配置分组（Configure Packets）来协商 PPP 参数（LCP 协商），从而建立 LCP 连接。通用的 LCP 配置分组（简称 LCP 分组）的基本格式如图 2-30 所示。

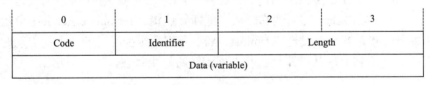

图 2-30　LCP 分组的基本格式

- Code：代码，占 1 字节，用来指明 LCP 分组的类型。一共有三大类型的 LCP 分组：
  第一类：链路配置 LCP 分组，代码及含义如下：
  Code=1，Configure-Request，配置请求分组。要打开 LCP 连接，必须发送配置请求分组，收到配置请求分组后，必须发送合适的 LCP 回复。
  Code=2，Configure-Ack，配置确认分组。如果收到的配置请求分组中的所有选项都是可识别的，且所有选项的值都是可接受的，则发送配置确认分组。
  Code=3，Configure-Nak，配置不响应分组。如果收到的配置请求分组中的所有选项都是可识别的，但部分选项的值是不可接受的，则发送配置不响应分组。
  Code=4，Configure-Reject，配置拒绝分组。如果收到的配置请求分组中的某些选项不可识别或不可协商，则发送配置拒绝分组。
  第二类：链路终止 LCP 分组。PPP 通过发送 Terminate-Request（终止请求）和 Terminate-Ack（终止确认）的 LCP 分组来关闭 LCP 连接，这两个 LCP 分组的代码分别是 5 和 6。

第三类：链路维护 LCP 分组。PPP 也可以通过发送 Echo-Request（回送请求）和 Echo-Reply（回送回答）的 LCP 分组，进行链路的调试、质量检查以及性能测试等（这两个 LCP 分组只能在 LCP 连接打开状态下发送），这两个 LCP 分组的代码分别是 9 和 10。其他的一些链路维护 LCP 分组本书不再介绍。

- Identifier：标识，占 1 字节，用来标识一对 LCP 配置请求和回答。
- Length：长度，占 2 字节，指的是 LCP 分组的总长度，包括 Code、Identifier、Length 和 Data 字段。
- Data：数据，长度可变，是 LCP 分组进行协商的一些参数选项。

（3）身份认证状态：对于一些需要身份认证的链路，在进入到网络层协议协商状态之前，要进行身份认证，在默认的情况下不需要进行身份认证。如果采用某种特定的身份认证，则需要在链路建立时协商认证。如果身份认证失败，PPP 进入链路终止状态。

（4）网络层协议协商状态：前述各阶段全部正确完成之后，PPP 便进入网络层协议协商状态。每种不同的网络层协议（例如 IP、IPX 或 AppleTalk）必须使用合适的 NCP 独立进行配置，并且每个 NCP 可以随时打开或关闭，即双方可以使用不同类型的网络层协议。当 NCP 处于打开状态时，PPP 便携带相应的网络层协议分组进行协商。例如，当网络层使用 IP 协议时，PPP 则携带 IP 控制协议（IP Control Protocol，IPCP），此时，PPP 帧中协议字段的值是 0x8021。

网络层协议配置完成后，双方便可以发送和接收数据。

（5）链路终止状态：PPP 在任何状态下都可以随时终止链接，载波丢失、身份认证失败、链路质量问题等都会导致 PPP 进入链路终止状态。如前所述，双方通过 Terminate-Request 和 Terminate-Ack 分组来终止 LCP 连接，Terminate-Request 分组的发送方应在收到 Terminate-Ack 分组或 Restart 定时器超时后才能断开连接。Terminate-Request 分组的接收方应等待对方断开连接，并且在发送 Terminate-Ack 分组后至少经过一个重新启动时间之前，不得断开连接。随后 PPP 应从链路终止状态回到链路静止状态。

6. PPP 帧的一些例子

（1）Configure-Request 分组

```
01: Point-to-Point Protocol
02: PPP IP Control Protocol
03:     Code: Configuration Request (1)
04:     Identifier: 1 (0x01)
05:     Length: 10
06:     Options: (6 bytes), IP Address
07:         IP Address
08:             Type: IP Address (3)
09:             Length: 6
10:             IP Address: 2.2.2.2
```

以上是网络层协议协商过程中的一个配置请求分组，第 06～10 行是通过 IPCP 来请求使用 IP 地址的信息。

（2）Configure-Ack 分组

```
01: Point-to-Point Protocol
02: PPP IP Control Protocol
03:     Code: Configuration Ack (2)
04:     Identifier: 1 (0x01)
05:     Length: 10
06:     Options: (6 bytes), IP Address
07:         IP Address
08:             Type: IP Address (3)
09:             Length: 6
10:             IP Address: 2.2.2.2
```

以上是对配置请求分组的配置确认分组，具体内容请读者自己分析。

2.3.2 面向比特的协议 HDLC

1. 概述

与面向字符的协议不同，面向比特的协议把帧看成是一个一连串的比特集，它并不关心字符的边界，即帧中载荷可以是任何一种字符编码集，它可以是 ASCII 字符集，可以是一个二进制文件，也可以是一幅图片等。

在 HDLC（High-Level Data Link Control，高级数据链路控制）中规定了 3 种类型的站（主机）、2 种链路配置以及 3 种数据传输方式。

（1）3 种类型的站分别是主站、从站和复合站：

- 主站：由主站发出的帧称为命令帧，负责控制通信链路和差错检测等工作。
- 从站：接收主站发送的命令帧，并且向主站发送响应帧，配合主站控制通信链路。
- 复合站：同时具有主站和从站的功能，该站既可以发送命令帧也可以发送响应帧。

（2）2 种链路配置：

- 不平衡配置：这种链路是由一个主站和多个从站所组成的、适用于点对多点的链路。
- 平衡配置：这种链路是由两个复合站所组成的、没有主从之分的、适用于点对点的链路。

（3）3 种数据传输方式：

- 正常响应方式：在不平衡配置中使用，仅仅只有主站才能主动启动数据传输过程，从站在接收到主站的询问命令时才能传输数据。正常响应方式可用于计算机和多个终端相连的多点线路上，计算机对各个终端进行轮询以实现数据输入。
- 异步平衡方式：在平衡配置中使用，在无须得到其他复合站允许的情况下，任何一个复合站都可以启动数据传输过程。由于没有轮询的开销，因此，该方式能够有效地利用点对点全双工链路的带宽。
- 异步响应方式：在不平衡配置中使用，不需要得到主站的允许，从站就可以主动启动数据传输过程，主站的职责仅限于对线路进行管理。

2. HDLC 帧的格式

HDLC 的成帧方式与 PPP 的成帧方式基本相同，也是以"01111110"比特串（注意，不能称为字符 0x7E）作为帧定界符，HDLC 帧的格式也与 PPP 帧的格式基本相同，事实上 HDLC 是 PPP 的前身，即 PPP 取代了 HDLC。

HDLC 帧的格式如图 2-31 所示。

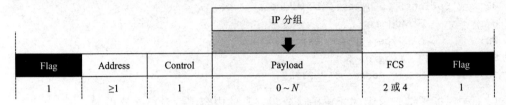

图 2-31　HDLC 帧的格式

（1）Flag：帧定界符，占 8 比特，与 PPP 帧定界符相同。HDLC 采用比特填充方法来实现透明传输。

（2）Address：地址字段，长度可变。由于 HDLC 可以使用在点对多点的链路上，因此，该字段用于标识主站或从站的地址（点对点的 PPP 帧的地址字段是无意义的，其值是固定的 0xFF），在主/从模式下，该字段的值是从站的地址。8 比特的地址空间可以表示 256 个地址，当首比特的值是 0 时，表示其后面的 1 字节用于地址扩展，这样，地址数量可超过 256 个。

（3）Control：控制字段，占 8 比特，用于指明 HDLC 帧的类型。HDLC 有多种类型的帧，其中最主要的是信息帧（I 帧）、监督帧（S 帧）和无编号帧（U 帧）。

控制字段的格式如图 2-32 所示。

	0	1	2	3	4	5	6	7
I 帧	0	N (S)			P/F	N (R)		
S 帧	1	0	S	S	P/F	P/F		
U 帧	1	1	M	M	P/F	M	M	M

图 2-32　HDLC 帧中控制字段的格式

信息帧中控制字段的首比特是 0，它的作用是传输数据信息，随后的 3 比特是 N（S），用来保存发送的帧的序号，最后的 3 比特是 N（R），用来保存接收方下一个预期要接收的帧的序号。

监督帧中控制字段的第 0、1 比特的组合是 10，它的作用是流量控制、差错检测和控制等，随后的 2 比特的组合用于区分 4 种类型的监督帧。

- 00：接收就绪（RR），由主站或从站发出，表示希望接收编号是 N（R）的帧。
- 01：拒绝（REJ），由主站或从站发出，表示编号小于 N（R)的帧全部收到，要求重传编号是 N（R）及以后的帧。
- 10：接收未就绪（RNR），表示未准备好接收编号是 N（R）的帧，编号小于 N（R）的帧已全部收到。

- 11：选择拒绝（SREJ），表示要求发送编号是 N（R）的单个帧。

无编号帧中控制字段的第 0、1 比特的组合为 11，它的作用是建立和拆除数据链路以及定义其他多种控制功能，具体是何种类型的控制，则由 M 比特位加以区分。5 个 M 比特位可以定义 32 种控制命令和回答功能，本书不再介绍这些功能。

（4）Payload：载荷字段（信息字段），其最大长度取决于通信双方缓存的大小或由 FCS 字段来决定，该字段的值是 0 时表示该帧中无信息，例如监督帧就是无信息帧。

（5）FCS：帧检验序列，占 16 比特或 32 比特，与 PPP 帧的 FCS 字段相同。

3. HDLC 实例

在 Cisco 设备中，HDLC 每隔 10s 发送一个链路探测的协商消息（KeepAlive）以检测链路是否中断，且每次收发消息按序递增，如果序号失序或连续三次未收到对方对自己序号递增的消息确认时，则将链路状态设置为 Down，图 2-33 是 KeepAlive 分组的抓包结果：

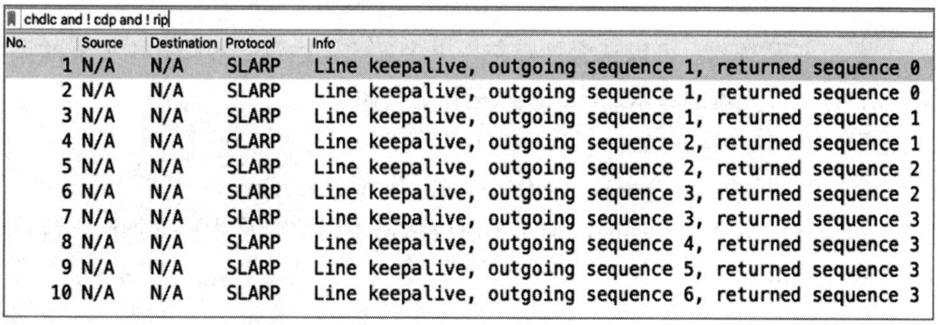

```
 chdlc and ! cdp and ! rip
No.     Source   Destination  Protocol  Info
     1 N/A       N/A          SLARP     Line keepalive, outgoing sequence 1, returned sequence 0
     2 N/A       N/A          SLARP     Line keepalive, outgoing sequence 1, returned sequence 0
     3 N/A       N/A          SLARP     Line keepalive, outgoing sequence 1, returned sequence 1
     4 N/A       N/A          SLARP     Line keepalive, outgoing sequence 2, returned sequence 1
     5 N/A       N/A          SLARP     Line keepalive, outgoing sequence 2, returned sequence 2
     6 N/A       N/A          SLARP     Line keepalive, outgoing sequence 3, returned sequence 2
     7 N/A       N/A          SLARP     Line keepalive, outgoing sequence 3, returned sequence 3
     8 N/A       N/A          SLARP     Line keepalive, outgoing sequence 4, returned sequence 3
     9 N/A       N/A          SLARP     Line keepalive, outgoing sequence 5, returned sequence 3
    10 N/A       N/A          SLARP     Line keepalive, outgoing sequence 6, returned sequence 3
```

图 2-33　HDLC KeepAlive 消息

封装了 KeepAlive 分组的 HDLC 帧的抓包结果展开如下（序号是 4 的包）：

```
01: Cisco HDLC
02:     Address: Multicast (0x8f)
03:     Control: 0x00
04:     Protocol: SLARP (0x8035)
05: Cisco SLARP
06:     Packet type: Line keepalive (2)
07:     Outgoing sequence number: 2
08:     Returned sequence number: 1
09:     Reliability: 0xffff
```

第 02 行，地址 0x8f 是组播地址，若为 0x0f 则是一个单播地址。

第 04 行，协议的值是 0x8035，表示 HDLC 帧中封装的是 SLARP 协议的数据。SLARP（Serial Line Address Resolution Protocol）是串行接口链路上用来检测邻居的协议。

第 06 行，Packet type 的值是 2，表示是一个 KeepAlive 分组。

第 07 行，已发送的 KeepAlive 分组的序号，每发送一个 KeepAlive，该值加 1。

第 08 行，上一次收到的 KeepAlive 分组的序号。

在图 2-33 中序号 8-10 是连续发送了 3 个 KeepAlive 帧而未收到对方的确认，于是发送方将 HDLC 接口设置为 Down 状态。

2.4 差错检测

直连网络中，帧在链路上传输，可能会出现比特传输错误，因此，必须有一种差错检测机制，让接收方能够判断接收到的帧在传输过程中是否存在比特错误。差错检测的方法是多种多样的，有些方法不但可以检错还可以纠错，有些方法仅检错而不纠错。在直连网络中，最为常用的是循环冗余校验（Cyclic Redundancy Check，CRC），该方法仅检错而不纠错。

CRC 原理

假设需要发送的消息是 $n+1$（$n=7$）比特"10011010"，可以把该消息看作一个多项式，该多项式的最高幂次是 n：

$$M(x) = 1 \times x^7 + 0 \times x^6 + 0 \times x^5 + 1 \times x^4 + 1 \times x^3 + 0 \times x^2 + 1 \times x^1 + 0 \times x^0$$
$$= x^7 + x^4 + x^3 + x$$

因此，主机间发送消息可以认为是互交一个多项式。注意到多项式中变量的系数是一个二元域{0,1}，该二元域的算术加法、减法运算定义如下：

加法运算：$0+0=0$，$0+1=1$，$1+0=1$，$1+1=0$

减法运算：$0-0=0$，$0-1=1$，$1-0=1$，$1-1=0$

加法运算与减法运算是一样的，加法不进位减法不借位，称为模二加法，等价于逻辑运算中的异或（XOR）：

$$0 \oplus 0 = 0, \ 0 \oplus 1 = 1, \ 1 \oplus 0 = 1, \ 1 \oplus 1 = 0$$

为了计算 CRC，收发双方事先协商一个 $r+1$ 位的比特模式，称为生成多项式 $G(x)$（简写为 G），发送方在发送的 d 比特数据 D 的后面添加上 r 位用于检错的冗余码 R。

在二进制算术中，D 乘以 2^r 就是 D 向左移 r 位，即在 D 后面添加 r 比特 0，然后将结果和冗余码 R 进行异或运算，这样便将供检测用的 r 位冗余码添加到了 D 的后面。这个结果就是发送方发送的带有冗余码信息的消息，记为多项式 $T(x)$（简写为 T），如图 2-34 所示。

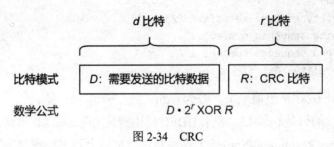

图 2-34 CRC

CRC 差错检测的过程是这样的：接收方用 G 去除收到的 $d+r$ 比特数据，如果余数是 0，则认为收到的 $d+r$ 比特数据在传输过程中没有出错，这些比特将被接收；否则认为收到的 $d+r$ 比特数据在传输过程中出错了，这些比特将被拒绝接收。

需要解决的问题是，如何找到供检测用的冗余码 R。从上面的分析可知，冗余码 R 需要满足等式：$D \cdot 2^r \text{ XOR } R = nG$。也就是说，选择的冗余码 R，要使得 T 刚好能够被 G 整除。

对上述等式两边都用 R 异或（模二加，没有进位），得到等式：$D \cdot 2^r = nG \text{ XOR } R$。这个等式表明，用 G 去除 $D \cdot 2^r$，余数刚好是 R，即可以这样求出 R：$R = \text{remainder} \dfrac{D \cdot 2^r}{nG}$。

用十进制算术运算来解释上述结果，考虑等式：$D \times 10^2 - R = n \times G$。

假设 $D = 13$，$G = 121$，则 $n = 10$，$R = 90$（G 除 1300 的余数），即 1300 减去（想象为"添加"冗余码）90 之后的结果 1210 能够被 121 整除（图 2-35）。注意，在十进制中，算术运算加法有进位减法有借位，例如，1300 在"添加"了余数 90 之后，将原始数据 13 改变为 12，因此这种方法不能实现差错检测。

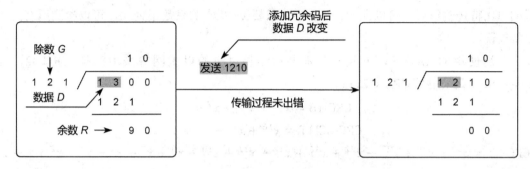

图 2-35　十进制算术整除

但是，在二元域 {0,1} 中，由于加法等同于减法，并且没有进位与借位，因此原始数据 D "拼接" r 比特 0，再与 r 位余数 R 异或运算的结果，相当于在原始比特数据 D 的后面"拼接"了 R，原始数据 D 不会发生变化。例如，1001101010000 "减" 0011 的结果是 1001101010011（减与加相同且没有进位，即异或），即

$$1001101010000 \text{ XOR } 0011 = 1001101010011$$

下面是一个计算 CRC 的例子，假设数据 D 是 "10011010"，生成多项式 G 的比特模式是 "1001"，则冗余码 R 的计算过程如图 2-36 所示。

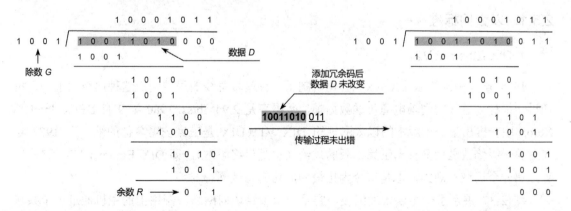

图 2-36　CRC 计算过程

接收方对收到的帧进行 CRC 检验，若得到的余数 $R = 0$，则认为收到的帧在传输过程中没有出错，该帧被接收；若得到的余数 $R \neq 0$，则认为该帧在传输过程中出错了，该帧被丢弃。

需要考虑两个问题：第一个问题，有没有一种可能，帧在传输过程中确实出现了比特错误，但是 CRC 却没有检测到错误呢？这种情况是存在的。但是，只要精心设计生成多项式 $G(x)$，CRC 检测不到出错的概率就非常小；第二个问题，直连网络中，CRC 能保证无差错地接收帧，即凡是被接收的帧，可以几乎 100%地认为，帧在传输过程中没有出错。

这里简单分析一下检测单比特出错的情况：假设 $E(x)$ 是第 i 比特数据出错的生成多项式，即 x^i，则检测不到该比特位出错的条件是

$$(T(x) + E(x))\bmod G(x) = 0，即 E(x)\bmod G(x) = 0$$

如果对于任何 i，都有 $E(x)\bmod G(x) \neq 0$，即 $E(x)$ 不能被 $G(x)$ 整除，则 $G(x)$ 能够检测任意位置的单比特传输错误。可以证明，$G(x)$ 中，只要 x^r 和 x^0 的系数不为 0，可以检测所有的单比特错误。

广泛使用的 $G(x)$ 有以下几种。本书后续将讨论的以太网等采用的是 CRC-32，而 Bluetooth 等则采用了 CRC-CCITT。

$$CRC\text{-}16 = x^{16} + x^{15} + x^2 + 1$$
$$CRC\text{-}CCITT = x^{16} + x^{12} + x^5 + 1$$
$$CRC\text{-}32 = x^{32} + x^{26} + x^{23} + x^{22} + x^{16} + x^{12} + x^{11} + x^{10} + x^8 + x^7 + x^5 + x^4 + x^2 + x + 1$$

事实上，$G(x)$ 的设计在不断改进之中，CRC-32 等就有很多种类。例如，卡内基·梅隆大学的菲利普·库曼教授（Philip Koopman）致力于发现更好的 CRC 生成多项式。

CRC 在直连网络交换数据帧时被使用，且采用硬件实现。在计算机网络体系结构中，网络层会对 IP 分组的首部进行差错检测，运输层也会执行差错检测，但是它们不使用 CRC 进行检测，而是使用更为简洁、快速的互联网检验和（Internet Checksum）进行检测，这种检测方法采用软件实现，检验和的详细检测方法参考本书"第 3 章 网络互连"。

2.5 广播式以太网

2.5.1 以太网标准

1. DIX Ethernet V2

1975 年，美国施乐（Xerox）公司研制了一种基带总线的局域网，这种局域网上的主机通过一根称为总线的同轴电缆传送数据帧，数据率是 2.94Mb/s。1980 年 9 月 DEC、Intel 和 Xerox 联合推出第一个版本的以太网规约 DIX V1（DIX 是三家公司名称的缩写）。1982 年在对第一版修改之后又推出了第二版的规约（也是最终版本），即 DIX Ethernet V2，它是世界上第一个局域网规约，也是迄今为止最为成功的局域网。

图 2-37 展示了一个以太网网段，它是一个多路访问网络，网络上的主机通过一个共享链路收发帧（主机通过收发器，即 BNC-T 型头连接器接入线缆），这就需要一种共享传输媒体的访问控制机制来协调网络中主机对共享链路的使用。在这种总线型以太网中，采用了带有冲突检测的载波监听多点接入（Carrier Sense Multiple Access/Collision Detection，CSMA/CD）来实现共享传输媒体的访问控制。若用粗缆（RG-8）来组建一个以太网

（10BASE-5）网段，其网段长度最长是 500m，速率是 10Mb/s，一个网段最多可接入 100 台主机。

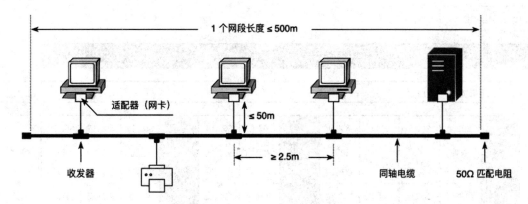

图 2-37 总线型以太网网段

可以使用中继设备来扩展以太网。一个总线型以太网中，最多可使用 4 个中继设备，因此一个总线型以太网中最多包含 5 个网段，其中只有三个网段用于连接计算机，其余两个网段仅用于扩展网络，即所谓的 5-4-3 原则（如图 2-38 所示）。总线型以太网（10BASE-5）的网络长度最长约为 2500m。注意，在五层计算机网络体系结构中，中继设备属于物理层设备，它只能识别信号，把从一个接口接收到的信号整形放大之后，向另一个接口发送。

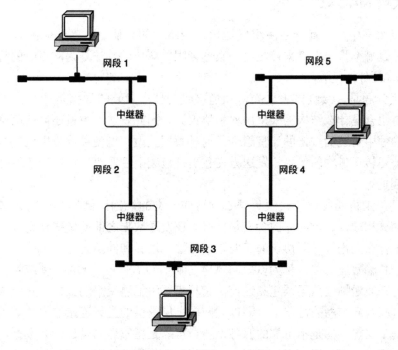

图 2-38 以太网 5-4-3 原则

2. IEEE 802.3

IEEE 802 委员会制定了很多局域网标准（如图 2-39 所示）。IEEE 802 委员会仅对 DIX Ethernet V2 进行了很小的修改，就推出了 IEEE 802.3 以太网标准，事实上，现在的以太网使用的还是 DIX Ethernet V2 规约，也有一些应用程序使用 IEEE 802.3 标准。本书讨论的是使用 DIX Ethernet V2 规约的以太网。

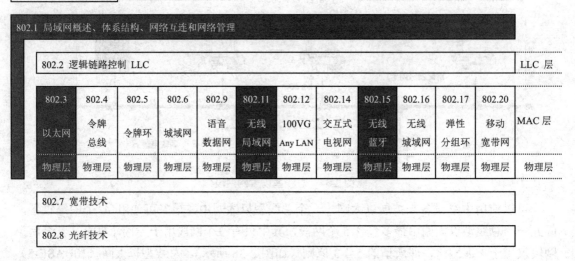

图 2-39 IEEE 802 委员会制定的部分局域网标准

2.5.2 以太网 MAC 帧

广播式以太网中，任何一台主机发送帧，网络中的其他主机都能侦测到，在这种情况下，如何区分是哪个特定主机来接收这个数据帧呢？解决的办法是为网络中的每台主机分配一个"地址"（硬件地址）。

另外一个问题是，接收方主机如何知道接收的帧中封装的数据是什么类型的呢？即这些数据的比特组合是什么结构呢（采用何种协议）？因此发送方主机还需要明确告诉接收方主机，发送的帧中封装的数据的比特组合是何种数据类型，以便接收方主机进行相应的处理。例如，物流公司转运货物的包裹，发送方在包裹外包装上注明包裹内货物的特性，如生鲜、易碎、不能倒置等。

综上所述，主机间发送或接收数据必须遵守一定的规则，例如，传输数据的格式是什么？由哪些部分构成，每个部分的含义是什么？在发送数据之前要做些什么准备？在接收数据之后要采取什么动作等（即协议的三要素：语法、语义和同步）。

以太网中传输数据的单位称为以太网 MAC 帧、以太网帧、MAC 帧或帧，它是面向比特的。发送方在发送帧之前无须建立连接，它只需要将上层交来的数据，封装成帧，然后通过网卡发送到接入局域网的链路上，即以太网向上层提供的是无连接的服务。另外，如前所述，以太网向上层提供的是不可靠的服务，所谓可靠是指发送方发送什么数据，接收方就必须正确无误地收到什么数据。在以太网中，接收方对收到的帧进行 CRC 检测，如果检测没有错误，便将该帧的数据交付给上层，且不会向发送方发送确认；如果检测有错误，接收方则直接丢弃出错的帧，且不会要求发送方重传出错的帧。

如果需要实现可靠的帧的传输，就必须增加一些控制机制，例如帧序号、帧确认和帧重传机制。一般在直连网络中（例如以太网），数据传输的可靠性不是由帧的可靠传输来实现的，而是由主机中发送数据的那些程序来实现的（高层实现）。如果发送方和接收方高层需要可靠传输（例如运输层的 TCP 协议），接收方会要求发送方重传丢失的数据，以太网会重新封装这些重传的数据，并且当作一个新的帧进行传输。

以太网帧的格式如图 2-40 所示。

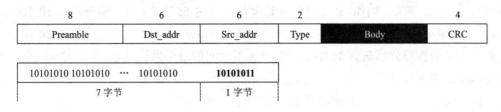

图 2-40　以太网帧的格式

（1）Preamble：前同步码，占 8 字节。以太网帧以 8 字节的前同步码开始，其中前 7 字节都是"10101010"，由于以太网采用的是曼彻斯特编码，因此这 7 字节可以使接收方与发送方同步。前同步码的最后 1 字节是"10101011"，其中 2 个连续的"11"，用于告诉接收方一个新的帧即将到来。注意，前同步码是网卡在发送帧的时候临时插入的，它不是帧格式的一部分。

（2）Dst_addr：目的地址，占 6 字节。它是接收方主机接入网络的适配器的 MAC 地址。在广播式以太网中，所有的主机都能收到发送方发送的帧。若主机收到一个无差错的帧，且其目的地址是自己的 MAC 地址或是一个广播地址（FF:FF:FF:FF:FF:FF），则该主机将帧中的数据交付给上层，否则丢弃该帧。

（3）Src_addr：源地址，占 6 字节。它是发送方主机接入网络的适配器的 MAC 地址。

（4）Type：类型，占 2 字节。该字段用来告知接收方，帧中的数据部分使用的是什么协议，即以太网可以复用多种高层协议（这些协议用协议编号加以区别），以便接收方把收到的帧中的数据交付给上层合适的协议进行处理（解复用）。表 2-6 列出了部分类型值及其含义。

表 2-6　部分类型值

协议编号	协议
0x0800	IPv4
0x0806	ARP
0x86DD	IPv6
0x8137	IPX：Internet Packet Exchange
0x8100	802.1q
0x8863	PPPoE（PPP 发现阶段）
0x8864	PPPoE（PPP 会话阶段）
0x8847	MPLS（单播）
0x8848	MPLS（组播）
0x0808	Frame Relay ARP
0x80F3	AARP：Appletalk Address Resolution Protocol

（5）Body：数据字段，占 46~1500 字节。这一部分封装的是收发双方高层真正传输的数据（例如 IP 分组），数据的长度介于 46~1500 字节之间，即以太网帧能够装载的数据量最少是 46 字节，最多是 1500 字节（以太网的最大传输单元 MTU 是 1500 字节）。由此可以知道，一个以太网帧的最小帧长是 64 字节，最大帧长是 1518 字节。如果高层交付下来的数据超过了 1500 字节，例如 IP 分组的总长度最大可达 65535 字节，则需将该 IP 分组进行"分片"。如果高层交付下来的数据不足 46 字节，例如最小的 IP 分组长度仅有 20 字节，则需要将帧中的数据部分填充至 46 字节。为什么以太网的最小帧长是 64 字节呢？这个问题将在 CSMA/CD 中进行讨论。

（6）CRC：4 字节。以太网帧采用 CRC 进行差错检测。

2.5.3 以太网 MAC 地址

以太网帧中的目的地址和源地址，常被称为"硬件地址"，也可称为"物理地址"或"MAC 地址"。硬件地址用来识别直连网络上的主机，即识别帧的发送主机和帧的接收主机。采用地址的方法，便能在广播式信道上实现一对一的通信，例如，教师在教室上课，教师发送的是"广播"，所有的同学都能侦听到并接收；当教师需要与某个同学进行交流时，教师必须指明哪位同学接收信息（单播），当同学侦听到教师发送给自己的单播信息时，该同学必须接收和处理，当然其他同学也能侦听到教师与那位同学之间交流的单播信息，但是这些同学不会接收也不处理这些信息（注意，真实教学场景可不是这样）。

硬件地址"固化"在主机网卡（适配器）的 ROM 中，它不会随主机的移动而发生变化，有些类似于人们使用的身份证号码，一个人移动到任何地方，其身份证号是不会发生变化的。但是，当主机的网卡因损坏而进行了更换，则该主机的物理地址就会发生改变。

IEEE 802 委员会规定了以太网硬件地址的长度是 6 字节（48 比特）。网卡的生产商需要向 IEEE 的注册管理机构（Registration Authority，RA）购买硬件地址块，RA 向生产商分配硬件地址的前 3 字节，这 3 字节就是该生产商的机构唯一标识符（Organizationally Unique Identifier，OUI），一个生产商可以购买多个 OUI，多个生产商也可以购买同一个 OUI。RA 负责保证硬件地址块的前 3 字节没有重复，生产商负责保证硬件地址块的后 3 字节没有重复，所以全球每块以太网网卡的硬件地址都是唯一的。

IEEE 提供了一个 OUI 列表文件 oui.txt[1]，该文件中记录了已经被购买的 OUI 信息。读者可以在 Windows 系统中利用"ipconfig /a"命令查询主机网卡的硬件地址，然后就可以在文件 oui.txt 中查找到该网卡的生产商。例如，主机网卡的硬件地址是"F0:18:98:EE:37:42"，则只要在 oui.txt 中查找硬件地址的前 3 字节"F0-18-98"即可得到网卡生产商的信息（如图 2-41 所示）。

---

① 具体内容详见 IEEE 官网。

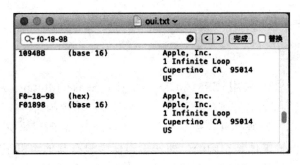

图 2-41　网卡生产商信息

主机可以有多块网卡，每块网卡都有一个硬件地址，例如，路由器都有两块以上的网卡，这些网卡分别连接不同的网络，只有这样，路由器才能把分组从一个网络转发到另一个网络。类似于高速公路网络中的交通枢纽，它负责把从某一方向行驶来的车辆引导至另一个方向驶出。

硬件地址的分类（如图 2-42 所示）：

（1）单站地址：指第 1 字节的最低位是 0 的 MAC 地址，它代表了一块特定的网卡。

（2）组地址：指第 1 字节的最低位是 1 的 MAC 地址，它代表了一组网卡，用于多播。

（3）全球管理/本地管理：厂商向 IEEE 购买的 OUI 属于全球管理，本地管理的地址可以在不同的直连网络中重复使用。若第 1 字节的倒数第二位是 0，则表示该地址是全球管理的地址，若该位是 1，则表示该地址是本地管理的地址。

（4）广播地址：指硬件地址的每一位都是 1 的 MAC 地址，即地址 FF:FF:FF:FF:FF:FF。广播地址是组播地址的一个特例，代表了直连网络中的所有网卡。

注意，组播/广播地址只能用于目的地址。

图 2-42　硬件地址分类

在广播式以太网中，任何一台主机都可以侦听到其他主机发送的帧，主机侦听到帧不表示主机就一定会接收这些帧。一般情况下，主机的网卡仅接收以下三种类型的帧：

（1）单播帧，即帧的目的地址是本机的硬件地址。

（2）广播帧，即帧的目的地址是广播地址，网络中的所有主机都必须接收。

（3）多播帧，即帧的目的地址是组播地址，网络中属于这个组的主机必须接收。

在广播式以太网中，如果主机需要接收不是发送给自己的帧（去掉网卡的过滤功能），即需要接收发送给其他主机的单播帧，则需要将主机的网卡设置成"混杂模式"（Promiscuous Mode），在这种模式下，主机就能够接收到网络中不是发送给自己的单播帧。网卡的这种模式常用于网络嗅探以实现网络管理的功能，对于黑客而言，则是一种网络窃听手段。

2.5.4 传输媒体接入控制

1. CSMA/CD 协议

广播式以太网中，主机采用 CSMA/CD（Carrier Sense Multiple Access with Collision Detection，载波监听多点接入/冲突检测）来竞争使用共享的传输媒体。

由于所有主机共享传输媒体（这就是所谓的多点接入），所以当某台主机需要发送帧时，它首先必须确保共享传输媒体是空闲的，即传输媒体中没有其他主机正在传输帧的信号。一旦该主机检测到传输媒体是空闲的，它就可以向传输媒体上发送帧，这就是所谓的载波监听。

如图 2-42 所示，以太网的最大长度约为 2500m，考虑最为极端的情况：主机 A 和主机 B 分别处于以太网的两端，当主机 A 认为传输媒体是空闲而发送它的帧时，主机 B 也恰好发现传输媒体是空闲的（主机 A 发送的信号还没有传播到主机 B），它也开始通过传输媒体发送帧。在这种情况下，主机 A 和主机 B 发送到传输媒体上的信号在某一时刻一定会发生碰撞（冲突），从碰撞位置开始，碰撞之后的信号将沿着传输媒体分别被传输至主机 A 和主机 B，且主机 A 和主机 B 无法从碰撞后的信号中还原数据。

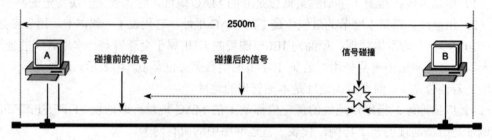

图 2-42　两个信号碰撞的情况

碰撞也被称为冲突，某台主机向网络上发送帧的电磁信号，所有能够侦听到这些信号的设备的集合，称为一个碰撞域或冲突域。因此广播式以太网是一个冲突域，任何一台主机发送的信号都有可能与其他主机发送的信号相互冲突。

在图 2-43 的网络中，假设信号从传输媒体的一端传播到另一端的传播时延是 d，主机 A 在 t 时刻发送帧，在极端情况下，主机 B 在 $d+t$ 时刻发送帧，该帧的信号立刻与主机 A 发送的帧的信号产生了冲突。主机 B 会立即侦测到冲突了的信号，此时它会停止发送帧，并且立即向网络中发送一个 32 比特的干扰串（4 字节的残帧），将"网络发生冲突了"的消息通知网络上的所有主机。这个消息也需要经过 d 时延之后才能到达主机 A，因此主机 A 检测到冲突的时间是 $t+2×d$，主机 A 在收到干扰信号之后，会中断正在传输的帧，以免浪费资源。

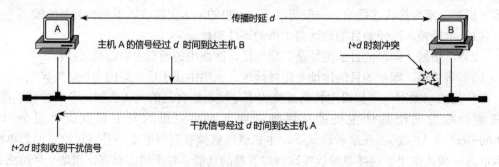

图 2-43　主机 A 检测到冲突的时间

可以看出，主机 A 持续传输帧的时间必须大于或等于 2×d（A 到 B 的往返时延），才能保证主机 A 能够检测到所有的冲突：主机 A 持续传输帧，当第 1 比特经过 d 时延到达主机 B 时，主机 A 并不知道是否发生冲突，如果在继续经过 d 时延之后还没有收到发生冲突的干扰信号，则主机 A 知道本次帧的传输不可能产生冲突了，因为传输媒体已经被主机 A 发送的比特信号"填满"了（注意，是两次"填满"），网络中的其他主机始终侦测到传输媒体有信号在传输，它们便不会向传输媒体上发送帧。所谓冲突检测，即边发送边检测是否产生冲突，一旦检测到冲突，立即停止发送，并且发送一个 32 比特的干扰串。

分析一下主机 A 需要传输多少数据，才能保证一次传输数据的时间大于或等于 2×d。以太网的长度是 2500m，电磁信号在铜线中的传播速率约为 200×10^6 m/s，则以太网中信号传播的往返时延为

$$T = 2 \times \frac{2500\text{m}}{200 \times 10^6 \text{m/s}}$$
$$= 25.0 \times 10^{-6}\text{s}$$
$$= 25.0\mu\text{s}$$

再考虑 4 个中继器的处理时延，以太网取 51.2μs 作为往返时延。在 10Mb/s 的以太网中，该往返时延内可传输 512 比特（64 字节）的数据，即以太网帧的最小帧长是 64 字节。由于以太网帧中包含有 14 字节的首部和 4 字节的尾部，所以以太网帧中数据部分最少是 46 字节。

51.2μs 也被称作争用期，即主机在传输了 64 字节之后仍没有收到冲突信号，则该主机竞争到了传输媒体，因此，只要传输了前 64 字节的数据没有产生冲突，则后面继续传输的数据不可能产生冲突。如果帧长过短，或网络长度过长，在 2d 时间内，主机 A 可能传输了多个帧，在这种情况下，当主机 A 收到冲突信号时，它是无法知道是哪一个帧发生了冲突的。因此，最小帧长 64 字节的规定，保证了发生冲突的帧一定是主机正在传输的帧。

当主机检测到发生了冲突时，主机将退避（等待）一段时间 t，再来重传帧。如何选择 t 是一个关键问题，如果检测到冲突的两台主机选择了相同的退避时间 t 再重传帧，那么这两台主机重传的帧不可避免地将再次发生冲突。在以太网中，主机采用指数退避（Exponential Backoff）算法来随机选择退避时间

$$t = k \times 51.2\mu\text{s}$$

式中 51.2μs——基本退避时间；

k——从散列集合 $[0,1,...,2^n-1]$ $(n \le 10)$ 中随机选取的一个值，n 是冲突次数。

例如，第一次冲突，主机选择的退避时间是 0 或 51.2μs，第二次冲突，可随机选择的退避时间是 [0,51.2,102.4,153.6]μs 中的一个，以此类推。

指数退避算法规定冲突次数不能超过 10 次，但以太网中的网卡最多可重传 16 次，如果重传 16 之后仍然冲突，则向上层报告传输错误。

从图 2-40 以太网帧的格式中可以看出，以太网帧与 PPP、HDLC 帧不同，它没有帧定界符（至少没有帧结束定界符）。在以太网中，如果某主机竞争到了传输媒体，它便源源不断地、一个帧紧接着一个帧地通过传输媒体传输以太网帧，那么接收主机如何识别连接在一

起的多个以太网帧呢？另外一种情况，如果主机 A 发送的帧刚刚好通过主机 C 的接入点的时刻，主机 C 立即发送一个帧，则在极端情况下，主机 C 发送的帧可能紧贴着主机 A 发送的帧而到达主机 B，此时，主机 B 将无法确定这两个帧的边界，如图 2-44 所示。

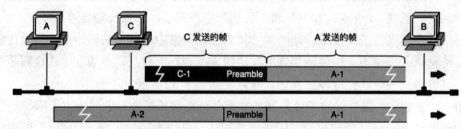

图 2-44　首尾相接的帧到达主机 B

为了解决上述问题，以太网规定了9.6μs的帧间间隔（相当于传输 96 比特的时间），即当主机在检测到传输媒体是空闲状态时，也需要等待9.6μs之后才能开始传输帧，每个帧传输完成以后也需要等待9.6μs才能开始传输下一个帧，这样就确保了每个帧间间隔最小是9.6μs。帧间间隔很好地解决了以太网帧定界的问题。

以太网采用的是曼彻斯特编码，以太网帧前有 8 字节的"前同步码"，通过前同步码信号的变化，接收方知道一个以太网帧即将到来，当传输媒体上没有信号变化时（9.6μs或更长的空闲时间），接收方便知道该帧传输完毕。因此，可以认为以太网帧是以前同步码作为帧的开始定界符，以帧间间隔作为帧结束的标志，如图 2-45 所示。帧间间隔还有一个很重要的作用，就是让刚刚接收完帧的主机，做好清理缓存等工作，以便接收即将到来的新帧。

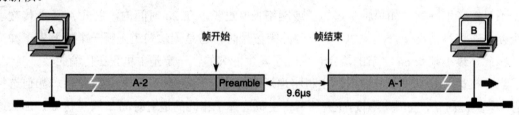

图 2-45　主机 A 连续发送 2 个帧的情况

在广播式以太网中，主机通过执行 CSMA/CD 算法，可以发送也可以接收帧，但主机不能同时进行帧的发送和帧的接收，即在广播式以太网中，采用了一方发送，另一方接收的通信方式（双向通信，但双方不能同时发送，也不能同时接收），这种通信方式被称为双向交替通信或半双工通信。例如，日常生活中使用的对讲机就是半双工通信。另外还有两种通信方式，分别称为双向同时通信和单向通信。

双向同时通信，也称为全双工通信，即通信的双方可以同时发送和接收信息。例如，人们使用电话进行交流，可认为是全双工通信。

单向通信，也称为单工通信，一方是通信的发起方，另一方是通信的接收方，即仅有一个方向上的通信，不存在反方向上的交互。例如，无线电广播、电视广播就属于此类型的通信方式。

图 2-46 展示了 CSMA/CD 算法的基本流程。

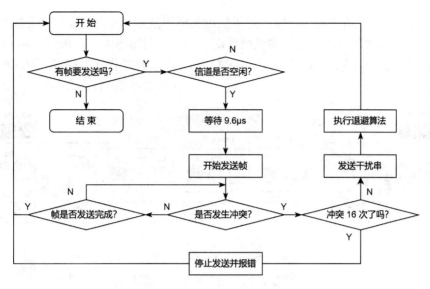

图 2-46　CSMA/CD 算法流程

2. 信道复用

在传统以太网中，接入网络中的主机采用 CSMA/CD 协议来竞争使用共享的传输媒体，除了这种动态竞争方式之外，还有一些静态（复用）的方法，来协调各站使用共享的传输媒体。复用方式包括时分复用、频分复用、波分复用和码分复用。

（1）时分复用

通俗地说，时分复用（Time Division Multiplexing，TDM）是指各主机在不同的时间段内占用共享传输媒体，例如学校有 7 个班共享一个教室，以 7 天为一个周期，1 班星期一使用，2 班星期二使用，3 班星期三使用，以此类推，并且这种使用方式不得变动，即使 1 班星期一不使用教室，其他班级星期一也不能使用这个空闲教室。TDM 亦是如此，TDM 帧周期性地出现，将每个 TDM 帧中划分成了若干个等时长的时隙，每个主机固定占用 TDM 帧中的某个时隙，如图 2-47 和图 2-48(a)所示。

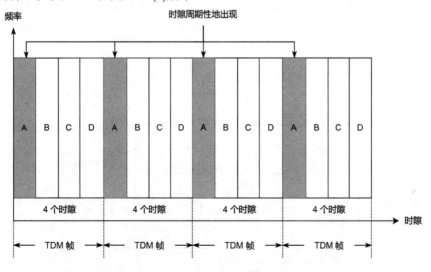

图 2-47　时分复用

TDM 的特点是主机在固定时隙占用了信道的全部带宽，另一方面，若主机不需要传输数据，其所占用的时隙不能被其他主机所使用，故时隙利用率不高，如图 2-48(b)所示。一种称为统计时分复用（Statistic TDM，STDM）的、改进的时分复用技术，很好地解决了这一问题。

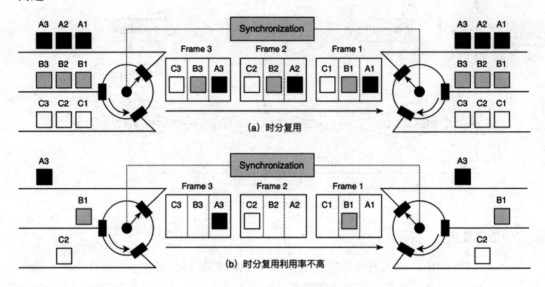

图 2-48　时分复用

注意，这里的"帧"指的是物理层对比特流的一种划分，与已经讨论过的数据链路层上的"帧"不是同一概念。

（2）频分复用

频分复用（Frequency Division Multiplexing，FDM）是指通过调制的方法，使各主机可以同时在共享传输媒体的不同频带上传输数据，彼此不会产生干扰。这种复用技术，类似于对城市交通道路进行划分，交通道路被划分为机动车道、非机动车道、人行步道等。

FDM 的特点是主机固定使用分配给它的子频带，即使该主机没有数据需要传输，其他主机也不能使用该子频带，如图 2-49 所示。

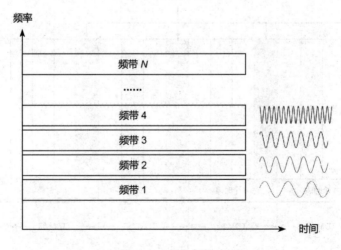

图 2-49　频分复用

（3）波分复用

波分复用（Wavelength Division Multiplexing，WDM）即光的频分复用（$f = c/\lambda$），通过复用器（合波器，Multiplexer），发送端将两种以上不同波长（频率）的光载波信号汇合之后，将其耦合到一根光纤上进行传输，接收端通过分用器（分波器，Demultiplexer）分离出不同波长的光信号。注意波分复用与频分复用的区别：频分复用是将高带宽的传输媒体，"切割"成带宽较小的 N 个子频带，并不会增加该传输媒体的总带宽；波分复用则不一样，它不是将带宽很宽的一路光信号进行"切割"，而是将这些波长不同的、带宽很宽的光信号，复用到一根光纤上传输，使原本传输一路光信号的单根光纤，可以同时传输多路不同波长的光信号，这使得单根光纤的带宽大大提高，即波分复用提高了传输媒体（单根光纤）的总带宽（相对于单根光纤传输一路光信号）。

如图 2-50 所示，8 路不同波长的光载波信号复用到单根光纤上传输，如果每路光载波信号的数据率是 2.5Gb/s，则经复用后，单根光纤上的速率达到 20Gb/s。随着技术的发展，单根光纤上可以复用几十甚至数百个不同波长的光载波（密集波分复用，Dense Wavelength Division Multiplexing，DWDM），使得单根光纤的传输速率可达到 Tb/s 级别。另外，一根光缆中可以包含多根光纤，这使得单根光缆的传输速率若干倍于单根光纤，因此，光缆现已成为通信领域的大动脉，尤其是超远距离的海底光缆，已经成为世界各国间相互通信的最为关键的基础设施。

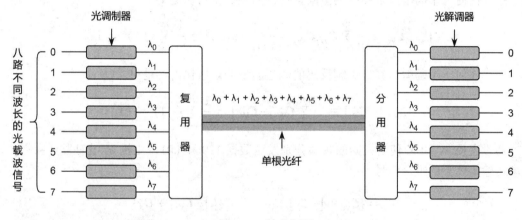

图 2-50　波分复用

（4）码分复用

在时分复用的共享传输媒体技术中，各主机不能同时使用传输媒体（时间上受限），而在频分复用的共享传输媒体技术中，各主机只能使用传输媒体的不同的子频带（带宽上受限）。码分复用（Code Division Multiplexing，CDM）是将多个数据信号组合在一起在公共频带上传输，这些组合在一起的信号显现出来的频谱类似于白噪声，因此码分复用本身的安全性较好，不易被窃听者发现。

当 CDM 技术被不同地址的多个主机所使用时，就被称为码分多址（Code Division Multiple Access，CDMA）。CDMA 可以让接入共享传输媒体的所有主机，在同一时间使用传输媒体相同的频带且互不干扰地进行通信。CDMA 需要为不同的主机分别选用不同的码型来表示比特 1 和 0，这样所有的主机就可以同时使用共享传输媒体来发送表示比特 1 和 0 的码型而不会相互干扰。

如何选择码型是码分复用的关键问题。所谓码型，是某主机使用的、唯一的若干比特的组合，且用不同比特的组合来分别表示比特 1 和 0，这种通信方式也被称为直接序列扩频。如果码型长度是 m 比特，且主机需要以 b(b/s) 的速率来发送数据，则采用码分复用时，该主机需要将发送速率提高到 $m \times b$(b/s)。

如前所述，采用 CDMA 时，每个主机必须指派一个唯一的码型，当主机发送比特 1 时，直接发送这个码型，当主机发送比特 0 时，则发送该码型的二进制反码。例如，假设主机 W 选用的码型是 1001，则 W 发送比特 1 时，发送它的码型 1001；发送比特 0 时，发送它的码型的二进制反码 0110。

如果以 "+1" 表示码型中的 1，"−1" 表示码型中的 0，则主机 W 的码型向量 $C_W = (+1, -1, -1, +1)$，其二进制反码的码型向量 $[-C_W] = (-1, +1, +1, -1)$。另外，考虑主机 X 的码型向量 $C_X = (+1, +1, -1, -1)$，主机 Y 的码型向量 $C_Y = (+1, -1, +1, -1)$，下面来分析主机选择码型的原则。

- 各主机的码型必须不同，码型长度（元素个数）是接入共享传输媒体的主机数。
- 不同码型向量相互正交，即不同的两个码型向量的规格化内积（Inner Product）是 0：

$$C_W \cdot C_X \equiv \frac{1}{m} \sum_{i=1}^{m} C_{W_i} C_{X_i} = 0$$

- 任何一个码型向量和该码型向量自己的规格化内积是 1：

$$C_W \cdot C_W \equiv \frac{1}{m} \sum_{i=1}^{m} C_{W_i} C_{W_i} = \frac{1}{m} \sum_{i=1}^{m} (C_{W_i})^2 = \frac{1}{m} \sum_{i=1}^{m} (\pm 1)^2 = 1$$

- 任何一个码型与其二进制反码的码型向量的规格化内容是 -1：

$$C_W \cdot [-C_W] \equiv \frac{1}{m} \sum_{i=1}^{m} C_{W_i} [-C_{W_i}] = \frac{1}{m} \sum_{i=1}^{m} (-1) = -1$$

假设主机 W 和 X 使用相同的频率分别发送数据 110 和 001，主机 Y 没有发送数据，则共享传输媒体上的组合信号为：

$$T_S = \{C_W + [-C_X], C_W + [-C_X], [-C_W] + C_X\}$$

如果接收方需要接收主机 W 发送的数据，则接收方用主机 W 的码型向量 C_W 点乘 T_S：

$$
\begin{aligned}
D_W &= T_S \cdot C_W \\
&= \{C_W + [-C_X], C_W + [-C_X], [-C_W] + C_X\} \cdot C_W \\
&= (+1, +1, -1)
\end{aligned}
$$

接收方正确收到 110。

如果接收方需要接收主机 X 发送的数据，则接收方用主机 X 的码型向量 C_X 点乘 T_S：

$$
\begin{aligned}
D_x &= T_S \cdot C_X \\
&= \{C_W + [-C_X], C_W + [-C_X], [-C_W] + C_X\} \cdot C_X \\
&= (-1, -1, +1)
\end{aligned}
$$

接收方正确收到 001。

如果接收方用主机 Y 的码型向量 C_Y 点乘 T_S：

$$D_Y = T_s \cdot C_Y$$
$$= \{C_W + [-C_X], C_W + [-C_X], [-C_W] + C_X\} \cdot C_Y$$
$$= (0,0,0)$$

接收方发现主机 Y 没有发送数据。

2.5.5 10BASE-T 网络

传统的 10BASE-5 总线型以太网，其稳定性不佳，任何一个与主机相连的收发器出现故障，都会导致整个网络出现故障，即单点故障会引发全网故障，这种情况导致管理员需花费更多时间去排除网络故障。另一方面，10BASE-5 网络的可扩展性较差，为了在网络中新增加一台主机，需要剪断传输媒体，然后用 BNC-T 型头将主机的网卡连接到网络中的线缆上。

10BASE-T 是另一种实现以太网的网络标准，该标准使用非屏蔽双绞线（UTP）作为传输媒体（可以是 3 类、4 类或 5 类双绞线），传输媒体两端使用 RJ-45 作为连接器，网络带宽是 10Mb/s，且采用基带传输。10BASE-T 网络是主机通过 UTP 与集线器（Hub）相连而构成的一个星型拓扑结构的以太网（如图 2-51 所示）。

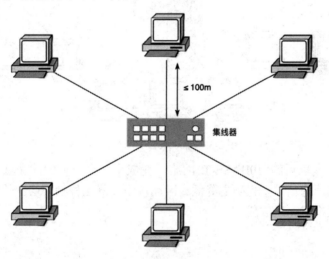

图 2-51 10BASE-T 网络

集线器的工作原理较为简单：主机发送信号到线路上，这些信号经线路传输会逐渐衰减，集线器从某个接口收到这些信号，且对这些信号进行整形放大，然后再把信号从其他接口发送出去。因此，使用集线器连接主机的 10BASE-T 网络，仍是一个广播式以太网。

在 10BASE-T 网络中，主机与集线器间的最长距离通常是 100m，即一个 10BASE-T 网络的长度不能超过 200m，这不是依据往返时延（RTT）计算而得到的，是由于 10BASE-T 网络中传输的信号较弱而做出的规定。如果采用高质量的 5 类双绞线，主机与集线器间的最长距离可达 150m。10BASE-T 网络具有以下几方面的特点：

（1）从五层体系结构来看，集线器与中继器类似，工作在物理层，它只能识别比特信号。

（2）10BASE-T 网络是一个冲突域，也是一个广播域，大部分冲突发生在集线器中。

（3）物理上是星型结构，但逻辑上仍是总线型以太网，网络中的主机需要执行

CSMA/CD 算法，主机间只能半双工通信。

（4）采用大规模的集成电路来模拟传统的线缆，可靠性更高，单点故障不会影响整个网络。

（5）所有主机共享带宽。

在对网络进行扩展时，集线器之间的距离不能超过 100m（采用双绞线连接），另外，还需遵循 5-4-3 原则，因此，采用集线器的 10BASE-T 网络的最大长度仍是 500m。采用集线器的 10BASE-T 网络常用树型拓扑结构来扩展网络，即用一个主干集线器，将几个独立的冲突域连接起来，构成一个更大的冲突域，如图 2-52 所示。由于集线器工作在物理层，因此在同一个冲突域中不能使用不同速率的集线器相互连接。

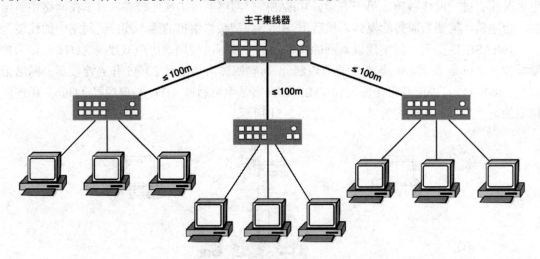

图 2-52　10BASE-T 网络扩展

采用集线器扩展以后的 10BASE-T 网络，变成了一个更大的冲突域和广播域，产生冲突的概率随之增加，通信效率也随之降低。因此，集线器这种物理层上的组网设备，很快被交换式集线器（交换机）所取代。

2.6　交换机

2.6.1　交换机概述

交换机工作在 OSI 数据链路层，与集线器只能识别比特信号不同，它可以识别数据链路层上的帧，即在数据链路层可以识别比特的组合，因此，交换机是可管理的智能设备。用一个例子来说明这个问题，例如"Hello, World!"，如果把单个字母看作比特，整个句子看作帧的话，物理层上的中继器和集线器只能识别"H""e""l""l""o"等字母，而交换机则可以将这些字母组合成单词从而识别一个句子。

交换机支持全双工的通信模式，即主机间可以实现无碰撞的全双工通信。如果交换机有 N 个 100Mb/s 的接口，则一共有 N 个独立的碰撞域，并且支持 $N/2$ 对计算机间进行全双工通信（上行下行均是 100Mb/s），因此该交换机的总容量可达

$$\frac{N}{2} \times 2 \times 100\text{Mb/s} = N \times 100\text{Mb/s}$$

如图 2-53 所示，一个具有 8 个接口的 100Mb/s 交换机，可支持 4 对计算机（例如 A 与 C、E 与 G、B 与 D、F 与 H）间进行无碰撞的全双工通信，该交换机的总容量是 800Mb/s。另外，交换机的每个接口都可以缓存帧，这样就可以将不同速率的以太网互连。用交换机组建的以太网常被称作交换式以太网。

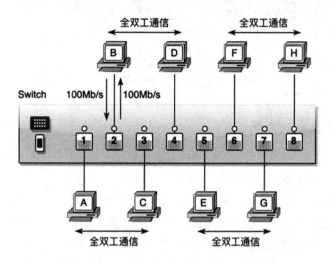

图 2-53　交换式以太网

交换机具有以下几方面的优点：

（1）即插即用：与集线器一样，交换机通电即可使用。

（2）无碰撞地全双工通信：每个接口是一个独立的碰撞域，任意一对接口间可实现无碰撞地全双工通信，交换机的最大容量就是交换机接口速率之和。

（3）可管理：管理员可以配置管理交换机，以实现网络安全管理，也可以监测网络运行的状态，例如每个接口的流量、错误帧的数量等。

（4）支持不同的链路：交换机能够将链路隔离，可以支持不同的链路以不同的速率运行。

2.6.2　交换机 MAC 地址学习

交换机具有过滤（Filtering）功能，集线器是向所有的接口发送比特信号，而交换机可以将帧转发（Forwarding）到某个特定的接口或者将帧丢弃。转发指的是将帧导向到某一个接口（本书后续称之为交换）。存储在交换机中的地址表（地址与接口的映射表），是交换机用于帧交换的依据，这个地址表是交换机通过自学习（Self-Learning）功能学习得到的，地址表中的每条记录可理解为一个三元组（MAC 地址，接口，时间），如图 2-54 所示。

MAC 地址：主机的硬件地址（例如，MAC-A 表示主机 A 的 MAC 地址）。

接口：主机（用 MAC 地址区别）与交换机哪个接口相连。

时间：学习到地址的时间。

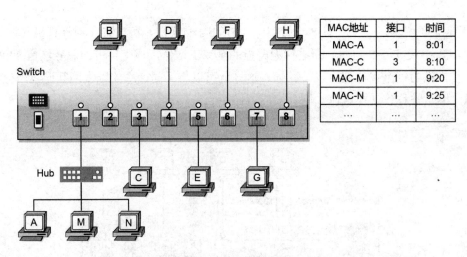

図表内のMAC地址表：

MAC地址	接口	时间
MAC-A	1	8:01
MAC-C	3	8:10
MAC-M	1	9:20
MAC-N	1	9:25
…	…	…

图 2-54 交换机地址表

交换机刚刚上电开始工作的时候，其地址表中并没有地址记录。当某台主机通过交换机的接口向其他目的主机发送一个帧时，交换机便知道该主机是与其哪一个接口相连的，交换机便新增一条该主机 MAC 地址的记录。由于此时的地址表中并没有目的主机的地址记录，因此交换机将收到的帧发送至其他所有的接口。经过一段时间（称为老化时间，Aging Time），如果交换机没有再次收到以该 MAC 地址为源地址的帧，则交换机删除该地址记录，以此来解决该接口上更换了主机或原主机更换了网卡而导致 MAC 地址发生变化的情况。

当连接到交换机上的所有的主机均发送过帧，交换机便学习且记录了所有的主机的地址（假设所有的地址都没有超过老化时间）。在图 2-54 中，交换机的接口 1 连接了一台集线器，该集线器上连接了 3 台主机，因此，接口 1 对应地有 3 个地址记录。

图 2-55 给出了交换机地址学习及帧转发的过程（I 表示入接口，O 表示出接口）。

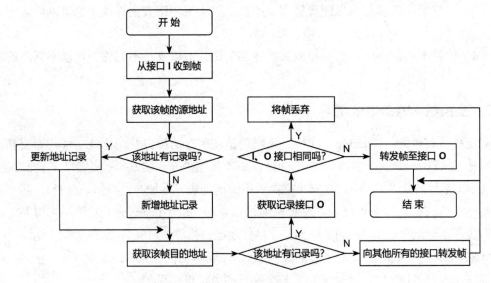

图 2-55 交换机地址学习及帧转发

注意，假设交换机从接口 I 收到一个帧，该帧的目的 MAC 地址已被交换机学习并保存到了 MAC 地址表中，且该记录的接口恰好是该帧的进入接口 I，则说明源主机和目的主机与交换机的同一个接口相连，此时，交换机无须将该帧转发至其他接口，而是直接将该帧丢弃。例如，在图 2-54 中，主机 A 向主机 M 发送了一个帧，交换机在接口 1 上收到了这个帧，由于交换机中的地址表已经记录了主机 A 和主机 M 均与接口 1 相连，因此交换机直接丢弃该帧。

交换机默认的老化时间是 300s，该时间是从某个地址被新增到地址表之后开始计时的。例如，图 2-54 的地址表中的记录"（MAC-M，1，9:20）"表明，从 9:20 起的 300s 之内，如果交换机没有从任何接口收到源地址是 MAC-M 的帧，那么交换机将从地址表中删除这条记录。

2.6.3 虚拟局域网

1. 虚拟局域网的概念

在实际工作中，一个单位往往被划分成若干个工作单元，例如，大学由若干学院组成，学院又由若干系组成。假设图 2-56 是某大学组建的一个交换式以太网，在这个网络中，由于交换机并没有隔离不同学院间的流量，故该网络是一个大的广播域，某个学院中的主机发送的广播帧，都会被 SW0 转发至其他学院，也就是说不同学院中的主机间是可以相互访问的，这样的网络存在一定的安全风险。虚拟局域网（Virtual LAN，VLAN）技术很好地解决了这个问题，所谓虚拟局域网技术，就是指在单一的物理局域网中，虚拟出一个个小的局域网（虚拟出来的、小的直连网络），主机间的通信被限制在这些小的虚拟局域网之中。

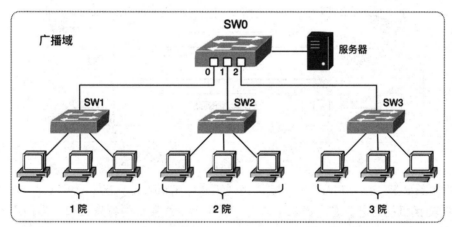

图 2-56　某大学未划分 VLAN 的交换式以太网

如图 2-57 所示，可以把三个学院与交换机 SW0 的连接接口 0、1、2，分别划分到 VLAN10、VLAN20 和 VLAN30 中，这样就可以将各学院的流量完全限制在对应的 VLAN 中。这种划分方法又会带来一个新问题，例如，当属于 1 院的主机移动到其他学院时，该主机无法通过其他学院的接入交换机来访问自己学院中的主机。因此，VLAN 还应能将不同物理位置上的主机（连接在不同交换机上）划分到同一个 VLAN 中，即将 VLAN 扩展到不同物理位置上的不同的交换机上。

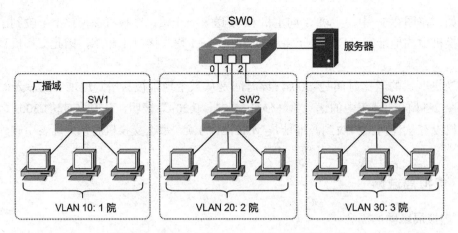

图 2-57 某大学划分 VLAN 后的交换式以太网

2. VLAN 中继

在图 2-58 中，VLAN10 和 VLAN20 中的主机，分别接入到交换机 SW1 和 SW2 中（这两台交换机可能位于不同的物理位置），为了实现 VLAN 中所有主机间能够相互通信，SW1 和 SW2 中的 2 号接口必须属于 VLAN 10，3 号接口必须属于 VLAN 20。可以看出，随着 VLAN 数量的增加，需要耗费更多的交换机接口来连通那些跨越了交换机的 VLAN。

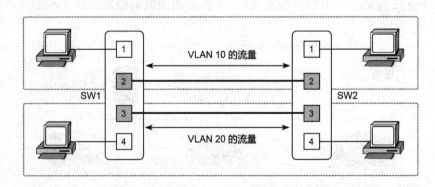

图 2-58 跨交换机的 VLAN10

采用如图 2-59 所示的 VLAN 干线连接（VLAN Trunking）方法，可以很好地解决同一 VLAN 跨交换机的问题。在交换机中，有一类称为干线接口的特殊接口，专门用于实现同一 VLAN 跨交换机互通的问题，这类特殊接口可属于所有的 VLAN（也可指定属于哪些 VLAN），即在 VLAN 干线接口相连而成的 VLAN 干线上，可以允许所有的 VLAN 流量通过（也可以由管理员指定）。

为了让 VLAN 干线能够区分帧所属的 VLAN，IEEE 制定了扩展的以太网帧格式 802.1q（另一种是 Cisco 公司私有的 Inter-Switch Link，ISL），该格式是在原有的以太网帧中插入 4 字节的 VLAN 标签，该标签中最重要的字段是帧的 VLAN 标识，该标识用于识别帧所属的 VLAN。交换机在将以太网帧发送到 VLAN 干线之前，插入这 4 字节的标签，接收方交换机在从干线接收到该帧之后，将帧中的 VLAN 标签删除还原成普通的以太网帧。802.1q 帧的格式如图 2-60 所示。

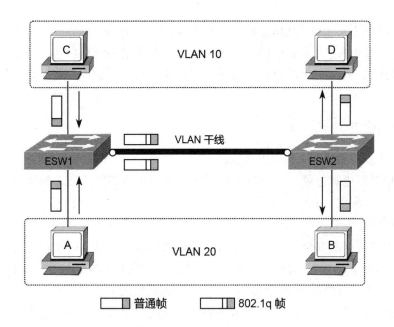

图 2-59 VLAN 干线实现 VLAN 互联

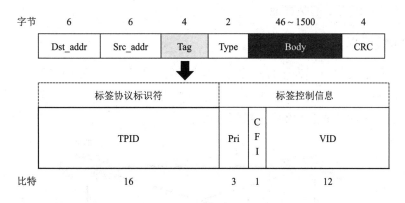

图 2-60 802.1Q 帧格式

（1）Dst_addr、Src_addr、Type、Body：这 4 个字段与原有的以太网帧的格式一致。

（2）Tag：标签字段，占 4 字节。标签字段被划分为两部分，一部分是 2 字节的标签协议标识符（Tag Protocol IDentifier，TPID），对于 802.1q 的帧，该值是 0x8100；另一部分是标签控制信息，该部分又由 Pri、CFI 和 VID 所组成。3 比特的 Pri 表示优先级，1 比特的 CFI 用于区别帧的类型（对于以太网帧，该值固定是 1），12 比特的 VLAN 标识符（VLAN ID，VID）表示帧属于哪一个 VLAN。VID 的取值范围是 0～4095，其中 0 和 4095 保留未被使用，故 VID 的有效取值范围是 1～4094，即一台交换机上最多可以划分出 4094 个 VLAN。

（3）CRC：循环冗余校验，占 4 字节。被插入了 802.1q 标签的以太网帧，需要重新计算 CRC。

注意，前面介绍的 VLAN 都是基于交换机接口进行划分的，交换机接口是固定且不会移动的，任何主机只要连接到属于某个 VLAN 的交换机接口上，该主机便可访问这个 VLAN 中的资源。显然，这种 VLAN 的划分方式存在一定的安全隐患，也不利于移动办公。

事实上还可以根据接入主机的 MAC 地址来划分 VLAN，采用这种方式划分 VLAN，能够很好地解决基于接口划分 VLAN 的缺点，主机从交换机上的任意接口接入网络，都能够访问其 MAC 地址所属 VLAN 中的资源。当然，VLAN 还可以根据网络层、运输层和应用层协议进行划分。

3. VLAN 的优点

VLAN 的优点主要体现在以下几方面：

（1）用户管理更加方便。企业员工常常在不同的工作部门流转，如果员工工作的物理位置发生了变化，利用 VLAN 技术，网络无须重新布线，则管理员可以轻松地将员工分配到新的工作组之中。

（2）增强了网络的安全性。企业各部门的数据与信息资源，并不是所有员工都能直接接触的，各部门的敏感数据只能被该部门的员工访问和使用。VLAN 可以将员工划分到不同的逻辑组中，数据只能在该逻辑组内部传输，其他逻辑组中的员工无法查看和访问。

（3）改善了网络性能。VLAN 技术将原本较大的广播域划分成一个个小的广播域，因此广播帧被限制在一个较小的 VLAN 范围之内，大大减少了整个网络中不必要的广播流量，节约了网络资源，改善了网络性能。

2.6.4　生成树协议

在实际的网络工程中，为了提高网络的可靠性，交换机之间常常通过冗余链路相互连接。如图 2-61 所示，主机 A 与主机 B 之间存在多条冗余的通路，当网络中某些链路或交换机出现故障时，也能够保证网络中主机间的可达性。

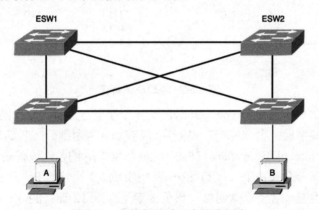

图 2-61　交换机通过冗余链路相连

如果主机间存在多条冗余的通路，也就意味着主机间存在着环路，如图 2-62 所示，可以很容易地看到主机 A 与主机 D 之间的环路情况（其他主机间也存在环路）。

在图 2-62 中，假设交换机所有接口均属于 VLAN10，交换机 SW1 和 SW2 通过两条 VLAN 干线相连，当某条 VLAN 干线出现故障时，这种网络拓扑仍然能够保证 VLAN10 中的主机间的连通性。但是，这种网络拓扑会带来一个严重的问题：在直连网络中，很多协议（例如 ARP、DHCP 等）都是采用广播方式进行传输的，即直连网络中的主机，常常会向网络中发送广播帧，这就导致 VLAN 干线 1 和 VLAN 干线 2 常常以转圈的方式不断重复转发广播帧。例如，当主机 A 发送一个广播帧时，SW1 会将这个广播帧从接口 2、3、4 转发出去，SW2 从 6 号接口收到这个广播帧，并将该广播帧从接口 5、7、8 转发出去，接着 SW1 从接口 3 收到 SW2 的广播帧，它把该广播帧又从接口 1、2、4 转发出去，如此往复。这样就会形成交换机干线间 2 个转圈转发广播帧的数据流：第 1 个广播帧的转发流发生在 2、6、7、3、2 接口，第 2 个广播帧的转发流发生在 3、7、6、2、3 接口。如果网络中有很多主机发送广播帧，就会极大地浪费交换机的资源。

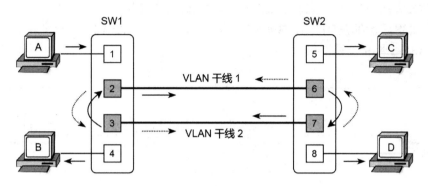

图 2-62　广播帧在通过冗余链路相连的交换机间转圈转发

　　为了解决广播帧转圈转发的问题，IEEE 制定了 802.1d 生成树协议（Spanning Tree Protocol，STP），该协议的目的就是解决二层环路问题，使得主机间的路径变成没有环路的树状结构。STP 通过临时阻塞、禁用交换机某些接口的方式，切断路径中的环路。例如，在图 2-62 中，SW2 只要将接口 6 临时禁用，VLAN 干线 1 就不能转发帧，环路就被切断了。当 VLAN 干线 2 出现故障时，SW2 立即启用接口 6，以保证网络的连通性。

　　以太网交换机所组建的网络在刚刚启用时，所有交换机都需要执行 STP 算法，网络收敛的时间大约需要 50s 或更长，为了解决这个问题，IEEE 又对 STP 进行了一些改进，提出了快速生成树协议（Rapid Spanning Tree Protocol，RSTP）。另外，IEEE 802.1s 多生成树协议（Multiple Spanning Tree Protocol，MSTP）又对 RSTP 的扩展，MSTP 可以感知 VLAN，因此，它可以为每个 VLAN 独立地配置一棵生成树，也允许多个 VLAN 共享一棵生成树。

2.7　高速以太网

2.7.1　快速以太网

1. 快速以太网概述

　　1995 年，作为 IEEE 802.3 标准的补充，IEEE 制定了 IEEE 802.3u 标准，即 100BASE-T 快速以太网（Fast Ethernet）标准。人们使用 100Mb/s 的集线器或交换机，可以方便地组建（或升级到）快速以太网。由于同轴电缆不再作为快速以太网使用的传输媒体，以同轴电缆作为传输媒体的 10BASE-5 网络，必须重新布线。另外，快速以太网提供了自动协商机制（Auto-Negotiation），以支持不同传输速率（10Mb/s、100Mb/s）、不同通信模式（全双工或半双工）等的交换机互连。

　　相较于 IEEE 802.3 标准，IEEE 802.3u 标准的速率提高了 10 倍，但该标准并没有改变以太网帧的格式，也没有改变差错检测方法，最小帧长仍是 64 字节，半双工通信模式下仍使用 CSMA/CD 媒体接入控制机制，运行在 IEEE 802.3 标准的网络中的应用可以无障碍地在 IEEE 802.3u 标准的网络中运行。因此，IEEE 802.3u 标准兼容 IEEE 802.3 标准，原有的 IEEE 802.3 标准的网络可以直接接入 IEEE 802.3u 标准的网络中，这就很好地保护了用户的投资，这也是以太网取得成功的关键因素之一。

由于网络速率提高了 10 倍，在广播式 100BASE-T 网络中，为了保持最小帧长 64 字节不变，将其最大网络长度减短到了 205m，约为 10BASE-5 网络最大网络长度（2500m）的十分之一，并且争用期是5.12μs、帧间间隔是0.96μs，均是 10BASE-5 网络的十分之一。广播式 100BASE-T 网络如图 2-63 所示，

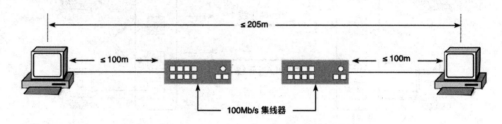

图 2-63　100BASE-T 网络

快速以太网可以使用双绞线或光纤作为传输媒体，其物理层上的传输媒体如图 2-64 所示。

端到端通信	应用层			
	运输层			
网络互连	网络层			
直连网络	数据链路层	CSMA/CD协议、以太网帧		
	物理层	100BASE-T4	100BASE-TX	100BASE-FX

图 2-64　快速以太网的传输媒体

不同的传输媒体，其传输距离不同，其差异性如表 2-7 所示。

表 2-7　快速以太网中使用的传输媒体

名称	媒体	最大网段长度	特点
100BASE-T4	铜缆	100m	3 类、4 类或 5 类 UTP（使用 4 对线）
100BASE-TX	铜缆	100m	5 类 UTP 或 STP（使用 2 对线）
100BASE-FX	光纤	2000m	使用两根光纤，一根用于发送，一根用于接收

100BASE-T4 使用了 4 对双绞线，其中三对用于传输数据（每对线的数据率约为 33.3Mb/s），另一对用于接收碰撞信号，采用半双工通信模式。100BASE-TX 和 100BASE-FX 支持全双工通信模式。

采用 100Mb/s 集线器组建的快速以太网，是一个冲突域也是一个广播域，主机的适配器需要执行 CSMA/CD 算法，并且以半双工的模式进行通信。如果采用 100Mb/s 的交换机（Switch）组建快速以太网，则主机间可实现无碰撞的、全双工的通信服务，这种网络也被

称为"交换式快速以太网"。目前，组网设备不再使用集线器而是使用交换机。

2. 交换式快速以太网

交换式快速以太网，是以太网发展史上的一个重要的里程碑，且对网络结构化技术的发展也起到了关键作用。交换式快速以太网通过自动协商协议，能够将不同速率（10Mb/s、100Mb/s）的以太网融合在一起，早期常被用于校园骨干网络。在 100BASE-TX 网络中，若采用交换机来连接以太网段，则可以组建成星型拓扑结构的网络，该网络的布线标准是 TIA/EIA-568（A/B），如图 2-65 所示。

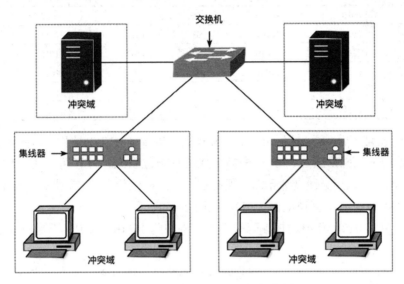

图 2-65　快速以太网的网络拓扑图

在图 2-65 中，交换机一共将 4 个冲突域连接成了一个星型拓扑结构的网络。注意，交换机的每一个接口就是一个独立的冲突域，而集线器中所有接口属于同一个冲突域，因此可以认为，交换机将大的冲突域隔离为一个个较小的冲突域（用交换机替换主干集线器）。但是，交换机所组建的网络，仍属于同一个广播域，即网络中的任何一台主机发送一个广播帧，网络中的其他所有的主机均能接收到该广播帧。如前所述，交换机提供了 VLAN 技术，用于隔离广播域，即可以将一个大的广播域分割成一个个较小的广播域。注意，图 2-65 中的集线器，往往也被交换机所取代。

传统的以太网需要执行 CSMA/CD 算法来争用共享传输媒体，其争用期是51.2μs。在交换式快速以太网中，主机间实现了无碰撞地全双工通信，因此，无须执行 CSMA/CD 算法，也没有争用期，即其传输距离不受争用期限制，仅受信号强度的限制。

3. 4B/5B 编码

传统的 10Mb/s 的以太网，其时钟频率是 20MHz，采用曼彻斯特编码，编码效率仅有50%。如果 100Mb/s 的快速以太网也采用曼彻斯特编码，则时钟频率需要 200MHz，这将大幅提高快速以太网的造价。因此，快速以太网没有采用曼彻斯特编码，而是采用了 4B/5B 编码，该编码的效率是 80%。4B/5B 编码是用 5 位二进制码来表示 4 位二进制码的，4 位二进制码共有 16 个组合，而 5 位二进制码共有 32 个组合，因此，必须从这 32 个的组合中，挑选出 16 个组合来表示 4 位二进制码的编码组合，如表 2-8 所示。挑选的原则是：前端不能超过 1 个 0，并且末端不能超过 2 个 0。注意，在剩余的 16 个组合中，11111 表示线路空闲，00000 表示线路不通，00100 表示停止，还有 7 个组合不符合挑选原则，其余 6 个组合代表各种控制信息。

表 2-8　4B/5B 编码

十六进制	4 位二进制	4B/5B 编码	十六进制	4 位二进制	4B/5B 编码
0	0000	11110	8	1000	10010
1	0001	01001	9	1001	10011
2	0010	10100	A	1010	10110
3	0011	10101	B	1011	10111
4	0100	01010	C	1100	11010
5	0101	01011	D	1101	11011
6	0110	01110	E	1110	11100
7	0111	01111	F	1111	11101

经 4B/5B 编码之后，再采用 MLT-3 的方式进行传输（MLT-3 被称为多阶基带编码 3 或者三阶基带编码）。在 MLT-3 中，信号被分成三种电位状态，分别是"正电位""负电位""零电位"。MLT-3 采用无跳变表示 0（保持前一位的电位状态），有跳变表示 1（按照正弦波的电位顺序 0、+、0、−变换电位状态），如图 2-66 所示。

在图 2-66 中，0x0F 经 4B/5B 编码转换为二进制码 11110 11101，其经过 MLT-3 编码的电位状态显示在图中最后一行。

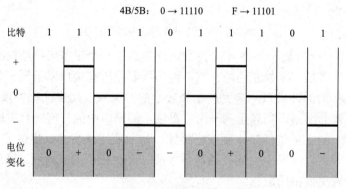

图 2-66　MLT-3

2.7.2　吉比特以太网

吉比特以太网指的是速率是 1000Mb/s 的以太网，也被称为千兆以太网。IEEE 制定了两个吉比特以太网标准：

- 1000BASE-T 的标准是 IEEE 802.3ab。
- 1000BASE-X 的标准是 IEEE 802.3z。

1000BASE-X 是指 1000BASE-SX、1000BASE-LX 和 1000BASE-CX。吉比特以太网继续沿用 IEEE 802.3 标准规定的帧格式，最小帧长仍是 64 字节，最大帧长仍是 1518 字节，兼容 10BASE-T、100BASE-T，支持半双工和全双工两种通信模式。

1000BASE-T 是采用铜缆作为传输媒体的千兆以太网标准，它使用 4 对 UTP（5 类或超 5 类双绞线）传输数据（在每对线缆中，一根用于发送，一根用于接收），电缆最大长度是 100m。由于 1000BASE-T 可以使用已有的铜缆，不需要重新布线，从 1999 年起 1000BASE-T 被广泛应用于局域网，以替代 10BASE-T 和 100BASE-T（这是最简单的网络升级方式）。1000BASE-T 常用于网络骨干中交换机间的连接，也用于核心交换机与服务器之间的连接。注意，1000BASE-TX 需要使用 6 类及以上的双绞线布线系统。因此，支持 10BASE-T 和 100BASE-T 的 5 类或超 5 类双绞线布线系统，需要重新布线才能升级到 1000BASE-TX。1000BASE-T 没有采用 4B/5B 或 8B/10B 编码，而是采用了较为复杂的 4D-PAM5 编码。

1000BASE-CX 也是采用铜缆作为传输媒体的以太网标准的，它使用 2 对 STP 双绞线（一对用于发送，一对用于接收）进行数据传输，电缆最大长度是 25m，采用 8B/10B 编码，与 1000BASE-T 一样，兼容 10BASE-T 和 100BASE-T，常用于交换机与交换机、交换机与服务器间的连接。

1000BASE-SX 是一种以光纤作为传输媒体的千兆以太网标准，采用多模短波激光器（Short Wave-Length Laser），光波波长为 770～860nm。如果采用 50μm 的多模光纤，则最大网段长度是 500m，如果采用 62.5μm 的多模光纤，则最大网段长度是 220m。

1000BASE-LX 也是一种以光纤作为传输媒体的千兆以太网标准，采用单模或多模长波激光器（Long Wave-Length Laser），光波波长为 1270～1355nm，如果使用单模光纤作为传输媒体，则最大网段长度可达 5000m，如果使用 50μm 的多模光纤，则最大网段长度是 550m，如果采用 62.5μm 的多模光纤，则最大网段长度是 440m。

2.7.3 10 吉比特以太网

10 吉比特以太网（10 Giga bit Ethernet，常表示为 10GbE、10GE 或 10GigE），也常被称为万兆以太网，其传输速率是 10×10^9 b/s。10GbE 不再支持半双工通信模式，仅工作在全双工通信模式，因此，10GbE 无须执行 CSMA/CD 算法，其传输距离不再受争用期限制。10GbE 的以太网帧的格式与传统的 10Mb/s 的以太网帧的格式一致，最小、最大帧长也没有改变，完全兼容低速的以太网。

2002 年 6 月，IEEE 通过了 10GbE 标准，10GbE 标准一共分为三大类，分别是 10GBASE-X、10GBASE-R 和 10GBASE-W。10GbE 可以使用铜缆、光纤作为传输媒体，10GbE 的部分物理层标准见表 2-9。

表 2-9 10GbE 的部分物理层标准

名称	最大长度	波长	传输媒体	支持的收发器	说明
10GBASE-CX4（802.3ak）	15m	—	4 对双轴铜缆（Twin-ax Copper）	XENPAK、X2、XFP	发布于 2004 年，是第一个 10GbE 铜缆标准
10GBASE-T（802.3an）	100m	—	4 对 6A 类 UTP	—	发布于 2008 年，提升了铜缆的传输性能和传输距离，降低了成本（相较于光纤）
10GBASE-SR（802.3ae）10GBASE-SW	300m	850nm	多模光纤	XENPAK、X2、XFP、SFP+	发布于 2006 年，这是最初的 10GbE 光纤标准，成本低

名称	最大长度	波长	传输媒体	支持的收发器	说明
10GBASE-LR（802.3ae）10GBASE-LW	10km	1310nm	单模光纤	XENPAK、X2、XFP、SFP+	成本高于 SR，没有最短距离限制，常用于短距离连接
10GBASE-ER（802.3ae）10GBASE-EW	40km	1550nm	单模光纤	XENPAK、X2、XFP、SFP+	标准距离是 30km，但可以达到 40km
10GBASE-ZR 10GBASE-ZW	80km	1550nm	单模光纤	XENPAK、X2、XFP、SFP+	非 IEEE 标准，由厂商制定。

10GBASE-T 主要用于数据中心、校园网络。10GBASE-R 主要用于连接高速网络，它不使用 8B/10B 编码，而是使用 64B/66B 编码。10GBASE-W 是广域网接口，与 SONET OC-192 兼容（SONET OC-192 的数据率是 9.585Gb/s），通过 10GBASE-W 接口，可以将 10GbE 的以太网帧插入到 SONET 帧中，实现了以太网帧在广域网上的传输，这种技术极大地扩展了以太网的距离，使得以太网不再是单一的局域网，它也可以变身为广域网。

收发器（Transceiver）是光电转换设备，能够直接插入到交换机或路由器背板上的收发器称为"光纤模块"或"光模块"。收发器的主要功能是进行"光-电"信号的转换，发送端将需要发送的电信号转换成光信号，该信号经过光纤的传输到达接收端，接收端再将收到的光信号转换成电信号。XENPAK、X2、XFP、SFP+都是光模块，目前市场较为流行是 SPF+。根据实际应用，SPF+又被分为多种类型，例如 10G SFP+、BIDI SFP+、CWDM SFP+、DWDM SFP+。

2.7.4 40 吉比特以太网

在数据中心广泛使用 10GbE 之后，人们逐渐发现 10GbE 还是难以满足对更高速率以太网的需求。2010 年 6 月，IEEE 正式颁布了 IEEE 802.3ba-2010 标准（40GbE/100GbE），该标准的以太网速率被提升到了 40×10^9b/s或100×10^9b/s，目前 40GbE/100GbE 已经得到了广泛使用。以太网速率的演变情况如图 2-67 所示。

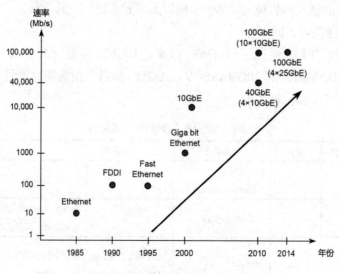

图 2-67 不同速率以太网的演变

IEEE 802.3ba-2010 标准仅支持全双工通信，仍使用 IEEE 802.3 标准的以太网帧的格式，最小帧长仍是 64 字节，最大帧长仍是 1518 字节，采用 64B/66B 编码。40GbE/100GbE 主要用于数据中心、网络运营商以及其他高数据流量的高性能计算环境。表 2-10 列出了 40GbE/100GbE 的部分物理层标准。

表 2-10　40GbE/100GbE 的部分物理层标准

最大长度	传输媒体	名称（40GbE 标准）	名称（100GbE 标准）
1m	设备背板中	40GBASE-KR4	
7m	铜缆组件	40GBASE-CR4	100GBASE-CR10，100GBASE-CR4，100GBASE-CR2
100m	多模光纤	40GBASE-SR4	100GBASE-SR10，100GBASE-SR4（802.3bm），100GBASE-SR2
10km	单模光纤	40GBASE-LR4	100GBASE-LR4，100GBASE-LR1
40km	单模光纤	40GBASE-ER4（802.3bm）	100GBASE-ER4

说明： 如果采用粗波分复用（Coarse Wavelength Division Multiplexing，CWDM），40GBASE-LR4 在发送端将 4 通道的 10Gb/s 电信号转换为 4 通道的 CWDM 光信号，然后将这 4 通道的光信号复用到单模光纤上传输，接收端将收到的光信号（40Gb/s）解复用为 4 通道的 CWDM 光信号，并将其转换为 4 通道的电信号（10Gb/s）。4 通道的光信号的中心波长分别为 1217nm、1291nm、1311nm 和 1331nm。40GBASE-LR4 也支持并行单模（Parallel Single Mode，PSM）的光纤传输模式，即将 4 通道的光信号分别用 4 根单模光纤进行传输和接收（共需要 8 根光纤）。上述光纤传输模式一般记为"4×10GbE"，以此类推，100GbE 可以采用"10×10GbE"和"4×25GbE"两种传输模式实现。

2017 年 12 月，IEEE 发布了更快的以太网标准 IEEE 802.3bs-2017，该标准包含了 200GbE 和 400GbE 两种速率，即以太网的速率可达到 $200×10^9$b/s 或 $400×10^9$b/s。该标准使得以太网仍向高速率方向快速发展，能够满足大型数据中心不断增长的带宽需求。IEEE 802.3bs-2017 标准仅支持全双工通信，且仅支持光纤作为传输媒体，仍使用 IEEE 802.3 标准的以太网帧的格式，且保留以太网最小帧长和最大帧长的要求，其部分物理层标准如表 2-11 所示。

表 2-11　200GbE/400GbE 的部分物理层标准

名称	最大长度	传输媒体	单通道速率
200GBASE-SR4	100m	多模光纤（PSM4）	每根光纤的速率是 50Gb/s
200GBASE-DR4	500m	单模光纤（PSM4）	每根光纤的速率是 50Gb/s
200GBASE-FR4	2km	单模光纤（4 通道 CWDM）	每个波长的速率是 50Gb/s
200GBASE-LR4	10km	单模光纤（4 通道 CWDM）	每个波长的速率是 50Gb/s
400GBASE-SR16	100m	多模光纤（PSM16）	每根光纤的速率是 25Gb/s
400GBASE-DR4	500m	单模光纤（PSM4）	每根光纤的速率是 100Gb/s
400GBASE-FR8	2km	单模光纤（8 通道 CWDM）	每个波长的速率是 50Gb/s
400GBASE-LR8	10km	单模光纤（8 通道 CWDM）	每个波长的速率是 50Gb/s

2.8 本章实验

实验目的

掌握 VLAN 的配置和管理方法。

掌握 802.3 以太网帧和 802.1q 帧。

理解 STP。

用 Python 实现以太网帧的发送与接收。

2.8.1 虚拟局域网

1. 简单的网络

在 GNS3 中组建一个只有一台交换机、两台计算机的简单网络（只要交换机接口够用，当然可以接入更多的计算机），其网络拓扑如图 2-68 所示，该网络拓扑主要用于实现和验证 VLAN。

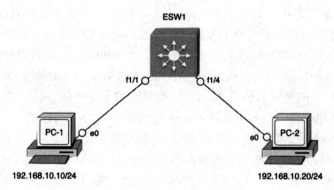

图 2-68　网络拓扑图

图中 f1/1 表示以太网交换机 ESW1 中第 1 个模块上的第 1 个快速以太网接口，其他接口名称依次类推，e0 表示计算机上的网卡。注意，本实验使用 Cisco IOS c3660-a3jk9s-mz.124-25d.image 来仿真三层交换机，该交换机中有 2 个模块：第 0 个模块上的接口（例如 f0/0、f0/1）是三层接口，这些接口可以配置网络层的 IP 地址，用于网络互连；第 1 个模块上的接口是二层接口，用于接入主机。"192.168.10.10/24" 和 "192.168.10.20/24" 是分别指派给 PC-1 和 PC-2 的网卡 e0 的 IP 地址（参考"第 3 章 网络互连"）。在 GNS3 中，通过鼠标双击某台设备，便能启动仿真终端，用户可以在该终端中对设备进行配置和管理，例如，为图 2-68 中的计算机 PC-1 指派 IP 地址的命令如下：

```
PC-1> ip 192.168.10.10/24
Checking for duplicate address...
PC1 : 192.168.10.10 255.255.255.0

PC-1> save
Saving startup configuration to startup.vpc
. done
```

用上述命令，读者可以为 PC-2 指派 IP 地址 "192.168.10.20/24"。当完成了对 PC-1 和

PC-2 的 IP 地址指派，便组建成了一个非常简单的快速以太网，不需要对交换机进行任何配置，PC-1 便能访问 PC-2。然后，进行以下操作：

（1）在 PC-1 与 ESW1 之间的链路上启动抓包（在链路上右击鼠标，在弹出的菜单中选取抓包）。

（2）在 PC-1（或 PC-2）中运行 ping 命令：

```
PC-1> ping 192.168.10.20
...
84 bytes from 192.168.10.20 icmp_seq=5 ttl=64 time=0.346 ms
```

（3）参考图 2-40 分析以太网帧的格式：

```
Ethernet II, Src: 00:50:79:66:68:04, Dst: 00:50:79:66:68:05
    Destination:00:50:79:66:68:05
    Source: 00:50:79:66:68:04
    Type: IPv4 (0x0800)
    Frame check sequence: 0x3c3d3e3f
Internet Protocol Version 4, Src: 192.168.10.10, Dst: 192.168.10.20
Internet Control Message Protocol
```

上述抓包的解码结果如图 2-69 所示。注意，以太网帧中的 Type 字段的值是"0x0800"，说明帧中封装的数据（Body）的类型是 IPv4 分组（图 2-69 中浅色阴影部分）。而在 IPv4 分组中封装的数据的类型是 ICMP（图 2-69 中背景颜色最深部分）。可以看出，所谓的协议封装是类似于"套娃"中组合玩具：以太网帧是个盒子，里面装了一个 IP 分组，IP 分组又是一个盒子，里面装了 ICMP（ICMP 也是一个盒子）。那么，接收端如何知道 IP 分组中封装的是 ICMP 协议数据呢？这个问题可以在网络层得到解决。

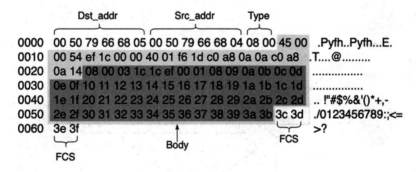

图 2-69　Wireshark 解码以太网帧

（4）VLAN 的配置与验证。

在交换机 ESW1 上配置 VLAN10，将接口 f1/1 分配至 VLAN10 中，即 PC-1 属于 VLAN10 中，PC-2 仍属于 VLAN1（默认情况下，交换机的所有接口都属于 VLAN1）。

```
ESW1#vlan database
ESW1(vlan)#vlan 10
VLAN 10 added:
    Name: VLAN0010
ESW1(vlan)#exit
```

```
ESW1#conf t
ESW1(config)#int f1/1
ESW1(config-if)#switchport access vlan 10
ESW3(config-if)#end
ESW1#wr
```

交换机中查看 VLAN 基本信息命令如下（省略了输出结果）：

```
ESW3#show vlan-switch brief
```

再次验证 PC-1 与 PC-2 的连通性：

```
PC-1> ping 192.168.10.20
……
192.168.10.20 icmp_seq=5 timeout
```

由于 PC-1 和 PC-2 分别属于不同的 VLAN，因此它们之间不能相互访问了。

2. Trunk 与 STP

实际工程中，网络拓扑较为复杂，图 2-70 展示了一个小型单位所使用的网络拓扑。该网络一共划分了 4 个 VLAN（每个 VLAN 对应一个部门）：交换机 ESW1 的接口 f1/1 和交换机 ESW2 的接口 f1/1 属于 VLAN10，ESW1 与 ESW2 之间配置了 2 条采用 802.1q 协议的 VLAN 干线（常被称为 VLAN 中继线）；交换机 ESW1 的接口 f1/4 属于 VLAN20，f1/7 接口属于 VLAN30；除 VLAN80 外（该 VLAN 是网络中心的服务器场），其余 VLAN 中的主机均接入到二层交换机（图中的 SW1、SW2 等）上（每个二层交换机中可以接入多台主机）。

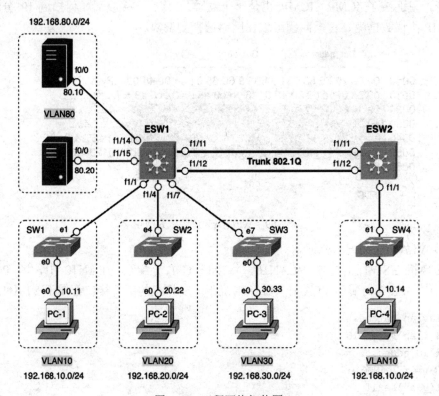

图 2-70 工程网络拓扑图

"192.168.10.0/24"是分配给 VLAN10 的网络号（参考"第 3 章 网络互连"），PC-1 的 e0 接口旁边的"10.11"是给该接口所分配的 IP 地址的最后 2 字节，其完整的 IP 地址是 "192.168.10.11/24"。其余 VLAN 的网络号以及主机的 IP 地址，请参考图 2-70。进行以下操作：

（1）参考前面的实验命令，分别在交换 ESW1 和 ESW2 上完成配置 VLAN 和所有主机 IP 地址的配置工作。本实验中，ESW1 配置了 VLAN10、VLAN20、VLAN30 和 VLAN80，而在 ESW2 中仅配置了 VLAN10。注意，在 Cisco 设备中，可以采用 Cisco 私有的 VLAN 中继协议（VLAN Trunking Protocol，VTP），来管理和配置 VLAN 中继。

（2）配置 Trunk 中继接口。在 ESW1 上配置命令如下：

```
ESW1#conf t
ESW1(config)#int range f1/11 - 12
ESW1(config-if-range)#switchport mode trunk
ESW1(config-if-range)#switchport trunk encapsulation dot1q
ESW1(config-if-range)#end
ESW1#wr
```

在 ESW2 上，用同样的配置命令将接口 f1/11、f1/12 配置为中继接口。注意，中继接口默认使用 802.1q 协议，因此可以不用执行"switchport trunk encapsulation dot1q"配置命令，来指定中继接口采用 802.1q 协议。

（3）在 ESW1 和 ESW2 上执行"show int trunk"命令来查看交换机中继接口的基本信息：

```
ESW1#show int trunk
...
Port      Vlans in spanning tree forwarding state and not pruned
Fa1/11    1,10,20,30,80
Fa1/12    1,10,20,30,80

ESW2#show int trunk
...
Port      Vlans in spanning tree forwarding state and not pruned
Fa1/11    1,10
Fa1/12    none
```

从上述结果中可以看到，在交换机上执行 STP 算法之后，ESW2 的接口 f1/11 可以转发 VLAN1 和 VLAN10 的流量，而接口 f1/12 在生成树中的转发状态是"none"，即该接口不会转发 VLAN1 和 VLAN10 的数据流量，这样就消除了 ESW1 和 ESW2 之间的环路。注意，输出信息中的接口"Fa1/11"就是接口"f1/11"，其余接口也类同。也可以通过以下命令，来查看交换机中每个 VLAN 的生成树（Cisco 使用 PVST 生成树算法，它可以为每个 VLAN 创建一棵生成树）：

```
ESW2#show spanning-tree vlan 10 bri

VLAN10
...
Name                 Port ID Prio Cost  Sts Cost  Bridge ID            Port ID
-------------------- ------- ---- ----- --- ----- -------------------- -------
```

```
FastEthernet1/1        128.42    128    19 FWD    19 32768 cc02.05a6.0000 128.42
FastEthernet1/11       128.52    128    19 FWD     0 32768 cc01.05a5.0000 128.52
FastEthernet1/12       128.53    128    19 BLK     0 32768 cc01.05a5.0000 128.53
```

从上述结果中可以看出，ESW2 接口 FastEthernet1/12（f1/12）处于"BLK"（Blocking，阻塞）状态，它不会转发数据流量。注意，"FWD"即转发（Forwarding）。

（4）抓取 802.1q 帧及 STP。

由于交换机 ESW2 中的中继接口 f1/12 不会转发数据流量，因此，需要在两台交换机的中继接口 f1/11 相连的链路上启动抓包（读者需依据实际实验情况选择抓包链路）。

在 PC-1 上用 ping 命令访问 PC-4（它们同属于 VLAN10），以下是抓到的 802.1q 帧：

```
Ethernet II, Src:00:50:79:66:68:00, Dst: 00:50:79:66:68:03
802.1Q Virtual LAN, PRI: 0, DEI: 0, ID: 10
    000. .... .... .... = Priority: Best Effort (default) (0)
    ...0 .... .... .... = DEI: Ineligible
    .... 0000 0000 1010 = ID: 10
    Type: IPv4 (0x0800)
Internet Protocol Version 4, Src: 192.168.10.10, Dst: 192.168.10.14
Internet Control Message Protocol
```

从结果中可以看到：PC-1 发送给 PC-2 的帧，交换机 ESW1 的中继接口在帧中插入了 802.1q 标签，该标签中的 VLAN ID 是 10。读者可以在 PC-1 与 ESW1 之间的链路、ESW1 的接口 f1/11 与 ESW2 相连的中继链路，以及 ESW2 与 PC-2 之间的链路上同时启动三个抓包，观察 PC-1 发出的帧在这三段链路上的变化情况。当然，在抓包结果中，包含有很多交换机间执行 STP 算法的帧。

读者可以将 ESW1 接口 f1/11 关闭，或将 ESW2 接口 f1/11 关闭（模拟正在使用的链路出现故障），再次观察中继接口的相关信息。在接口配置模式下，关闭交换机接口的命令是"shutdown"，启用接口的命令是"no shutdown"，例如：

```
ESW1#conf t
ESW1(config)#int f1/11
ESW1(config-if)#shutdown
ESW1(config-if)#
ESW1(config-if)#end
ESW1#
```

执行完上述命令，在 ESW2 上不断重复执行"show spanning-tree vlan 10 bri"命令，则可以观察到交换机执行生成树算法时，ESW2 的接口 f1/12 的各种状态："LIS"（Listening）侦听状态、"LRN"（Learning）学习状态和"FWD"（Forwarding）转发状态。

```
ESW2#show spanning-tree vlan 10 bri
...
FastEthernet1/12       128.53    128    19 LIS     0 32768 cc01.05a5.0000 128.53
...
FastEthernet1/12       128.53    128    19 LRN     0 32768 cc01.05a5.0000 128.53
...
FastEthernet1/12       128.53    128    19 FWD     0 32768 cc01.05a5.0000 128.53
```

注意，接口从"BLK"状态变为"FWD"状态需要 30～50s 的时间，这对于很多实时性很强的网络应用来说是不可忍受的，这也是 PVST 生成树算法最致命的一个缺点。

2.8.2 交换机 MAC 地址学习

交换机中的 MAC 地址表，是交换机通过自学习功能学习得到的，初始情况下，交换机的 MAC 地址表是空的。在图 2-70 中，当交换机启动完成，可以用以下命令查看其动态学习得到的 MAC 地址表（ESW2 的 MAC 地址表也为空）：

```
ESW1#show mac-address-table dynamic
Non-static Address Table:
Destination Address  Address Type  VLAN  Destination Port
-------------------  ------------  ----  --------------------
```

另外需要注意的是，主机也会保存曾经访问过它的主机的 MAC 地址，初始状态下，主机的 MAC 地址表也为空。在 Windows 系统中，"arp -a"命令可以查看本机保存的 MAC 地址表的信息：

```
C:\Users\Administrator>arp -a

接口: 192.168.1.13 --- 0xa
  Internet 地址         物理地址              类型
  192.168.1.1          d4-41-65-ee-5c-c0     动态
  192.168.1.255        ff-ff-ff-ff-ff-ff     静态
```

当接入交换机中的主机访问其他目的主机时，交换机便可学习得到源主机的 MAC 地址，如果目的主机发送了响应数据，交换机也会学习得到目的主机的 MAC 地址。在图 2-70 中，当 PC-1 访问了 PC-4，再次查看交换机 ESW1 的 MAC 地址表（读者自行查看 ESW2 的 MAC 地址表）：

```
ESW1#show mac-address-table dynamic
Non-static Address Table:
Destination Address  Address Type  VLAN  Destination Port
-------------------  ------------  ----  --------------------
0050.7966.6800       Dynamic       10    FastEthernet1/1
0050.7966.6803       Dynamic       10    FastEthernet1/11
```

PC-1 的 MAC 地址表（同样也可以查看 PC-4 的 MAC 地址表）：

```
PC-1> arp

00:50:79:66:68:03  192.168.10.14 expires in 108 seconds
```

通过上述实验，可以了解到，交换机的 MAC 地址记录是一个五元组：（所属 VLAN，目的 MAC 地址，出接口，表项类型，有效时间）。"有效时间"也常被称为"老化时间"。"表项类型"分为静态和动态两种类型，静态表项不会被删除；在有效时间过期之后，某条动态 MAC 地址记录如果没有被更新，则该 MAC 地址记录被删除。

默认情况下，GNS3 中 PC 机的 MAC 地址记录的有效时间是 120s，交换机的 MAC 地址记录的有效时间是 300s（可以用命令"show mac-address-table aging-time"进行查看）。管理员可以通过命令对交换机的 MAC 地址记录的有效时间进行修改，例如，配置模式下，下列命令可将 ESW1 的 MAC 地址记录的有效时间改为 200s：

```
ESW1(config)#mac-address-table aging-time 200
```

也可以通过完善以下命令来增加静态或动态的 MAC 地址记录：

```
ESW1(config)#mac-address-table static/dynamic ...
```

2.8.3 帧的发送与接收

在直连的网络中（例如以太网），源主机将需要发送给目的主机的数据封装在帧中，在帧的首部指明接收该帧的目的主机的 MAC 地址，然后将帧发送到链路上即可。在本节的实验中，用 Python 和 Scapy 来仿真这一过程：源主机发送帧给目的主机，目的主机收到帧后便发送确认消息给源主机。发送帧的源主机运行实验程序 2-1.py，接收帧的目的主机运行实验程序 2-2.py，需要首先运行程序 2-2.py，然后运行程序 2-1.py。

2-1.py 源程序如下：

```
01: # 实验程序 2-1.py 向目的主机发送消息帧
02: # 接收并处理收到的确认消息帧
03:
04: from threading import Thread
05: from scapy.all import sniff, Ether, srp
06:
07:
08: DST_MAC = '11:bb:cc:dd:ee:11'
09: MY_MAC = '00:bb:cc:dd:ee:00'
10:
11: def sniffer_pkt():
12:     '''嗅探数据包'''
13:     # 将嗅探的结果交给函数 handle_pkt 处理
14:     sniff(prn=handle_pkt)
15:
16:
17: def handle_pkt(pkt):
18:     '''
19:     处理嗅探到的包：
20:     收到确认消息之后程序退出
21:     '''
22:     # 处理发送给自己的单播帧
23:     if (pkt[Ether].dst == MY_MAC
24:         and pkt[Ether].src == DST_MAC):
25:
26:         print("4. 收到来自: '{}' 的确认消息帧 '{}'".format(
27:             pkt[Ether].src, pkt[Ether].load.decode()))
28:         # 退出程序
29:         exit()
30:
31:
32: def send_msg(msg):
```

```
33:        '''发送消息帧给目的主机'''
34:        # 构建一个以太网帧, 目的主机的 MAC 地址是 aa:bb:cc:dd:ee:ff
35:        sendpkt = Ether(src=MY_MAC, dst=DST_MAC)/msg
36:        # 发送消息帧
37:        print("1. 发送 'Hello, World!' 消息帧给目的主机 {}。".format(DST_MAC))
38:        srp(sendpkt, verbose=False)
39:
40:
41:    if __name__ == '__main__':
42:        # 启动嗅探线程
43:        msg = 'Hello World!'
44:        re = Thread(target=sniffer_pkt, args=())
45:        re.start()
46:        # 发送消息帧给目的主机
47:        send_msg(msg)
```

如果网络中的主机很多, 源主机采用这种静态的方法来指定目的主机的 MAC 地址是十分不方便的: 一方面, 如果目的主机更换了网卡, 其 MAC 地址一定会发生变化; 另一方面, 这种静态的方法难以适应不断有新的主机接入网络或退出网络的情况。找到一个好的办法来获取目的主机的 MAC 地址是非常有必要的, 这个问题将在"第 3 章 网络互连"的 ARP 协议中得到很好的解决。

2-2.py 源程序如下:

```
01: # 实验程序 2-2.py 接收并处理源主机发送消息帧
02: # 向源主机发送确认消息帧
03:
04: from scapy.all import sniff, Ether, srp
05:
06: MY_MAC = '11:bb:cc:dd:ee:11'
07:
08: def sniffer_pkt():
09:     '''嗅探数据包'''
10:     # 将嗅探的结果交给函数 handle_pkt 处理
11:     sniff(prn=handle_pkt)
12:
13:
14: def handle_pkt(pkt):
15:     '''
16:     处理嗅探到的包: 收到消息之后发送确认帧, 然后程序退出
17:     '''
18:     # 处理发送给自己的单播帧
19:     if pkt[Ether].dst == MY_MAC:
20:         print("2. 收到来自: '{}' 的消息 '{}'".format(
21:             pkt[Ether].src, pkt[Ether].load.decode())
22:         )
23:         # 发送确认消息
24:         msg = 'ok'
25:         # 构建一个以太网帧, 目的主机 MAC 地址是嗅探到的帧的源地址
```

```
26:        sendpkt = Ether(src=MY_MAC, dst=pkt[Ether].src)/msg
27:        # 发送确认消息帧
28:        print("3. 发送 'Ok' 消息帧给源主机 {}。".format(pkt[Ether].src))
29:        srp(sendpkt, verbose=False)
30:        # 退出程序
31:        exit()
32:
33:
34: if __name__ == '__main__':
35:     # 嗅探网络数据包
36:     sniffer_pkt()
```

在程序 2-2.py 中，第 26 行在构建以太网 MAC 帧时，目的 MAC 地址是接收到的消息帧的源 MAC 地址：

```
26:        sendpkt = Ether(src=MY_MAC, dst=pkt[Ether].src)/msg
```

程序 2-1.py 和程序 2-2.py 的运行结果分别如图 2-71 和图 2-72 所示。

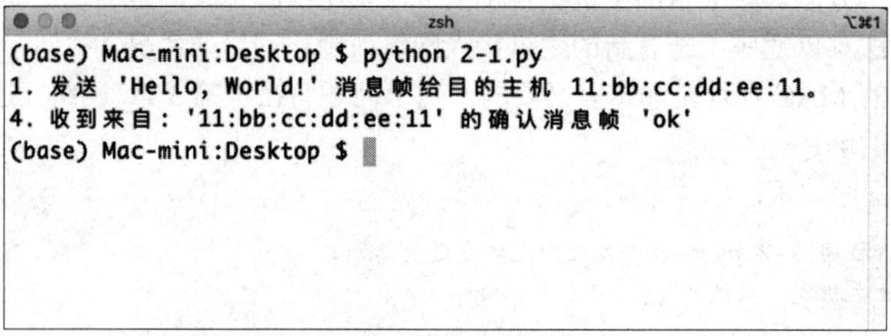

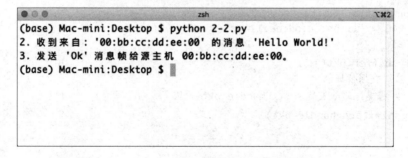

图 2-71　源主机发送消息帧并接收确认消息帧

图 2-72　目的主机接收消息帧并发送确认消息帧

习题

2-01 PPP 帧以及以太网 MAC 帧中的有效载荷不能超过 1500 字节。如果上层交付的是 IPv4 分组，则其最大长度可达 65535 字节，这种情况应该如何处理？

2-02 以太网帧最少需要 46 字节的数据，如果上层交付的数据不足 46 字节，则将帧中数据填充至 46 字节，例如，一个 IP 分组的长度仅为 20 字节，该分组被封装到以太网帧中时，需在帧的数据部分填充 26 字节。试讨论接收方如何从接收到的帧中正确还原 20 字节的 IP 分组。

2-03 以太网帧包含了 8 字节的前导码，可以用来标明一个帧的到来，但是以太网帧不像 PPP 帧或 HDLC 帧那样，包含有帧结束标志字段，请问在以太网中，接收方如何确定一个帧传输结束？

2-04 如果采用 0 比特填充来实现透明传输，发送方发送 5 个连续的比特 1，就发送 1 比特 0。在接收方，如果已经收到了 5 个连续的比特 1，试讨论收到的第 6 比特分别是 1 和 0 的情况。

2-05 交换机的 MAC 地址表的有效时间太长或太短会带来什么问题？假设交换机的每个接口单独保存 MAC 地址表，在这种情况下，如果交换机的每个接口只能记住一个 MAC 地址，会产生什么问题？

2-06 在集线器组建的以太网中，主机可以收到其他任意主机发送的帧，所以可以在主机中运行网络嗅探工具（例如 Wireshark）来观察这些不是发送给自己的帧（安全性差）。在交换机组建的以太网中，请讨论主机通过 Wireshark 嗅探的问题。

2-07 假设采用 CSMA/CD 协议的、速率是 1Gb/s 的网络长度是 2km，信号在传输媒体上的传播速率是 200000km/s，试计算满足该协议的最小帧长。

2-08 在图 2-70 所示的网络中，属于 VLAN10 的 PC-1 发送一个普通的以太网帧至交换机 ESW1，ESW1 在该普通帧中插入 802.1q 标签，然后将该帧沿中继线转发至 ESW2，ESW2 将 802.1q 帧还原成普通的以太网帧，然后从属于 VLAN10 的某个接口转发出去。试分析如果交换机 ESW2 从中继线上收到一个普通的以太网帧（例如，生成树协议 STP 直接封装到 802.3 帧中），它应该如何转发该帧（提示，理解本章 VLAN 的概念）。

2-09 假设需要发送的原始数据 $M(x)$ 是 10011101，采用 4 比特的生成多项式 $G(x) = x^3 + x^2 + 1$，请计算应附加在原始数据后面的冗余码 $R(x)$。

2-10 采用 4 比特的生成多项式 $G(x) = x^3 + x^2 + 1$，接收方收到的数据是 10110100110，请问数据在传输过程中是否出错？

2-11 请在习题图 2-1 中画出信码对应的编码。

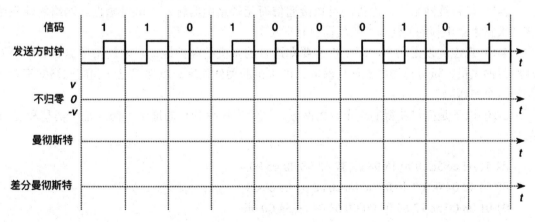

习题图 2-1 不归零、曼彻斯特和差分曼彻斯特编码

2-12 共有四个站进行 CDMA 通信。四个站的码片分别是：

A:（−1 −1 −1 +1 +1 −1 +1 +1) B:（−1 −1 +1 −1 +1 +1 +1 −1)

C:（−1 +1 −1 +1 +1 +1 −1 −1) D:（−1 +1 −1 −1 −1 −1 +1 −1)

现收到这样的码片序列：

E: (-1 +1 -3 +1 -1 -3 +1 +1)

请问哪个站发送数据了？发送的是 1 还是 0？

2-13 如习题图 2-2 所示，用交换机组建了一个简单的网络，交换机当前的 MAC 地址记录（简化的）如习题图 2-2 所示。主机 A 向主机 C 发送 1 个帧 F_data，主机 C 收到该帧后便向主机 A 发送一个确认帧 F_ack，请分析交换机分别应从哪些接口将这两个帧转发出去。

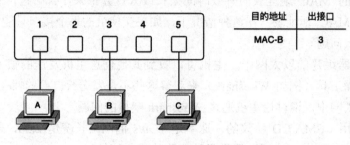

目的地址	出接口
MAC-B	3

习题图 2-2 用交换机组建的简单网络

2-14 一个交换机具有 16 个接口，每个接口的带宽是 100Mb/s，试计算该交换机的背板带宽。

2-15 采用 CSMA/CD 协议的 10Mb/s 的以太网中，某台主机在发送帧时检测到了碰撞，该站在执行退避算法时，选择的随机数 $k = 100$，请问该主机需要等待多少时间之后才能重新发送帧？

2-16 上题中，在主机碰撞了 10 次的极端情况下，随机数 k 取值的上限是多少？如果该主机选择了该上限值，则主机需要等待多少时间才能重传帧？

2-17 设计一个采用 CSMA/CD 协议、速率是 100Mb/s 的网络，网络最大长度是 10km，信号在电缆中的传播速率是 1km/μs，网络中所有中继设备的处理时延是 10μs。试计算满足该网络的最小帧长是多少。如果网络速率是 1Gb/s，最小帧长又是多少？

2-18 在直连网络中，主机间可直接通信而无须路由器转发，试讨论直连网络的体系结构（根据本章中帧的发送与接收实验进行分析）。

2-19 直连的以太网中，源主机需要知道目的主机的硬件地址，才能将数据封到帧中发送给目的主机，试讨论源主机如何获取目的主机的硬件地址。以你现已学到的网络知识能够解决这个问题吗？

2-20 以下是抓包获得的一个以太网帧，请给出该帧的目的地址、源地址、类型和 FCS 的值。

d4 41 65 ee 5c c0 f0 18 98 ee 37 42 08 00 45 00
00 54 42 04 00 00 40 01 00 00 c0 a8 01 0a c0 a8
01 01 08 00 5c 12 85 08 00 00 63 44 c9 84 00 0b
ff 0d 08 09 0a 0b 0c 0d 0e 0f 10 11 12 13 14 15
16 17 18 19 1a 1b 1c 1d 1e 1f 20 21 22 23 24 25
26 27 28 29 2a 2b 2c 2d 2e 2f 30 31 32 33 6f 36
28 39

第 3 章　网络互连

在"第 2 章　直连网络"中，解决了主机间数据帧交换的问题。现实中，处于不同直连网络中的主机，也需要交换信息，即不是所有主机都位于同一个直连的网络中。如何实现非直连网络中主机间的通信是本章所要讨论的内容，属于计算机网络五层体系结构中的网络层。

本章主要内容如下：

（1）网络互连的概念。

（2）网际协议。

（3）地址解析协议。

（4）动态主机配置协议。

（5）网际控制报文协议。

（6）网络地址转换。

（7）IPv6 和 ICMPv6。

（8）路由选择协议。

（9）多协议标签交换。

3.1　互连网络

3.1.1　互连网络的概念

在第 2 章中，讨论了广域网中使用的 PPP、HDLC 协议，也了解了共享传输媒体的总线型以太网中使用的 CSMA/CD 协议，以及采用交换方式的交换式以太网。除了这些直连网络外，还有很多采用其他协议的直连网络，例如，适用于广域网和局域网的异步传输模式（Asynchronous Transfer Mode，ATM）网络、令牌总线和令牌环局域网、光纤分布式数据接口（Fiber Distributed Data Interface，FDDI）网络等等，这些网络都有各自的编址方法、传输媒体控制方法以及体系结构，即现实中存在多种多样的网络[①]，并且这些网络是异构的（Heterogeneity），也就是说，这些网络在数据链路层的帧的格式是不一样的，如图 3-1 所示。

虽然直连网络内主机间可以无障碍地进行通信，但是人们不满足于直连网络内主机的通信，还希望异构网络中主机间也能实现无障碍通信，即实现异构网络互连。在如图 3-1 所示的互连网络中，一个被称为 Router（路由器）的设备（R1、R2、R3、R4 和 R5），将各种异构的直连网络（Token Ring、PPP、Ethernet、ATM、HDLC、FDDI 以及 WLAN）相互连接起来。可以看出，互连网络类似于相互连通的各类交通网络，即采用"交通枢纽"将各种不同类型的交通网络连接在一起，例如，北京大兴国际机场将"航空交通网络""铁路交通

---

① 虽然现今以太网处于统治地位，但在当时，网络互连必须考虑各种网络的问题。

网络""长途汽运网络""城市公交网络""城市地铁交通网络"等相互连接起来，使得各种交通网络能够互连互通。

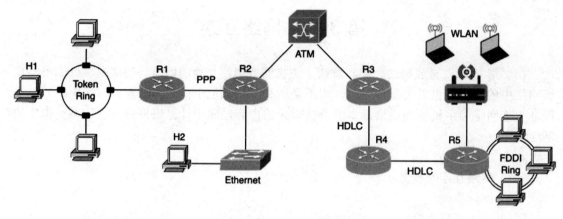

图 3-1　互连网络（一个逻辑网络）

通过上述分析，可以这样定义互连网络：互连网络是一个逻辑网络，指的是相互连接在一起的物理网络（使用单一网络技术的网络）的集合，该逻辑网络提供了不同物理网络中主机到主机之间的分组传输服务。如果这个逻辑网络采用 TCP/IP 协议实现不同网络内主机之间的分组传输，那么这个逻辑网络就是现今最大的互连网络 Internet。

图 3-2 给出了 H1 和 H2 在互连网络中的一个逻辑连接，并且给出了 H1、R1、R2 和 H2 运行的协议层次，一般的情况下，可以认为 TCP 和 UDP 协议运行在端系统中。

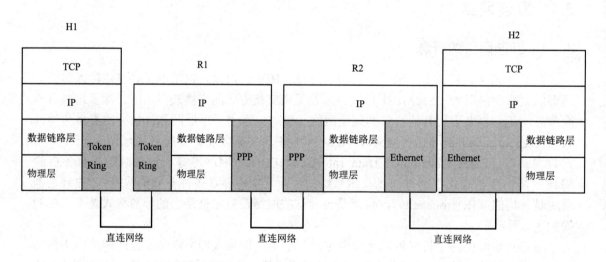

图 3-2　连接 H1 和 H2 的协议层次

异构网络互连，需要解决以下两个最基本的问题：

1. 主机定位（编址）

所谓主机定位，是指两个通信的主机必须知道双方在互连网络中的具体位置，即在哪一个具体的网络中。类似于物流收发货物，必须明确发货人和收货人的具体通信地址。在直连网络（例如以太网）中，主机的硬件地址可以区分具体的主机，但是硬件地址仅能够在直连网络中使用。因此，必须使用一种全新的、为所有主机进行统一编址的方案，以方便网络互连之后的主机寻找到与之相互通信的另一台主机。Internet 采用 IP 地址来指明互联网上的一台具体的主机。

2. 分组转发

在互连的网络中，源主机与目的主机之间的通信，需要经过多次转发才能够实现。如何确定一条从源主机到目的主机的路径及如何保证分组传输的可靠性是网络互连之后需要解决的问题。对于这些问题，存在两种解决方案：一种是静态的、面向连接的虚电路（Virtual Circuit，VC）网络；一种是动态的、无连接的数据报（Datagram）网络，这部分内容在"第 1 章 概述"中有所介绍。

（1）虚电路网络

在虚电路网络中，源主机与目的主机进行通信需要经过三个阶段：

第一个阶段，建立虚电路阶段。网络中的路由器，根据源地址和目的地址，建立一条虚电路，该虚电路由三部分组成：①由一系列链路和路由器组成的源主机与目的主机间的一条路径；②路径上每一段链路的 VC 编号；③路径上每台路由器中的转发表项。另外，在建立虚电路时，网络层可以为该虚电路预留资源（例如带宽）。

第二个阶段，分组传输阶段。虚电路一旦建立完成，分组便可以沿着虚电路进行传输，分组传输不会失序，即先发送的分组一定先到达目的主机。

第三个阶段，虚电路拆除阶段。当主机数据传输完毕希望终止虚电路时，它会向网络发送虚电路终止信令报文，虚电路途经的路由器之间，通过信令协议传送这些信令报文，最终路由器会删除路由表中的相关连接状态。

虚电路网络如图 3-3 所示。

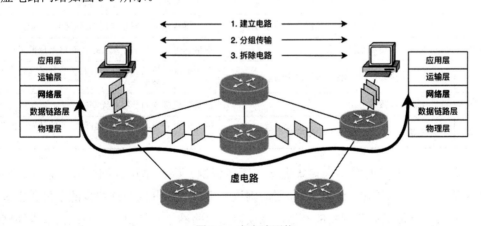

图 3-3　虚电路网络

注意，在虚电路网络中，每一个路由器、每一段链路都可以复用多条虚电路，即多条虚电路使用了同一段链路或同一个路由器。

（2）数据报网络

在数据报网络中，源主机无须与目的主机建立连接，而是在每个分组中插入目的主机的地址信息，然后便将分组发送至网络中。网络中的路由器，有一个称为转发表的映射表，它保存了目的地址与接口的映射。路由器在收到源主机发送的分组之后，提取出该分组中的目的地址信息，依据路由器的转发表找到适当的输出链路接口，然后将该分组从该接口中转发到链路上（转发至下一跳路由器）。因此，在数据报网络中，每一个分组可能途经不同的路由器而到达目的主机，如图 3-4 所示。

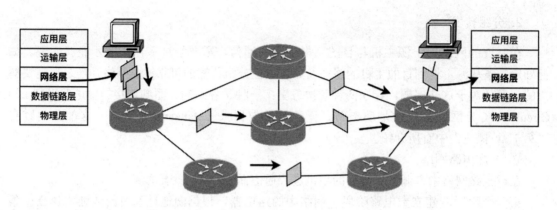

图 3-4　数据报网络

网络是否保证可靠传输，是虚电路网络和数据报网络最重要的不同点：虚电路网络是高可靠的分组交换网络，而数据报网络不保证可靠性。表 3-1 展示了虚电路网络与数据报网络的主要区别。

表 3-1　虚电路网络与数据报网络的对比

比较内容	虚电路网络	数据报网络
建立连接	需要建立连接	不需要建立连接
目的地址	仅连接建立时的第一个数据包携带目的地址信息	每个分组都携带目的地址信息
资源保留	虚电路上的路由器会保留资源，不会丢弃分组	路由器资源不可用时（例如缓存满），会丢弃分组
可靠保证	通信的可靠性由虚电路保证	通信的可靠性由端系统保证，网络不保证可靠性
传输路径	属于同一虚电路的分组沿相同路径传输	路由器根据转发表独立地转发每个分组，每个分组沿不同的路径传输
分组顺序	目的主机按序接收分组	目的主机接收的分组是无序的
节点故障	所有经过该节点（路由器）的虚电路不可用	部分分组丢失，网络中部分路由器的转发表发生变化

由于每个路由器可能需要为多条虚电路预留资源，因此虚电路网络成本较高。如果某一源主机需要和多个不同的目的主机通信，则该源主机需要分别与这些目的主机建立多条虚电路，这会大大增加虚电路网络的开销，也使得虚电路网络变得更为复杂。在虚电路网络中，当某个路由器出现故障时，多条虚电路变得不可用，多个源主机和目的主机需要重新建立虚电路才能继续传输分组。因此，虚电路网络非常不适合端到端的、实时性要求高的应用。

由于可靠性由端系统负责，因此，数据报网络相对比较简单，功能比较单一，其主要工作职责之一就是快速转发分组。现今的 Internet 采用了 IP 数据报网络，在互连网络中，转发的分组被称为 IP 数据报或 IP 分组（本书有时也简称为分组）。

3.1.2 路由器

1. 路由器的结构

路由器在异构网络互连中起到了十分关键的作用，它的最基本的功能之一是将分组从一个网络快速转发至另一个网络。为了实现这一功能，在硬件上路由器包含了一组输入接口和一组输出接口，以及将分组从一个接口转发至另一接口的交换结构；在软件上路由器需要运行路由选择协议，为本路由器生成分组转发的转发表。注意"交换"与"转发"的区别：一般情况下，在二层交换机中称为帧交换（Frame Switching），而在三层路由器中称为分组转发（Packet Forwarding）。路由器的基本结构如图 3-5 所示。

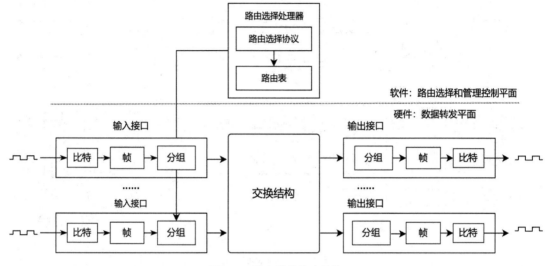

图 3-5 路由器的基本结构

（1）输入接口

输入接口包含了物理层、数据链路层和网络层的功能，物理层从链路上的信号中还原比特，数据链路层将比特流识别成帧，在去除帧头和帧尾之后，提取出帧中分组（拆帧），如果分组是携带了路由选择信息（例如 RIP、OSPF 等）的控制分组，则将该分组交付给路由选择处理器处理，否则查找转发表以决定该分组应该送往路由器的哪一个输出接口。图3-6 给出了更为详细的输入接口的情况。

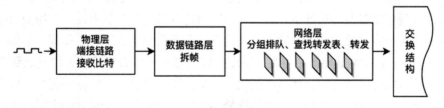

图 3-6 路由器的输入接口

输入接口网络层中的转发表，是将路由表优化得到的，而路由表则是由路由器运行路由选择算法与邻居路由器交换路由信息计算得到的。一般情况下，不区分路由表和转发表，如无特别说明，本书中路由表和转发表是同一概念。由于路由器中的接口均保存了相同的转发表，因此分组的转发不需要路由选择处理器的参与，即转发的决策已经在本地接口上实现。

在确定了分组的输出接口之后，分组将被送至交换结构。由于有些交换结构一次只能被一个输入接口使用，因此，分组在被送往交换结构之前可能需要在输入接口中排队，等待交换结构空闲之后，分组再被送往交换结构。

（2）交换结构

交换结构是路由器的核心部件，通过交换结构，分组才能从输入接口传输至输出接口。实现交换结构的技术是多种多样的，常用的三种技术分别称为通过内存交换、通过总线交换和通过网络交换，如图3-7所示。

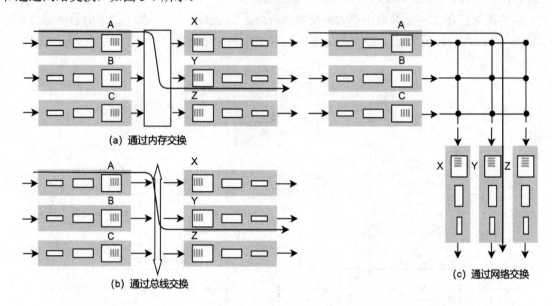

图3-7　三种交换技术

- 通过内存交换：这种交换技术早期是在计算机上实现的（早期用一台多接口的计算机来实现路由器的功能）[①]，计算机的 CPU 是路由选择处理器，分组从输入接口传输至输出接口是在 CPU 的控制下完成的：当一个分组到达输入接口时，就用中断的方式通知 CPU，CPU 将该分组复制到内存中，并提取分组中的目的地址，然后查找路由表，最终将分组复制到合适的输出接口的缓存中排队，等待转发至下一跳，如图 3-7(a)所示。

- 通过总线交换：这种交换技术是通过接口共享的一根总线来实现的，在不需要路由选择处理器参与的情况下，输入接口就能将分组传到输出接口，如图 3-7(b)所示。具体实现方法是这样的：输入接口依据转发表为分组分配一个标签（例如输出接口编号），该标签用来指明分组的输出接口，然后将带有标签的分组发送到总线中；与总线相连的所有输出接口都能收到这个分组，只有与分组标签匹配的输出接口会保存分组，该输出接口将分组的标签移除后，便将分组保存到输出缓存中等待转发至下一跳。当有很多分组从不同的输入接口到达路由器时，同一时间只能有一个分组在总线上传输，其他分组必须在缓存中等待。只要总线带宽足够高，采用这种技

---

① 现在也仍在使用：一台多接口的、运行路由选择协议的计算机可以实现路由功能。

术的路由器就能够应对小型网络中的分组的流量。

- 通过网络交换：为了克服单一总线交换的缺点，网络交换采用 $2N$ 条总线将 N 个输入接口和 N 个输出接口互连起来，如图 3-7(c) 所示。水平的总线与垂直的总线相互交叉，交叉点可以想象成一个开关，开关的开、合由交叉点上的控制器控制。例如，当输入接口 A 需要将分组传输到输出接口 Y，控制器会闭合交叉点上的一些开关，从而临时开通一条 A 到 Y 的总线；如果此时 B 需要传输分组给 X，它们之间可以使用另外一条总线，因此 A→Y、B→X 这两条总线可以同时工作。

（3）输出接口

同输入接口一样，输出接口也包含了物理层、数据链路层和网络层的功能，详细情况如图 3-8 所示。

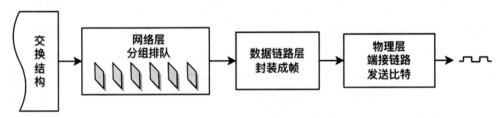

图 3-8　路由器的输出接口

输出接口从交换结构上接收分组，并将接收的分组放入缓存中排队等待发送。假设路由器有 N 个输入接口和 N 个输出接口，且这些接口的速率均是 R_{line}，并且所有从输入接口进入路由器的分组长度都是等长的，再假设交换结构的速率是 $R_{switch} = N \times R_{line}$，且从 N 个输入接口进入的分组，分别从 N 个输出接口送出，在这种情况下，路由器几乎是线速工作的，即分组以 R_{line} 的速率进入路由器且以 R_{line} 的速率被发送出去（分组在输入接口的排队时延几乎可以忽略）。

如果某一时刻，从 N 个输入接口进入的分组，都需要经过同一个输出接口转发出去，在这种情况下，当一个分组在输出接口发送时，余下的 $N-1$ 个分组在该输出接口的缓存中排队，如图 3-9 所示。

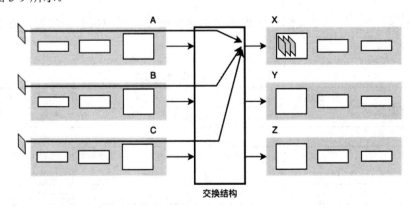

图 3-9　分组在路由器的输出接口排队

如果输出接口发送分组的速率始终小于分组进入该接口的速率，则在缓存中排队的分组的数量不断增长。当缓存空间不足，不能再容纳新到达的分组时，就必须采取一些策略来处理这些分组。一种策略是丢弃刚刚到达的分组，称为尾部丢弃（Drop-tail），另一种策略是删除已经在缓存中排队的分组，这两种都是被动的策略。第三种较好的策略是主动丢弃分组的策略，即路由器缓存还未被填满时，路由器便开始随机丢弃新到达的分组，并向源端发送出现拥塞的信号，以便源端减慢送往网络的分组的速率。主动丢弃统称为主动队列管理（Active Queue Management，AQM）算法，其中，随机早期检测（Random Early Detection，RED）算法是被广泛研究和实现的算法之一（参考本书 4.8.1 节）。

2. 路由器的输出

路由器的输出接口需要将分组重新封装成帧，然后将该帧从链路上发送出去。由于路由器可以将异构的网络互连起来，例如，输入接口所在的直连网络是以太网，而输出接口所在的直连网络为 PPP 网络，因此，路由器在输入接口解封装的帧与输出接口重新封装的帧可能是不一样的，即路由器实现了帧的格式的转换。如图 3-10 所示，路由器 R1 的 1 号接口连接了一个以太网，2 号接口连接了 PPP 网络，分组从 1 号输入接口进入路由器时，该分组被封装到了以太网 MAC 帧中，当该分组从 2 号接口传送出去时，该分组被封装到了 PPP 帧中。最后需要强调的是，路由器的任何一个接口既是输入接口，又是输出接口。

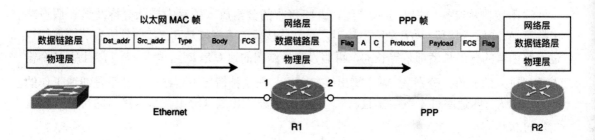

图 3-10　路由器重新封装数据链路层上的帧

3.1.3　集线器、交换机和路由器

到目前为止，已知的连接网络的设备分别是集线器、交换机和路由器，它们之间的对比如表 3-2 所示。

表 3-2　网络连接设备的对比

比较内容	集线器	交换机	路由器
OSI 层次	物理层	数据链路层	网络层
智能设备	不是	是，可以识别帧	是，可以识别帧、分组
作用范围	直连网络，汇集主机的传输媒体，一个冲突域，一个广播域	直连网络，连接主机，隔离冲突域，一个广播域	连接网络（连接多个网络），网络层隔离广播域
数据传输	信号	帧	IP 分组
地址类型	基于广播，不需要	MAC 地址（硬件地址）	IP 地址

在网络工程中，集线器被交换机所取代，根据交换机在网络中所处的位置，交换机被区分为核心交换机、汇聚交换机和接入交换机（如图 3-11 所示）。接入交换机（也称为桌面

交换机）一般位于某栋楼的某一楼层中，用于连接该楼层中的用户主机，连接的传输媒体是双绞线或光纤（为节约成本，一般采用双绞线接入）。汇聚交换机（也称为楼宇交换机）一般位于某栋楼内，用于连接该楼内的接入交换机，连接的传输媒体是双绞线或光纤（为提高传输速率，一般采用光纤）。核心交换机位于企业网络的网络信息中心（Network Information Center，NIC），用于连接企业的各栋楼中的汇聚交换机，连接的传输媒体是光纤。如果企业网络需要接入互连网络，则该交换机与接入路由器相连接。当然，根据企业网络的规模，企业网络的层次结构往往多于三层，例如，某企业根据生产需求，区分了若干个园区，每个园区包含若干栋楼，此时，可以增加一个园区汇聚层（本书不讨论通过无线覆盖接入网络的问题）。

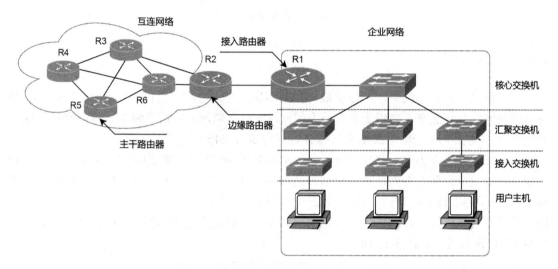

图 3-11　网络连接设备的作用

在图 3-11 中，接入路由器 R1 主要负责将企业网络接入互连网络和实现企业内部子网间的分组转发，该路由器的一个接口连接企业网络中的核心交换机，另一个接口与 ISP 的边缘路由器 R2 相连，它可以将企业内部访问互连网络的流量转发至互连网络，也可以将来自于互连网络的访问企业内部的流量转发至企业内部网络。边缘路由器有两方面的工作：一方面，负责与其相连的企业网络间的分组转发（例如，R2 与两个以上的企业接入路由器相连）；另一方面，负责不是与其相连的企业网络间的分组转发（需经主干路由器转发）。主干路由器（R3、R4、R5、R6）负责各接入路由器间的分组转发，它一般不与企业网络直接相连。

另外，还有一个非常特殊的设备，称为三层交换机，这类交换机除具备二层交换的功能，还具备三层分组转发的功能，它也能够实现网络间分组的转发。在图 3-12(a)中，二层交换机上划分了三个 VLAN（基于端口划分），这三个 VLAN 可理解为三个直连的物理网络，位于不同的 VLAN 中的主机间是不能直接通信的，需要借助路由器的分组转发才能实现不同的 VLAN 中的主机间的通信（参考 3.6.1 节的实验）。在图 3-12(b)中，三层交换机上也划分了三个 VLAN（基于端口划分），借助三层交换机的路由功能，也能实现不同的 VLAN 中的主机间的通信，这种方式节省了网络硬件设备的投资。

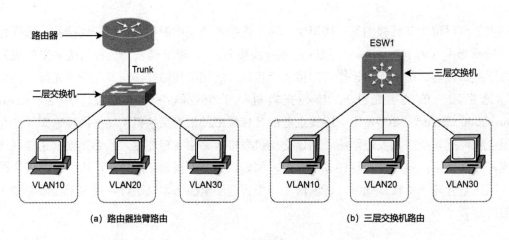

图 3-12　三层交换机的作用

3.2　网际协议

在互连网络体系结构中，网络层被称为网际层，它采用网际协议（Internet Protocol，IP）将异构的网络互连起来，构建了现今最大的网络——互联网。目前有两个版本的网际协议，分别是 IPv4（在 RFC 791 中被定义）和 IPv6（在 RFC 2460 中被定义）。

网际层协议主要由三个部分构成：第一个部分是 IP 协议，主要用来实现编址、定义 IP 分组格式以及分组转发规则；第二个部分是路由选择协议（RIP、OSPF、BGP 等），用来选择一条从源端到目的端的转发路径；第三个部分是一些辅助协议，例如，ICMP 协议主要完成差错报告和信息请求，DHCP 协议为主机动态地、自动分配 IP 地址、ARP 协议用来获取主机 MAC 地址等，如图 3-13 所示。

应用层	DNS、FTP、HTTP、SMTP 等
运输层	TCP、UDP
网络层 （网际层）	ICMP, IGMP、RIP、OSPF、BGP IP ARP、DHCP
网络接口层	数据链路层 物理层

图 3-13　网际层包含的协议

具体的协议究竟属于 TCP/IP 体系结构中哪一层，不同的教材有不同的处理，例如，对于 ARP 协议，有些教材放在数据链路层讲授，有些教材放在网络层讲授。本书把与 IP 地址相关的协议以及与路由选择相关的协议全部放入网络层（网际层）讨论，即把与网际互联有关的协议全部纳入网络层，这样更有利于理解网络层的作用（DNS 除外）。另外，部分协议不能按 TCP/IP 体系结构去严格区分，例如，路由选择协议（RIP）被封装到了运输层的 UDP 用户数据报中，如果按照 TCP/IP 体系结构划分，RIP 协议应该属于应用层，这种划分显得不尽合理。

3.2.1　IPv4 编址

如前所述，要解决互连网络中的主机间的通信问题，首先需要使用一种方法来识别互连网络上的主机，即在互连网络中需要一种全局的、能够唯一标识互连网络中的主机的编址方案，这种编址方案必须确保任何一台主机的地址是唯一的，这是 IP 协议最为基本的功能之一（另一个基本功能是分片与重组，参考"3.2.6 IP 分组的格式"）。IPv4 就是互连网络中使用的全局编址方案之一，另一种编址方案是 IPv6，本节讨论 IPv4 编址方案。

在直连网络中，主机间帧的发送与接收使用的是硬件地址（例如，以太网中使用了 48 位的硬件地址），为什么不能用硬件地址来标识互连网络中的主机呢？

第一，互连网络中包含了多种多样的直连网络，它们所采用的硬件地址的编址方案不是统一的，因此，硬件地址仅能够在单一技术的直连网络中使用。

第二，虽然以太网的硬件地址具有层次结构，但前 24 位是厂商信息，因此，以太网的硬件地址与互连网络的拓扑结构无关。另一方面，硬件地址是固化在网卡上的，它不会随主机物理位置的移动而发生变化，因此，无法根据主机的硬件地址来确定主机所在的网络，即硬件地址无法为路由选择协议提供信息。

第三，IP 地址是个结构化的逻辑地址，它包含了该 IP 地址所在的网络信息，它与互连网络的层次结构相关，能够为路由选择协议提供信息。

接口指的是主机与物理链路之间的边界，一般情况下，主机仅有一个接口，即与一条物理链路相连，主机发送 IP 分组是指主机通过接口将 IP 分组发送到链路上。路由器称为多接口的主机，它至少有两个以上的接口连接两条以上的物理链路，这样它才能够从一条物理链路上接收 IP 分组，并将分组从另一条物理链路上转发出去。IP 协议规定，接入互连网络的主机和路由器，只有拥有了 IP 地址的那些接口才能发送和接收 IP 分组，因此 IP 地址与主机或路由器无关，而与主机或路由器中的接口相关。

1. IP 地址的分配机构

互联网名字和数字分配机构（Internet Corporation for Assigned Names and Numbers，ICANN）负责全球 IP 地址的分配，2004 年，其互联网赋号管理局（Internet Assigned Numbers Authority，IANA）将地址块分配给以下五个地区互联网注册中心（Regional Internet Registries，RIR），由这五个中心负责相关地区的 IP 地址和 AS 号码的分配工作：

- 亚太地区互联网信息中心（Asia Pacific Network Information Center，APNIC）；
- 北美地区互联网号码注册机构（American Registry for Internet Numbers，ARIN）；
- 拉丁美洲和加勒比网络信息中心（Latin America and Caribbean Network Information Center，LACNIC）；
- RIPE 网络协调中心（the Réseaux IP Européens Network Coordination Center，RIPE NCC），负责欧洲和中东等地区的 IP 地址和 AS 分配管理；
- 非洲网络信息中心（African Network Information Center，AFRINIC）。

可以看出，由于 IP 地址采用了分层次的分配方式，所以 IP 地址的使用需要逐级申请。例如，中国互连网络信息中心（China Internet Network Informations Center，CNNIC）于 1997 年 1 月成为 APNIC 的联盟会员，并为我国多家 ISP 提供 IP 地址。

2. IP 地址

从前述 IP 地址的分配管理可以看出，IP 地址具有层次结构，这种层次结构与互连网络的层次结构是一致的，即 IP 地址最少由两部分构成：网络号和主机号（可称为网络地址和主机地址，也可称为网络位和主机位），网络号和主机号一共 32 位（4 字节），如图 3-14 所示。

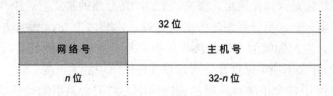

图 3-14 IP 地址的构成

虚拟的、逻辑上互连的网络，是由许多网络相互连接而成的，IP 地址中的网络号便指明了主机位于哪一个网络，所有连接在同一个网络上的主机，它们的 IP 地址的网络号是相同的。主机号用于唯一标识特定网络中的每一个主机。这种二级结构的 IP 地址，类似于二级结构编码的员工工号，例如，工号 2020-001 和 2020-003 表明这两位员工的入职年份是 2020 年。

（1）分类 IP 地址

互连网络的早期，IP 地址被区分为若干种类型，不同类型的 IP 地址，其所属的网络规模是不一样的。IP 地址被分为 A 类、B 类和 C 类三种类型：

A 类地址：该类地址的网络号是 1 字节（8 位，含类别位）；

B 类地址：其网络号是 2 字节（16 位）；

C 类地址：其网络号是 3 字节（24 位）。

分类 IP 地址的详细信息如图 3-15(a)所示。其中，D 类地址是一对多的通信中使用的多播地址，而 E 类地址是保留未被使用的地址。在单播地址中，网络号的最前面若干位被称为类别位，A 类地址的类别位是比特 0，B 类地址的类别位是比特 10，C 类地址的类别位是比特 110。

在 A 类地址中，网络号的范围（二进制）是 00000000～01111111，对应于十进制是 0～127。其中网络号 0 有特殊用途，网络号 127 用于本地软件环回测试（Loopback Test）。因此，一共仅有 126 个可用的 A 类网络号。

A 类地址的主机号是 24 位，因此，每个 A 类网络拥有 $2^{24}-2$（16777214）个主机号（主机号全 0 表示网络号，主机号全 1 表示该网络的广播地址）。

B 类地址的网络号是 14 位，即一共有 2^{14}（16384）个 B 类网络，每个 B 类网络中包含 $2^{16}-2$（65534）个主机号。

C 类地址的网络号是 21 位，即一共有 2^{21}（2097152）个 C 类网络，每个 C 类网络中包含 2^8-2（254）个主机号。

A、B、C、D、E 各类 IP 地址占地址总数的比例如图 3-15(b)所示。

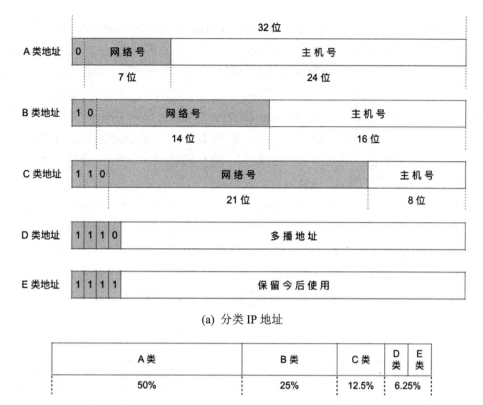

(a) 分类 IP 地址

A 类	B 类	C 类	D 类	E 类
50%	25%	12.5%	6.25%	

(b) 各类 IP 地址所占比例

图 3-15　分类 IP 地址及各类 IP 地址所占比例

二进制形式的 IP 地址可读性不好，因此，人们将 32 位的二进制 IP 地址拆分成 4 字节，并将每字节转换为十进制形式，在每个十进制数之间加上一个圆点来表示 IP 地址，这种 IP 地址的表示方法被称为点分十进制记法（Dotted Decimal Notation），如图 3-16 所示。

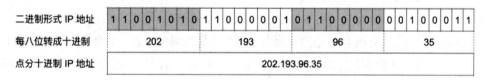

图 3-16　点分十进制记法的 IP 地址

（2）无分类编址

早期的分类 IP 地址设计方案的思路是这样的：互连网络中有一小部分的使用 A 类网络的广域网用户，有一定数量的使用 B 类网络的企业或校园网络用户，以及数量较大的使用 C 类网络的局域网用户。但是，随着互连网络的发展，这种分类 IP 地址的编址方案的缺点突显出来：A 类网络一共仅有 126 个，很快就被早期加入互连网络的大公司耗尽；另一方面，得到一个 A 类网络的公司，其主机号几乎不可能用尽，这就造成了大量 IP 地址的浪费；一般的公司基本都会去申请 B 类网络，因为一个 C 类网络中可用的主机号仅有 254 个，难以应对公司未来的发展需求，这样就使得 B 类网络也很快被分配完毕。为了解决这些问题，现在采用了另一种 IP 地址的编址方案，该编址方案被称为无分类编址。

无分类编址的全称是无类域间路由选择（Classless Inter-Domain Routing，CIDR）。CIDR 主要解决了两个问题：一方面解决了分类 IP 地址浪费的问题，CIDR 可以根据企业对 IP 地址数量的需求，分配较为合理数量的 IP 地址空间；另一方面大大减少了路由器中路由表的规模。

CIDR 仍采用二级结构（两部分组成）：IP 地址由网络前缀和主机号构成。在分类 IP 地址中，网络号的长度是字节的整数倍，而 CIDR 的 IP 地址中的网络前缀部分可以是任意长度，不再是字节的整数倍，网络前缀长度越短，主机号就越多，网络前缀长度越长，主机号就越少，即可实现按"需"分配 IP 地址。

CIDR 使用"斜线记法"（Slash Notation，也被称为 CIDR 记法）来表示一个 IP 地址，即在 IP 地址的后面加一个"/"，斜线后面的数字指明该 IP 地址的网络前缀占多少位。网络前缀相同的 IP 地址构成一个 CIDR 地址块，在该地址块中，IP 地址的数量取决于网络前缀的长度。如果一个 CIDR 地址块的网络前缀是 n 位，则该地址块的主机号介于二进制的 $32-n$ 位全 0 和 $32-n$ 位全 1 之间。例如，一个 CIDR 地址块 202.193.96.0/21，其地址空间如表 3-3 所示。

表 3-3　CIDR 地址块 202.193.96.0/21

202								193								96								0							
1	1	0	0	1	0	1	0	1	1	0	0	0	0	0	1	0	1	1	0	0	0	0	0	0	0	0	0	0	0	0	0
1	1	0	0	1	0	1	0	1	1	0	0	0	0	0	1	0	1	1	0	0	0	0	0	0	0	0	0	0	0	0	1
1	1	0	0	1	0	1	0	1	1	0	0	0	0	0	1	0	1	1	0	0	0	0	0	0	0	0	0	0	0	1	0
…																								…							
1	1	0	0	1	0	1	0	1	1	0	0	0	0	0	1	0	1	1	0	0	1	1	1	1	1	1	1	1	1	1	0
1	1	0	0	1	0	1	0	1	1	0	0	0	0	0	1	0	1	1	0	0	1	1	1	1	1	1	1	1	1	1	1
21 位网络前缀																							11 位主机号								

全部一样，固定不变　　　　　　　　　　　　　　　　　从全 0 变化到全 1

在表 3-3 中，阴影部分是 CIDR 地址块 202.193.96.0/21 的网络前缀部分，其长度是 21 位，它是固定不变的。主机号部分的长度是 11 位，其二进制值从 11 个全 0 变化到 11 个全 1，因此该地址块一共拥有 $2^{11}(2048)$ 个 IP 地址，由于第 1 个 IP 地址 202.193.96.0/21 和最后一个 IP 地址 202.193.103.255/21（即主机号全 0 和主机号全 1 的 IP 地址）不可用，因此该地址块中可使用的 IP 地址数是 2046 个。

仔细观察表 3-3 中的第 3 字节，即十进制是 96 的字节，该字节的前 5 比特是固定不变的，后 3 比特从 3 个全 0 变化到 3 个全 1，也就意味着第 3 字节的取值范围是 96~103，这也说明 202.103.96.0/21 地址块中一共包含了 8 个 C 类网络，这 8 个 C 类网络分别是：

202.193.96.0/24、　202.193.97.0/24、　202.193.98.0/24、　202.193.99.0/24

202.193.100.0/24、202.193.101.0/24、202.193.102.0/24、202.193.103.0/24

只要 CIDR 地址块的网络前缀长度小于 24 位，则该 CIDR 地址块一定包含 2^n（其中 n = 24-网络前缀长度）个 C 类网络。反过来，如果 CIDR 地址块的网络前缀长度大于 24 位，则该 CIDR 地址块拥有的 IP 地址数相当于 $1/2^n$（其中 n = 网络前缀长度-24）个 C 类网络的。

表 3-4 展示了常用的网络前缀及包含的地址数（包括主机号全 0 和全 1 的地址）。

表 3-4 常用的 CIDR 地址块

CIDR 地址块的网络前缀长度	点分十进制	拥有的地址数	相当于包含分类的网络数
/13	255.248.0.0	512K	8 个 B 类或 2048 个 C 类
/14	255.252.0.0	256K	4 个 B 类或 1024 个 C 类
/15	255.254.0.0	128K	2 个 B 类或 512 个 C 类
/16	255.255.0.0	64K	1 个 B 类或 256 个 C 类
/17	255.255.128.0	32K	128 个 C 类
/18	255.255.192.0	16K	64 个 C 类
/19	255.255.224.0	8K	32 个 C 类
/20	255.255.240.0	4K	16 个 C 类
/21	255.255.248.0	2K	8 个 C 类
/22	255.255.252.0	1K	4 个 C 类
/23	255.255.254.0	512	2 个 C 类
/24	255.255.255.0	256	1 个 C 类
/25	255.255.255.128	128	1/2 个 C 类
/26	255.255.255.192	64	1/4 个 C 类
/27	255.255.255.224	32	1/8 个 C 类

一般情况下，一个较大的 CIDR 地址块包含多个较小的 CIDR 地址块。例如，从表 3-4 中可以看出，网络前缀长度是 21 位的 CIDR 地址块，包含了 8 个网络前缀长度是 24 位的 CIDR 地址块，也就意味着路由器中以往的 8 条路由信息可以用一条路由信息所取代（称为路由汇聚，Route Aggregation）。因此，通过这种编址方法，大大减小了路由器中路由表的规模，提高了查询路由表的速度。

注意，一个具体的 IP 地址，必须用斜线记法来指明该 IP 地址的网络前缀。例如，如果不指明网络前缀，202.193.96.0 可能是一个 CIDR 地址块，也可能是 CIDR 地址块中的一个具体的 IP 地址；202.193.96.0/17，是 CIDR 地址块 202.193.0.0/17 中一个具体的 IP 地址，而 202.193.96.0/19 则是一个 CIDR 地址块，该地址块包含了 32 个 C 类网络。

（3）特殊网络前缀的 IP 地址

在 IPv4 中，有一些特殊网络前缀的 IP 地址：

- 网络前缀长度是 32 位的 IP 地址，即 32 位 IP 地址都是前缀，没有主机号，这其实是一个具体的 IP 地址，这种地址在路由表中用于指明去往该 IP 地址的特定主机路由；
- 网络前缀长度是 31 位的地址块，这种地址块中只包含两个 IP 地址，这两个 IP 地址的主机号分别是 0 和 1，在点对点的链路中可以使用这种地址块；
- 网络前缀长度是 0，且主机号也是全 0，即 0.0.0.0/0，这种 IP 地址有多种含义，在主机中可表示所有活动接口的 IP 地址，而在路由表中，用于表示一条默认路由。

（4）不能被主机使用的 IP 地址

在 IPv4 中，有一些 IP 地址有特殊的作用，这些特殊的 IP 地址及其含义如表 3-5 所示。

表 3-5　特殊的 IP 地址

网络号	主机号	源地址使用	目的地址使用	含义
0	0	可以	不可	在本网络上的本主机，客户在 DHCP 请求地址时使用，服务器中表示该服务器所有活动接口的 IP 地址
0	X	可以	不可	在本网络上主机号是 X 的主机，学习全部地址信息时使用
全 1	全 1	不可	可以	限定广播地址，主机向所有直连的邻居（网络号相同）进行广播（实际上路由器不会转发）
Y	全 1	不可	可以	定向广播地址，主机向网络号是 Y 的网络上的所有主机进行广播
127	非全 0 或全 1 的任何数	可以	可以	用于本地软件环回测试，例如 ping 127.0.0.1

IP 地址 0.0.0.0 在客户端和服务器端有不同的含义。如果客户端主机的 IP 地址是 0.0.0.0，说明该主机没有 IP 地址，不能连入互连网络，可以使用 DHCP 获取 IP 地址。提供应用服务的服务器可能有多个接口接入互连网络，且每一个接口都配置了 IP 地址。如果服务器允许客户从多个接口来访问服务器提供的服务，则服务器程序监听 0.0.0.0（INADDR_ANY）上的所有流量，此时 0.0.0.0 表示服务器的所有活动接口的 IP 地址。

注意限定广播地址（Limited Broadcast）与定向广播地址（Directed Broadcast）的区别，如果所有主机在同一个网络（网络前缀相同），两者没有区别，例如，命令 ping 255.255.255.255 和 ping 192.168.1.255 两者的结果是一样的，所有在 192.168.1.0/24 地址块中的主机都会响应：

```
Mac-mini:~ $ ping -c 3 255.255.255.255
PING 255.255.255.255 (255.255.255.255): 56 data bytes
64 bytes from 192.168.1.9: icmp_seq=0 ttl=64 time=0.040 ms
64 bytes from 192.168.1.6: icmp_seq=0 ttl=64 time=30.302 ms
64 bytes from 192.168.1.9: icmp_seq=1 ttl=64 time=0.134 ms
64 bytes from 192.168.1.6: icmp_seq=1 ttl=64 time=48.102 ms
64 bytes from 192.168.1.9: icmp_seq=2 ttl=64 time=0.055 ms

--- 255.255.255.255 ping statistics ---
3 packets transmitted, 3 packets received, +2 duplicates, 0.0% packet loss
round-trip min/avg/max/stddev = 0.040/15.727/48.102/19.977 ms
Mac-mini:~ $ ping -c 3 192.168.1.255
PING 192.168.1.255 (192.168.1.255): 56 data bytes
64 bytes from 192.168.1.9: icmp_seq=0 ttl=64 time=0.047 ms
64 bytes from 192.168.1.6: icmp_seq=0 ttl=64 time=51.877 ms
64 bytes from 192.168.1.9: icmp_seq=1 ttl=64 time=0.119 ms
64 bytes from 192.168.1.6: icmp_seq=1 ttl=64 time=74.852 ms
64 bytes from 192.168.1.9: icmp_seq=2 ttl=64 time=0.093 ms
```

```
--- 192.168.1.255 ping statistics ---
3 packets transmitted, 3 packets received, +2 duplicates, 0.0% packet loss
round-trip min/avg/max/stddev = 0.047/25.398/74.852/31.840 ms
```

执行上述 ping 命令的主机中有一个网络接口且连接到了一个网络中，网络分配的地址块是 192.168.1.0/24，网络中的另外两台主机（IP 地址分别是 192.168.1.6/24 和 192.168.1.9/24）均响应了 ping 命令。

IP 地址 127.0.0.1 称为软件环回测试地址，简称回测地址，即主机向自己发送数据时使用。发往这个目的地址的数据包，不会通过物理网卡向主机外发送，而是由操作系统实现的 TCP/IP 协议处理，主要用于测试操作系统中的 TCP/IP 协议工作是否正常。

（5）私有 IP 地址

IP 地址在 2011 年 2 月 3 日已经分配完毕，为了解决 IP 地址耗尽的问题，在全局 IP 地址（单播）中划出部分可重复使用的 IP 地址，这些 IP 地址可以在不同企业、不同局域网内部重复作用，这部分 IP 地址被称为私有 IP 地址。使用这些私有 IP 地址的网络被称为"本地互连网络"或者"专用互连网络"。私有 IP 地址的范围如下（定义于 RFC 3330）：

- A 类私有 IP 地址的范围是 10.0.0.0～10.255.255.255，即 10.0.0.0/8（一个 A 类网络）；
- B 类私有 IP 地址的范围是 172.16.0.0～172.31.255.555，即 172.16.0.0/12（16 个 B 类网络）；
- C 类私有 IP 地址的范围是 192.168.0.0～192.168.255.255，即 192.168.0.0/16（256 个 C 类网络）。

注意，互连网络中的路由器不会转发目的地址是私有 IP 地址的 IP 分组，在这种情况下，如何解决本地互连网络内的主机访问互连网络的问题呢？以及如何解决分支机构（本地互连网络）间的通信呢？请参考 3.2.5 节。

3.2.2 划分子网

一个地址块就是一个广播空间，如果地址块较大，广播空间就大，网络中的流量也较大。所谓划分子网，就是将较大的地址块，划分成一个一个小的地址块，每个小的地址块是一个单独的广播空间，这样可使网络流量被限定在一个小的广播空间之内。这种方法类似于物理层基于交换机端口划分 VLAN，将广播帧限定在每个 VLAN 中。因此，网络层划分子网具有以下几方面的优点：

（1）减少了网络流量，网络流量被限制在每一个子网中。

（2）提高了网络性能，一个大的地址块不划分子网，则所有使用这个地址块中 IP 地址的主机，全部在同一个网络空间之中，这会严重影响网络性能。

（3）方便了网络管理，划分子网后的网络是一个层次化的网络，层次化的网络更有利于网络管理员进行管理，类似于一个大的单位被划分成一个个小的部门进行管理。

（4）提高了网络的安全性，划分子网后，子网间的通信需要路由器转发，管理员可以在路由器上设置必要的安全策略，限制子网间的流量。

在分配给企业的 CIDR 地址块中，企业不能对网络前缀部分做任何改动，只能对 CIDR 地址块中的主机号部分进行管理和分配。在划分子网之前，首先分析一个手机号码的分配与管理的例子：也用斜线记法来表示从中国电信得到的一个手机号段 18100000000/3，"/3"表示网络前缀是 3 位十进制，中国电信从剩余的 8 位十进制主机号中，借用 4 位来表示区号，余下的最后 4 位用于每个区号中的主机号，具体的分配方式如表 3-6 所示。

表 3-6　电信 181 开头的手机号码的分配与管理

序号	手机号段	区号	主机号	第 1 个手机号码			最后 1 个手机号码		
第 0 个区	181	0000	0000～9999	181	0000	0000	181	0000	9999
第 1 个区	181	0001	0000～9999	181	0001	0000	181	0001	9999
第 2 个区	181	0002	0000～9999	181	0002	0000	181	0002	9999
…	…	…	…	…	…	…	…	…	…
最后一个区	181	9999	0000～9999	181	9999	0000	181	9999	9999

从表 3-6 可以看出，通过从手机号段 18100000000/3 的主机号中借用 4 位的形式，将该手机号段划分成了 0～9999 共 10000 个较小的子手机号段（区号），每个区号中将剩余的 4 位分配给具体的手机号码使用，即每个区号中拥有 10000 个手机号码。

在 CIDR 地址块中划分子网也是从主机号中借若干位用作子网号，因此划分子网后的 IP 地址的网络前缀长度就增加了若干位，例如，CIDR 地址块 202.103.96.0/21 的网络前缀长度是 21 位，从主机号中借 4 位之后，该 CIDR 地址块则被划分为 16 个较小的 CIDR 地址块（称为子网），如表 3-7 所示。

表 3-7　划分子网

序号	202			193			96			0	
	子网 CIDR 地址块的网络前缀 21 位+4 位子网号									子网中的主机号 7 位	
0	1 1 0 0 1 0 1 0	1 1 0 0 0 0 0 1	0 1 1 0 0 0 0 0	0 0 0 0 0 0 0	
1	1 1 0 0 1 0 1 0	1 1 0 0 0 0 0 1	0 1 1 0 0 0 0 1	0 0 0 0 0 0 0	
2	1 1 0 0 1 0 1 0	1 1 0 0 0 0 0 1	0 1 1 0 0 0 1 0	0 0 0 0 0 0 0	
3	1 1 0 0 1 0 1 0	1 1 0 0 0 0 0 1	0 1 1 0 0 0 1 1	0 0 0 0 0 0 0	
…											
14	1 1 0 0 1 0 1 0	1 1 0 0 0 0 0 1	0 1 1 0 1 1 1 0	0 0 0 0 0 0 0	
15	1 1 0 0 1 0 1 0	1 1 0 0 0 0 0 1	0 1 1 0 1 1 1 1	0 0 0 0 0 0 0	
	原 CIDR 地址块的网络前缀 21 位								原 CIDR 地址块的主机号 11 位		

表 3-7 中序号 0～15 表示一共划分了 16 个子网，每一行是一个子网，这些子网的 CIDR 地址块的网络前缀是 25 位（从原 CIDR 地址块的主机号中借了 4 位），即每个子网拥有的 IP 地址数相当于是半个 C 类网络的。在表 3-8 中给出了每个子网的 CIDR 地址块拥有的可用 IP 地址（主机号全 0 和全 1 的 IP 地址不可用）。

表 3-8　子网拥有的可用 IP 地址

序号	子网 CIDR 地址块	第 1 个可用的 IP 地址	最后 1 个可用的 IP 地址	可用的地址数
0	202.193.96.0/25	202.193.96.1/25	202.193.96.126/25	126
1	202.193.96.128/25	202.193.96.129/25	202.193.96.254/25	126

序号	子网 CIDR 地址块	第 1 个可用的 IP 地址	最后 1 个可用的 IP 地址	可用的地址数
2	202.193.97.0/25	202.193.97.1/25	202.193.97.126/25	126
3	202.193.97.128/25	202.193.97.129/25	202.193.97.254/25	126
4	202.193.98.0/25	202.193.98.1/25	202.193.98.126/25	126
5	202.193.98.128/25	202.193.98.129/25	202.193.98.254/25	126
6	202.193.99.0/25	202.193.99.1/25	202.193.99.126/25	126
7	202.193.99.128/25	202.193.99.129/25	202.193.99.254/25	126
8	202.193.100.0/25	202.193.100.1/25	202.193.100.126/25	126
9	202.193.100.128/25	202.193.100.129/25	202.193.100.254/25	126
10	202.193.101.0/25	202.193.101.1/25	202.193.101.126/25	126
11	202.193.101.128/25	202.193.101.129/25	202.193.101.254/25	126
12	202.193.102.0/25	202.193.102.1/25	202.193.102.126/25	126
13	202.193.102.128/25	202.193.102.129/25	202.193.102.254/25	126
14	202.193.103.0/25	202.193.103.1/25	202.193.103.126/25	126
15	202.193.103.128/25	202.193.103.129/25	202.193.103.254/25	126

在上述划分子网的方案中，每个子网拥有的 IP 地址数是一样的，相当于将 CIDR 地址块 202.193.96.0/21 等分为 16 个子网，每一个子网是仅包含半个 C 类地址空间[①]的 CIDR 地址块。在实际的工程应用中，网络管理者往往都是根据各部门的实际需求来分配得到的 CIDR 地址块。假设某大学向 ISP 申请了包含 8 个 C 类地址空间（以下简称 C）的 CIDR 地址块 202.193.96.0/21，该大学的网络管理人员根据这 4 个学院对 IP 地址数量的需求，将其中的 4 个 C 按需分配给这 4 个学院使用，余下的 4 个 C 暂时不分配。具体的分配方案之一如图 3-17 所示。

ISP：202.193.0.0/17			
0	202.193.0.0/24		
1	202.193.1.0/24		
2	202.193.2.0/24		

...	...	大学的地址块	划分子网

			大学分配 4 个 C 给 4 个学院使用		第 1 个 IP 地址	最后 1 个 IP 地址
96	202.193.96.0/24		202.193.96.0/23	一院分配 2 个 C	202.193.96.1/23	202.193.97.254/23
97	202.193.97.0/24	202.193.96.0/21	202.193.98.0/24	二院分配 1 个 C	202.193.98.1/24	202.193.98.254/24
...	...		202.193.99.0/25	三院分配半个 C	202.193.99.1/25	202.193.99.126/25
103	202.193.103.0/24		202.193.98.128/25	四院分配半个 C	202.193.99.129/25	202.193.99.254/25
...	...		其余 4 个 C 暂时未用			
127	202.193.127.0/24					

图 3-17 划分子网

在图 3-17 中，左侧一列是 ISP 拥有的 128 个 C 类地址空间的 CIDR 地址块，该 ISP 给大学分配的 CIDR 地址块是 202.193.96.0/21（一共 8 个 C），大学再将其中的地址块

---

① 也被称为 C 类网络，同样，A 类、B 类地址空间也常被称为 A 类、B 类网络。

202.193.96.0/22（一共 4 个 C）中的地址，按需分配给各学院。给一院分配的地址块是 202.193.96.0/23，给二院分配的地址块是 202.193.98.0/24，给三院分配的地址块是 202.193.99.0/25，而给四院分配的地址块是 202.193.99.128/25。

每个学院在得到地址块之后，还可以根据需求继续划分子网。例如，如果一院需要将分配到的地址块 202.193.96.0/23 等分给 4 个部门，则需要在主机号位上借 2 位，每个子网的网络前缀长度是 25 位，这 4 个子网分配的地址块分别是：202.193.96.0/25、202.193.96.128/25、202.193.97.0/25、202.193.97.128/25，划分方法如图 3-18(a)所示；当然，一院也可以根据各部门对 IP 地址的实际需求非等分划分子网，部门 1 的地址块是 202.193.96.0/24（一个 C），部门 2 的地址块是 202.193.97.0/25（半个 C），部门 3 的地址块是 202.193.97.128/26（四分之一个 C），部门 4 的地址块是 202.193.97.192/26（四分之一个 C），划分方法如图 3-18(b)所示。

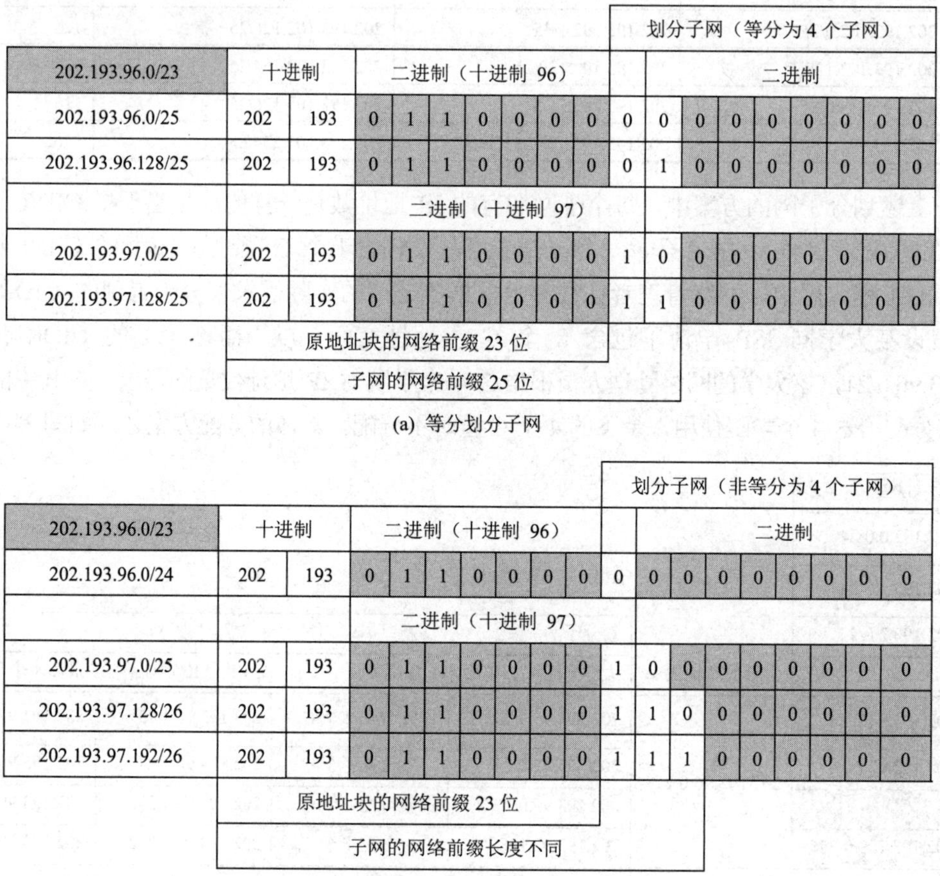

202.193.96.0/23	十进制		二进制（十进制 96）第3字节	二进制 第4字节 — 划分子网（等分为4个子网）
202.193.96.0/25	202	193	0 1 1 0 0 0 0 0	0 0 0 0 0 0 0 0
202.193.96.128/25	202	193	0 1 1 0 0 0 0 0	1 0 0 0 0 0 0 0
			二进制（十进制 97）	
202.193.97.0/25	202	193	0 1 1 0 0 0 0 1	0 0 0 0 0 0 0 0
202.193.97.128/25	202	193	0 1 1 0 0 0 0 1	1 0 0 0 0 0 0 0

原地址块的网络前缀 23 位
子网的网络前缀 25 位

(a) 等分划分子网

202.193.96.0/23	十进制		二进制（十进制 96）第3字节	二进制 第4字节 — 划分子网（非等分为4个子网）
202.193.96.0/24	202	193	0 1 1 0 0 0 0 0	0 0 0 0 0 0 0 0
			二进制（十进制 97）	
202.193.97.0/25	202	193	0 1 1 0 0 0 0 1	0 0 0 0 0 0 0 0
202.193.97.128/26	202	193	0 1 1 0 0 0 0 1	1 0 0 0 0 0 0 0
202.193.97.192/26	202	193	0 1 1 0 0 0 0 1	1 1 0 0 0 0 0 0

原地址块的网络前缀 23 位
子网的网络前缀长度不同

(b) 非等分划分子网

图 3-18　两种划分子网的方案

参考表 3-8，针对两种划分子网的方案，读者可以给出每个子网中第 1 个可用的 IP 地址和最后一个可用的 IP 地址。

从以上分析可以看出，划分子网其实也是在指派 CIDR 地址块，CIDR 地址块的网络前缀越长，地址块的指向越具体，可用地址数越少。划分子网原来是在分类 IP 地址中使用的，主要针对网络号是字节整数倍的网络进行划分。采用 CIDR 编址方案之后，可以认为：IP

地址的分配管理机构（例如，全球 5 大信息中心、国家层面的信息中心以及各大 ISP）的工作是指派 CIDR 地址块给需要地址的国家、企业、学校等单位使用；而对于具体的单位内部，可对申请得到的 CIDR 地址块再次进行分配与管理，其性质与指派 CIDR 地址块类似（得到 CIDR 地址块的企业，其实也是 ISP）。在实际的网络工程中，一个具体的企业单位对申请得到的 CIDR 地址块进行再次分配与管理的工作常被称为划分子网。

3.2.3 路由表与转发表

1. 路由表（Routing Table，Routing Information Base，RIB）

互连网络中，根据路由表转发 IP 分组是路由器的主要工作之一。路由表是由一条条路由条目（简称路由）组成的集合，路由可以由管理员指定（称为静态路由），但通常路由是由路由器之间交换路由信息、执行路由选择算法计算得到的（称为动态路由）。路由器可以运行多种路由选择算法，这些算法计算的结果保存在路由表中，因此路由表中的路由与具体的路由选择协议是无关的。

通常认为，路由表中的路由包括三个组成部分：网络前缀、子网掩码、下一跳。

为了提高匹配路由（查找路由）的速度，路由器需要尽可能地减少路由表中路由的数量，因此路由器是通过网络前缀在路由表中进行路由查找的。IP 地址是层次化分配和管理的，不同网络前缀长度的 IP 地址，分配给不同规模的网络使用，因此，IP 地址的网络前缀指明了该 IP 地址属于哪一个网络。例如，ICANN 将不同的地址块分配给全球五大信息中心，这五大信息中心又将地址块分配给它所管辖的国家和地区，国家和地区又继续将地址块分配给 ISP，最终 ISP 将地址块指派给企业、学校等单位使用，在这个地址块的分配过程中，地址块的网络前缀长度逐渐增多，地址块拥有的 IP 地址的数量逐渐减少（网络前缀每增多一位，IP 地址数减少一半）。因此，可以认为，一个最终被主机使用的、具体的 IP 地址是与物理位置相关的。

子网掩码（也称为掩码）由连续的若干比特 1 和若干比特 0 所组成，连续的比特 1 的位数与 IP 地址的网络前缀长度相同、比特 0 的位数与 IP 地址的主机号的长度相同，由此可见，网络前缀中包含了子网掩码的信息，故一条路由实际上由两部分构成：网络前缀、下一跳。

通常情况下，子网掩码也采用点分十进制来表示。对于分类 IP 地址，其默认的子网掩码如下。

A 类：255.0.0.0

B 类：255.255.0.0

C 类：255.255.255.0

子网掩码与 IP 地址进行逻辑与运算，便可以得到该 IP 地址的网络前缀。例如，对于 202.193.96.28/17 这个 IP 地址，其子网掩码是 17 位连续的 1，即该 IP 地址的子网掩码对应的点分十进制是 255.255.128.0，则该 IP 地址的网络前缀是 202.193.0.0/17，具体的计算方法如图 3-19 所示。

路由器在收到一个 IP 分组之后，开始匹配路由表中的路由，以决定应该用哪条路由转发该分组。具体做法是这样的：路由器逐条从路由表中取出一条路由，然后将该路由的子网掩码与收到的 IP 分组中的目的 IP 地址进行逻辑与运算，如果运算结果与该路由的网络前缀相同，则路由器将 IP 分组转发至该路由中指定的下一跳（或直接交付）。

IP 地址	202	193	96	28
二进制	1 1 0 0 1 0 1 0	1 1 0 0 0 0 0 1	0 1 1 0 0 0 0 0	0 0 0 1 1 1 0 0
掩码	255	255	128	0
二进制	1 1 1 1 1 1 1 1	1 1 1 1 1 1 1 1	1 0 0 0 0 0 0 0	0 0 0 0 0 0 0 0

逻辑与	1 1 0 0 1 0 1 0	1 1 0 0 0 0 0 1	0 0 0 0 0 0 0 0	0 0 0 0 0 0 0 0
网络前缀	202	193	0	0

图 3-19　计算 IP 地址的网络前缀

下一跳指明路由器应该将收到的 IP 分组转发至哪一个与之相邻的路由器。注意，相邻的路由器是指路由器通过接口与另一路由器的接口相连，且这两个接口均指派了具有相同网络前缀的 IP 地址，因此，下一跳实际上是相邻的路由器接口的 IP 地址（其实，路由表中的下一跳，可以用出接口来替代）。

2. 转发表（Forwarding Information Base，FIB）

从前述分析可知，路由表中的路由是由路由器根据路由选择算法计算得到的，而不同的路由选择算法得到的路由是不一样的，因此，路由表中往往保存了多条去往同一目的网络的不同路由。

转发表中的路由，是通过对路由表中的路由进行优化后得到的，是路由器硬件转发分组实际使用的路由。如果路由表中存在多条去往同一目的网络的路由，则在这些路由中选择"最好"的路由存入转发表，如果路由表中存有同样"最好"的两条以上的路由，则将路由表中这些"最好"的路由全部存入转发表，路由器通过轮流使用这些"最好"的路由，可实现网络流量的负载均衡。

最为常见的路由优化是最长前缀匹配原则，例如，路由器 R 采用某种路由选择算法，得到了表 3-9 所示的路由（部分）。

表 3-9　路由器 R 的路由表中的部分路由

序号	网络前缀	子网掩码	下一跳
...			
n	202.193.96.0/24	255.255.255.0	R3: 202.193.100.13
$n+1$	202.193.96.0/23	255.255.254.0	R2: 202.193.100.3
...			

表 3-9 中的这两条路由，均能匹配目的网络 202.193.96.0/24，但是第 n 条路由的网络前缀长度是 24，大于第 $n+1$ 条路由的网络前缀 23，因此根据最长前缀匹配原则，R 的转发表中包含了表 3-10 中所示的两条路由：去往目的网络 202.193.96.0/24 使用第 p 条路由转发，

而去往目的网络 202.193.97.0/24 使用第 $p+1$ 条路由转发。为什么使用最长网络前缀匹配的路由呢？这是因为网络前缀越长的路由，其指向性越具体，类似于通信地址，越长的通信地址越具体越详细。注意，本书后续内容不再区分路由表与转发表，两者具有相同的含义。

表 3-10　路由器 R 中的部分转发表

序号	网络前缀	子网掩码	下一跳
…			
p	202.193.96.0/24	255.255.255.0	R3: 202.193.100.13
$P+1$	202.193.97.0/24	255.255.255.0	R2: 202.193.100.3
…			

3.2.4　路由器分组转发

1. 网络 IP 地址规划

注意，学习这部分内容需要较好地掌握 CIDR 的基本概念。

以图 3-18（b）所示的某大学一院的 IP 地址规划，组建一个网络，来分析路由器转发 IP 分组的过程。学院部分网络拓扑如图 3-20 所示。

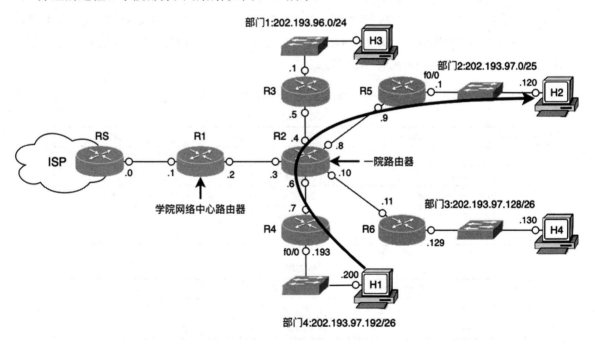

图 3-20　学院部分网络拓扑

在图 3-20 中，如果大学一院的各部门距离 R2 很近，则可以将部门的交换机直接与路由器 R2 相连（参考 3.6.1 节的实验），本网络拓扑仅用于说明 IP 分组在路由器中的转发过程。注意，图中 RS 与 R1、R1 与 R2、R2 与 R3、R2 与 R5、R2 与 R6 以及 R2 与 R4 均是点对点的链路，每个链路所构成的网络仅需要两个 IP 地址，这种网络被称为无编号网络

（Unnumbered Network）或匿名网络（Anonymous Network）。大学的网络信息中心从地址块 202.193.100.0/25 中指派 6 个地址块分配给这 6 条点对点的链路的接口使用，每个地址块中仅包含两个 IP 地址，其主机号分别是 0 和 1，分配方案如表 3-11 所示。

表 3-11　为链路网络指派地址块

序号	链路	地址块	路由器	十进制			二进制							
1	RS 与 R1	202.193.100.0/31	RS	202	193	100	0	0	0	0	0	0	0	0
			R1	202	193	100	0	0	0	0	0	0	0	1
2	R1 与 R2	202.193.100.2/31	R1	202	193	100	0	0	0	0	0	0	1	0
			R2	202	193	100	0	0	0	0	0	0	1	1
3	R2 与 R3	202.193.100.4/31	R2	202	193	100	0	0	0	0	1	0	0	0
			R3	202	193	100	0	0	0	0	1	0	0	1
4	R2 与 R4	202.193.100.6/31	R2	202	193	100	0	0	0	0	1	1	0
			R4	202	193	100	0	0	0	0	1	1	1
5	R2 与 R5	202.193.100.8/31	R2	202	193	100	0	0	0	1	0	0	0
			R5	202	193	100	0	0	0	1	0	0	1
6	R2 与 R6	202.193.100.10/31	R2	202	193	100	0	0	0	1	0	1	0
			R6	202	193	100	0	0	0	1	0	1	1

在图 3-20 中，路由器的各接口均以小圆圈表示，小圆圈旁带点的数字是分配给该接口的、省略了网络前缀的 IP 地址，例如路由器 RS 的 ".1"，表示其 IP 地址是 202.193.100.1/31，同样，主机 H1 的 IP 地址是 202.193.97.200/26，主机 H2 的 IP 地址是 202.193.97.120/25。路由器 R2、R4、R5 的路由表如表 3-12 所示。

表 3-12　路由器 R2、R4 及 R5 的路由表

R2 的路由表

序号	网络前缀	子网掩码	下一跳
1	202.193.96.0/24	255.255.255.0	R3: 202.193.100.5
2	202.193.97.0/25	255.255.255.128	R5: 202.193.100.9
3	202.193.97.128/26	255.255.255.192	R6: 202.193.100.11
4	202.193.97.192/26	255.255.255.192	R4: 202.193.100.7
5	0.0.0.0/0	0.0.0.0	R1 202.193.100.2

R4 的路由表

序号	网络前缀	子网掩码	下一跳
1	202.193.97.192/26	255.255.255.192	与 f0/0 直连
2	0.0.0.0/0	0.0.0.0	R2: 202.193.100.6

R5 的路由表

序号	网络前缀	子网掩码	下一跳
1	202.193.97.0/25	255.255.255.128	与 f0/0 直连
2	0.0.0.0/0	0.0.0.0	R2: 202.193.100.8

2. 分组转发

（1）转发过程

部门 4 中的主机 H1 需要发送分组给部门 2 中的主机 202.193.97.120/25。

首先，H1 在自己的路由表中进行匹配查找，判断目的 IP 地址是否和自己在同一个网络中（匹配直连网络的路由），即目的 IP 地址的网络前缀是否与自己接口的 IP 地址的网络前缀相同。H1 用自己接口的 IP 地址的子网掩码 255.255.255.192（26 位比特 1 和 6 位特 0 组合），与目的 IP 地址进行逻辑与运算，运算过程如图 3-21 所示。

目的 IP 地址	202	193	97	120
	1 1 0 0 1 0 1 0	1 1 0 0 0 0 0 1	0 1 1 0 0 0 0 1	0 1 1 1 1 0 0 0
H1 的掩码	255	255	255	192
	1 1 1 1 1 1 1 1	1 1 1 1 1 1 1 1	1 1 1 1 1 1 1 1	1 1 0 0 0 0 0 0

逻辑与	1 1 0 0 1 0 1 0	1 1 0 0 0 0 0 1	0 1 1 0 0 0 0 1	0 1 0 0 0 0 0 0
	202	193	97	64

图 3-21　计算目的 IP 地址的网络前缀

计算的结果是 202.193.97.64，而 H1 的 IP 地址的网络前缀是 202.193.97.192，两者不同。因此，H1 把需要发送的 IP 分组交付给默认网关，即 R4 的接口 f0/0，该接口的 IP 地址是 202.193.97.193/26。

R4 在收到 H1 发来的 IP 分组之后，也用自己各接口的 IP 地址的子网掩码与收到的 IP 分组中的目的 IP 地址进行逻辑与运算，来判断该目的 IP 地址的网络前缀与路由器某个接口的 IP 地址的网络前缀是否相同（匹配直连网络的路由）。显然，R4 上所有接口的 IP 地址的网络前缀均不匹配（R4 的第 1 条路由也不匹配）。R4 开始在路由表中继续匹配其他路由。R4 的第 2 条路由是默认路由，即在默认路由之前的所有路由条目均不能匹配的情况下，路由器采用默认路由进行转发。故 R4 根据默认路由，将 H1 交付的 IP 分组转发给路由器 R2 的某个接口，该接口的 IP 地址是 202.193.100.6/31。

注意，默认路由的子网掩码是 32 位比特 0，它与任何 IP 地址进行行逻辑与运算的结果都是 0.0.0.0，与默认路由的网络前缀 0.0.0.0 匹配，即默认路由可以匹配任意的目的 IP 地址。

同样，R2 在收到来自 R4 的 IP 分组之后，首先判断目的 IP 地址是否与自己某个接口在同一个网络（匹配直连网络的路由），通过用接口的子网掩码与目的 IP 地址进行逻辑与计算，R2 知道没有接口的网络前缀能够匹配。因此，R2 开始逐条匹配路由表中的路由，即用路由中的子网掩码与目的 IP 地址进行逻辑与运算：第 1 条路由的子网掩码与目的 IP 地址逻辑与运算的结果是 202.193.97.0，故与第 1 条路由不匹配；第 2 条路由的子网掩码与目的 IP 地址逻辑与运算的结果是 202.193.97.0，与该条路由的网络前缀相同，故与第 2 条路由相匹配。于是，R2 根据这条路由将该 IP 分组转发给路由器 R5。

R5 在收到来自 R2 的分组之后，用自己接口 f0/0 的 IP 地址的子网掩码，与目的 IP 地址进行逻辑与运算（即判断是否与第 1 条路由匹配），运算的结果是 202.193.97.0，与自己接口

f0/0 的 IP 地址的网络前缀一致，即目的 IP 地址与接口 f0/0 的 IP 地址同处于一个地址块中（同一个网络中），故 R5 将 IP 分组从接口 f0/0 直接交付给目的主机 H2。

（2）路由优先级

注意，与路由器接口直接相连的网络也是作为一条路由保存在了路由表中，上述路由器首先用自己接口的 IP 地址的网络前缀进行计算的过程也是路由匹配的过程。上述分析过程强调的是，路由器首先判断目的 IP 地址是否与自己的某个接口同属于一个网络，如果是则直接交付，如果不是，则继续匹配其他路由。

另外，如果在路由表中，某一路由的网络前缀长度是 32 位，即 32 位必须严格匹配，这种路由就是一条针对某一特定主机的路由，称之为特定主机路由。特定主机路由有两种用途：第一，一些特定的主机其安全性要求较高，从源主机访问这些特定的主机，必须经过那些指定的、安全的路由器进行转发，即规定了访问这些特定的主机的路由（路径）；第二，用于测试一条特定的路由，即测试从源主机到目的主机间的某条路径是否可用等。注意，特定主机路由的优先级高于其他路由（直连网络的路由除外）的。

在同一路由来源的情况下（即路由器运行单一路由选择协议得到的路由），通常可以认为路由表中的路由是有优先级别的，各种路由的优先级别从高到低依次排列如下：

直连网络的路由→特定主机的路由→其他网络的路由→默认路由

对于其他网络的路由（同一来源），以网络前缀的长度来决定其优先级，网络前缀越长，优先级越高。

注意，这里讨论的是在同一来源情况下的路由表中路由的优先级，对于不同路由选择协议获得的路由的情况，其优先级别是通过路由选择协议的管理距离进行区分的。管理距离是一个 0～255 之间的整数值，数值越大的路由，其优先级越低。不同厂商的产品对不同路由选择协议的管理距离的定义是不同的。表 3-13 给出了华为和思科的路由器对不同路由选择协议的管理距离的定义。

表 3-13　路由选择协议的管理距离

路由选择协议	华为路由器的管理距离	思科路由器的管理距离
直连网络	0	0
OSPF	10	110
静态路由	60	1
IGRP	80	100
RIP	110	120
BGP	170	200

3. IP 分组转发过程的图示

根据以上分析，图 3-22 展示了路由器转发 IP 分组的过程。

步骤③和⑧构成一个循环，用来在转发表 T 中逐条对路由 R 进行匹配。步骤④是进行路由匹配，如果 P 的目的地址 D 和路由 R 的子网掩码 S 逻辑与的结果，与路由 R 的网络前缀 N 是一致的，则路由器执行步骤⑤将 IP 分组 P 转发至路由 R 指定的下一跳路由器（或直接交付）；如果所有路由均不能匹配待转发的 IP 分组 P（这也意味着路由表中没有默认路由），路由器执行步骤⑦将分组 P 丢弃。

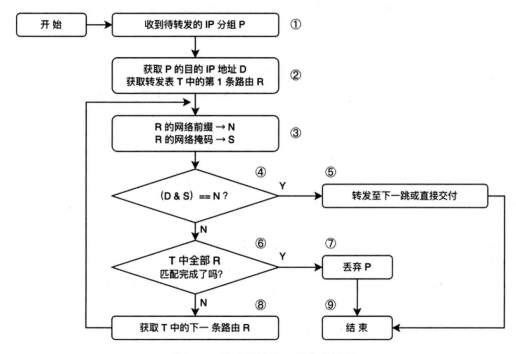

图 3-22　路由器转发 IP 分组的过程

3.2.5　DHCP 协议

1. 协议概述

主机的网络接口必须正确配置 IP 地址等信息才能够接入互连网络。当一个单位得到一个地址块，需要将地址块中的 IP 地址指派给单位内的各主机、路由器、服务器等设备使用。在一个较大规模的单位中，需要配置 IP 地址的设备可能非常多，在这种情况下，如果由网络管理员手动为每台接入互连网络的设备来配置 IP 地址，这种配置管理的工作量较大且容易出错。

动态主机配置协议（Dynamic Host Configuration Protocol，DHCP）在 RFC 2131 中被定义，它能够为主机自动分配 IP 地址、子网掩码、默认网关以及 DNS 服务器。即在一个直连网络 N1 内的主机 H，可以通过该网络中的 DHCP 服务器自动获取一个临时使用的 IP 地址，当 H 移动到另外一个直连网络 N2 时，N1 中的 DHCP 服务器便回收 H 曾经使用过的 IP 地址，而 N2 中的 DHCP 服务器重新指派一个新的 IP 地址给 H 使用。

DHCP 不仅能够减轻网络管理员配置设备 IP 地址的工作，同时也节约了 IP 地址空间。例如，某小区有 1550 人需要使用互连网络，但是小区中同时需要接入互连网络的人数不会超过 500 人，在这种情况下，该小区中布置的 DHCP 服务器的地址池只需使用一个网络前缀长度是 23 位的地址块即可（a.b.c.d/23，两个 C 类网络，包含 510 个可用的 IP 地址），而不需要使用网络前缀长度是21位的地址块（8个C类网络，包含2046个可用的IP地址）。

DHCP协议采用客户-服务器的工作模式，即客户主动向服务器请求IP地址，服务器为客户动态指派IP地址。注意，只有当DHCP服务器收到网络中某主机的地址请求信息时，才会向网络中的主机发送地址配置信息。DHCP协议在运输层使用了UDP协议，DHCP的客户端使用端口68，DHCP服务器端监听端口67（端口的概念参考本书第4章）。

2. DHCP的基本工作过程

刚刚接入网络中的主机，它首先向网络中广播DHCP Discover消息（也称为报文）。这里的广播，指的是IP分组的目的IP地址是255.255.255.255（限定广播地址），网络中的路由器不会转发使用这个目的地址的IP分组，因此，一般情况下DHCP仅在直连网络中使用（使用DHCP中继，则可穿越路由器，本书不讨论这种情况）。当直连网络中的DHCP服务器收到DHCP Discover消息后，便以单播的形式向客户发送DHCP Offer消息；客户收到服务器发送的DHCP offer消息后，便以广播的形式发送DHCP Request消息；服务器收到DHCP Request消息后，便以单播的形式向客户发送DHCP ACK消息。DHCP除了上述的四种消息之外，还有其他一些消息，这些消息将在DHCP分组的格式中详细介绍。

注意，DHCP客户在发出DHCP Discover广播消息之后，它将花费1s的时间等待DHCP服务器的响应；如果1s内没有收到服务器的响应，它将会以2、4、8和16s为间隔（需要加上1~1000ms随机长度的时间），重新广播4次DHCP Discover消息；如果仍未能收到服务器的响应，则运行Windows系统的DHCP客户将采用自动专用寻址（Automatic Private IP Addressing，APIPA），从169.254.0.0/16这个自动专用IP地址块中选用一个IP地址，而运行其他操作系统的DHCP客户将无法获得IP地址。

DHCP的工作过程如图3-23所示（客户首次向服务器获取IP地址）。

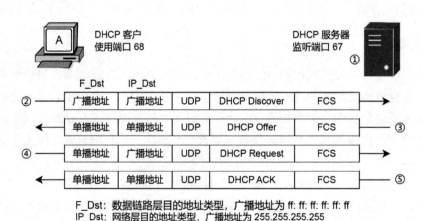

图3-23　DHCP的工作过程

在图3-23中，DHCP服务器与客户同处于一个广播式以太网中。

步骤①：服务器运行DHCP服务器软件，使用UDP协议，监听端口67。

步骤②：客户主动在网络中发送DHCP Discover广播消息：该消息被运输层的UDP封装成用户数据报，源端口是68，目的端口是67；用户数据报又被封装到IP分组中，源IP地址是0.0.0.0（主机A此时没有IP地址），目的IP地址是广播地址255.255.255.255（主机

A 不知道网络中是否存在 DHCP 服务器）；IP 分组最终被封装到以太网帧中，该帧的目的地址是广播地址 ff:ff:ff:ff:ff:ff[1]（即 A 发送的是广播帧）。

步骤③：网络中所有的 DHCP 服务器都能收到 A 发送的 DHCP Discover 消息，这些服务器都会发送 DHCP Offer 消息，并且是以单播帧的形式进行发送的（已经知道了 A 的硬件地址）。注意，在 A 还没有得到 IP 地址的情况下，DHCP Offer 消息在网络层中却使用了单播地址作为目的地址（该地址是服务器即将分配给客户使用的地址），即封装了 DHCP Offer 消息的 IP 分组为什么不采用广播的形式发送？其实 DHCP Offer 在网络层采用单播或广播都是可以的，如果客户通过 DHCP Discover 消息，明确告诉了服务器客户支持单播，那么，服务器在网络层会采用单播的形式发送 DHCP Offer 消息，尽管此时客户还没有 IP 地址，但是由于数据链路层采用的是单播帧，因此客户可以收到服务器发送的 DHCP Offer 消息。

步骤④：客户选择一个 DHCP 服务器（一般是第一个发送 DHCP Offer 消息的服务器），向其发送 DHCP Request 消息，网络层仍使用广播地址（这或许是向多个 DHCP 服务器请求 IP 地址的原因），但实际上，数据链路层的目的地址是某个 DHCP 服务器的硬件地址，因此，客户事实上是选择了某个确定的 DHCP 服务器，来请求使用 DHCP Offer 消息提供的 IP 地址。客户租用 IP 地址的时间超过租期的一半时，客户也需要向服务器发送 DHCP Request 消息以延续租期。如果未能收到服务器的 DHCP ACK 消息，则在租用时间达到租期的 87.5%（7/8）时，客户将再次发送 DHCP Request 消息以延续租期。

步骤⑤：服务器收到客户发送的 DHCP Request 消息，如果同意客户使用请求的 IP 地址，则返回 DHCP ACK 消息。

3. DHCP 报文的格式

DHCP 报文的格式相对比较复杂，包含了较多的字段，如图 3-24 所示。

op(1)	htype(1)	hlen(1)	hops(1)
xid(4)			
secs(2)		flags(2)	
ciaddr(4)			
yiaddr(4)			
siaddr(4)			
giaddr(4)			
chaddr(16)			
sname(64)			
file(128)			
options(variable)			

图 3-24 DHCP 报文的格式

---

① 由于本书涉及多种软件，有的软件中 IP 地址采用大写字母，有的软件中 IP 地址采用小写字母，而且 IP 地址本身不区分大小写，因此本书对此不做统一。

（1）op：报文类型，占 1 字节。值是 1 表示 DHCP 请求报文，包括 DHCP Discover、DHCP Request、DHCP Release、DHCP Inform 和 DHCP Decline；值是 2 表示 DHCP 响应报文，包括 DHCP Offer、DHCP ACK 和 DHCP NAK。

（2）htype：客户或服务器的硬件地址类型，占 1 字节。以太网 MAC 地址的类型值是 0x01。

（3）hlen：客户或服务器的硬件地址长度，占 1 字节。在以太网中该值是 6。

（4）hops：跳数，占 1 字节。值默认是 0，DHCP 的请求报文每经过一个 DHCP 中继，值就会增加 1。

（5）xid：事务 ID，占 4 字节。由客户发送地址请求时选择的一个随机数，用来标识客户和服务器之间交流的一对请求和响应会话。

（6）secs：由客户填充，表示从客户开始获得 IP 地址或 IP 地址续租后所经过的秒数，占 2 字节。

（7）flags：标志位，占 2 字节。目前只有最左边的 1 比特有用，用来标识 DHCP 服务器应答报文采用单播还是广播方式发送，0 表示采用单播方式发送，1 表示采用广播方式发送，其余尚未使用。注意，在客户第一次向服务器请求 IP 地址的过程中，客户向服务器发送的 DHCP 报文都采用广播方式发送，DHCP 中继报文、IP 地址续租、IP 地址释放则采用单播方式发送。

（8）ciaddr：客户端的 IP 地址，占 4 字节。在 DHCP 服务器发送的 ACK 报文中，以及客户发送的 IP 地址绑定、重新获取 IP 地址和重新绑定 IP 地址的报文中才有意义，其他报文中是 0。

（9）yiaddr：DHCP 服务器分配给客户的 IP 地址，占 4 字节。只在 DHCP 服务器发送的 Offer 和 ACK 报文中有效，其他报文中是为 0。

（10）siaddr：下一个为客户分配 IP 地址的 DHCP 服务器的 IP 地址，占 4 字节。只在 DHCP 服务器发送的 Offer 和 ACK 报文中有效，其他报文中是为 0。

（11）giaddr：客户发送 DHCP 请求后经过的第 1 个 DHCP 中继的 IP 地址（不是地址池中定义的网关），占 4 字节。如果没有经过中继，该字段值是 0。

（12）chaddr：客户端硬件地址，占 16 字节。

（13）sname：DHCP 服务器的名称，占 64 字节。只在 DHCP 服务器发送的 Offer 和 ACK 报文中显示，其他报文中是 0。

（14）file：DHCP 服务器为客户指定的启动配置文件名，占 128 字节。只在 DHCP 服务器发送的 Offer 报文中显示，其他报文中是 0。

（15）options：选项，长度可变。选项由"选项 id+长度+值"所组成。选项可以是 DHCP 报文类型、有效租期、DNS 服务器 IP 地址、WINS 服务器 IP 地址等信息。DHCP 报文的选项有很多，其中最为常见的如表 3-14 所示。

表 3-14　DHCP 报文常见的选项

选项 id	长度（字节）	描述
1	4	Subnet Mask
3	$n \times 4$	Router（网关）

选项 id	长度（字节）	描述
6	$n \times 4$	DNS Server
51	4	IP Address Lease Time
53	1	Message Type
54	4	DHCP Server Identifier
64	7	DHCP Client Identifier

DHCP 客户向服务器请求 IP 地址的报文中，主要使用了 53 号选项：

- 选项值是 1 时，表示是一个 DHCP Discover 报文。这是由客户发送的 DHCP 服务器发现报文，所有收到 DHCP Discover 报文的服务器都会回送 DHCP Offer 报文。

- 选项值是 2 时，表示是一个 DHCP Offer 报文。当 DHCP 服务器收到 DHCP Discover 报文后，它会在自己的地址池中选择一个合适的 IP 地址（DHCP 客户初次请求时，一般会选用地址池中最小的 IP 地址），加上相应的租期和其他配置信息构造一个 DHCP Offer 报文发送给客户，由客户来决定是否接受该 IP 地址等信息。

- 选项值是 3 时，表示是一个 DHCP Request 报文。客户选择第一个发送 DHCP Offer 报文的服务器，发送 DHCP Request 报文来请求使用 DHCP Offer 报文中提供的 IP 地址。

- 选项值是 4 时，表示是一个 DHCP Decline 报文。当客户收到 DHCP 服务器回应的 DHCP Offer 报文，发现服务器提供的 IP 地址有冲突或因其他原因不能被使用时，客户发送 DHCP Decline 报文给服务器，告知服务器所分配的 IP 地址不能被使用。

- 选项值是 5 时，表示是一个 DHCP ACK 报文。DHCP 服务器收到 DHCP Request 报文后，根据 DHCP Request 报文是否含有 Request IP 和 Server IP 来识别客户的状态，并发送相对应的 DHCP ACK 报文作为回应。

- 选项值是 6 时，表示是一个 DHCP NAK 报文。DHCP 服务器收到 DHCP Request 报文后，如果发现客户希望请求获得静态 IP 地址，但客户的 MAC 地址与服务器中记录的 MAC 地址不一致，或者 DHCP ACK 验证失败，则 DHCP 服务器发送 DHCP NAK 报文来通知客户。

- 选项值是 7 时，表示是一个 DHCP Release 报文。当客户不需要使用 IP 地址时，主动发送 DHCP Release 报文来通知服务器，DHCP 服务器收到该报文便释放被绑定的地址租约。

- 选项值是 8 时，表示是一个 DHCP Inform 报文。若客户需要从 DHCP 服务器获取更为详细的配置信息，则发送 DHCP Inform 报文给服务器，服务器根据租约进行查找，将找到的相应配置信息用 DHCP ACK 报文（报文中包含客户所需要的信息）发送给客户。

DHCP 分配 IP 地址的详细工作过程如图 3-25 所示。

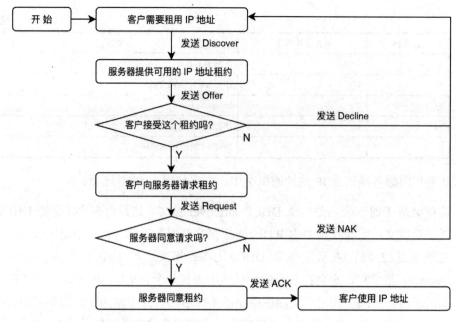

图 3-25   DHCP 分配 IP 地址的详细工作过程

DHCP 服务器发送的 DHCP ACK 报文如下：

```
01: Ethernet II, Src: c4:03:05:b5:00:00, Dst: 00:50:79:66:68:00
02: Internet Protocol Version 4, Src: 192.168.10.1, Dst: 192.168.10.2
03: User Datagram Protocol, Src Port: 67, Dst Port: 68
04: Dynamic Host Configuration Protocol (ACK)
05:     Message type: Boot Reply (2)
06:     Hardware type: Ethernet (0x01)
07:     Hardware address length: 6
08:     Hops: 0
09:     Transaction ID: 0xb2e5514d
10:     Seconds elapsed: 0
11:     Bootp flags: 0x0000 (Unicast)
12:     Client IP address: 192.168.10.2
13:     Your (client) IP address: 192.168.10.2
14:     Next server IP address: 0.0.0.0
15:     Relay agent IP address: 0.0.0.0
16:     Client MAC address: Private_66:68:00 (00:50:79:66:68:00)
17:     Client hardware address padding: 00000000000000000000
18:     Server host name not given
19:     Boot file name not given
20:     Magic cookie: DHCP
21:     Option: (53) DHCP Message Type (ACK)
22:     Option: (54) DHCP Server Identifier (192.168.10.1)
23:     Option: (51) IP Address Lease Time
24:        Length: 4
25:        IP Address Lease Time: (86400s) 1 day
26:     Option: (58) Renewal Time Value
27:        Length: 4
```

```
28:        Renewal Time Value: (43200s) 12 hours
29:     Option: (59) Rebinding Time Value
30:        Length: 4
31:        Rebinding Time Value: (75600s) 21 hours
32:     Option: (1) Subnet Mask (255.255.255.0)
33:     Option: (6) Domain Name Server
34:        Length: 4
35:        Domain Name Server: 192.168.80.20
36:     Option: (3) Router
37:        Length: 4
38:        Router: 192.168.10.1
39:     Option: (255) End
40:     Padding: 00000000000000000000000000000000
```

从上述报文可以看出，DHCP 服务器最终为客户指派的 IP 地址是 192.168.10.2。在选项部分给出了其他的相关信息：

- 第 17 行是客户硬件地址填充部分，以太网 MAC 地址的长度是 6 字节，故需要填充 10 字节。
- 第 21 行表明这是一个 DHCP ACK 报文。
- 第 23~31 行给出了 IP 地址租约相关信息：租期是 1 天；12 小时后需要续租；若未收到服务器对续租的确认，21 小时后需要再次请求续租。
- 第 32 行给出了 IP 地址的子网掩码信息。
- 第 33~35 行给出了 DNS 服务器的相关信息。
- 第 36~38 行给出了默认路由的相关信息。

3.2.6 地址解析协议

1. 概述

在图 3-2 中，H1 发送的分组，经 R1 和 R2 转发便可以到达 H2，其转发过程是由邻居间一跳一跳接力的方式实现的（每一跳是一个直连的网络），在每一跳中，始发路由器都需要将 IP 分组封装到数据链路层的帧中，假设每一跳直连的网络都是以太网，则每一跳都需要将 IP 分组封装到以太网帧中。H1 将 IP 分组封装到以太网帧中时，需要知道下一跳 R1 与其相连的接口（H1 网关）的 MAC 地址（间接交付），同样，R1 也需要知道 R2 与其相连的接口的 MAC 地址（间接交付）、R2 也需要知道 H2 的 MAC 地址（直接交付），即将 IP 分组转发给下一跳设备（具有 IP 地址的某一接口）时，首先必须取得下一跳设备接口的硬件地址。

通过上述分析可以知道，如何获取邻居的数据链路层地址成为了实现 IP 分组转发的关键问题，主机、路由器中都必须要有一种办法，来找到下一跳邻居的 IP 地址与硬件地址的映射关系。解决办法之一是管理员手动为每个主机添加一张地址对照表，通过这张对照表，主机可以通过 IP 地址获得对应的硬件地址，显然，这种解决办法对于管理员来说是十分困难的。

地址解析协议（Address Resolution Protocol，ARP）的目标，就是使直连网络内的所有主机，都能自动地建立一张 IP 地址与硬件地址的映射表，这张映射表被称为主机的 ARP 缓存。当主机需要将 IP 分组转发给下一跳时，主机根据下一跳的 IP 地址，在 ARP 缓存中寻找对应的硬件地址，如果在 ARP 缓存中没有找到对应的硬件地址，ARP 则向直连网络中的所有主机发出 ARP 询问报文（广播），来询问目的 IP 地址的硬件地址。

ARP 的工作过程如图 3-26 所示。在图 3-26(a)中，主机 A 通过广播帧发送 ARP 询问报文，ARP 询问报文中包含了主机 A 的 IP 地址和硬件地址以及目的主机的 IP 地址，目的主机的硬件地址是主机 A 需要请求得到的地址（未知），在 ARP 询问报文中该地址是 ff:ff:ff:ff:ff:ff 或 00:00:00:00:00:00。与主机 A 在同一个直连网络中的所有主机都能收到主机 A 发送的、封装了 ARP 询问报文的广播帧，因此这些主机都会解析 ARP 询问报文。IP 地址与 ARP 询问报文中的目的 IP 地址一致的主机（例如图 3-26(b)中的主机 B），会以单播帧的形式向主机 A 发送 ARP 回答报文，并且在自己的 ARP 缓存中添加或刷新主机 A 的 IP 地址和硬件地址的映射，网络中的其他主机，如果其 ARP 缓存中存有主机 A 的映射，也会刷新这一映射。

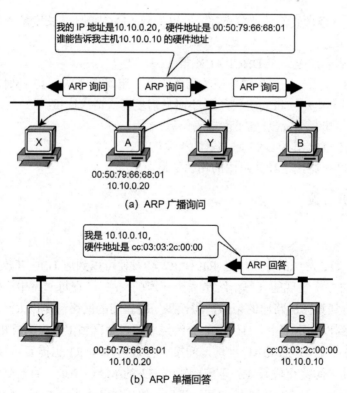

图 3-26   ARP 的工作过程

主机 ARP 缓存中的每一条 IP 地址与硬件地址的映射，需要缓存多长时间呢？假设一些主机更换了网卡，或一些主机被重新指派了新的 IP 地址，在这种情况下，如果主机 ARP 缓存的时间太长，则主机 A 发送给这些主机的帧是无法被目的主机收到的；另一方面，如果主机 ARP 缓存的时间太短，则网络中的主机会频繁发送 ARP 询问报文，网络通信效率变低。

最后需要再次强调，ARP 协议的使用范围仅限于直连网络内，但是，如果网络中的路由器设置了 ARP 代理，则 ARP 协议"似乎"可以穿越路由器。

2. ARP 报文格式

网络互连的协议是多种多样的，最为成功的是互连网络使用的 IP 协议，数据链路层上的协议也是多种多样的，最为成功的是以太网。因此，ARP 协议应该能够支持不同的网络层协议的逻辑地址和不同的数据链路层的硬件地址，图 3-27 给出了互连网络中的 IP 地址映射到以太网硬件地址的 ARP 报文的格式（在 RFC 826 中被定义）。

（1）Hardware Type：硬件地址类型，占 2 字节。用来指明一个直连物理网络的类型，值是 1 时表示以太网硬件地址。

（2）Protocol Type：协议地址类型，占 2 字节。用来指明网络层地址类型，值是 0x0800 时表示 IP 协议，即网络层使用 IP 地址。

（3）Hlen：硬件地址长度，占 1 字节。值的单位是字节，对于以太网，硬件地址长度是 6 字节（48 比特）。

（4）Plen：协议地址长度，占 1 字节。值的单位是字节，对于 IP 地址，其长度是 4 字节（32 比特）。

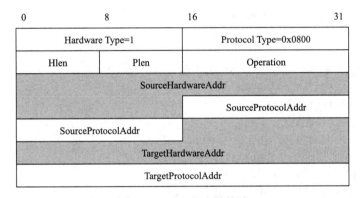

图 3-27　ARP 报文的格式

（5）Operation：操作类型，占 2 字节。值是 1 时表示是 ARP 询问报文，值是 2 时表示是 ARP 回答（响应）报文。

（6）SourceHardwareAddr：源硬件地址，占 6 字节。发送 ARP 报文的主机的硬件地址。

（7）SourceProtocolAddr：源协议地址，占 4 字节。发送 ARP 报文的主机的 IP 地址。

（8）TargetHardwareAddr：目的硬件地址，占 6 字节。对于 ARP 询问报文，该地址是 ff:ff:ff:ff:ff:ff（或 00:00:00:00:00:00），即需要请求的硬件地址；对于 ARP 回答报文，该地址是发送 ARP 询问报文的主机的硬件地址。

（9）TargetProtocolAddr：目的协议地址，占 4 字节。对于 ARP 询问报文，该地址是需要映射为硬件地址的 IP 地址；对于 ARP 回答报文，该地址是发送 ARP 询问报文的主机的 IP 地址。

以下展示的是一对 ARP 询问/回答报文。注意，ARP 报文被直接封装到了数据链路层的以太网帧中，帧中类型的值是 0x0806。封装 ARP 询问报文的是一个以太网广播帧，而封装 ARP 回答报文的是一个以太网帧单播帧。由于 ARP 报文的总长度仅有 28 字节，而以太网 MAC 帧中数据部分最少需要 46 字节，因此，在封装了 ARP 报文的以太网帧中需要填充 18 字节的 0x00（Padding 即为填充字段）。

广播帧发送 ARP 询问报文：

```
Ethernet II, Src: 00:50:79:66:68:09, Dst:ff:ff:ff:ff:ff:ff
    Destination: ff:ff:ff:ff:ff:ff
    Source: 00:50:79:66:68:09
    Type: ARP (0x0806)
    Padding: 000000000000000000000000000000000000
    Frame check sequence: 0x00000000 [unverified]
Address Resolution Protocol (request)
    Hardware type: Ethernet (1)
    Protocol type: IPv4 (0x0800)
    Hardware size: 6
    Protocol size: 4
    Opcode: request (1)
    Sender MAC address: Private_66:68:09 (00:50:79:66:68:09)
    Sender IP address: 172.16.228.7
    Target MAC address: ff:ff:ff:ff:ff:ff
    Target IP address: 172.16.228.8
```

单播帧发送 ARP 回答报文：

```
Ethernet II, Src: 00:50:79:66:68:0a, Dst: 00:50:79:66:68:09
    Destination:00:50:79:66:68:09
    Source: 00:50:79:66:68:0a
    Type: ARP (0x0806)
    Padding: 000000000000000000000000000000000000
    Frame check sequence: 0x00000000 [unverified]
Address Resolution Protocol (reply)
    Hardware type: Ethernet (1)
    Protocol type: IPv4 (0x0800)
    Hardware size: 6
    Protocol size: 4
    Opcode: reply (2)
    Sender MAC address: 00:50:79:66:68:0a
    Sender IP address: 172.16.228.8
    Target MAC address: 00:50:79:66:68:09
    Target IP address: 172.16.228.7
```

3. ARP 的安全性问题

在直连网络中，ARP 协议存在较大的安全隐患，其中一个安全隐患被称为 ARP 欺骗，如图 3-28 所示。直连网络中的主机如果需要访问直连网络以外的主机（例如访问互连网络），需要将 IP 分组转发给直连网络中的网关，因此，直连网络中的主机均缓存了网关的 IP 地址及其硬件地址。

在图 3-28 中，路由器 R 的接口 f0/0 是左边局域网的默认网关，接口 f0/0 的 IP 地址是 192.168.1.1/24，其硬件地址是 aa:aa:00:00:00:aa。如果局域网中所有主机均访问过互连网络，则这些主机均保存了路由器 R 的接口 f0/0 的 IP 地址与物理地址的映射。

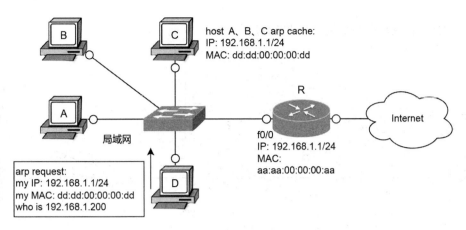

图 3-28　ARP 欺骗

作为局域网中的 ARP 欺骗者 D，它会构造一个 ARP 请求报文 F，谎称自己的 IP 地址是 192.168.1.1/24，硬件地址是自己真实的硬件地址，需要请求 IP 地址是 192.168.1.200 的硬件地址，然后在局域网中广播发送 F。由于局域网中的所有主机都已经缓存了 192.168.1.1/24 的 ARP 条目，因此，局域网中的所有主机在收到 F 之后，均会刷新其 ARP 条目，将 192.168.1.1/24 的硬件地址映射为主机 D 的硬件地址。当这些主机（例如主机 A）需要转发 IP 分组给网关 192.168.1.1/24 时，主机 A 从 ARP 缓存中获取 192.168.1.1/24 的硬件地址作为帧的目的地址，此时，该目的地址是主机 D 的硬件地址，即主机 A 将需要转发给 R 的 IP 分组，实际上转发给了主机 D。

如果主机 D 将收到的主机 A 发送的 IP 分组简单丢弃，则主机 A 将与互连网络失去联系。如果主机 D 将收到的 IP 分组转发给路由器 R，然后再将从路由器 R 返回的结果转发给主机 A，则在此过程中可以达到偷听和攻击主机 A 的目的。这种攻击手段被称为中间人攻击，可认为是 ARP 欺骗的升级版。

正是由于 IPv4 中的 ARP 协议存在诸多安全问题，在 IPv6 中，ARP 协议已经不再被使用。

3.2.7　网络地址转换

1. 概述

为解决 IPv4 地址不够用的问题，ICANN 指派了一些可以重复使用的地址块（称为私有 IP 地址，参考 3.2.1 节），供不同的公司内部网络（专用互连网络或本地互连网络）使用，这些地址块分别是 1 个 A 类地址块 10.0.0.0/8、16 个 B 类地址块 172.16.0.0/12 和 256 个 C 类地址块 192.168.0.0/16。由于互连网络中的路由器不会转发目的地址是私有 IP 地址的分组，导致使用私有 IP 地址的主机不能够直接访问互连网络。

网络地址转换（Network Address Translation，NAT），在 RFC 2663 中被定义。它能够将在专用互连网络中使用的私有 IP 地址，转换成能够被互连网络中的路由器路由的公有 IP 地址（公用 IP 地址），实现了专用互连网络中的主机访问互连网络的功能，并且 NAT 隐藏了专用互连网络的内部主机，增强了专用互连网络中主机的安全性。另外，基于端口多路复用的 NAT，仅用一个公有 IP 地址就可以实现专用互连网络中的私有 IP 地址与公有 IP 地址的转换，大大节省了公有 IP 地址。NAT 的过程如图 3-29 所示。

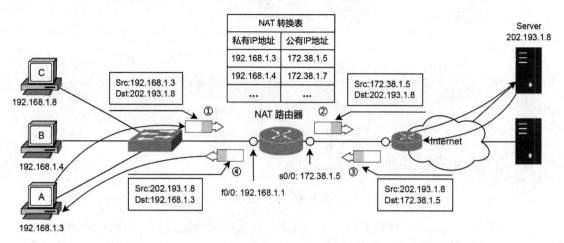

图 3-29　NAT 的过程

NAT 路由器的接口 f0/0 连接了一个局域网，局域网的地址块是 192.168.1.0/24（一个私有 C 类 IP 地址块），NAT 路由器的接口 f0/0 是局域网的网关，其 IP 地址是私有 IP 地址 192.168.1.1/24，NAT 路由器的接口 s0/0 与互连网络的某个路由器相连，其 IP 地址是公有 IP 地址 172.38.1.5。主机 A 需要访问互连网络中的服务器，其 IP 地址是 202.193.1.8，步骤如下：

步骤①：局域网中的主机 A 转发一个 IP 分组给网关（NAT 路由器），该 IP 分组的源 IP 地址是 192.168.1.3/24，目的 IP 地址是 202.193.1.8。

步骤②：当 NAT 路由器从接口 f0/0 接收到该 IP 分组后，它便根据 NAT 转换表，将 IP 分组中的私有 IP 地址（源地址）替换为一个公有 IP 地址（例如 172.38.1.5），得到一个新的 IP 分组，然后将新的 IP 分组转发至下一跳路由器。

步骤③：在服务器返回的 IP 分组中，源 IP 地址为服务器的 IP 地址 202.193.1.8，目的 IP 地址是 172.38.1.5。返回的 IP 分组经互连网络转发最终到达 NAT 路由器。

步骤④：NAT 路由器从互连网络中收到返回的 IP 分组，通过查找 NAT 转换表，将 IP 分组中的目的 IP 地址转换为私有 IP 地址 192.168.1.3，并将转换后的 IP 分组直接交付给主机 A。

2. NAT 的三种实现方式

（1）静态 NAT。是一种一对一的转换，即一个固定的私有 IP 地址对应地转换成一个固定的公有 IP 地址。因此，专用互连网络内有多少私有 IP 地址，就必须有多少公有 IP 地址与之对应，故这种转换方式并没有节约公有 IP 地址。一般用于专用互连网络中对外提供服务的服务器的地址转换，让服务器对外有一个固定的公有 IP 地址，以便外网能够访问专用互连网络提供的服务（例如公司官网等）。

（2）动态 NAT。也是一种一对一的转换，但同一主机每次转换后的公有 IP 地址是不固定的。由于在专用互连网络内，所有的主机不会同时访问互连网络，因此公有 IP 地址数可以少于专用互连网络内的私有 IP 地址数,一个公有 IP 地址可以给不同的主机轮流使用。

(3)端口多路复用(Port Address Translation,PAT),也称为网络地址端口转换(Network Address Port Translation,NAPT)。PAT 可以实现将多个私有 IP 地址映射为一个公有 IP 地址,为了区分这种多对一的映射关系,PAT 引入了运输层的 TCP 端口的概念,将 NAT 中私有 IP 地址到公有 IP 地址的映射,转变成了<私有 IP:端口>到<公有 IP:端口>的映射关系。表 3-15 给出了一个 PAT 地址转换的例子。

表 3-15　PAT 地址转换的例子

方向	字段	旧的 IP 地址和端口号	新的 IP 地址和端口号
出	源 IP 地址:源端口	192.168.1.3:30000	172.38.1.5:40001
入	目的 IP 地址:目的端口	172.38.1.5:40001	192.168.1.3:30000
出	源 IP 地址:源端口	192.168.1.4:30000	172.38.1.5:40002
入	目的 IP 地址:目的端口	172.38.1.5:40002	192.168.1.4:30000

有关 NAT 实例,请参考 3.6.2 节的实验。

3.2.8　IP 分组的格式

IP 协议在 RFC 791 中被定义。IP 分组由两部分组成:一部分是首部,另一部分是数据部分(上层协议数据)。其中首部又由 20 字节长度的固定部分和若干字节长度的选项部分组成,选项部分的最大长度是 40 字节。因此 IP 分组首部的长度最小是 20 字节,最大是 60 字节。通常情况下,IP 分组仅有固定的 20 字节的首部。IP 分组的首部如图 3-30 所示。

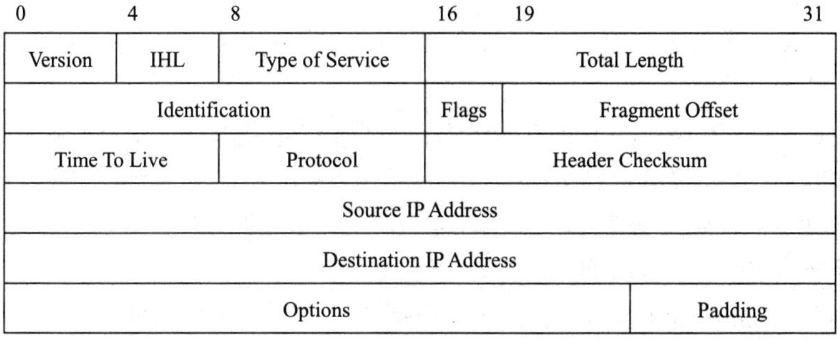

图 3-30　IP 分组的首部

IP 分组首部由 14 个字段所组成,其中较难理解的字段是 Identification(标识)、Flags(标志)和 Fragment Offset(片偏移),这三个字段与 IP 协议的分片与重组的基本功能密切相关(IP 协议的另一基本功能是编址)。

(1)Version:协议的版本号,占 4 位。如果是 IPv4,该字段的值是二进制 0100,即十进制 4。注意,网络层通信的双方必须采用相同版本的 IP 协议,IP 协议的另一个版本是 IPv6。

(2)IHL:首部长度,占 4 位。指的是 IP 分组首部的长度,包括固定部分和选项部分。注意,首部长度的度量单位是 32 位,即以 4 字节为单位。该字段的最大值是 15,即首部的最大长度是 15 个 4 字节(60 字节)。一般的 IP 分组仅有固定的 20 字节的首部,在这种情况下，该字段的值是 5，即二进制 0101。由于 IP 分组的首部长度是在 20～60 字节之间，因此该字段是用来告诉接收方，IP 分组中数据部分的起始位置。

（3）Type of Service：服务类型，占 8 位。1998 年 IETF 将这个字段更名为了区分服务 DS（Differentiated Services），这 8 位又被分成了 5 个部分，如图 3-31 所示。

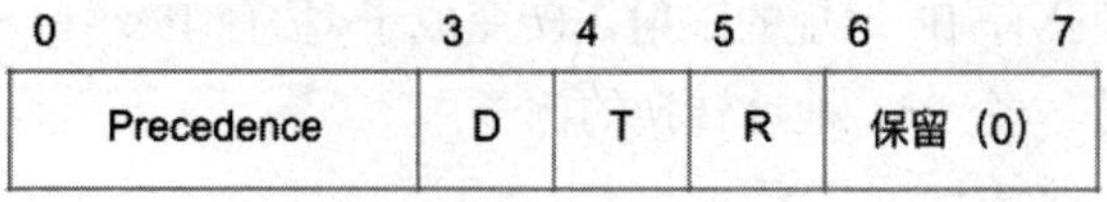

图 3-31　IP 分组的服务类型

- Bits 0～2：Precedence（优先级），一共定义了 8 个优先级别，其取值越大表明优先级越高，优先级越高，越优先传输。优先级的具体取值及含义如下。

  111：Network Control（网络控制）

  110：Internetwork Control（网间控制）

  101：Critic（关键）

  100：Flash Override（疾速）

  011：Flash（闪速）

  010：Immediate（快速）

  001：Priority（优先）

  000：Routine（普通）

- Bit 3：D（时延），0 = Normal Delay（正常时延），1 = Low Delay（低时延）。
- Bit 4：T（吞吐量），0 = Normal Throughput（正常吞吐量），1 = High Throughput（高吞吐量）。
- Bit 5：R（可靠性），0 = Normal Reliability（正常可靠性），1 = High Reliability（高可靠性）。
- Bits 6～7：Reserved for Future Use（保留），可用于 IP 分组的显示拥塞通知（ECN）。当接收端收到带有 ECN 标记的 IP 分组，它会通知发送端降低发送速率（与 TCP 协议配合使用，参考第 4 章），即 IP 协议能够感知网络发生拥塞，并且可以通过 ECN 来传递拥塞信息。

（4）Total Length：总长度，占 16 位。该字段指的是 IP 分组的总长度（以字节为单位，最大值是 65535 字节）。如果数据链路层有填充字节，则接收方可根据该字段的值正确地获取 IP 分组。例如，以太网帧中数据部分最少是 46 字节，如果一个 IP 分组仅包含 20 字节的首部而无数据，则该 IP 分组在被封装到以太网帧中时需要填充 26 字节的"填充数据"，即接收方从以太网帧中获得了 46 字节的数据，在这种情况下，接收方根据 IP 分组的总长度字段，就可以正确获取 20 字节长的 IP 分组。

发送一个长度达 65535 字节的 IP 分组是不合适的做法：第一，因为互连网络中的主机一般仅做好了接收长度是 576 字节的 IP 分组的准备，如果需要发送一个较大的 IP 分组给接收方，则需要让接收方做好接收这个较大 IP 分组的准备；第二，当 IP 分组的长度超过数据链路层的 MTU 时，必须将该 IP 分组分片才能封装到数据链路层的帧中进行传输，如果某个 IP 分片在传输过程中出错或丢失了，则接收方无法还原原始的 IP 分组，这样就降低了 IP 分组的传输效率；第三，较大的 IP 分组增加了路由器转发 IP 分组的时间，对于一些实时应用是极为不利的。

早期互连网络中的绝大多数网络接口，它们的 MTU 都超过了 576 字节，即长度不超过 576 字节的 IP 分组通过这些网络接口转发时不需要分片。因此 IP 协议规定，IP 分组中数据部分的长度不要超过 512 字节，再加上 60 字节的首部和 4 字节的冗余，得到 IP 分组的长度是 576 字节，互连网络中的主机（路由器也是主机）都必须能够接收长度不超过 576 字节的 IP 分组。例如，RIP 报文的最大长度是 504 字节，加上 8 字节的 UDP 首部，刚好 512 字节；DNS 报文的长度也被限制在 512 字节。

（5）Identification：标识，占 16 位，标识的值是发送方主机依据某种算法得到的一个数值，每发送一个 IP 分组便将数值加 1。如果一个 IP 分组的长度超过了数据链路层的 MTU，则需要将该 IP 分组进行分片后再传输，每个分片都是一个独立的较小的 IP 分组，这些 IP 分片的标识与原始 IP 分组中的标识是一样的，这样就能够使接收方将标识相同的 IP 分片重组成原始的 IP 分组。

（6）Flags：标志，占 3 位，只有 2 位有意义。

- Bit 0：Reserved（保留），值是 0；
- Bit 1：DF，0 = May Fragment（允许分片），1 = Don't Fragment（不允许分片）；
- Bit 2：MF，0 = Last Fragment（最后一片），1 = More Fragments（后面还有分片）。

在一个 IP 分组中，只有 Flags 中的 DF 位是 0 时，才被允许分片。当某个 IP 分片是原始 IP 分组的最后一个分片时，Flags 中的 MF 位设置为 0，其余 IP 分片的 DF 位全部设置为 1。

（7）Fragment Offset：片偏移，占 13 位。用来指明 IP 分片中的数据在原始 IP 分组数据中所处的位置。片偏移以 8 字节为单位，即除最后一个分片之外，其余分片中的数据长度一定是 8 字节的整数倍。IP 分组的分片详细参考图 3-32 的示例。

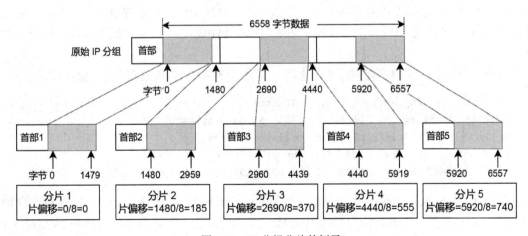

图 3-32　IP 分组分片的例子

在图 3-32 中，原始 IP 分组的总长度是 6578 字节，其中携带了 6558 字节的数据（固定首部 20 字节）。假设该 IP 分组需要封装到以太网进行传输（MTU=1500 字节），则需要将该 IP 分组分割成 5 个 IP 分片：前 4 个 IP 分片各自携带 1480 字节的数据（加上 IP 分片首部 20 字节，刚好 1500 字节），最后 1 个 IP 分片携带 638 字节的数据。

表 3-16 展示了原始 IP 分组及分片的总长度、标识、DF 位、MF 位以及片偏移的值。

表 3-16　各分片首部有关字段值

对象	总长度	标识	DF 位	MF 位	片偏移
原始 IP 分组	6558 + 20	942	0	0	0
分片 1	1480 + 20	942	0	1	0
分片 2	1480 + 20	942	0	1	185
分片 3	1480 + 20	942	0	1	370
分片 4	1480 + 20	942	0	1	555
分片 5	638 + 20	942	0	0	740

注意，在一些系统中，片偏移直接使用字节序号而不会除以 8，在这种情况下，在图 3-32 所示的例子中，各分片的片偏移偏是 0、1480、2960、4440 和 5920。

（8）Time To Live：生存时间（TTL），占 8 位。用来设置 IP 分组在互连网络中的最大停留时间（由发送方主机设置，通常是 32 或 64），早期使用秒（s）作为单位。IP 分组每经过一个路由器转发，路由器便将 IP 分组中的 TTL 值至少减去 1s（尽管处理时间可能小于 1s），若 TTL 值变为 0，则丢弃该 IP 分组。现在路由器的处理速度非常快，远远小于 1s，因此，将 TTL 的计量单位改为了"跳数"，即路由器收到一个需要转发的 IP 分组，它首先将该 IP 分组的 TTL 值减 1，若结果是 0，则丢弃该 IP 分组。因此，可以认为，IP 分组中的 TTL 设置了 IP 分组可经过的路由器的数量的上限（可以理解为能够被路由器转发的次数）。不同的操作系统，发送方设定的初始值不尽相同，因此，根据 TTL 的值可以大致判断通信对方的操作系统。

注意，当路由器收到的一个 IP 分组，其目的 IP 地址与路由器的某个接口的网络前缀一致时，说明该 IP 分组不需要再转发了，路由器可以直接交付，在这种情况下，即使直接交付的 IP 分组的 TTL 值已经是 1 了（减 1 之后为 0），路由器也不会丢弃这个可以直接交付的 IP 分组。

分析一个例子：访问互连网络中的主机，将 IP 分组中 TTL 值设置为 1（Mac OS）。

```
Mac-mini:~ $ ping -m 1 -c 1 www.baidu.com
PING www.a.shifen.com (14.215.177.38): 56 data bytes
92 bytes from 192.168.1.1: Time to live exceeded
Vr HL TOS  Len   ID Flg  off TTL Pro  cks     Src       Dst
 4  5  00 5400 d0b0   0 0000  01  01 674d 192.168.1.6  14.215.177.38
```

在 Mac OS 中执行 ping 命令，目的主机是 www.baidu.com，参数 "-m 1" 设置发送的 IP 分组中的 TTL 值是 1，参数"-c 1"表示仅发送 1 个 IP 分组。当 IP 分组到达网关 192.168.1.1 时，网关将 IP 分组中的 TTL 值减 1 之后变为 0，故网关丢弃该 IP 分组，且向源端发送差错报告报文，提示 "Time to live exceeded"（生存期超时）。

以上命令等价于 Windows 系统中的命令 "ping -i 1 -n 1 www.baidu.com"，参数 "-i 1" 设置发送的 IP 分组的 TTL 值是 1，参数 "-n 1" 设置发送 1 个 IP 分组（Windows 7）。

```
C:\Users\Administrator>ping -i 1 -n 1 www.baidu.com

正在 Ping www.a.shifen.com [14.215.177.39] 具有 32 字节的数据:
```

来自 192.168.1.1 的回复：TTL 传输中过期。

14.215.177.39 的 Ping 统计信息：
数据包：已发送 = 1，已接收 = 1，丢失 = 0 (0% 丢失)

（9）Protocol：协议，占 8 位。是一个数字类型的代码，表明 IP 分组中所封装数据的类型，即上层数据采用了什么协议，例如 17 代表 UDP，6 代表 TCP，等等。表 3-17 列出了常用协议的代码值。

表 3-17　常用协议的代码值

协议名	ICMP	IGMP	IP	TCP	EGP	IGP	UDP	IPv6	ESP	AH	ICMP–IPv6	OSPF
协议字段值	1	2	4	6	8	9	17	41	50	51	58	89

在 Windows 7 中，"C:\Windows\System32\drivers\etc\"目录下的 protocol 文件中保存了协议分配的代码。在 Linux 系统中，协议及代码被保存在/etc/protocol 中。

（10）Header Checksum：首部检验和，占 16 位。由于路由器的最主要的功能之一是快速地转发 IP 分组，故路由器仅对 IP 分组首部进行检验，而不对数据部分进行检验，这样可以提高检验速度。另外，检验的方法也没有采用数据链路层的 CRC 检验，而是采用了称为"互联网检验和"的方法（在 RFC 1071 中被定义）：在发送方，把 IP 分组中的 16 位长的检验和设置为 0，然后将 IP 分组首部拆分成若干个 16 位的二进制序列，用二进制反码算术运算把所有的 16 位二进制序列相加后，将其结果取反填入 IP 分组的检验和字段；接收方将收到的 IP 分组拆分后，同样地对 IP 首部进行检验和计算，如果结果是 0，则认为收到的 IP 分组在传输过程中没有出错，否则丢弃该 IP 分组。二进制反码求和是从低位到高位逐列进行计算，0 和 0 相加是 0，0 和 1 相加是 1，1 和 1 相加是 0，但产生进位 1，该进位 1 需要加到下一列，若最高位相加后产生了进位，则将进位与结果最低位相加。

例如，假设发送方将需要发送的数据拆分为两个 16 位的二进制序列，并将检验和设置为 16 位二进制 0：1101001001100100，1100001001100110，0000000000000000（检验和）。发送方计算检验和的方法如图 3-33(a)所示：二进制反码求和的结果在最高位有进位，将该进位移至结果的最低位，与结果再进行二进制反码求和，然后将求和的结果求反，便得到最后一行所示的检验和，发送方将两个二进制序列，以及求得的检验和一并发送给接收方。接收方对收到的两个 16 位二进制序列以及 16 位检验和进行二进制反码求和，将最终结果取反后，如果结果是 16 位 0，则数据在传输过程中没有出错，否则数据在传输过程中出现了错误。接收方进行检验的过程如图 3-33(b)所示。

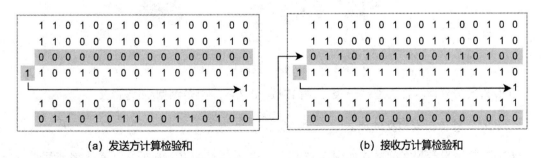

(a) 发送方计算检验和　　　　　　　　(b) 接收方计算检验和

图 3-33　互联网检验和的计算与检验

注意，路由器收到一个待转发的 IP 分组后，需要对该 IP 分组中的字段进行修改，例如 TTL 和首部检验和等。因此，当路由器将 IP 分组转发至下一跳时，需要重新构建 IP 分组的首部。

（11）Source IP Address：源 IP 地址，占 32 位。发送 IP 分组的源主机的 IP 地址。

（12）Destination IP Address：目的 IP 地址，占 32 位。接收 IP 分组的目的主机的 IP 地址。

（13）Options：可选项，长度可变，最长是 40 字节。IP 分组支持很多可选项，但是在一般情况下，由于这些选项并不是所有的网络层设备都已经实现，因此，一个 IP 分组往往仅包含 20 字节的固定首部。

（14）Padding：填充，长度可变。该字段的作用是将首部长度填充至 4 字节的整数倍（首部长度必须是 4 字节的整数倍）。Options 加上 Padding 最长是 40 字节。

3.2.9 网际控制报文协议

1. 概述

IP 分组在转发过程中，需要一种机制来了解 IP 分组在传输过程中的各种异常情况，以及询问一些相关的信息。RFC 792 定义的网际控制报文协议（Internet Control Message Protocol，ICMP）就是这样的一个 IP 协议的辅助协议，它能够向源端报告 IP 分组在传输过程中出现的各种异常情况，即 ICMP 协议用来让主机间彼此交互网络层的信息。虽然 ICMP 报文需要封装到 IP 分组中传输（从体系结构概念上看，它属于高层协议），但是通常认为 ICMP 是网络层协议。因为 IP 协议规定，实现 IP 协议的同时，必须实现 ICMP 协议，因此 ICMP 协议可被看作是 IP 协议的一部分。ICMP 协议的基本功能如图 3-34 所示。

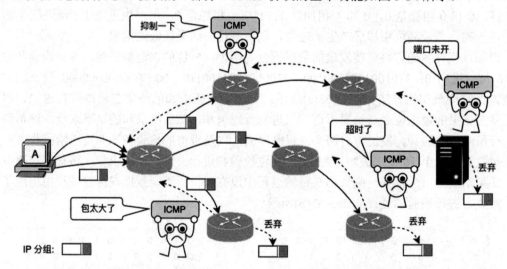

图 3-34　ICMP 协议的基本功能

ICMP 报文分为两种类型：一类是差错报告报文，一类是询问/回答报文。

2. ICMP 差错报告报文的格式

ICMP 差错报告报文的格式如图 3-35 所示。对于所有的 ICMP 报文，前 4 字节都是一样的，这 4 字节可认为是 ICMP 报文的首部。对于差错报告报文而言，第二个 4 字节也可认为是差错报告报文的首部，这部分是向源端报告错误的具体内容，其内容取决于差错报告报文中具体的错误信息（由 Type 和 Code 的值决定），有一些差错报告报文不会使用这 4 字节的内容。检验和与 IP 分组首部检验和一样，也是采用互联网检验和。需要注意的是，IP 分组仅对首部计算检验和，而 ICMP 需要对整个 ICMP 报文计算检验和（包括首部和数据部分）。

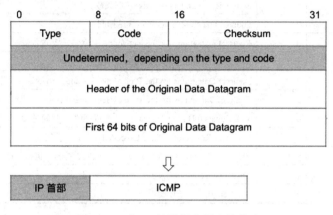

图 3-35　ICMP 差错报告报文的格式

　　差错报告报文报告的错误信息（数据部分）中包含了两部分的内容：第一部分是原始出错的 IP 分组的首部（Header of the Original Data Datagram），这部分内容是用来告诉源端，哪两个主机间的 IP 分组传输出错了；第二部分是原始出错的 IP 分组所携带数据的前 8 字节（First 64 bits of Original Data Datagram），如果原始出错 IP 分组中的数据部分采用了运输层的协议，则这 8 字节中包含了运输层的源端口和目的端口的信息，故第二部分的错误信息是指明了源主机中的哪一个进程与目的主机中的哪一个进程间的通信出错了。图 3-36 给出了差错报告报文中数据部分的封装情况。

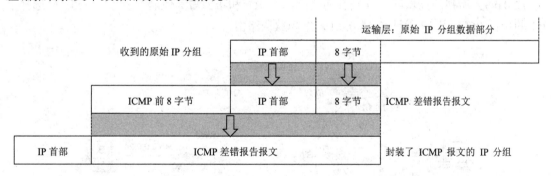

图 3-36　ICMP 差错报告报文的数据部分

　　表 3-18 给出了 4 种类型的差错报告报文，字段 Type 和字段 Code 用以指明该类型错误的具体情况。

表 3-18　几种常见的差错报告报文

错误类型	Type	Code	说明
终点不可达	3	0	Network Unreachable——网络不可达
		1	Host Unreachable——主机不可达
		2	Protocol Unreachable——协议不可达

错误类型	Type	Code	说明
终点不可达	3	3	Port Unreachable——端口不可达
		4	Fragmentation Needed and DF Set——需要分片但设置了 DF 位
		5	Source Route Failed——源站选路失败
源站抑制	4	0	Source Quench Message——源站抑制
路由重定向	5	0	Redirect Datagrams for the Network——网络重定向
		1	Redirect Datagrams for the Host——主机重定向
		2	Redirect Datagrams for the Type of Service and Network——服务类型和网络重定向
		3	Redirect Datagrams for the Type of Service and Host——服务类型和主机重定向
超时	11	0	TTL Equals 0 During Transit——传输期间生存时间是 0
		1	Fragment Reassembly Time Exceeded——分片重组超时
参数问题	12	0	IP Header Bad (Catch All Error)——坏的 IP 首部（包括各种差错）
		1	Missing a Required Option——缺少必需选项
		2	Bad Length——长度错误

（1）终点不可达：当主机或路由器不能交付收到的 IP 分组时，该 IP 分组被丢弃，并向源端报终点不可达的差错报告报文。一共有 6 种终点不可达的情况，分别是网络不可达、主机不可达、协议不可达、端口不可达、需要分片但设置了 DF 位和源站选路失败。

（2）源站抑制：当主机或路由器由于缓存容量不足而不能缓存新到的 IP 分组时，主机或路由器丢弃这些分组，并向源端报源站抑制的差错报告报文；收到该差错报告报文的源端，会降低发送 IP 分组的速度，直到不再收到源站抑制的差错报告报文，源端再逐渐提升发送 IP 分组的速度直到再次收到源站抑制的差错报告报文。

（3）路由重定向：用一个例子来说明路由重定向。在图 3-37 中，主机 A（其 IP 地址是 12.0.0.3）所在的局域网，分别有两个路由器 R1 和 R2 与其他网络互连，主机 A 选择了 R1 的接口 f0/0（其 IP 地址是 12.0.0.1）作为默认路由。

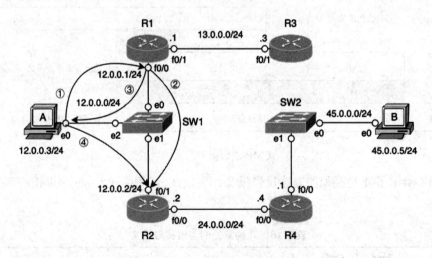

图 3-37 主机重定向

① 主机 A 需要发送 IP 分组给主机 B（其 IP 地址是 45.0.0.5），主机 A 依据自己的路由表将 IP 分组转发至 R1（默认路由）。

② R1 在收到 IP 分组之后，将其转发给 R2。

③ 由于 R1 和 R2 之间会交换路由信息，使得它们能够了解整个网络的路由情况，故 R1 发现主机 A 若要访问主机 B，经由 R2 转发是最佳路由，因此，R1 发送一个路由重定向的差错报告报文给主机 A，告知主机 A 访问 IP 地址是 45.0.0.5/24 的目的主机，应该交付给 R2 进行转发。

④ 主机 A 收到这个差错报告报文，便在自己的路由表中增加一条路由：（45.0.0.0，255.255.255.0，12.0.0.2），主机 A 后续将经 R2 来访问主机 B。注意，发送路由重定向差错报告报文的路由器 R1 不会丢弃收到的 IP 分组，这是在出错的情况下，唯一的一个路由器不会丢弃 IP 分组的情况。

以下是 R1 向主机 A 发送的主机重定向（路由重定向中的一种）的差错报告报文：

```
01: Internet Protocol Version 4, Src: 12.0.0.1, Dst: 12.0.0.3
02: Internet Control Message Protocol
03:     Type: 5 (Redirect)
04:     Code: 1 (Redirect for host)
05:     Checksum: 0xc6f0
06:     Gateway Address: 12.0.0.2
07:     Internet Protocol Version 4, Src: 12.0.0.3, Dst: 45.0.0.5
08:         0100 .... = Version: 4
09:         .... 0101 = Header Length: 20 bytes (5)
10:         Differentiated Services Field: 0x00 (DSCP: CS0, ECN: Not-ECT)
11:         Total Length: 84
12:         Identification: 0xac73 (44147)
13:         Flags: 0x00
14:         ...0 0000 0000 0000 = Fragment Offset: 0
15:         Time to Live: 63
16:         Protocol: ICMP (1)
17:         Header Checksum: 0xab2f
18:         Source Address: 12.0.0.3
19:         Destination Address: 45.0.0.45
```

第 03～06 行是 ICMP 差错报告报文的首部；

第 06 行给出了主机 A 下次访问 45.0.0.5/24 的网关：12.0.0.2；

第 07～19 行是原始 IP 分组的首部。

（4）超时：当路由器收到一个 TTL 值为 1 且需要转发至下一跳路由器的 IP 分组时，路由器丢弃该 IP 分组，并向源端报时间超时的差错报告报文。另外，当目的主机收到一个 IP 分片时，便启动分片定时器，如果在定时器超时之前，所有分片没有完全到达目的主机，即目的主机无法在规定的时间内重组分片，则目的主机丢弃所有已收到的分片，并向源端发送分片重组超时的差错报告报文。

（5）参数问题：主机或路由器收到的 IP 分组首部检验和出错或某些字段出错，丢弃该 IP 分组，并向源端发送参数问题的差错报告报文。

注意，ICMP 仅对出错的 IP 分组发送差错报告报文，下面几种情况不需要向源端发送差错报告报文：

（1）封装了 ICMP 差错报告报文的 IP 分组出错时，不会发送 ICMP 差错报告报文。

（2）仅对片偏移是 0 的分片发送差错报告报文，其他分片不会发送。

（3）目的地址是多播地址的 IP 分组出错，不会发送 ICMP 差错报告报文。

（4）一些特殊地址（如 127.0.0.0 或 0.0.0.0）的 IP 分组出错，不会发送 ICMP 差错报告报文。

3. ICMP 询问/回答报文的格式

有两种常用的 ICMP 询问/回答报文：一种是 ICMP 回送请求/回答报文，另一种是 ICMP 时间戳请求/回答报文。

ICMP 回送请求/回答报文用于测试互连网络中主机间的连通性，报文的格式如图 3-38 所示。

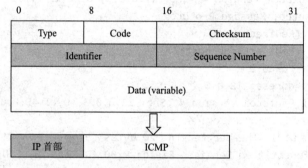

图 3-38　回送请求/回答报文

（1）Type，code：各占 8 位，其组合用来表明报文的具体类型。

　　Type = 8，code = 0：表示是一个 ICMP 回送请求报文。

　　Type = 0，code = 0：表示是一个 ICMP 回送回答报文。

（2）Checksum：检验和，占 16 位。采用互联网检验和的计算方法，对整个 ICMP 报文进行检验。

（3）Identifier 和 Sequence Number：Identifier 是标识符，Sequence Number 是序号，各占 16 位。由于 ICMP 协议是在操作系统内核中实现的，因此，标识符用来区分发送 ICMP 回送请求的应用进程（例如 ping 程序）。主机可能执行多个 ping 程序，在 Unix、macOS 中，直接把标识符设置为 ping 程序的进程号。每一个 ping 程序可能会发送多个 ICMP 回送请求，序号就是用来区分这些请求的（每次加 1）。标识符和序号由发送方在发送 ICMP 回送请求报文时填入，在回送回答报文中，用相同的标识符和序号来响应回送请求，即标识符和序号用来标识一对 ICMP 回送请求/回答报文。

例如，在 Mac OS 中，ping 程序发送的两个 ICMP 回送请求报文如下：

```
01: Internet Protocol Version 4, Src: 192.168.1.6, Dst: 192.168.1.1
02: Internet Control Message Protocol
03:     Type: 8 (Echo (ping) request)
04:     Code: 0
05:     Checksum: 0x16c0
06:     Identifier (BE): 59395 (0xe803)
07:     Identifier (LE): 1000 (0x03e8)
```

```
08:       Sequence Number (BE): 0 (0x0000)
09:       Sequence Number (LE): 0 (0x0000)
10:       Data (44 bytes)
11:
12: Internet Protocol Version 4, Src: 192.168.1.6, Dst: 192.168.1.1
13: Internet Control Message Protocol
14:       Type: 8 (Echo (ping) request)
15:       Code: 0
16:       Checksum: 0x16c0
17:       Identifier (BE): 59395 (0xe803)
18:       Identifier (LE): 1000 (0x03e8)
19:       Sequence Number (BE): 1 (0x0001)
20:       Sequence Number (LE): 256 (0x0100)
21:       Data (44 bytes)
```

第 07 行和第 18 行，这两个回送请求报文均由进程 ID 是 1000 的 ping 程序发送，第 1 个回送请求报文的序号是 0（第 08 和 09 行），第 2 个回送请求报文的序号是 1（第 19 和 20 行）。

注意，在抓包结果中，标识符和序号都分别用大端模式和小端模式显示。大端模式（Big-Endian，BE）就是高位字节排放在内存的低地址端，低位字节排放在内存的高地址端。小端模式（Little-Endian，LE）就是低位字节排放在内存的低地址端，高位字节排放在内存的高地址端。例如，十进制 1000 的大端模式的十六进制是 0xe803（第 06 和 17 行），而其小端模式的十六进制是 0x03e8（第 07 和 18 行）。不同的系统平台，采用不同的字节顺序[①]。

（4）Data：数据，ICMP 回送请求报文可以携带数据，ICMP 回送回答报文中必须回送这些数据。

ping 命令采用 ICMP 回送请求/回答报文来测试互连网络中主机间的连通性，它将 ICMP 回送请求/回答报文直接封装到 IP 分组中进行传送（越过了运输层）。在 Windows 中，ping 命令运行结果如下：

```
01: C:\Users\Administrator>ping -n 2 192.168.1.1
02:
03: 正在 Ping 192.168.1.1 具有 32 字节的数据:
04: 来自 192.168.1.1 的回复: 字节=32 时间<1ms TTL=64
05: 来自 192.168.1.1 的回复: 字节=32 时间=1ms TTL=64
06:
07: 192.168.1.1 的 Ping 统计信息:
08:     数据包: 已发送 = 2, 已接收 = 2, 丢失 = 0 (0% 丢失),
09: 往返行程的估计时间(以毫秒为单位):
10:     最短 = 0ms, 最长 = 1ms, 平均 = 0ms
```

在 Windows 中，一个 ping 命令默认发送 4 个 ICMP 回送请求报文，默认情况下每个报文携带 32 字节的数据，目的主机的 ping 服务器程序回送 4 个 ICMP 回送回答报文，并且在每个回送回答报文中，将回送请求报文中的数据返回。ping 命令可以通过参数 "-n count" 和 "-l size" 来指定发送 ICMP 回送请求报文的数量以及每个 ICMP 回送请求报文携带的数据字节。

---

① 参考 geraldonit 官网。

第 04 行中的"时间<1ms"指的是一对 ICMP 回送请求/回答报文所经历的往返时延,这是依据 ICMP 报文中的时间戳选项来实现的。该行中的 TTL 指的是收到的封装了 ICMP 回送回答报文的 IP 分组中的 TTL 值。该 TTL 的初始值,是由发送 IP 分组的主机指定的,IP 分组每经过一个路由器转发,IP 分组中的 TTL 值减少 1,因此,04 行中的 TTL = TTL 初始值-路由器转发次数。

在上述实验中,主机 192.168.1.1 与发送 ICMP 回送请求报文的主机在同一个直连网络中,因此主机 192.168.1.1 回送的 ICMP 回送回答报文是直接交付的,不需要经路由器转发,即 04 行的 TTL=64 就是主机 192.168.1.1 为 IP 分组指定的默认的 TTL 初始值。

一般情况下,Linux、macOS 默认设置的 TTL 初始值是 64;而 Windows 7 默认设置的 TTL 初始值是 128,Windows 10(或 11)默认设置的 TTL 初始值是 64。读者可以通过 ping 127.0.0.1 来探测主机默认的 TTL 初始值。如何探测互连网络中主机的操作系统呢?请读者参考路由追踪和实验 3.1.4 进行分析。

第 07~08 行是一些统计信息,包括丢包的统计和往返时延的统计。

ICMP 时间戳请求/回答报文用于计算主机间的往返时延,报文的格式如图 3-39 所示。

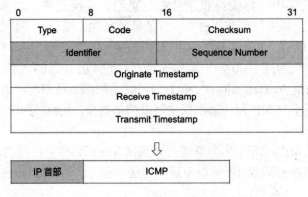

图 3-39　时间戳请求/回答报文

(1)Type,Code:各占 8 位,其组合用来表明报文的具体类型。

　　Type = 13,Code = 0:表示是一个 ICMP 时间戳请求报文。

　　Type = 14,Code = 0:表示是一个 ICMP 时间戳回答报文。

(2)Originate Timestamp:发起时间戳,占 32 位。发送方发送 ICMP 时间戳请求报文的时间。

(3)Receive Timestamp:接收时间戳,占 32 位。接收方收到 ICMP 时间戳请求报文的时间。

(4)Transmit Timestamp:发送时间戳,占 32 位。接收方发送 ICMP 时间戳回答报文的时间。

(5)Checksum、Identifier 和 Sequence Number:同 ICMP 回送请求/回答报文。

当主机 A 发送 ICMP 时间戳请求报文时,主机 A 将发送该报文的时间填入 Originate Timestamp 字段中,而发送 ICMP 时间戳回答报文的主机 B,将该字段的值再次填入 ICMP 时间戳回答报文中(仍填入 Originate Timestamp 字段中)。主机 A 用收到主机 B 回送的 ICMP 时间戳回答报文的时间,减去主机 B 回送的 ICMP 时间戳回答报文中的 Originate Timestamp 字段的时间,便可得到主机 A 与主机 B 之间的往返时延。

4. 利用 ICMP 报文实现路由追踪

所谓路由追踪，是指探测从源主机到目的主机的 IP 分组经过了哪些路由器的转发，其实现步骤如下（程序代码参考 3.6.4 节的实验）：

① 源主机 A 向目的主机 B 发送 ICMP 回送请求报文（type=8，code=0）S；

② 源主机 A 将 S 封装到 IP 分组 P 中，并将 P 中的 TTL 设置为 1；

③ 若收到目的主机 B 回送的 ICMP 回送回答报文（type=0，code=0），则说明已经追踪到目的主机，结束探测；

④ 若收到路由器回送的传输过程超时的 ICMP 差错报告报文（type=11，code=0），则追踪到了下一跳路由器；

⑤ 源主机 A 再次向目的主机 B 发送封装了 ICMP 回送请求报文 S 的 IP 分组 P，并将该 IP 分组中的 TTL 值增加 1；

⑥ 返回步骤③。

可以直接使用 Windows 操作系统提供的 ping 命令实现路由追踪，其原理如图 3-40 所示。

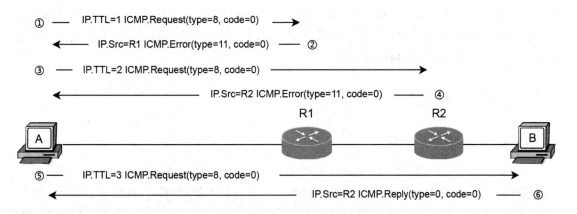

图 3-40　路由追踪的原理

具体操作过程如下（简化了输出结果）：

```
01: C:\Users\Administrator>ping -n 1 -i 1 www.baidu.com
02: 来自 192.168.x.x 的回复: TTL 传输中过期。
03:
04: C:\Users\Administrator>ping -n 1 -i 2 www.baidu.com
05: 来自 100.72.x.x 的回复: TTL 传输中过期。
06:
07: C:\Users\Administrator>ping -n 1 -i 3 www.baidu.com
08: 来自 180.140.x.x 的回复: TTL 传输中过期。
09:
10: C:\Users\Administrator>ping -n 1 -i 4 www.baidu.com
11: 来自 180.140.x.x 的回复: TTL 传输中过期。
12:
13: C:\Users\Administrator>ping -n 1 -i 7 www.baidu.com
14: 来自 113.96.x.x 的回复: TTL 传输中过期。
15:
```

```
16: C:\Users\Administrator>ping -n 1 -i 8 www.baidu.com
17: 来自 14.29.x.x 的回复: TTL 传输中过期。
18:
19: C:\Users\Administrator>ping -n 1 -i 10 www.baidu.com
20: 来自 14.215.x.x 的回复: 字节=32 时间=26ms TTL=55
```

ping 命令中的参数 "-i TTL",是用来指定发送的 IP 分组中的 TTL 值的。当路由器收到的需要转发的 IP 分组中的 TTL 值是 1 时,路由器便丢弃该分组,并向源端报 "TTL 传输中过期" 的错误。注意,出于安全方面的考虑,一些路由器不会向源端报 "TTL 传输中过期" 的错误,例如上述实验的 TTL 值是 5、6、9 时,即第 5、6、9 跳路由器没有向源端报 "TTL 传输中过期" 的错误,这样会导致源端 "请求超时"。从上述输出结果可以看出,从源主机到目的主机 www.baidu.com,一共经过了 9 个路由器的转发,探测到的路由器有: 192.168.x.x、100.72.x.x、180.140.x.x、180.140.x.x、113.96.x.x、14.29.x.x(第 20 行是目的主机 www.baidu.com 的 IP 地址)。

Windows 提供了一条用于路由追踪的命令 tracert(Linux、macOS 是 traceroute 命令),读者可以使用 tracert www.baidu.com 来进行路由追踪。注意,在互连网络中,并不能保证每次都采用相同的路径去访问同一目的主机,即访问同一目的主机的路径会发生变化,不同的时间执行 tracert 命令可能得到不同的结果。

3.3 路由选择协议

3.3.1 概述

互连网络的规模非常大,因此互连网络是以自治系统(Autonomous System,AS)的方式组织的,每个自治系统通常由单一机构管理,且包含很多个路由器,例如一个大学、公司或 ISP 可以是一个自治系统。每个自治系统都有一个唯一的自治系统编号(Autonomous System Number,ASN),该编号是由互联网赋号管理局 IANA 管理和分配的。目前普遍使用的 ASN 占 16 位(另一个是 32 位的 ASN),一共可指派 65536 个自治系统。与 IP 地址类似,ASN 也有私有 ASN,其取值范围是 64512~65535,私有 ASN 不需要申请,内部网络可以随意使用。截止到 2022 年 11 月 24 日,全球一共分配了 185779 个 ASN,我国拥有 1000 多个 ASN。

在每个自治系统内,路由器使用的路由选择协议被称为内部网关协议(Interior Gateway Protocol,IGP)或域内路由协议(Intra-domain Routing Protocol)。最为常见的 IGP 协议是互联网早期使用的路由信息协议(Routing Information Protocol,RIP),另一种常见的 IGP 协议是开放最短路径优先(Open Shortest Path First,OSPF),另外,还有一种与 OSPF 类似的、最初由 ISO 制定的 IGP 协议 IS-IS(Integrated IS-IS 或 Dual IS-IS)。思科公司的增强内部网关路由协议(Enhanced Interior Gateway Routing Protocol,EIGRP)也是一种 IGP 协议,该协议于 2013 年被公有化。

自治系统之间的路由选择协议被称为边界网关协议(Border Gateway Procotol,BGP),目前互连网络中使用的是 BGP-4,即 BGP 版本 4。图 3-41 给出了互连网络中自治系统、IGP 和 BGP 间关系的示意图。

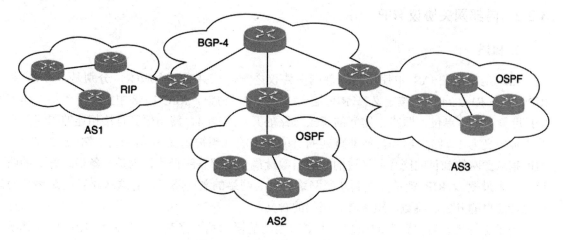

图 3-41　自治系统、IGP 与 BGP

主机所在的直连网络中，最少包含一个路由器，该路由器就是主机所在的直连网络的网关，也被称为这个直连网络中的主机使用的默认路由器（Default Router）或第一跳路由器。当源主机 A 发送一个 IP 分组给另一个直连网络中的目的主机 B 时，主机 A 将 IP 分组发送给自己的默认路由器。在互连网络中，定义源主机的默认路由器是源路由器（Source Router），目的主机的默认路由器是目的路由器（Destination Router）。因此，从源主机到目的主机的路由选择，实际上就是从源路由器到目的路由器的路由选择。

路由选择就是从给定的一组路由器以及连接这些路由器的链路中，选择一条从源路由器到目的路由器的"好"的路径，所谓"好"的路径，是指这条路径的开销少（开销可以是链路的费用、带宽、时延或一些参数综合考量的一个结果）。

可以用一个无向图（Undirected Graph）来形式化描述路由选择问题：

图（Graph）$G = (V, E)$ 是由顶点（Vertex）的有穷非空集合和顶点之间的边（Edge）的集合组成的。对于路由选择，图中的顶点（本书中统称为"节点"）可看作是路由器，每条边可看作是连接两个路由器的链路，链路的开销用边上的数字表示，如图 3-42 所示。

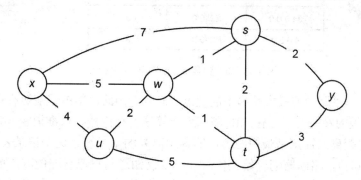

图 3-42　网络抽象图

从图 3-42 可以看出，一条路径的开销等于组成这条路径的所有边的开销之和，路由选择就是找到一条从源路由器到目的路由器开销最少的路径。例如，从 x 到 y 开销最少的路径是 x—w—s—y，总的开销是 8。

3.3.2　内部网关协议 RIP

1. 概述

RIP 是最早在 AS 中使用的内部网关协议之一，一共有两个版本，分别是 RIPv1 和 RIPv2（在 RFC 2453 中被定义）。RIP 是一种距离向量协议，RFC 1058 中定义了"跳"作为 RIP 度量的基本单位，即路由器间的每条链路的开销都是 1，路由器到直接相连的网络的开销也被定义为 1，路由器到其他非直连的目的网络的开销被定义为所经过的路由器数加 1。RIP 把从源网络到目的网络所经过的路由器数量最少的那条路径，认为是一条最"好"的路径（距离最短）。RIP 就是要找到从源网络到目的网络的某些路径，且这些路径的距离最短。注意，这里的开销、跳数、距离具有相同的含义。

为了更好地理解"跳"的概念，本书对距离的概念稍加修改（不会影响 RIP 的具体实现）：路由器到直接相连的网络的距离定义为 0，路由器到其他非直连的目的网络的距离定义为所经过的路由器的数量，即经过了多少"跳"的路由器转发到达的目的网络。图 3-43 展示了 R1 到各网络的距离（最短距离）：R1 经过 R2 一跳便能到达网络 23.0.0.0；经过 R2、R3 二跳可以到达网络 34.0.0.0；经过 R2、R3、R4 三跳可以到达网络 4.0.0.0。也可以这样理解非直连网络的距离：从源路由器开始到目的路由器为止的这条路径上所经过的路由器的数目，例如图 3-43 中，R1 到网络 4.0.0.0 的路径上，R2 是源路由器，R4 是目的路由器，这条路径一共经过了三个路由器。

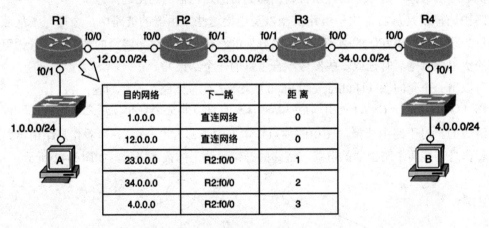

图 3-43　R1 到各网络的距离（跳数）

RIP 规定，一条路径的最大距离不能超过 15 跳，因此，RIP 只能运行在网络直径不超过 15 跳的小规模的网络中。运行 RIP 路由选择算法的路由器，都维护着一张从自身出发到其他目的网络的距离（注意是最短距离，简称距离）的记录表，这个记录表就是 RIP 路由表（Routing Table）。路由器刚开始工作时，它仅仅知道与自己直连的网络的距离记录，没有去往其他网络的距离信息。随后，路由器间通过迭代、分布式的方式计算出去往其他网络的最短距离，即路由器通过与邻居交换信息，逐步计算出到其他网络的最短距离：

（1）仅和邻居路由器交换信息（在一个直连网络中）；

（2）交换信息的内容是路由器已有的、完整的路由表，即自己已知的去往自治系统内各网络的距离和下一跳；

（3）路由器间通过 RIP 响应报文（RIP Response Message）来更新路由信息，RIP 响应报文又被称为 RIP 通告（RIP Advertisement）。路由器有两种更新路由信息的时机：一种是定期更新，在这种情况下，即使路由表没有发生变化，每个路由器都需要自动地、按时向邻居发送自己的路由表，这种方法可以让邻居知道它还在正常工作，默认情况下，RIP 每30s 向邻居发送一次更新消息；另一种是触发更新，当路由器从某个邻居处收到更新信息，并且这个更新信息改变了自己的路由表中的某些路由时，路由器便会向邻居发送一条更新消息，这也会使邻居的路由表发生改变，这些邻居又会向它们的邻居发送更新消息。超过180s 之后，路由器如果没有收到邻居的更新消息，则认为该邻居是不可达的，路由器便更新自己的路由表，并向其他可达的邻居发送更新消息。路由器也可以主动向邻居请求到指定网络的路由信息。

2. 距离向量算法

通过一个网络拓扑图来了解距离向量算法（Distance Vector，DV）。图 3-44 展示了由 4个路由器连接而成的部分网络拓扑，4 个路由器一共连接了 5 个网络。

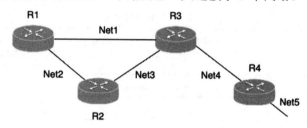

图 3-44 自治系统的部分网络拓扑

从全局来看，初始状态下网络中所有路由器的距离如表 3-19 所示，表中每一行表示某个路由器的初始路由，0 表示与某个网络直接相连，∞ 表示不可达。注意，对于某个具体的路由器而言，它并没有表 3-19 所示的路由表。

表 3-19 初始状态下所有路由器的距离（全局）

路由器	到各网络的距离				
	Net1	Net2	Net3	Net4	Net5
R1	0	0	∞	∞	∞
R2	∞	0	0	∞	∞
R3	0	∞	0	0	∞
R4	∞	∞	∞	0	0

路由器 R1 和 R3 的初始路由表如表 3-20 所示。

表 3-20 R1 和 R3 的初始路由表

（a）R1 的初始路由表

序号	目的网络	距离	下一跳
1	Net1	0	直接相连
2	Net2	0	直接相连

（b）R3 的初始路由表

序号	目的网络	距离	下一跳
1	Net1	0	直接相连
2	Net3	0	直接相连
3	Net4	0	直接相连

假设 R3 首先向 R1 发送路由更新消息，即发送自己的初始路由表。注意，R3 首先将自己的初始路由表中的每一条路由的距离加 1，且将下一跳改为 R3，即将路由信息更改为邻居经过 R3 可以到达的目的网络的路由信息，如表 3-21 所示。

表 3-21　R3 发送给 R1 的路由表

序号	目的网络	距离	下一跳
1	Net1	1	R3
2	Net3	1	R3
3	Net4	1	R3

R1 在收到邻居 R3 的路由表之后，便采用距离向量算法来更新自己的路由表：对于 R3 发来的路由表中的第 1 条路由，R1 不予理睬，因为 R1 与 Net1 直接相连，其距离最短；而路由表中的第 2 条和第 3 条路由，都是 R1 的路由表中不存在的路由，因此，R1 将这两条路由添加至自己的路由表中。R1 第一次更新后，其路由表如表 3-22 所示。

表 3-22　R1 更新后路由表

序号	目的网络	距离	下一跳
1	Net1	0	直接相连
2	Net2	0	直接相连
3	Net3	1	R3
4	Net4	1	R3

所有邻居路由器间均相互交换路由信息并更新自己的路由表，经过若干次更新，所有路由器最终获得了去往目的网络的最短距离以及下一跳，这一过程被称为"收敛"（Convergence）或"聚合"。R1 的最终路由表如表 3-23 所示。注意，从图 3-44 可以看出，R1 存在两条去往 Net3 的距离相等的路由（等价的路由），一条可经 R3 到达，另一条可经 R2 到达，在 RIPv1 中，路由表中仅保存这两条等价的路由中的一条，但在 RIPv2 中，可支持等价负载均衡，即这两条等价的路由都会被存入路由表中。

表 3-23　R1 收敛后的路由表

序号	目的网络	距离	下一跳
1	Net1	0	直接相连
2	Net2	0	直接相连
3	Net3	1	R2
4	Net3	1	R3
5	Net4	1	R3
6	Net5	2	R3

表 3-24 给出了所有路由器收敛之后的距离（全局），注意，每个路由器中并没有表 3-24 这样的全局的路由表，它们仅存储自己的路由表。

表 3-24　所有路由器收敛之后的距离（全局）

路由器	到各网络的距离				
	Net1	Net2	Net3	Net4	Net5
R1	0	0	1	1	2
R2	1	0	0	1	2
R3	0	1	0	0	1
R4	1	2	1	0	0

图 3-45 更为详细地展示了距离向量算法。

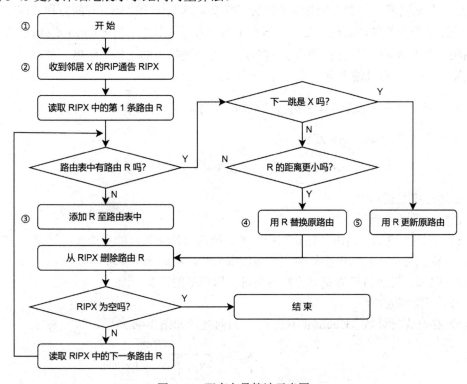

图 3-45　距离向量算法示意图

步骤①：RIPX 是路由器收到的邻居 X 发来的 RIP 通告，其中的每一条路由的距离均增加了 1，且下一跳全部更改为了 X；

步骤②：从 RIPX 中读取第 1 条路由 R，该路由的目的网络是 N；

步骤③：路由器的原有路由表中没有目的网络是 N 的路由，这是路由器从邻居 X 学习到的一条新路由；

步骤④：说明 R 是一条更好的路由，即路由器原来有一条去往目的网络 N 的路由，且下一跳不是 X，R 是从 X 收到的也是去往目的网络 N 的路由，但 R 的距离小于原有的路由的距离，因此路由器用 R 替换原有的路由；

步骤⑤：说明路由器原来有一条经 X 到达目的网络 N 的路由，此时，需要用 R 来刷新原有的老的路由，而无须比较新、老路由的距离，即不管 R 中的距离比原有路由中的距离小还是大或者是相等，都需要将原有的路由替换掉，因为 R 是经 X 到达目的网络 N 的最新路由。

通过以上分析可以看出，距离向量算法是一种迭代的、分布式的异步算法。由于每个路由器需要从它的直连邻居中接收路由信息、执行更新路由表的计算，然后将计算结果（自己完整的路由表）分发给其他直连的邻居，因此距离向量算法是分布式的。又由于上述分布式计算的过程需要不断持续下去，直到邻居间没有更多的信息交换而自我终止，因此该算法又是迭代的。所谓异步的，是指每个路由器独立执行距离向量算法，不需要所有路由器步调一致地进行运算。

距离向量算法的基础是 Bellman-Ford 方程

$$d_x(y) = \min_v\{c(x,v) + d_v(y)\}$$

$d_x(y)$ 是节点 x 到节点 y 的开销最少的路径的距离。这是一个比较直观的方程，即节点 x 到节点 y 的开销最少的路径的距离是对于节点 x 的所有邻居节点 v 的 $c(x,v) + d_v(y)$ 的最小值。

例如，在图 3-42 中，计算节点 x 到节点 y 的开销最少的路径的距离。节点 x 有三个邻居节点 u、w 和 s，通过遍历有

$$d_u(y) = 5, d_w(y) = 3, d_s(y) = 2, c(x,u) = 4, c(x,w) = 5, c(x,s) = 7$$

将上述结果代入 Bellman-Ford 方程

$$d_x(y) = \min\{4+5, 5+3, 7+2\} = 8$$

显然，上述结果是正确的。

距离向量算法具有以下的特点：

（1）16 跳不可达，适用于拓扑结构简单、链路故障率极低的小规模的网络；

（2）算法简单，网络拓扑复杂（链路较多）时，收敛速度较慢；

（3）向邻居发送自己的完整的路由表时占用较多的带宽资源；

（4）管理配置简单；

（5）存在无穷计数（Count-to-Infinity）的问题，如图 3-46 所示。

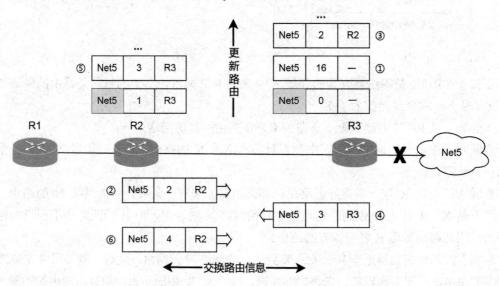

图 3-46　距离向量算法计算到无穷

在图 3-46 所示的网络拓扑中，两条深颜色开头的表项分别表示 R2 和 R3 原有的去往

Net5 的路由，Net5 与 R3 是直接相连的，R2 去往 Net5 的路由距离是 1，下一跳是 R3。

某一时刻，Net5 与 R3 断开了连接，R3 立刻就能知道 Net5 已经失联，它将这条路由的距离设置为 16 跳（即不可达）而得到路由①，R3 准备在下一个 30s 周期将包含路由①的更新消息发送给邻居 R2。

在 R3 还未将包含路由①的 RIP 通告发送出去时，它却收到了邻居 R2 发来的 RIP 通告，其中有一条路由②告知 R3：你可以通过 R2 到达 Net5，距离是 2。这对 R3 来说是一个好消息，它会用路由②来替换掉原有的 Net5 不可达的路由①，从而得到去往 Net5 的路由③（距离是 2，下一跳是 R2）。

在 30s 的周期时间到的时候，R3 向邻居 R2 发送 RIP 通告，其中有一条路由④来告知 R2：你可以通过 R3 到达 Net5，距离是 3。由于这是经 R3 去往 Net5 的最新路由，因此 R2 在收到之后，更新深颜色标识的路由，从而得到新的路由⑤（距离是 3，下一跳是 R3）。

下一个 30s 周期，R2 又向 R3 发送 RIP 通告，其中包含路由⑥，如此往复，最终 R1 和 R2 发现去往 Net5 的距离达到了 16 跳，即不可达。

如果 RIP 没有 16 跳不可达的规定，上述过程将不断持续下去，因此 RIP 规定 16 跳即为无穷。这种无穷计数的方式，使得 RIP 的收敛时间大大增加。产生这种无穷计数的原因是 RIP 将从邻居收到的路由消息又回送给了邻居。在 RIP 中，可以采用水平分割、毒性逆转来解决无穷计数的问题。

3. RIPv2 报文的格式

RIPv2 报文的格式，如图 3-47 所示。

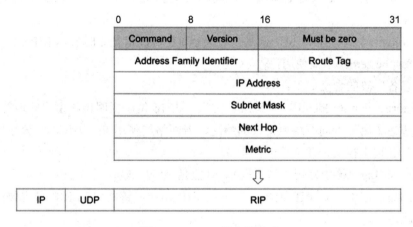

图 3-47　RIPv2 报文的格式

从图 3-47 可以看出，RIP 报文首先被封装到运输层的 UDP 报文中（端口是 520），然后再被封装到 IP 分组中进行传输。从计算机网络体系结构的角度去看，RIP 是属于应用层的协议，这使得专注于网络层的路由选择工作的 RIP 协议，似乎应该被划分到应用层更为合理。在 1982 年的 UNIX 伯克利（BSD）版本中，实现了包含 RIP 协议的 TCP/IP 协议：当一台运行 UINX 系统的工作站被当作路由器时，它会运行一个 RIP 守护进程，该进程维护路由选择信息并与邻居路由器的 RIP 守护进程交换信息。

RIP 报文的首部共 4 字节，首部后面的数据是一个 20 字节的路由，在一个 RIP 报文中，最多可以容纳 25 条这样的路由，即一个 RIP 报文的最大长度是 25×20+4=504 字节。如果需要通告的路由超过了 25 条，则需要用一个新的 RIP 报文来进行通告。如果需要使用 RIP 的认证功能，则每个 RIP 报文只能携带 24 条路由。带有认证功能的 RIP 报文的格式如图 3-48 所示。注意，RIPv2 仅支持简单的密码认证，认证类型的值是 2，密码长度是 16 字节，若密码长度不足 16 字节，则需要用 0x00 填充至 16 字节。

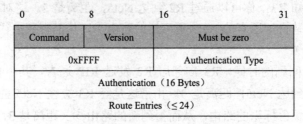

图 3-48　具有认证功能的 RIPv2 报文的格式

图 3-47 中的 RIPv2 报文的首部各字段的含义如下：

（1）Command：命令，占 8 位。值是 1 时表示该报文是请求报文，即向邻居请求全部或部分路由信息，通常是在路由器刚刚接入网络或者路由器发送的对某些路由的请求超时的情况下使用。在 RIPv2 中，请求消息以组播方式发送，其组播的地址是 224.0.0.9。值是 2 时表示该报文是包含了发送者的全部或部分路由信息的响应报文，它可以是对特定请求的应答消息，也可以是发送者主动发送的未经请求的定期更新消息，还可以是因路由发生变化而产生的触发更新消息。对于特定请求的应答消息，目的地址采用单播地址，即请求报文中的源 IP 地址；对于定期发送的更新消息以及触发更新的更新消息，目的地址是组播地址 224.0.0.9。

（2）Version：版本，占 8 位。值是 1 时表示 RIPv1，值是 2 时表示 RIPv2。

（3）Must be zero：未被使用，占 16 位。

路由信息各字段的含义如下：

（1）Address Family Identifier：地址族标识，占 16 位。指明该路由中的地址类型。RIP 在设计时就考虑了用于不同网络层协议的情况，若网络层使用 IP 协议，则该字段的值是 2。注意，对于 RIP 请求报文，该字段的值是 0。

（2）Route Tag：路由标记，占 16 位。其值是 ASN（默认是 0），用于标记自治系统以外的一条外部路由被引入到 RIP 而形成的一条 RIP 路由，该路由在 RIP 域内传播时，路由标记不会被删除。

（3）IP Address：IP 地址，占 32 位。指明该路由的目的网络的 IP 地址。

（4）Subnet Mask：子网掩码，占 32 位。指明该路由的网络掩码，用于计算 IP 地址的网络号。RIPv2 是无类路由，它支持 CIDR，而 RIPv1 是有类路由，不支持 CIDR。因此，在 RIPv1 中将该字段的值置为全 0。

（5）Next Hop：下一跳，占 32 位。指明去往目的网络，应交付给哪一个路由器。如果在 RIP 响应报文中，该字段的值为全 0，则说明该响应报文的发送者是一条最优路径，即发送者与这条路由中的目的网络是直接相连的。

（6）Metric：距离，占 32 位。指明到达 IP Address 指定的目的网络的距离（跳数），对于请求路由的 RIP 请求报文，该字段的值是 16。

注意，组播地址块 224.0.0.0/24（在 RFC 3171 中被定义）被指派给本地网络使用，使用该地址块中的地址作为目的地址的协议数据，不会被路由器转发出本地网络，因此，RIPv2 的请求与响应报文仅限于在邻居间使用。

以下是一个 RIPv2 更新消息的实例：

```
01: Internet Protocol Version 4, Src: 23.0.0.2, Dst: 224.0.0.9
02: User Datagram Protocol, Src Port: 520, Dst Port: 520
03: Routing Information Protocol
04:     Command: Response (2)
05:     Version: RIPv2 (2)
06:     IP Address: 12.0.0.0, Metric: 1
07:         Address Family: IP (2)
08:         Route Tag: 0
09:         IP Address: 12.0.0.0
10:         Netmask: 255.255.255.0
11:         Next Hop: 0.0.0.0
12:         Metric: 1
13:     IP Address: 14.0.0.0, Metric: 2
14:         Address Family: IP (2)
15:         Route Tag: 0
16:         IP Address: 14.0.0.0
17:         Netmask: 255.255.255.0
18:         Next Hop: 0.0.0.0
19:         Metric: 2
20:     IP Address: 172.16.0.0, Metric: 2
21:         Address Family: IP (2)
22:         Route Tag: 0
23:         IP Address: 172.16.0.0
24:         Netmask: 255.255.255.0
25:         Next Hop: 0.0.0.0
26:         Metric: 2
27:     IP Address: 172.16.2.0, Metric: 1
28:         Address Family: IP (2)
29:         Route Tag: 0
30:         IP Address: 172.16.2.0
31:         Netmask: 255.255.255.128
32:         Next Hop: 0.0.0.0
33:         Metric: 1
34:     IP Address: 192.168.96.0, Metric: 3
35:         Address Family: IP (2)
36:         Route Tag: 0
37:         IP Address: 192.168.96.0
38:         Netmask: 255.255.248.0
39:         Next Hop: 0.0.0.0
40:         Metric: 3
```

该 RIP 更新消息一共向邻居通告了 5 条路由。可以看出，RIPv2 支持变长子网掩码和 CIDR。

3.3.3 内部网关协议 OSPF

1. 概述

OSPF（开放最短路径优先）是一种链路状态路由选择协议，它克服了 RIP 的缺点，能够非常快速地检测到 AS 的拓扑变化，且在较短的时间内收敛得到新的无环路的路由表。链路状态路由选择协议的基本思路是这样的：每个节点都知道与自己直连的节点间的本地链路状态信息，并且节点采用可靠的洪泛法将本地链路状态信息通告给 AS 中的所有节点，最终 AS 中的所有节点都建立了一个一致的、完整的 AS 链路状态数据库，即自治系统的拓扑图；每个节点根据自己在 AS 中的位置，采用 Dijkstra 算法，以自己为根，计算出从自己出发到自治系统中的其他节点的最短路径树，路由器通过这棵最短路径树来构建自己的路由表（树中的每个叶子就是一条路由）。链路的开销由管理员指定，管理员如果指定每条链路的开销都为 1，则实现了跳数最少的路由选择。OSPF 通常以带宽、时延、费用等作为链路开销。

目前，OSPF 共有两个版本，IPv4 使用 OSPFv2（在 RFC 2328 中被定义），IPv6 使用 OSPFv3（在 RFC 2740 中被定义），本书讨论的是 OSPFv2。

2. 链路状态的洪泛

运行 OSPF 的路由器，在洪泛自己的本地链路状态信息时具有以下几方面的特点：

（1）采用可靠的洪泛法，自治系统中的所有的路由器洪泛自己的链路状态信息（和哪些网络是相连的？开销是多少？）。它不像 RIP，只能在邻居间交换路由信息，OSPF 洪泛的链路状态信息能够被邻居继续洪泛。收到洪泛的链路状态信息的路由器，必须向最早给其洪泛链路状态信息的路由器发送确认信息。

（2）当自己的本地链路状态发生变化时，例如，开销的变化、连接或中断了一个邻居，也会触发路由器洪泛自己的本地链路状态信息。

（3）会周期性地洪泛链路状态信息（即使链路状态没有发生变化），但周期间隔至少 30 分钟以上。链路状态信息的周期性通告，可以增加链路状态算法的健壮性。

（4）每条链路状态信息都带有一个 32 位的链路状态序号（LS sequence number），用于检测过时的链路状态信息和丢弃重复的链路状态信息，序号越大链路状态信息越新。

3. OSPF 的一些特点

OSPF 具有以下几方面的特点。

（1）较好的安全性：只有通过鉴别验证的路由器间才能够交换链路状态信息。

（2）能够更快地应对网络拓扑变化：当网络拓扑发生变化时，仅需交换少量的路由信息，便能够很快地收敛，从而能够快速地重新计算出无环的路由。

（3）支持负载均衡：当有多条开销相同的路径（等价路径）能够到达同一目的网络时，OSPF 将流量均等地分布到这些路径上。

（4）支持变长子网掩码（VLSM）和 CIDR。

（5）层次化的路由选择协议，能够适用于更大规模的 AS：OSPF 可将一个大的 AS 划分成一个一个较小的区域（Area），这些区域通过主干区域连接在一起，每个区域都独立地运行自己的链路状态算法，即洪泛的链路状态信息被限制在这些小的区域之中，这使得每个区域中都有自己独立的链路状态数据库，并没有整个 AS 内统一的一致的链路状态数据库。OSPF 的这种层次化结构，有效地减少了 AS 中洪泛的链路状态信息的流量，从而节约了网络带宽资源。图 3-49 给出了一个层次化的 OSPF 域。

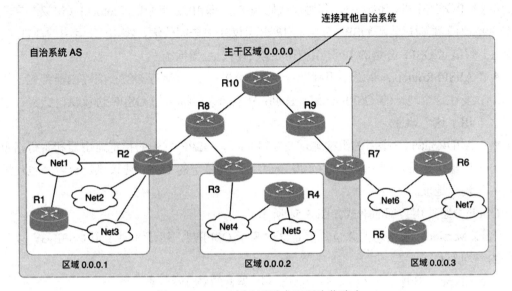

图 3-49　OSPF 划分区域实现层次化路由

在图 3-49 所示的 OSPF 域内，包含了以下几类路由器。

- 内部路由器（Internal Router，IR）：所有接口均在同一个区域内的路由器，例如图 3-49 中的 R1、R4、R5 和 R6。
- 区域边界路由器（Area Border Router，ABR）：至少有一个接口与主干区域相连接，同时还有一些接口连接其他区域的路由器，例如图 3-49 中的 R2、R3 和 R7。ABR 通过主干区域来传递区域之间的路由信息。
- 主干路由器（Backbone Router，BR）：至少有一个接口连接主干区域的路由器（ABR 也是主干路由器），例如图 3-49 中的 R2、R3、R7、R8、R9 和 R10。
- 自治系统边界路由器（AS Boundary Router，ASBR）：位于自治系统的边界，负责连接到其他自治系统的路由器，例如图 3-49 中的 R10。ASBR 可以将其他自治系统（OSPF 域外）的路由信息传入到本自治系统中。

可以看出，OSPF 域中的一些路由器具有多重身份，例如图 3-49 中，R10 既是 BR 又是 ASBR，R2、R3 和 R7 既是 BR 又是 ABR。

每个区域用区域标识（Area ID）进行标识，规定主干区域的区域标识是 0（区域标识占 32 位，常常被写成 IPv4 地址的形式，例如，主干区域的区域标识是 0.0.0.0）。主干区域中包含了所有的区域边界路由器，负责非主干区域间路由信息的传递。区域边界路由器负责将区域内的流量发送至区域外。因此，区域间的路由选择由三部分组成：①从源区域内路由到源区域边界路由器（区域内路由选择）；②通过主干区域路由到目的区域边界路由器；③目的区域边界路由器路由到目的网络。

4. OSPF 分组通用首部的格式

OSPF 比较复杂，包含多种类型的分组，这些分组都有一个相同的 24 字节的通用首部，即不管是什么类型的 OSPF 分组，起始的 24 字节的格式是一样的。另外 OSPF 分组是被直接封装到 IP 分组中进行传输的，其协议代码是 89，即 IP 分组中的 Protocol（协议）字段的值是 89。为了限制封装了 OSPF 分组的 IP 分组仅在邻居间传输，将 IP 分组中的 TTL 值设置为 1。封装了 OSPF 分组的 IP 分组使用了以下两个组播地址。

- AllSPFRouters：指派的组播地址是 224.0.0.5。所有运行 OSPF 的路由器都应该接收发往这个地址的 OSPF 分组。Hello 分组和某些特定的 OSPF 协议洪泛分组，也使用了这个地址。
- AllDRouters：指派的组播地址是 224.0.0.6。OSPF 域中的指定路由器和备份指定路由器接收发往这个地址的 OSPF 分组。某些特定的 OSPF 协议洪泛分组，也使用了这个地址。

OSPF 分组通用首部的格式如图 3-50 所示。

（1）Version：版本，占 8 位。值是 2 时表示 OSPFv2，值是 3 时表示 OSPFv3。以下介绍的内容均为 OSPFv2。

（2）Type：类型，占 8 位。用于区分 5 种类型的 OSPF 分组。

- Type=1，问候（Hello）分组，用来发现邻居和维持邻居关系。该分组被周期性地发送，间隔时间为 10s。在一定时间内（默认 40s），如果没有收到邻居发送的 Hello 分组，则认为邻居失效，路由器将删除与该邻居的邻居关系。

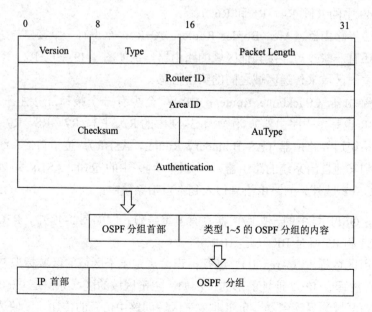

图 3-50　OSPF 分组首部

- Type=2，数据库描述（Database Description，DD、DBD 或 DB）分组。两台互为邻居的路由器通过交换 DD 分组来发现自己的链路状态信息与邻居的链路状态信息的差别，以请求自己缺失的、特定的链路状态信息。

- Type=3，链路状态请求（Link State Request，LSR）分组，互为邻居的路由器，通过 LSR 分组请求自己缺失的链路状态信息。

- Type=4，链路状态更新（Link State Update，LSU）分组，通过该分组，路由器发送邻居所请求的链路状态信息。

- Type=5，链路状态确认（Link State Acknowledgement，LSAck）分组，收到 LSU 分组的路由器，向发送该分组的路由器发送链路状态确认分组。

（3）Packet Length：OSPF 分组长度，占 16 位。指明整个 OSPF 分组的长度（包括各种类型的 OSPF 分组的内容部分）。

（4）Router ID（RID）：路由器标识，占 32 位。该值是发送 OSPF 分组的路由器的 Router ID。在 OSPF 域中，Router ID 能够唯一标识一台路由器的身份，在同一个 OSPF 域内，不允许存在相同的 Router ID。Router ID 可由管理员手动配置，在没有手动配置的情况下，Router ID 可以自动选择产生。自动选择需遵循一定的规则：选择所有 loopback 接口中最大的 IP 地址作为 Router ID，如果没有 loopback 接口，则选择物理接口中最大的 IP 地址作为 Router ID。

（5）Area ID：区域号，占 32 位。指明发送 OSPF 分组的路由器接口属于哪一个区域。

（6）Checksum：检验和，占 16 位。采用与 IP 分组首部检验和相同的方法且对整个分组进行检验，但不对 64 位认证数据进行检验（认证类型是 0 或 1 时不需要）。如果 OSPF 分组的长度不是 16 位的整数倍，则在检验前需要用 0x00 进行填充。

（7）AuType：认证类型，占 16 位。OSPF 一共有三种类型的认证：AuType = 0 表示不需要认证；AuType = 1 表示使用简单的口令认证；AuType = 2 表示加密认证（MD5 方式认证）。

（8）Authentication：认证数据，占 64 位。具体内容与认证类型有关，当 AuType = 0 时，该字段没有数据；当 AuType = 1 时，该字段的值是认证密码；当 AuType = 2 时，该字段的值是 MD5 报文摘要。

OSPF 有多种类型的分组，本书将介绍 Hello 分组、DD 分组及 OSPF 路由器间交换重要信息——链路状态通告（Link State Advertisement，LSA）分组的基本格式。

5. Hello 分组的格式

为了建立和维持邻居关系，路由器周期性地（默认 10s）向所有的邻居发送 Hello 分组，目的地址是组播地址。注意，Hello 分组仅能够在邻居间传输，用来向邻居路由器证明自己的存在。如果本地路由器在规定的时间之内（默认 40s）没有收到邻居发送的 Hello 分组，则本地路由器认为邻居路由器已经失效。另外，路由器通过 Hello 分组，可以向邻居路由器协商一些参数，例如网络掩码、发送 Hello 分组的时间间隔、DR 和 BDR 的选举以及邻居路由器失效时间等，如果协商不成功，则不能成为 OSPF 邻居。Hello 分组的格式如图 3-51 所示。

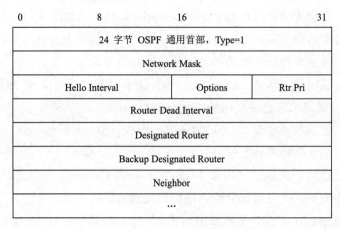

0	8	16	31

图 3-51 Hello 分组的格式

（1）Network Mask：占 32 位。路由器发送 Hello 分组的接口的网络掩码。

（2）Hello Interval：占 16 位。指定周期性发送 Hello 分组的时间间隔（默认 10s）。

（3）Options：选项，占 8 位。Hello 分组、DD 分组以及所有的 LSA 分组中均包含该字段。选项字段能够使路由器支持或不支持一些可选的功能，通过这些可选的功能，使得 OSPF 域中可以混合使用具有不同功能的路由器。该字段常用的有如下 5 位。

- DC：路由器支持处理按需链路。
- EA：路由器具有接收和转发外部属性 LSA（External Attributes LSA）的能力。
- N/P：在 Hello 分组中该位被称为 N 位，在 NSSA（Not So Stubby Area）LSA 分组中该位被称为 P 位。如果该位被设置，表明路由器支持 Type-7 LSA。
- MC：路由器允许转发 IP 多播分组。
- E：路由器具有接收 OSPF 域外的 LSA（AS External-LSA）的能力。

（4）Rtr Pri：路由器的优先级，占 8 位。用于指定路由器（Designated Router，DR）或备份指定路由器（Backup Designated Router，BDR）的选举。优先级是 0 的路由器不会参加 DR/BDR 的选举。

（5）Router Dead Interval：邻居失效时间（最大保活时间），占 32 位。用于宣布邻居路由器失效前的秒数（这段时间内没有收到邻居消息，默认 40s）。

（6）Designated Router：指定路由器，占 32 位。以 IP 地址的形式指定本网络中的指定路由器。

（7）Backup Designated Router：备份指定路由器，占 32 位，以 IP 地址的形式指定本网络中的备份指定路由器。

（8）Neighbor：邻居，占 32 位。以 RID 的形式给出最近从网络中收到的、有效的 Hello 分组中的 RID，即发送 Hello 分组的邻居路由器的 RID。

在广播式网络和非广播多路访问网络（Non-Broadcast Multiple Access，NBMA）中，都有 DR，DR 担负着两个重要的工作职责：

- DR 可为广播式网络和非广播多路访问网络产生 LSA，列出哪些路由器连接在网络中（包括 DR 自身），并且代表本网络向外通告这些 LSA。本网络中的其他路由器不需要向外发送 LSA，以节约网络资源。

- DR 与本网络中的其他路由器建立了一个星型的邻接关系，路由器间通过这种邻接关系来交换链路状态信息，从而使本网络中的链路状态数据库达到同步，可见 DR 在本网络中同步链路状态数据库时起到了核心作用。

为了能够平滑地过渡到使用新的 DR，广播式网络和非广播多路访问网络中都有一个 BDR，BDR 也与网络中的其他路由器建立邻接关系，当网络中的 DR 失效时，BDR 变为 DR。如图 3-52 所示，R1、R2 和 R3 的接口 f0/0 均在同一个广播式以太网中，其中 R3 是 DR，R2 是 BDR（参考 3.6.3 节的实验）。

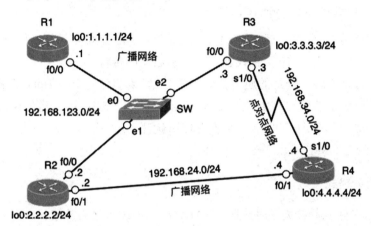

图 3-52　广播式网络中的 DR 和 BDR

以下是一个 Hello 分组的实例：

```
01: Internet Protocol Version 4, Src: 123.0.0.3, Dst: 224.0.0.5
02:     0100 .... = Version: 4
03:     .... 0101 = Header Length: 20 bytes (5)
04:     Differentiated Services Field: 0xc0 (DSCP: CS6, ECN: Not-ECT)
05:     Total Length: 84
06:     Identification: 0x003f (63)
07:     Flags: 0x00
08:     ...0 0000 0000 0000 = Fragment Offset: 0
09:     Time to Live: 1
10:     Protocol: OSPF IGP (89)
11:     Header Checksum: 0x5d4a [correct]
12:     Source Address: 123.0.0.3
13:     Destination Address: 224.0.0.5
14: Open Shortest Path First
15:     OSPF Header
16:         Version: 2
17:         Message Type: Hello Packet (1)
18:         Packet Length: 52
19:         Source OSPF Router: 3.3.3.3
20:         Area ID: 0.0.0.1
21:         Checksum: 0xea83 [incorrect, should be 0xea84]
22:         Auth Type: Null (0)
```

```
23:        Auth Data (none): 0000000000000000
24:    OSPF Hello Packet
25:        Network Mask: 255.255.255.0
26:        Hello Interval [sec]: 10
27:        Options: 0x12, (L) LLS Data block, (E) External Routing
28:        Router Priority: 1
29:        Router Dead Interval [sec]: 40
30:        Designated Router: 123.0.0.3
31:        Backup Designated Router: 123.0.0.2
32:        Active Neighbor: 1.1.1.1
33:        Active Neighbor: 2.2.2.2
```

第 01~13 行是 IP 分组首部，第 01 行显示的目的 IP 地址是组播地址 224.0.0.5。第 09 行将 TTL 设置为 1，说明该 IP 分组仅能在邻居路由器间传输。

第 15~23 行是 OSPF 分组的通用首部，第 17 行说明这是一个 Hello 分组，第 19 行给出了发送该 Hello 分组的始发路由器，第 20 行给出了发送该 Hello 分组的路由器接口所属的区域号，第 22~23 行说明该 OSPF 分组没有使用认证。

第 24~33 行是 OSPF Hello 分组的具体内容。

6. DD 分组的格式

两台路由器在建立邻接关系时，通过 DD 分组来描述自己的链路状态摘要，以实现双方数据库的同步。在这两台邻居路由器中需要确定一台是 Master（Router ID 高者），另一台是 Slave，由 Master 规定 DD 分组的起始序列号，每发送一个 DD 分组，序列号加 1，Slave 则使用该序列号作为确认（实现了 DD 分组的可靠性）。

另外，由于 DD 分组中仅包含 LSA 中的很少的一部分内容（称为 LSDB），从而减少了路由器之间交换路由信息的流量，邻居路由器依据 DD 分组就能够判断是否已经有了这些 LSA，然后再通过发送 LSR 来请求那些缺失的 LSA。DD 分组的基本格式如图 3-53 所示。

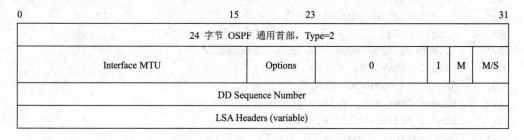

图 3-53 DD 分组的基本格式

（1）Interface MTU：占 16 位。在 IP 分组不分片的情况下，该接口可传输的、最大的 IP 分组的长度。

（2）Options：选项，占 8 位。同 Hello 分组中的选项字段。

（3）I 位：占 1 位。当连续发送多个 DD 分组时，如果这是第一个 DD 分组，则该位设置为 1，否则设置为 0。

（4）M 位：占 1 位。当连续发送多个 DD 分组时，如果这是最后一个 DD 分组，则该位设置为 0，否则设置为 1，表明后面还有其他的 DD 分组。

（5）M/S 位：占 1 位。当该位是 1 时，表明发送该 DD 分组的一方是 Master，是 0 时，表明发送该 DD 分组的一方是 Slave。

（6）DD Sequence Number：DD 分组的序列号，占 32 位。Master 和 Slave 通过序列号来确保双方传输的 DD 分组的可靠性和完整性。

（7）LSA Headers：LSA 首部信息，长度可变。注意，第一个 DD 分组主要用于选举 Master，故其 LSA Headers 部分为空。LSA 首部的格式如图 3-54 所示。

一个包含 LSA 首部（摘要）的 DD 分组的实例：

```
01: Internet Protocol Version 4, Src: 12.0.0.2, Dst: 12.0.0.1
02: Open Shortest Path First
03:     OSPF Header
04:     OSPF DB Description
05:         Interface MTU: 1500
06:         Options: 0x52, O, (L) LLS Data block, (E) External Routing
07:         DB Description: 0x03, (M) More, (MS) Master
08:             .... 0... = (R) OOBResync: Not set
09:             .... .0.. = (I) Init: Not set
10:             .... ..1. = (M) More: Set
11:             .... ...1 = (MS) Master: Yes
12:         DD Sequence: 2059
13:     LSA-type 1 (Router-LSA), len 48
14:         .000 0000 0001 1111 = LS Age (seconds): 31
15:         0... .... .... .... = Do Not Age Flag: 0
16:         Options: 0x22, (DC) Demand Circuits, (E) External Routing
17:         LS Type: Router-LSA (1)
18:         Link State ID: 2.2.2.2
19:         Advertising Router: 2.2.2.2
20:         Sequence Number: 0x80000002
21:         Checksum: 0x26cc
22:         Length: 48
23:     OSPF LLS Data Block
```

第 05～12 行可认为是 DD 分组的首部。

第 13～22 行是该 DD 分组中通告的一条 LSA 的首部（一条 LSA 的摘要）。

7. LSA 分组的格式

LSA 是一种数据结构，用于描述路由信息和网络拓扑结构。自治系统中的每个 OSPF 路由器都会产生一条或多条 LSA，在 OSPF 中有五种常见类型的 LSA，每种 LSA 都有不同的含义。

（1）LS Type = 1：Router-LSA，路由器 LSA。区域中的每个路由器都会生成 Router-LSA，这种 LSA 描述的是路由器连接到区域的链路类型与开销，用于构建区域网络拓扑。OSPF 定义了四种类型的链路：① Point-to-Point（点到点），与邻居路由器间是点到点的链路，且用邻居路由器的 RID 进行标识；② Transit Network（传输网络，一般指多路访问的网络，例如以太网），本路由器连接一个传输网络，本路由器通过这个传输网络与其他路由器（DR 和 BDR）建立邻居关系，且用 DR 的 RID 进行标识；③ Stub Network，本路由器连接一个存根网络（实际是路由信息），且用网络号进行标识（存根网络中的路由器间不会建立任何邻居关系）；④ Virtual link（虚链路），该链路用邻居路由器的 RID 进行标识。Router-LSA 仅在所属的区域内洪泛。

（2）LS Type = 2：Network-LSA，网络 LSA。只能由 DR 生成，用以支持在广播式网络和非广播多路访问网络中连接了两个或两个以上的路由器的情况，该 LSA 描述了连接到网络中的所有的、有邻接关系的路由器（包括 DR 自身）的链路状态，以及网络掩码。在 Network-LSA 中网络到所有路由器的开销均指定为 0，因此，Network-LSA 的格式中没有度量字段。Network-LSA 仅在所属的区域内洪泛。

（3）LS Type = 3：Network-Summary-LSA，网络汇总 LSA。由 ABR 生成，用于通告到达域内所有网络的路由（目的是一个 IP 网络），即用于传递区域路由信息，仅在区域内洪泛。

（4）LS Type = 4：ASBR-Summary-LSA：ASBR 汇总 LSA。由 ABR 生成，用于通告到达 ASBR 的路由（目的是 ASBR），在除 ASBR 所在区域的其他区域内洪泛。

（5）LS Type = 5：AS-External-LSA，AS 外部 LSA。由 ASBR 生成，用于在自治系统中传递不属于 OSPF 域的外部路由，可洪泛到所有区域（不包括 Stub 区域和 NSSA 区域）。

从上述分析可以看出，LS Type = 1 和 LS Type = 2 的 LSA 用来描述区域内的路由信息，LS Type = 3 的 LSA 用来描述区域间的路由信息，而 LS Type = 4 和 LS Type = 5 的 LSA 用来描述自治系统外部的路由信息。

所有类型的 LSA 都有一个相同的 20 字节的首部，首部的格式如图 3-54 所示。

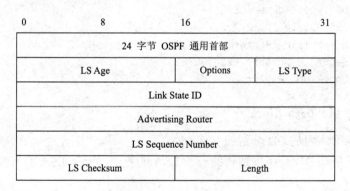

图 3-54　LSA 通用首部

（1）LS Age：LSA 生成以来的时间（秒），占 16 位。

（2）Options：选项，占 8 位。同 Hello 分组中的选项字段。

（3）LS Type：占 8 位。指明是什么类型的 LSA，每种类型的 LSA 的格式并不相同。

（4）Link State ID：链路状态 ID，占 32 位。它的值取决于 LS Type，例如，当 LS Type 是 Router-LSA 时，Link State ID 被设置为始发路由器的 Router ID，而当 LS Type 是 Network-LSA 时，Link State ID 被设置为 DR 的 Router ID。

（5）Advertising Router：通告路由器，占 32 位。生成 LSA 的路由器的 Router ID。

（6）LS Sequence Number：链路状态序列号，占 32 位。LSA 的序列号，用于判断过时的和重复的 LSA。

（7）LS Checksum：链路状态检验和，占 16 位。除 LS Age 外其他各字段的检验和。

（8）Length：长度，占 16 位。以字节为单位的 LSA 的总长度，包括 LSA 首部。

通过 LS Type，Link State ID，Advertising Router 这三个字段，OSPF 可以唯一标识一条 LSA。由于有多种类型的 LSA，本书没有给出每种类型的 LSA 的具体格式，仅用一个实例来展示 Router-LSA（该 LSA 包含在 LSU 分组中）：

```
01: Internet Protocol Version 4, Src: 10.0.34.4, Dst: 224.0.0.5
02: Open Shortest Path First
03:    OSPF Header
04:    LS Update Packet
05:       Number of LSAs: 1
06:       LSA-type 1 (Router-LSA), len 48
07:          .000 0000 0000 0001 = LS Age (seconds): 1
08:          0... .... .... .... = Do Not Age Flag: 0
09:          Options: 0x22, (DC) Demand Circuits, (E) External Routing
10:          LS Type: Router-LSA (1)
11:          Link State ID: 4.4.4.4
12:          Advertising Router: 4.4.4.4
13:          Sequence Number: 0x80000001
14:          Checksum: 0x6cae
15:          Length: 48
16:          Flags: 0x01, (B) Area border router
17:          Number of Links: 2
18:          Type: PTP     ID: 3.3.3.3       Data: 10.0.34.4      Metric: 64
19:             Link ID: 3.3.3.3 - Neighboring router's Router ID
20:             Link Data: 10.0.34.4
21:             Link Type: 1 - Point-to-point connection to another router
22:             Number of Metrics: 0 - TOS
23:             0 Metric: 64
24:          Type: Stub    ID: 10.0.34.0     Data: 255.255.255.0  Metric: 64
25:             Link ID: 10.0.34.0 - IP network/subnet number
26:             Link Data: 255.255.255.0
27:             Link Type: 3 - Connection to a stub network
28:             Number of Metrics: 0 - TOS
29:             0 Metric: 64
```

以上是路由器 10.0.34.4 发送的一个 OSPF LSU 分组，第 05 行说明该 LSU 分组中仅有 1 条 LSA。

第 07～15 行，显示了 LSA 的通用首部，即图 3-54 所示的首部，其中第 10 行说明这是一条 Router-LSA。

第 16～29 行，显示了具体的链路状态信息，该 LSA 中一共包含了 2 条链路状态信息。第 16 行的标志位，说明始发路由器是主干路由器（BR）又是区域边界路由器（ABR）。第 19～23 行是一条链路状态信息：链路标识（Link ID）是邻居路由器的 Router ID；链路数据

（Link Data）是始发路由器的 IP 地址；链路类型（Link Type）是 1，表示是一条点到点的链路；TOS 未设置；开销是 64。第 25～29 行是另一条链路状态信息：链路 ID 是所连接网络的网络号；链路数据指明了该网络的子网掩码；链路类型是 3，表明连接了一个存根网络；TOS 未设置；开销是 64。

8. LSU 和 LSAck 分组的格式

通过上述的 LSA 的实例，读者很容易理解 LSU 和 LSAck 分组的格式。LSU 用于向邻居通告 LSA，因此 LSU 分组中除了基本的 OSPF 首部之外，还包含了 LSA 的数量和具体的、完整的 LSA。LSAck 分组中除了基本的 OSPF 首部之外，还包含了收到的 LSA 首部信息（LSA 摘要）。LSU 分组的格式请读者参考前面的 LSA 分组的格式中的例子去理解。

收到 LSU 分组后发送的 LSAack 分组的格式的例子如下：

```
01: Internet Protocol Version 4, Src: 10.0.34.3, Dst: 224.0.0.5
02: Open Shortest Path First
03:    OSPF Header
04:    LSA-type 1 (Router-LSA), len 48
05:       .000 0000 0000 0001 = LS Age (seconds): 1
06:       0... .... .... .... = Do Not Age Flag: 0
07:       Options: 0x22, (DC) Demand Circuits, (E) External Routing
08:       LS Type: Router-LSA (1)
09:       Link State ID: 4.4.4.4
10:       Advertising Router: 4.4.4.4
11:       Sequence Number: 0x80000001
12:       Checksum: 0x6cae
13:       Length: 48
```

9. OSPF 的工作状态

运行 OSPF 路由选择协议的路由器，通过交换 5 种类型的 OSPF 分组，从邻居状态最终变为完全邻接状态。Hello 分组用于发现邻居（参数协商一致才能成为邻居），当双方成功交换了 DD 分组，且能够相互交换 LSA 分组后，邻居双方才能建立邻接关系。

（1）邻居关系建立阶段

OSPF 路由器在邻居关系建立阶段，需经历以下几种状态。

- Down 状态：这是双方的初始状态，表示没有收到邻居的任何信息。
- Init 状态：路由器收到了邻居的 Hello 分组，但自己的 Router ID 不在该 Hello 分组的邻居列表中。在此状态下，还未与邻居建立双向通信关系。
- 2-way 状态：若收到的 Hello 分组的邻居列表中，包含了自己的 Router ID，则从 Init 状态变迁到 2-way 状态。当双方都进入到 2-way 状态，便可以开始双向通信了。如果双方处于一个广播式网络或非广播多路访问网络中，则继续通过 Hello 分组选举 DR 和 BDR。2-way 状态是双方建立邻接关系之前的最高级状态。

路由器间邻居关系建立的过程如图 3-55 所示。

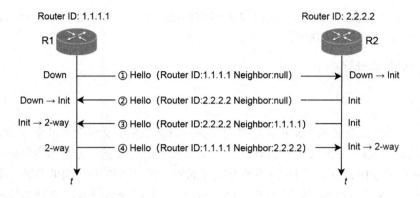

图 3-55　邻居关系建立的过程

（2）邻接关系建立阶段

OSPF 路由器在邻接关系建立阶段，需经历以下几种状态。

- ExStart（交换信息初始）状态：这是双方形成邻接关系的第一个状态，在此状态下，路由器开始向邻居发送 DD 分组，协商主从关系以及初始 DD 分组的序列号。在此状态下发送的 DD 分组不会包含链路状态描述。
- Exchange（交换信息）状态：在此状态下，双方相互发送包含本地链路状态摘要（LSDB）描述的 DD 分组。
- Loading（加载）状态：在此状态下，路由器与邻居之间相互发送 LSR、LSU 和 LSAck 分组。
- Full 状态：当双方处于此状态，说明双方的邻接关系已经建立，且双方的 LSDB 已经同步，随后双方通过 Hello 分组维持邻接关系。

路由器间邻接关系的建立过程如图 3-56 所示。

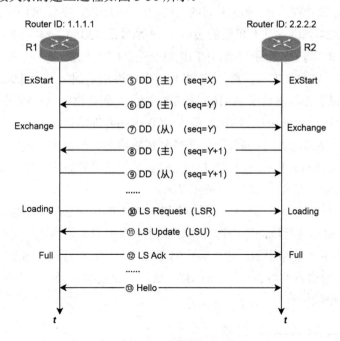

图 3-56　邻接关系建立的过程

OSPF 协议十分复杂，本书仅仅讨论了 OSPF 最基本的一些内容，有兴趣的读者可以参考 RFC 2328 进一步学习和理解。

3.3.4 边界网关协议

1. 概述

互连网络是由非常多的 AS 相互连接而成的，每个 AS 中又包含有多个 IP 网络[①]，并且每个 AS 都是由某个 ISP 或公司来管理和控制，独立地选择某种合适的内部路由选择协议（例如 OSPF 或 RIP）来实现 IP 网络的互联互通的。但是 RIP 和 OSPF 等内部路由选择协议仅仅能够在 AS 内寻找路径，并没有解决不同的 AS 间寻径的问题。如图 3-57 所示，源主机 A 在 AS100 中，而目的主机 B 在 AS200 中，如果要实现主机 A 与 B 之间的通信，则必须要有一种机制，来寻找从 AS100 到达 AS200 的路径（可能需要穿越多个 AS）。

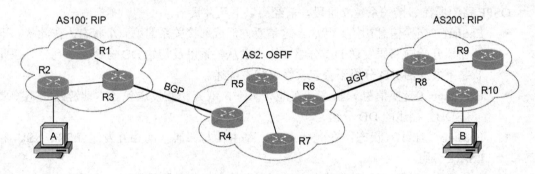

图 3-57 互连网络：AS 间互连的网络

（**注**：图 3-57 中网络前缀和 IP 地址的分配规则：R1 的回测地址是 1.1.1.1/24，R2 的回测地址是 2.2.2.2/24，以此类推；R1 和 R3 间的网络前缀是 13.0.0.0/24，R1 与 R3 相连的接口的 IP 地址是 13.0.0.1/24，R3 与 R1 相连的接口的 IP 地址是 13.0.0.3/24，R2 和 R3 间的网络前缀是 23.0.0.0/24，R2 与 R3 相连的接口的 IP 地址是 23.0.0.2/24，R3 与 R2 相连的接口的 IP 地址是 23.0.0.3/24，以此类推。注意，R8 和 R10 间的网络前缀是 80.0.0.0/24。）

从图 3-57 可以看出，从位于 AS100 中的源主机 A 到达位于 AS200 中的目的主机 B 的路径包含了两部分：一部分是在 AS100 和 AS200 中的内部路径；另一部分是 AS 之间的路径（AS100—AS2—AS200）。这两部分的路径分别被称为域内路由（Intra-domain Routing）和域间路由（Inter-domain Routing）。RIP 和 OSPF 被用来寻找域内路由，目前用于寻找域间路由的协议是 BGP-4（在 RFC 4271 中被定义）。

每个 AS 中，只有为数不多的路由器与其他 AS 中的路由器相互连接，也就是说，每个 AS 中仅有部分路由器执行域间路由选择协议，这些路由器被称为边界路由器。这种做法有效地保护了 AS 内的其他路由器。边界路由器通过运行 BGP 协议，相互交换网络可达性的路由信息（后文中的边界路由器均指运行 BGP 协议的路由器）。相较于域内路由的选择，域间路由的选择比较困难：

---

① 一个 IP 网络是指网络前缀相同的网络。

（1）最优路由的原因。域内路由选择协议的目的是依据度量（开销）在域内寻找最优路由，然而，由于在不同的 AS 中，分别采用了不同的域内路由选择协议，它们使用的度量并不一致（即使都是 OSPF 协议，度量也可以是不同的），因此，域间路由选择协议无法寻找最优路由，它只需要寻找到任意一条从源端到目的端的无环的路径即可。也就是说，域间路由选择协议更加关心目的网络的可达性，以及通过哪些 AS 能够到达目的网络，它并不关心路径上的开销问题。

（2）可扩展性的原因。运行在互连网络骨干上的路由器，需要能够转发 IP 分组到互连网络中的任何目的网络，然而互连网络的规模十分庞大，其数量还在不断增长（截止到 2023 年 6 月 14 日，全球一共分配了 187108 个 ASN。数据来源：全球自治系统分配中心），并且在每个 AS 中又含有很多个网络前缀，这使得主干路由器间需要交换大量的路由信息。例如，在 2023 年 5 月 31 日 00:00 至 2023 年 6 月 13 日 23:59（UTC+1000）的 14 天间，BGP 的更新消息数达到了 16717430 条（数据来源：The BGP Instability Report）。对于某个 AS 而言，可扩展性不是一个难以应对的问题，当一个 AS 规模太大时，可将这个 AS 拆分，例如 OSPF 可以将一个 AS 拆分成若干个区域（Area）。但是，对于 AS 之间的路由选择协议而言，它必须要具备应对海量 IP 分组寻径的能力。

（3）可信度的原因。通常情况下，AS 的管理员不希望本 AS 中的流量经过某些特定的 AS 而到达目的网络，也不希望外部网络的流量穿越本 AS 而去往其他 AS。因此，域间路由选择协议需要寻找去往目的端的考虑了多种原则的策略路由，即域间路由选择协议是基于策略的，而域内路由选择协议是由管理员统一管理的，他们更需要的是寻找开销更小的路由。因此，在域间路由选择协议中，一条开销很大但能够满足 AS 的那些特定条件的路由能够被选用，而开销很小但不能满足 AS 的特定条件的路由将不会被选用。

鉴于以上几个方面的原因，目前用来在互连网络中进行域间路由选择的 BGP 协议，通过以下几种手段来为 AS 提供网络可达性的信息：

（1）AS 边界路由器向互连网络中的其他 AS 通知本 AS 中的网络信息，即"我是某个网络，我在某个 AS 中"。由此可见，如果没有 BGP，互连网络中的不同的 AS 中的网络是独立存在的。

（2）AS 的边界路由器从相邻 AS 的边界路由器中获知其他 AS 中的网络可达性的信息。

（3）边界路由器向本 AS 内部的所有路由器传播其他 AS 中的网络可达性的信息。

（4）AS 内部路由器根据这些网络可达性的信息，以及相关的路由策略，选择到达目的网络的"好"的路由。

2. BGP 会话（BGP Session）

在了解 BGP 会话之前，首先需要理解 BGP 中的几个术语。

- BGP 发言人（BGP Speaker）：指执行了 BGP 算法的路由器，它能够产生和接收 BGP 消息，并且能够将这些消息通告给他的对等体。
- 对等体（Peer)：相互交换 BGP 消息的 BGP 发言人之间互称为对等体。
- 外部对等体（External Peer）：对等体的双方分属于不同的 AS。
- 内部对等体（Internal Peer）：对等体的双方同属于一个 AS。

BGP 会话是指 BGP 消息的交互过程，这个过程在对等体间实现。BGP 会话分为两种类型：一种是跨越两个 AS 的外部对等体间的会话，即负责在 AS 间传播网络可达性信息的会话，称之为外部 BGP（external BGP，eBGP）会话；另一种是 AS 内部对等体间的会话，即在同一 AS 内传播网络可达性信息的会话，称之为内部 BGP（internal BGP，iBGP）会话。

这两类 BGP 会话都是基于 TCP 连接的，使用端口 179，即 BGP 会话在运输层上使用了 TCP 协议，以保证会话的可靠性。注意，即使这两类会话中的某次消息传递完成了，TCP 连接也不会被释放，这种 TCP 连接被称为半永久 TCP 连接。BGP 会话就是在半永久 TCP 连接上实现的，因此，也可以将用于发送所有 BGP 消息的半永久 TCP 连接称为 BGP 会话。在 eBGP 间仅有一条半永久 TCP 连接，而在 AS 内部，所有的 iBGP 之间均需要建立半永久 TCP 连接，并且这些连接不一定与实际的物理链路相对应。图 3-58 展示了基于半永久 TCP 连接的 BGP 会话。

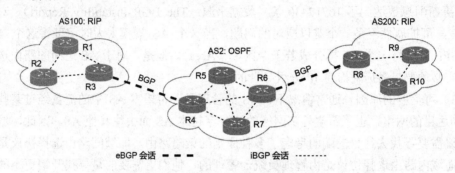

图 3-58　eBGP 会话与 iBGP 会话

粗虚线指的是 eBGP 会话使用的半永久 TCP 连接，细虚线指的是 iBGP 会话使用的半永久 TCP 连接。iBGP 会话是全连接的，即任意两个 iBGP 间均有一条半永久 TCP 连接来实现 iBGP 会话。注意图 3-58 与图 3-57 之间的区别：图 3-57 中的实连线是物理链路，图 3-58 中的虚连线表示的是在物理链路上建立的逻辑上的半永久 TCP 连接；R1 与 R2 之间没有物理上的连接，它们之间的细虚线表示的是一条半永久 TCP 连接，该连接是在 R1 与 R3、R3 与 R2 这两条物理链路上建立的。以下显示的是图 3-58 中 R4 建立的半永久 TCP 连接：

```
01: R4#show tcp brief
02: TCB        Local Address          Foreign Address        (state)
03: 653B61D0   45.0.0.4.179           45.0.0.5.36566         ESTAB
04: 653B5D14   34.0.0.4.179           34.0.0.3.57929         ESTAB
05: 65338D5C   45.0.0.4.179           57.0.0.7.16494         ESTAB
06: 653B668C   45.0.0.4.40335         56.0.0.6.179           ESTAB
```

第 03 行是 R4 与 R5 建立的 TCP 连接（iBGP 间的连接）；
第 04 行是 R4 与 R3 建立的 TCP 连接（eBGP 间的连接）；
第 05 行是 R4 与 R7 建立的 TCP 连接（iBGP 间的连接）；
第 06 行是 R4 与 R6 建立的 TCP 连接（iBGP 间的连接）。

注意，"45.0.0.4.179"中的"179"指的是 BGP 在运输层监听的端口，它是一个"熟知端口"（参考运输层），其他诸如"45.0.0.5.36566"中的"36566"等端口，是客户使用的"临时端口"。

3. 路径属性和 BGP 路由

（1）路径属性（Path Attribute）

BGP 在通告一条路由时，会带上 BGP 路径（路由）属性，这些属性是对路径的特定描述，一共有 4 类 BGP 路径属性。

- 公认必须遵循（Well-Known Mandatory）：所有运行 BGP 的路由器均能够识别这类属性，这类属性必须存在于 BGP UPDATE①消息中，即路径中如果缺少了这类属性，则是一条错误的路径信息。
- 公认任意（Well-Known Discretionary）：所有运行 BGP 的路由器均能够识别这类属性，但这类属性可以不出现在 BGP UPDATE 消息中，即路径中即使缺少了这类属性，也不属于错误路径信息。
- 可选过渡（Optional Transitive）：运行 BGP 的路由器不需要识别这类属性，即使 BGP 路由器不能识别这类属性，这类属性仍然会被路由器接收，并且会通告给对等体。
- 可选非过渡（Optional Non-Transitive）：BGP 路由器不需要识别这类属性，如果 BGP 路由器不能识别这类属性，则这类属性会被忽略，也不会通告给对等体。

（2）公认必须遵循的属性

BGP 的路由器必须识别的公认必须遵循的属性有三个。

- Origin 属性：用来定义路径信息的来源，标记一条路由是怎么成为 BGP 路由的。该属性是由生成相关路由信息的 BGP 发言人创建的，且不会被其他 BGP 发言人修改。有 3 种类型的 Origin 属性：第一种，IGP 属性，这是具有最高优先级的 Origin 属性，具有该属性的路由是由 BGP 发言人通过 network 命令注入 BGP 路由表中的路由，用以指明 AS 内的网络可达性的信息；第二种，EGP 属性，这是具有较次优先级的 Origin 属性，具有该属性的路由是通过 EGP 学习得到的路由；第三种，Incomplete 属性，这是优先级最低的 Origin 属性，具有该属性的路由是采用其他方式学习到的网络可达性的路由，例如，通过 import-route 命令导入的 BGP 路由就具有 Incomplete 属性。
- AS_Path 属性：按序给出路径经过的一系列 ASN（AS 编号），即这条路由已经通过了哪些 AS。当 eBGP 对等体接收到该路由，如果本 ASN 存在于 AS_Path 中，则对等体将丢弃该路由，以避免产生路由环路。如果需要将该路由通告给 eBGP 对等体，并且本 ASN 不在 AS_Path 中，则将本 ASN 添加到 AS_Path 的最前面（最左边），然后通告给 eBGP 对等体。注意，如果将该路由通告给 iBGP 对等体，则不需要改变这条路由的 AS_Path 属性。

  例如，在图 3-58 中，网络前缀是 13.0.0.0/24 的网络的路由，最早是由 AS100 向 AS2 通告的，即是由 R3 通告给 R4 的，接下来 AS2 向 AS200 通告这条路由，则该路由的 AS_Path 属性是：AS2 AS100。
- Next_Hop（下一跳）属性：标明了开始某条路由的路由器接口，即通告对方，这是一条从 Next_Hop 开始的路由（通告 BGP 路由的起点）。BGP 的 Next_Hop 属性

---

① 为与消息实例保持一致，BGP 消息名称采用全大写形式。

并不一定是邻居路由器的 IP 地址，这与内部路由选择协议是不同的。一般情况下，Next_Hop 属性遵循以下三个原则。

原则一：在外部对等体间通告路由的情况下（即自治系统间通告路由），将该路由的 Next_Hop 属性设置为宣告该路由的 eBGP 的 IP 地址，即本 eBGP 与对端建立连接的接口的 IP 地址。

原则二：在内部对等体间通告本地始发路由的情况下（即向自治系统内通告本地路由），将该路由的 Next_Hop 属性设置为宣告该路由的 iBGP 的 IP 地址，即本 iBGP 与对端建立连接的接口的 IP 地址。

原则三：在内部对等体间通告从 eBGP 对等体学习得来的路由的情况下（即向自治系统内通告从 eBGP 学习得到的路由），不改变该路由的 Next_Hop 属性。

图 3-59 给出了 Next_Hop 属性的例子，图中仅展示了 Next_Hop 属性，字母 a~j 分别表示相关路由器接口的 IP 地址。AS100 中的 R1 向 R2 通告与 R1 直连的网络前缀 X 的路由，下一跳是自己的接口的 IP 地址 a（原则二）；R2 向 R3 通告该路由时，将下一跳设置为自己的接口的 IP 地址 c（原则一）；R3 向 R4 通告该路由时，不改变下一跳的值，下一跳仍是 c（原则三）；R4 向 R5 通告该路由时，将下一跳设置为自己的接口的 IP 地址 g（原则一）；R5 向 R6 通告该路由时，不改变下一跳的值，下一跳仍是 g（原则三）。

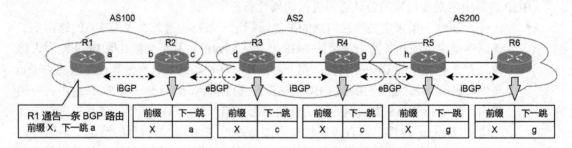

图 3-59 Next_Hop（下一跳）属性

从图 3-59 可以看出，R6 最终获得了去往 AS100 中的网络前缀 X 的 BGP 路由"X，AS2，AS100，R4"。读者应该可以发现，由于下一跳 R4 不在 R6 所在的 AS 200 中，R6 仅依据这条 BGP 路由无法访问网络前缀 X，它必须正确获得访问网络前缀 X 的路由。为此，R6 首先将这条 BGP 路由中的下一跳改为通告这条 BGP 路由的对等体 R5（iBGP 会话的对等体），然后再依据 AS200 中运行的 IGP 协议，来获取到达 R5 的"最佳"路由，最终 R6 得到了访问网络前缀 X 的路由"X，R5"。

（3）BGP 路由

BGP 路由由两部分构成：网络前缀、路径属性。

其中，网络前缀称为网络层可达性信息（Network Layer Reachability Information，NLRI），而 AS_Path 和 Next_Hop 属性是 NLRI 的最重要的两个属性。下面用几个 BGP 路由的实例来说明其概念。

例 3–1 图 3-58 中的 R6 向 R8 发送的 BGP UPDATE 消息，该消息中包含了 2 条 BGP 路由信息。注意，由于 R6 与 R8 分别属于两个不同的 AS，因此，这属于 eBGP 间通告的路由信息，即向本 AS 之外的 AS 通告路由信息。

第 1 条路由：R6 向 R8 通告的从 R4 学习得来的路由。

```
01: Border Gateway Protocol - UPDATE Message
02:     Marker: ffffffffffffffffffffffffffffffff
03:     Length: 63
04:     Type: UPDATE Message (2)
05:     Withdrawn Routes Length: 0
06:     Total Path Attribute Length: 20
07:     Path attributes
08:         Path Attribute - ORIGIN: IGP
09:         Path Attribute - AS_PATH: 2 100
10:         Path Attribute - NEXT_HOP: 68.0.0.6
11:     Network Layer Reachability Information (NLRI)
12:         23.0.0.0/24
13:         13.0.0.0/24
14:         3.3.3.0/24
15:         2.2.2.0/24
16:         1.1.1.0/24
```

第 11～12 行给出的是网络层可达性信息，即该路由可达的那些网络前缀。

第 08～10 行给出的是该路由的路径属性。Origin 属性是"IGP"，说明这些网络前缀的路由都是由 network 命令注入 BGP 路由表中的。AS_Path 属性是"2 100"，即告知 R8，去往那些网络前缀，可以经 AS2、AS100 到达（将自己的 ASN 添加到 AS_Path 序列中）。Next_Hop 属性是"68.0.0.6"，即给出了路径"2 100"是从"68.0.0.6"这个 IP 地址开始的，也就是告知 R8，去往那些网络前缀，交付给路由器 R6（R6 与 R8 相连的接口的 IP 地址是 68.0.0.6，Next_Hop 属性的原则一）。

第 2 条路由：R6 向 R8 通告的本自治系统网络前缀的路由。

```
01: Border Gateway Protocol - UPDATE Message
02:     Marker: ffffffffffffffffffffffffffffffff
03:     Length: 65
04:     Type: UPDATE Message (2)
05:     Withdrawn Routes Length: 0
06:     Total Path Attribute Length: 18
07:     Path attributes
08:         Path Attribute - ORIGIN: IGP
09:         Path Attribute - AS_PATH: 2
10:         Path Attribute - NEXT_HOP: 68.0.0.6
11:     Network Layer Reachability Information (NLRI)
12:         57.0.0.0/24
13:         45.0.0.0/24
14:         34.0.0.0/24
15:         7.7.7.0/24
16:         5.5.5.0/24
17:         4.4.4.0/24
```

例 3-2　图 3-58 中的 R8 向 R9 发送的 BGP UPDATE 消息，通告了一条 BGP 路由，该路由是 R8 从 eBGP（R6）学习得到的路由。R8 与 R9 同属于 AS200，因此，这是在内部对等体间通告 BGP 路由。

```
01: Border Gateway Protocol - UPDATE Message
02:     Marker: ffffffffffffffffffffffffffffffff
03:     Length: 79
04:     Type: UPDATE Message (2)
05:     Withdrawn Routes Length: 0
06:     Total Path Attribute Length: 32
07:     Path attributes
08:         Path Attribute - ORIGIN: IGP
09:         Path Attribute - AS_PATH: 2
10:         Path Attribute - NEXT_HOP: 68.0.0.6
11:         Path Attribute - MULTI_EXIT_DISC: 0
12:         Path Attribute - LOCAL_PREF: 100
13:     Network Layer Reachability Information (NLRI)
14:         57.0.0.0/24
15:         45.0.0.0/24
16:         34.0.0.0/24
17:         7.7.7.0/24
18:         5.5.5.0/24
19:         4.4.4.0/24
```

注意，通告的网络前缀全部属于 AS2，说明这是 R8 从 eBGP（R6）学习得到的路由（例 3-1 中的第 2 条路由），因此，iBGP（R8）向 iBGP（R9）通告这条路由时，并没有改变该路由的 Next_Hop 属性，仍保留 Next_Hop 属性是"68.0.0.6"（Next_Hop 属性的原则三）。

对于 R9 而言，收到例 3-2 通告的 BGP 路由后，它需要将该路由信息中的网络前缀添加到自己的转发表中。这些网络前缀的下一跳显然不能用 BGP 路由信息中的 Next_Hop 属性，因为 BGP 路由信息中的 Next_Hop 属性是 R6 的 IP 地址"68.0.0.6"，而该 IP 地址不属于 R9 所在的 AS200，即在 AS200 中的所有路由器中不可能有去往地址是"68.0.0.6"的路由。路由器 R9 将从 R8 收到的 BGP 路由信息的下一跳改为 R8（IP 地址是 89.0.0.8），即改为通告该路由的对等体。由于 R8 与 R9 都在 AS200 中，因此 R9 可以通过 AS200 中运行的内部路由选择协议找到去往 R8 的"最佳"路由，本例中是直接交付，该"最佳"路由的下一跳即为 R8，于是 R9 到那些网络前缀的转发表中下一跳是 R8。例 3-3 给出了 R9 学习得到的路由表，以及 R9 的转发表。

例 3-3　R9 的部分路由表（例 3-2 中 R8 向 R9 通告的 BGP 路由）如下：

```
01: R9#show ip route bgp
02: ...
03:     4.0.0.0/24 is subnetted, 1 subnets
04: B     4.4.4.0 [200/0] via 68.0.0.6, 00:17:13
05:     5.0.0.0/24 is subnetted, 1 subnets
06: B     5.5.5.0 [200/0] via 68.0.0.6, 00:17:44
07:     7.0.0.0/24 is subnetted, 1 subnets
08: B     7.7.7.0 [200/0] via 68.0.0.6, 00:17:13
09:     34.0.0.0/24 is subnetted, 1 subnets
10: B     34.0.0.0 [200/0] via 68.0.0.6, 00:17:13
11:     45.0.0.0/24 is subnetted, 1 subnets
```

```
12: B        45.0.0.0 [200/0] via 68.0.0.6, 00:17:47
13:      57.0.0.0/24 is subnetted, 1 subnets
14: B        57.0.0.0 [200/0] via 68.0.0.6, 00:17:44
15: ...
```

字母"B"表示这是一条 BGP 路由,"via 68.0.0.6"表示下一跳。

R9 的部分转发表如下:

```
01: R9#show ip cef
02: Prefix              Next Hop              Interface
03: ...
04: 4.4.4.0/24          89.0.0.8              FastEthernet0/0
05: 5.5.5.0/24          89.0.0.8              FastEthernet0/0
06: 7.7.7.0/24          89.0.0.8              FastEthernet0/0
07: 34.0.0.0/24         89.0.0.8              FastEthernet0/0
08: 45.0.0.0/24         89.0.0.8              FastEthernet0/0
09: 57.0.0.0/24         89.0.0.8              FastEthernet0/0
10: ...
```

注意,在以上转发表中,每个网络前缀的下一跳均改成了"89.0.0.8"。

4. BGP 路由选择

AS 中的路由器,可能收到多个 BGP 发言人通告的路由信息,因此,对于同一个网络前缀也就可能存在多条路由,BGP 路由器使用以下规则来决定使用哪一条路由:

(1)BGP 路由中,另有一个称为本地偏好的路径属性,由网络管理员指定。BGP 路由器首先选择具有最高本地偏好值的路由。以下是 BGP 路由信息的例子。

```
01: R8#show ip bgp
02: ...
03:    Network          Next Hop         Metric LocPrf Weight Path
04: ...
05: * i9.9.9.0/24       89.0.0.9              0    100      0 i
06: * i80.0.0.0/24      80.0.0.10             0    100      0 i
07: * i89.0.0.0/24      89.0.0.9              0    100      0 i
08: ...
```

以上 BGP 路由的本地偏好(Local-Preference,LocPrf)的默认值是 100,管理员可以通过以下命令来修改 BGP 路由的本地偏好的默认值:

```
01: R8(config-router)#bgp default local-preference 300
```

(2)如果同一网络前缀的多条路由具有相同的本地偏好,则选择具有最短 AS_Path 长度的路由,即选择穿越最少 AS 的路由,如图 3-60 所示。

在图 3-60 中,从 AS1 到 AS5 有两条 BGP 路由,依据选择具有最短 AS_Path 长度的原则,AS1 选择经 AS4 到达 AS5 的这条路由。但是,AS4 或许是一个非常大的 AS,穿越 AS4 可能需要经过很多路由器的转发,而 AS1 经 AS2、AS3 到达 AS5 或许只需经过少量路由器的转发即可,由此再次说明,BGP 路由关注的是经过 AS 的最佳可达性,而不是经过路由器的最佳路由。

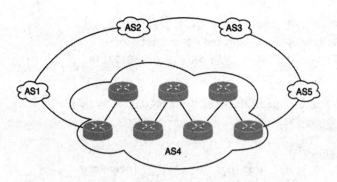

图 3-60　选择穿越最少 AS 的路由

（3）如果同一网络前缀的多条路由具有相同的本地偏好且有相同的 AS_Path 长度，则选择具有最靠近的 Next_Hop 路由器的那条路由。这里的"最靠近"的路由器，是指通过内部路由选择算法计算，到达该路由器具有最小的路径开销，该规则常被称为热土豆路由选择。

（4）如果通过上述三个规则还未能决定一条路由，则依据 BGP 标识符（BGP Identifier）来选择一条路由。路由器活动接口的最高 IP 地址被指定为 BGP 标识符，用以标识 BGP 发言人（一般情况下，选用 loopback 接口的 IP 地址作为 BGP 标识符，因为这类接口是最稳定的）。

当然，BGP 路由选择的规则还有很多，本书不再一一介绍，读者可参考 RFC 4271 进一步学习和理解。

从以上分析可以看出，BGP 是一种增强的距离矢量（或通路）路由协议，它所发布的路由中指明了网络前缀所经过的 AS 序列。再次强调，BGP 路由器为了避免域间路由环路，AS_Path 中包含了本 AS 的 ASN 的路由将被丢弃。

5. BGP 消息通用首部的格式

在 RFC 4271 中，定义了四种类型的 BGP 消息，分别是 OPEN、UPDATE、KEEPALIVE 和 NOTIFICATION 消息。BGP 使用了运输层上的 TCP 协议，以确保 BGP 消息传输的可靠性。所有的 BGP 消息都有一个 19 字节的通用首部，一个 BGP 消息最大不能超过 4096 字节，即 BGP 消息的长度介于 19～4096 字节之间。BGP 消息通用首部的格式如图 3-61 所示。

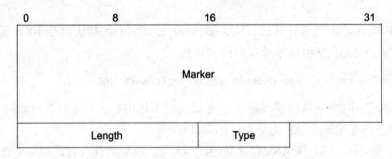

图 3-61　BGP 消息通用首部的格式

（1）Marker：标记，占 64 位。必须全部是 1。

（2）Length：长度，占 16 位。用以指明整个 BGP 消息（包括通用首部）的长度，单位是字节，其值介于 19～4096 之间。

（3）Type：类型，占 8 位。表明是何种类型的 BGP 消息。

- 值是 1，表明是 OPEN 消息。
- 值是 2，表明是 UPDATE 消息。
- 值是 3，表明是 NOTIFICATION 消息。
- 值是 4，表明是 KEEPALIVE 消息。

6. BGP OPEN（打开）消息

BGP 发言人间建立了 TCP 连接之后，OPEN 消息是双方交互的第 1 个 BGP 消息，该消息用于建立 BGP 发言人间的邻接关系，只有双方协商达成一致成为对等体之后，才能够相互交换 BGP 路由信息。如果接收方认可收到的 OPEN 消息，则会回送一个 KEEPALIVE 消息进行确认。OPEN 消息的格式如图 3-62 所示。

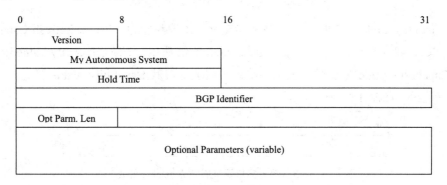

图 3-62　OPEN 消息的格式

（1）Version：版本，占 8 位。用于指明 BGP 的版本，当前 BGP 的版本是 4。

（2）My Autonomous System：自治系统，占 16 位。BGP OPEN 消息发送者所在的 AS 的 ASN。

（3）Hold Time：保持时间，占 16 位。发送者设置的保持时间（秒），用于与对等体协商发送 KEEPALIVE 和 UPDATE 等消息的时间间隔。对等体在收到 OPEN 消息之后，将自己的 OPEN 消息中的 Hold Time 与收到的 OPEN 消息中的 Hold Time 进行比较，选择其中较小者作为最终协商结果。Hold Time 必须设置为 0 或者至少 3。

（4）BGP Identifier：BGP 标识符，占 32 位。用于指明 BGP OPEN 消息的发送者（BGP 发言人）。

（5）Opt Parm. Len（Optional Parameters Length）：可选参数的长度，占 8 位。以字节为单位表明可选参数的长度，如果该值为 0，则表示消息中没有可选参数，因此最小的 OPEN 消息的长度是 29 字节（包含通用首部）。

（6）Optional Parameters：可选参数，长度可变。该参数以 TLV 三元组的格式给出了 BGP OPEN 消息的可选参数列表，如图 3-63 所示。

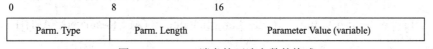

图 3-63　OPEN 消息的可选参数的格式

- Parm. Type：占 8 位，用于区分可选参数类型，目前只有当类型值是 2 时才有意义，表明可选参数是协商能力。
- Parm. Length：占 8 位，指明可选参数的长度。
- Parameter Value：当 Parm. Type 的值是 2 时，该字段的值是 BGP 路由器支持的各种能力的列表，列表的每个单元又是一个 TLV 三元组，如图 3-64 所示（参考 RFC 3392）。

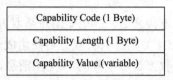

图 3-64　表示能力可选参数的三元组

当 Capability Code 是 2 时，表示路由器支持路由刷新能力（Route Refresh Capability），此种能力以二元组的形式表示，Capability Length 的值是 0，没有 Capability Value 部分。

当 Capability Code 是 1 时，表示多协议扩展能力，其 Capability Value 又是一个 4 字节的 TLV 三元组，如图 3-65 所示。

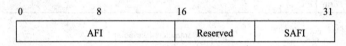

图 3-65　表示多协议扩展能力值的三元组

- AFI（Address Family Identifier）：地址族标识，占 16 位。与 SAFI 结合使用，用于多协议地址扩展。
- Reserved：保留，占 8 位。
- SAFI（Subsequent Address Family Identifier）：子地址标识符，占 8 位。与 AFI 结合使用，用于提供关于 NLRI 的一些附加信息，表 3-25 列出了常见的 AFI 与 SFI 组合的含义。

表 3-25　AFI 与 SAFI 组合的含义

AFI 编码	AFI 说明	SAFI 编码	SAFI 说明	含义
1	IPv4 地址族	1	单播	IPv4 单播
		2	组播	IPv4 组播
		128	VPN	IPv4 第 3 层 VPN
2	IPv6 地址族	1	单播	IPv6 单播
		2	组播	IPv6 组播
		128	VPN	IPv6 第 3 层 VPN
196	二层	128	VPN	第 2 层 VPN

由上可知，OPEN 消息的可选参数多协议扩展能力的数据结构如下：

{Type, Length, Value = [Code, Length, Value = (AFI, Reserved, SAFI)]}

以下展示了一个 OPEN 消息的实例，该消息是图 3-58 中的 R8 发送给 R6 的 OPEN 消息。

```
01: Border Gateway Protocol - OPEN Message
02:     Marker: ffffffffffffffffffffffffffffffff
03:     Length: 45
04:     Type: OPEN Message (1)
05:     Version: 4
06:     My AS: 200
07:     Hold Time: 180
08:     BGP Identifier: 8.8.8.8
09:     Optional Parameters Length: 16
10:     Optional Parameters
11:         Optional Parameter: Capability
12:             Parameter Type: Capability (2)
13:             Parameter Length: 6
14:             Capability: Multiprotocol extensions capability
15:                 Type: Multiprotocol extensions capability (1)
16:                 Length: 4
17:                 AFI: IPv4 (1)
18:                 Reserved: 00
19:                 SAFI: Unicast (1)
20:         Optional Parameter: Capability
21:             Parameter Type: Capability (2)
22:             Parameter Length: 2
23:             Capability: Route refresh capability (Cisco)
24:                 Type: Route refresh capability (Cisco) (128)
25:                 Length: 0
```

第 02～04 行是 BGP 消息的通用首部。

第 05～25 行是 OPEN 消息,其中的第 11～19 行是第一个可选参数(三元组):

$$\{\text{Type} = 2, \text{Length} = 6, \text{Value} = [\text{Code} = 1, \text{Length} = 4, \text{Value} = (\text{AFI} = 1, \text{Reserved} = 0, \text{SAFI} = 1)]\}$$

该参数说明始发 OPEN 消息的 BGP 路由器支持 IPv4 单播能力。

第 21～25 行是第二个可选参数(三元组):

$$\{\text{Type} = 2, \text{Length} = 2, \text{Value} = [\text{Code} = 128, \text{Length} = 0]\}$$

该参数说明始发 OPEN 消息的 BGP 路由器支持路由刷新能力。

注意,第 24 行,Cisco 路由器支持路由刷新能力的 Type 值为 128,Type 字段的具体值由设备定义。

7. BGP UPDATE(更新)消息

UPDATE 消息用来在对等体间传送路由信息,这些路由信息包括需要通告的可达路由信息和需要撤销的不可达路由信息。BGP 路由器根据这些路由信息来构建一个描述 AS 间关系的表。UPDATE 消息的格式如图 3-66 所示。

Withdrawn Routes Length (2 Bytes)
Withdrawn Routes (variable)
Total Path Attribute Length (2 Bytes)
Path Attributes (variable)
Network Layer Reachability Information (variable)

图 3-66　UPDATE 消息的格式

（1）Withdrawn Routes Length（Unfeasible Routes Length）：需要撤销的路由信息的总长度，占 16 位。值是 0 时，表示没有需要撤销的路由。

（2）Withdrawn Routes：需要撤销的路由列表，长度可变。列表中的每个元素是由 1 字节的 Length 字段和可变长度的 Prefix 字段所组成的二元组(Length, Prefix)。

- Length：待撤销的网络前缀的长度（位），值是 0 时表示任意匹配，即匹配所有的 IP 地址。
- Prefix：待撤销的网络前缀，字段长度必须是字节的整数倍。

例如，需要撤销的路由是 220.220.220.220，若 Length 是十进制 18，则 Prefix 是 220.220.192。计算方式如下：

220.220.220.220 的二进制形式是：11011100.11011100.11011100.11011100

其 18 位网络前缀是：11011100.11011100.11

网络前缀必须是字节的整数倍：11011100.11011100.11000000（220.220.192）

（3）Total Path Attribute Length：总的路径属性长度，即 Path Attributes 和 Network Layer Reachability Information 两者长度之和，占 16 位。值是 0 时，表示没有需要通告的路由及路径属性。

（4）Path Attributes：路径属性列表，长度可变。每个 UPDATE 消息都有路径属性列表，除非该 UPDATE 消息中仅包含需要撤销的路由信息。列表中的每个路径属性以三元组的形式呈现，如图 3-67 所示。

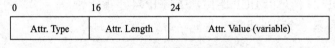

图 3-67　路径属性 TLV 格式

- Attr. Type：由 1 字节的 Attr. Flags 和 1 字节的 Attr. Type Code 所组成，如图 3-68 所示。

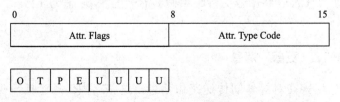

图 3-68　Attr. Type 的组成

- 8 位 Attr. Flags 的定义如下。

O：Optional 位，定义属性的可选性。如果属性是可选的（Optional），该位设置为 1；

如果是公认属性（Well-Known），该位设置为 0。

T：Transitive 位，定义属性的可传递性。可传递的设置为 1，不可传递的设置为 0，公认属性必须设置为 1。

P：Partial 位，定义属性的局部性。如果属性是局部可传递的，设置为 1；如果属性是全局可传递的，设置为 0；不可传递的和公认属性必须设置为 0。

E：Extended length 位，用来决定 Attr. Length 字段是否需要扩展。无需扩展设置为 0，Attr. Length 字段占 1 字节；需要扩展设置为 1，Attr. Length 字段占 2 字节。

U：Unused 位，最低 4 位没有被使用，发送时全部设置为 0，接收时忽略这 4 位。

- Attr. Type Code：属性的类型号码，占 8 位。常用属性的类型号码如表 3-26 所示。

表 3-26　常用属性的类型号码与属性值

类型号码及属性	属性值
1：Origin	0：IGP，来源于 AS 内部
	1：EGP，通过 EGP 协议学习得到
	2：Incomplete
2：AS_Path	1：AS_SET，AS_Path 是无序的 AS 集
	2：AS_SEQUENCE，AS_Path 是有序的 AS 集
3：Next_Hop	下一跳的 IP 地址
4：Multi_Exit_Disc	多出口标识符，用于判断进入 AS 的最佳路由
5：Local_Pref	用于判断离开 AS 时的最佳路由
6：Atomic_Aggregate	BGP 发言人选择聚合后的路由，而非具体的路由

由此可见，最为复杂的路由属性的数据结构如下：

$$PathAttribute = \{Type = (Flags, TypeCode), Length, Value\}$$

（5）Network Layer Reachability Information：需要通告的可达路由列表，长度可变。列表中的每个元素是由 1 字节的 Length 字段和可变长度的 Prefix 字段所组成的 LV 二元组，其格式与前述的 Withdrawn Routes 一致。

以下展示了一个 UPDATE 消息（撤销路由）的实例：

```
01: Border Gateway Protocol - UPDATE Message
02:     Marker: ffffffffffffffffffffffffffffffff
03:     Length: 27
04:     Type: UPDATE Message (2)
05:     Withdrawn Routes Length: 4
06:     Withdrawn Routes
07:         80.0.0.0/24
08:             Withdrawn route prefix length: 24
09:             Withdrawn prefix: 80.0.0.0
10:     Total Path Attribute Length: 0
```

以上的 UPDATE 消息，用来通知对方撤销一条不可信路由 80.0.0.0/24。第 10 行的路径属性长度是 0，说明该消息中没有需要通告的路由信息。

下面再看一个通告新路由的 UPDATE 消息：

```
01: Border Gateway Protocol - UPDATE Message
02:    Marker: ffffffffffffffffffffffffffffffff
03:    Length: 45
04:    Type: UPDATE Message (2)
05:    Withdrawn Routes Length: 0
06:    Total Path Attribute Length: 18
07:    Path attributes
08:        Path Attribute - ORIGIN: IGP
09:            Flags: 0x40, Transitive, Well-known, Complete
10:                0... .... = Optional: Not set
11:                .1.. .... = Transitive: Set
12:                ..0. .... = Partial: Not set
13:                ...0 .... = Extended-Length: Not set
14:                .... 0000 = Unused: 0x0
15:            Type Code: ORIGIN (1)
16:            Length: 1
17:            Origin: IGP (0)
18:        Path Attribute - AS_PATH: 200
19:        Path Attribute - NEXT_HOP: 68.0.0.8
20:    Network Layer Reachability Information (NLRI)
21:        9.9.9.0/24
22:            NLRI prefix length: 24
23:            NLRI prefix: 9.9.9.0
```

第 05~23 行是 UPDATE 消息，该消息中没有需要撤销的路由信息（第 05 行的 Withdrawn Routes Length 值是 0）。

第 06 行的路径总长度是 18，说明该消息中通告了路由信息（通告了一条可达路由 9.9.9.0/24 的信息）。

第 08~19 行是一个路径属性，它是一个三元组：

$$\{Type = (Flags = 0x40, TypeCode = 1), Length = 1, Value = (200, 68.00.8)\}$$

第 21~23 行给出了可达路由的信息。

8. BGP KEEPALIVE（保活）消息

BGP 对等体间通过周期性的交互 KEEPALIVE 消息来保持对等体的连通性。发送 KEEPALIVE 消息的频率不能太高（小于每秒一条），合理的发送 KEEPALIVE 消息的时间间隔应设置为 Hold Time（保持时间）的三分之一。例如，如果对等体间通过 OPEN 消息协商后的 Hold Time 是 60s，则发送 KEEPALIVE 消息的时间间隔是 20s。但是，在具体实现的时候，可以适当调整发送 KEEPALIVE 消息的时间间隔。如果在 OPEN 消息中，双方协商的 Hold Time 是 0，则不应周期性地发送 KEEPALIVE 消息。KEEPALIVE 消息仅有 19 字节的 BGP 消息通用首部，其中 Type 字段的值是 4，表明是一个 KEEPALIVE 消息。以下是一个 KEEPALIVE 消息的例子：

```
01: Border Gateway Protocol - KEEPALIVE Message
02:    Marker: ffffffffffffffffffffffffffffffff
```

```
03:      Length: 19
04:      Type: KEEPALIVE Message (4)
```

9. BGP NOTIFICATION（通知）消息

NOTIFICATION 消息用于通告对等体间的 BGP 的各种错误，当 BGP 路由器检测到错误，它便会发送 NOTIFICATION 消息，随即立即关闭 BGP 连接。NOTIFICATION 消息的格式如图 3-69 所示。

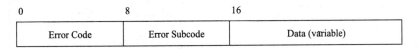

图 3-69　NOTIFICATION 消息的格式

（1）Error Code：错误号码，占 8 位。用于区分错误类型。对于未定义的错误类型，该号码的值设置为 0。

（2）Error Subcode：错误子号码，占 8 位。用于区分错误类型中特定的错误细节。每个错误号码，都有一个或多个错误子号码。对于未定义的错误细节，该号码的值设置为 0。

表 3-27 列出了部分错误号码和错误子号码及其所代表的具体错误信息。

表 3-27　部分错误号码和错误子号码

错误号码及含义	错误子号码及含义
1：消息头错误	1：连接未同步
	2：错误的消息长度
	3：错误的消息类型
2：OPEN 消息错误	1：不支持的版本号
	2：对端 AS 错误
	3：错误的 BGP 标识符
	4：不支持的选项参数
	5：—
	6：不可接受的 Hold Time
3：UPDATE 消息错误	1：畸形属性列表
	2：不可识别的公认属性
	3：缺少公认属性
	4：属性标志错误
	5：属性长度错误
	6：无效的 Origin 属性
	7：—
	8：无效的 Next_Hop 属性
	9：可选参数错误
	10：无效的网络字段
	11：畸形的 AS_Path

（3）Data：错误数据内容，长度可变。其内容由 Error Code 和 Error Subcode 决定。

10. BGP 的有限状态机

在 BGP 的有限状态机中，一共有六种状态，分别是 Idle、Connect、Active、OpenSent、OpenConfirm 和 Established 状态，状态的变迁如图 3-70 所示。

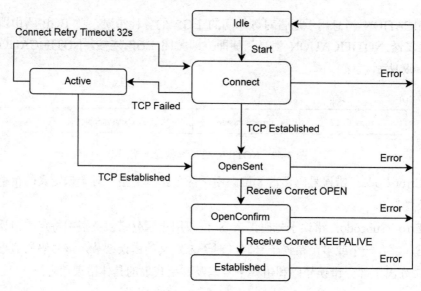

图 3-70　BGP 的有限状态机

（1）Idle：BGP 的初始状态。BGP 路由器在该状态下不会发送建立 TCP 连接的请求，也会拒绝邻居发送的建立 TCP 连接的请求。BGP 路由器在收到 Start 事件后，才会开始尝试与 BGP 对等体建立 TCP 连接，并变迁至 Connect 状态。Start 事件由路由器启动 BGP 进程触发。注意，在其他任何状态下，如果收到 NOTIFICATION 消息或释放 TCP 连接的通知等 Error 事件，则 BGP 均会变迁至 Idle 状态。

（2）Connect：在 Connect 状态下，BGP 启动 TCP 连接重传定时器（Connect Retry Timer，缺省值是 32s），等待完成 TCP 连接的建立。

- 若成功建立了 TCP 连接，则 BGP 向对等体发送 OPEN 消息，同时关闭 TCP 连接重传定时器，并变迁至 OpenSent 状态。
- 若建立 TCP 连接失败，则变迁至 Active 状态。
- 若 TCP 连接重传定时器超时了，BGP 仍未收到对等体的响应，则继续尝试与其他的对等体建立 TCP 连接，并一直处于 Connect 状态。
- 若系统或者管理人员启动了一些其他事件，则 BGP 变迁到 Idle 状态。

（3）Active：在 Active 状态下，BGP 一直在试图与对等体建立 TCP 连接。

- 若成功建立了 TCP 连接，则 BGP 向对等体发送 OPEN 消息，同时关闭 TCP 连接重传定时器，并变迁至 OpenSent 状态。
- 若建立 TCP 连接失败，则 BGP 一直停留在 Active 状态。
- 若 TCP 连接重传定时器超时了，BGP 仍未收到对等体的响应，则 BGP 变迁至 Connect 状态。

（4）OpenSent：在 OpenSent 状态下，BGP 等待对等体发送的 OPEN 消息，并对收到的 OPEN 消息中的 AS 号、版本号等进行检查。

- 若收到的 OPEN 消息是正确无误的，则 BGP 向对等体发送 KEEPALIVE 消息，并变迁至 OpenConfirm 状态；
- 若收到的 Open 消息存在错误，则 BGP 向对等体发送 NOTIFICATION 消息，并变迁至 Idle 状态。

（5）OpenConfirm：在 OpenConfirm 状态下，BGP 等待接收对等体发送的 KEEPALIVE 或 NOTIFICATION 消息。如果收到了 KEEPALIVE 消息，则变迁至 Established 状态；如果收到 NOTIFICATION 消息，则变迁至 Idle 状态。

（6）Established：在 Established 状态下，BGP 与对等体间可以交换 UPDATE、KEEPALIVE、ROUTE-REFRESH 和 NOTIFICATION 消息。

- 若收到了对等体发送的正确的 UPDATE 或 KEEPALIVE 消息，则 BGP 认为对等体的运行状态是正常的，它将继续保持 BGP 连接。
- 若收到了错误的 UPDATE 或 KEEPALIVE 消息，则 BGP 向对等体发送 NOTIFICATION 消息，并变迁至 Idle 状态。
- 若收到 ROUTE-REFRESH 消息，则 BGP 不会改变状态。
- 若收到 NOTIFICATION 消息，则 BGP 变迁至 Idle 状态。
- 若收到释放 TCP 连接的通知，则 BGP 断开连接，并变迁至 Idle 状态。

3.4 多协议标签交换

3.4.1 概述

在了解多协议标签交换（Multi-Protocol Label Switching，MPLS）之前，先回顾一下主机 A 与主机 B 是如何寻找路径进行通信的：在直连网络（例如广播式以太网、PPP、HDLC 网络等）中，主机间的通信不需要寻径即可直接交付；而在互连网络中，主机间的通信需要通过路由器间逐跳寻径的方式进行分组交换才能够实现。因此，互连网络中的路由器承担了两个方面的重要工作：一是在控制层面，路由器执行路由选择算法（例如 RIP、OSPF 等），生成路由表，在路由表中给出了去往目的网络应交付的下一跳邻居；二是在数据层面，路由器按最长前缀匹配的原则，在路由表中匹配路由，并将分组转发到下一跳路由器。下面从路由器的入接口和出接口来观察路由器数据层面的具体工作。

（1）入接口

物理层上接收比特流；

数据链路层上识别帧；

网络层上提取帧中的 IP 分组；

查找路由表以确定分组应该从哪个接口转发出去。

（2）出接口

获取下一跳路由器接口的硬件地址；

重构 IP 分组并将 IP 分组封装成数据链路层上的帧；

物理层上发送比特流。

可以看出，在数据链路层上路由器需要封装/解封装帧，在网络层上路由器还需要封装/

解封装 IP 分组，这些协议数据的封装/解封装工作以及控制层面的工作，都会耗费路由器的软、硬件资源。路由器是对每一个收到的分组独立地进行寻径和转发的，这种 IP 分组的转发方式速度慢、效率低。另外，IP 协议是无连接的分组转发，不能提供高质量的 QoS 服务保证。

MPLS 在 RFC 3031 中被定义，是一种基于标签的交换技术，介于计算机网络体系结构的网络层和数据链路层之间，并能够支持多种网络层协议，例如 IPv4、IPv6 和 IPX 等。MPLS 最大的优点体现在数据层面上，它能够将无连接的三层转发转变成面向连接的、一系列标签路径上的二层交换[①]（硬件实现）。标签类似于向导，具有相同标签的 IP 分组，沿着标签规划的路径到达目的网络，沿途的路由器（MPLS 域中的路由器），不再需要查看每个 IP 分组的首部信息，即路由器不再依靠转发表来转发 IP 分组，而是依靠标签来驱动二层交换。可以看出，MPLS 大大提高了转发 IP 分组的效率。

3.4.2 MPLS 中的几个基本概念

在进一步理解 MPLS 之前，先了解一下 MPLS 中的一些基本概念。

（1）FEC（Forwarding Equivalence Class），转发等价类，指具有相同转发处理要求的一组 IP 分组，对于具有相同 FEC 的 IP 分组，路由器的处理方式是一样的。FEC 可以以源地址、目的地址、源端口、目的端口、协议类型以及 VNP 等任意组合加以划分。例如，传统的基于最长前缀匹配的 IP 分组转发中，所有目的地址相同的 IP 分组就是一个 FEC，具有某种服务质量需求的一组 IP 分组是一个 FEC，相同源网络前缀和相同目的网络前缀的 IP 分组也是一个 FEC（同一机构中的两个分支机构间的 IP 流量）。

（2）Label，标签，是一个较短的、定长的（32 位）且仅在本地有意义的标识，该标签用来标识 FEC。标签的格式如图 3-71 所示。

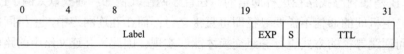

0	4	8	19		31
		Label	EXP	S	TTL

图 3-71　标签的格式

- Label，20 位的标签值，值 0～15 表示是特殊标签。用于建立面向连接的二层交换路径，即标签是一个连接标识符。
- EXP，3 位的实验位，用于 QoS。
- S，占 1 位，表明是否是栈底标签。标签可以是多层级的，它们被组织成一个 LIFO（Last In First Out）栈，称为标签栈。如果 S 位是 1，说明该标签位于标签栈的栈底，即表明该标签是标签栈中的最后一个标签。位于标签栈其他位置的标签，S 字段的值是 0。路由器仅处理最顶层的标签，当路由器收到仅有一个标签的分组时，该分组被路由器当作普通的 IP 分组进行转发。
- TTL，8 位的生存期，该字段的含义与 IP 分组中的 TTL 类似，用于防止路由环路，详细内容请参考 RFC 3032。

---

① 本书中，三层上称为分组转发，二层上称为交换。

标签位于网络层与数据链路层之间，可以被任何数据链路层协议支持。图 3-72 给出了多级标签及其位置。

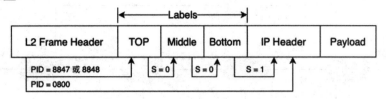

图 3-72　标签的位置

L2 Frame Header 指的是二层数据链路层首部，可以是任何二层首部，在该二层首部中，用 PID 来指明封装的是何种协议的数据（IP 或 MPLS 等），以便接收方进行处理。例如，在以太网帧的首部中，PID 就是以太网帧中的 Type 字段，当 Type 的值是 0x0800 时，以太网帧封装的是普通 IP 分组；当 Type 的值是 0x8847 时，以太网帧封装的是 MPLS 单播；当 Type 的值是 0x8848 时，以太网帧封装的是 MPLS 多播。栈底标签之前的标签，S 位全部是0。以下是一个 MPLS Label 的实例。

```
01: Ethernet II, Src: cc:01:03:27:00:00 , Dst: cc:03:03:2c:00:00
02:     Destination: cc:03:03:2c:00:00 (cc:03:03:2c:00:00)
03:     Source: cc:01:03:27:00:00 (cc:01:03:27:00:00)
04:     Type: MPLS label switched packet (0x8847)
05:     Frame check sequence: 0xabcdabcd [unverified]
06: MultiProtocol Label Switching Header, Label: 203, Exp: 0, S: 1, TTL: 255
07:     0000 0000 0000 1100 1011 .... .... .... = MPLS Label: 203 (0x000cb)
08:     .... .... .... .... .... 000. .... .... = MPLS Experimental Bits: 0
09:     .... .... .... .... .... ...1 .... .... = MPLS Bottom Of Label Stack: 1
10:     .... .... .... .... .... .... 1111 1111 = MPLS TTL: 255
11: Internet Protocol Version 4, Src: 1.1.1.1, Dst: 4.4.4.4
12: Internet Control Message Protocol
```

第 04 行，以太网帧中的 Type 字段的值是 0x8847，依据该字段的值，接收方就可以知道，这是一个 MPLS 单播。

第 07～10 行，这是插入在数据链路层和网络层之间的标签。因为仅有一个标签，故 S 位是 1，接收方弹出该标签后，将该分组转变成普通的 IP 分组。

（3）LSR（Label Switching Router），标签交换路由器，是 MPLS 域中的核心交换设备，该设备实现了路由选择和标签交换功能，所有的 LSR 都支持 MPLS。

（4）LSP（Label Switched Path），标签交换路径。属于同一个 FEC 的 IP 分组在 MPLS 域内交换时所经过的路径被称为 LSP。在 LSP 中，两个相邻的 LSR 分别被称为上游 LSR 和下游 LSR。例如，在图 3-73 中，所有的路由器都是 LSR，在 R1、R2、R3 和 R4 的标签交换路径上，R1 是 R2 的上游 LSR，而 R2 是 R1 的下游 LSR。

（5）LDP（Label Distribution Protocol），标签分发协议，是 MPLS 的核心协议之一，用来控制标签的分发及建立和保持 LSP。

（6）MPLS 网络的基本结构。

如图 3-73 所示，MPLS 网络的基本元素是 LSR，这些 LSR 构成了一个 MPLS 域。位于MPLS 域边缘的、用于连接其他网络（例如 IP network）的路由器被称为标签边缘路由器（Label Edge Router，LER），简称边缘路由器，例如 R1、R4、R7、R8 和 R9。MPLS 域内部的 LSR 被称为核心 LSR（Core LSR），例如 R2、R3、R5 和 R6。

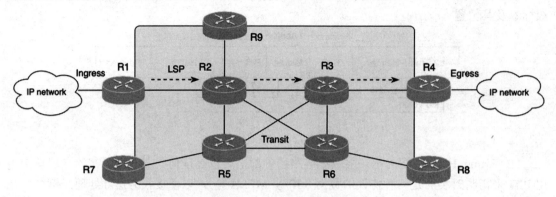

图 3-73　MPLS 网络的结构

一条 LSP 的起点 LER 被称为入口（Ingress）LER，终点 LER 被称为出口（Egress）LER，一条 LSP 只能有一个入口和一个出口。所有进入 MPLS 域中的分组，在入口 LER 中被压入一个标签，分组沿着 LSP 到达出口 LER 时，出口 LER 将分组中的标签弹出，还原成普通的 IP 分组进行传输。所有位于入口 LER 和出口 LER 之间的 LSR 都被称为中转 LSR，这些 LSR 通过标签完成分组的交换。MPLS 域中所有核心的 LSR 都采用标签交换进行通信，而 LER 则采用传统的 IP 技术与其他网络（例如 IP network）进行通信。

3.4.3　MPLS 的基本操作

1. LSR 分组转发与标签交换

MPLS 是基于传统的 IP 路由协议的（可理解为 MPLS 是嵌入在 IP 网络中的），在 MPLS 域中，如果能用标签交换则不用传统的逐跳转发，如果不能用标签交换，则仍使用传统的逐跳转发。因此，在 MPLS 域中，每个 LSR 都需要运行 LDP 协议和传统的路由选择协议（例如 RIP、OSPF 等），分别用来建立标签信息库（Label Information Base，LIB）和路由表，如图 3-74 所示。

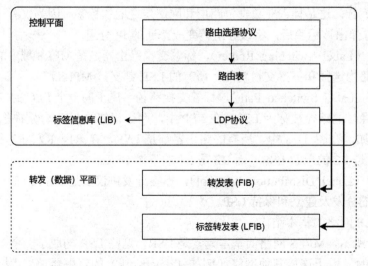

图 3-74　LSR 的基本结构

从图 3-74 可以看出，LSR 由控制平面和转发（数据）平面两部分构成。在控制平面中，LSR 通过运行路由选择协议得到了路由表，再由路由表可得到用于转发平面转发 IP 分组的转发表（FIB）。LSR 通过 LDP 协议，并结合路由表生成标签信息库（LIB）及用于标签交换的标签转发表（Label Forwarding Information Base，LFIB），即为各 FEC 分配了标签且建立了 MPLS 域中的 LSP，通过这种方式建立的 LSP 被称为动态 LSP。当然，FEC 的 LSP 也可由管理员手动建立，这种方式建立的 LSP 被称为静态 LSP，手动分配标签需要注意的是，上游 LSR 出方向的标签必须与下游 LSR 入方向的标签一致。

从以上分析可以看出，LSR 既可转发 IP 分组，也可以标签交换分组，但在一般情况下，LSR 仅需要根据 LFIB 标签交换分组。

2. 标签交换的基本操作

（1）压入（Push）：当 IP 分组进入到 MPLS 域时，入口 LER 首先解析 IP 分组，以确定该 IP 分组属于哪一个 FEC，然后将分配给该 FEC 的标签压入数据链路层和 IP 首部之间，生成 MPLS 分组（带有标签的 IP 分组，本书称为标签分组），并沿着 LSP 交换给下一跳 LSR。位于 LSP 中的中转 LSR 根据实际需要，也可以在栈顶新增加一个标签（标签嵌套）。

（2）替换（Swap）：当中转 LSR 收到标签分组时，它根据自己的标签交换表，用分配给下一跳 LSR 的 FEC 标签，替换掉标签分组中的栈顶标签。注意，中转 LSR 不解析 IP 分组首部。

（3）弹出（Pop）：当出口 LER 收到一个标签分组（即标签分组即将离开 MPLS 域）时，出口 LER 将标签分组中的标签（弹出）删除，然后执行普通的 IP 分组的转发工作。注意，在出口 LER 中，标签已经没有任何作用，因此，可以采用 PHP（Penultimate Hop Popping，倒数第二跳弹出）的方法，在 LSP 的倒数第二跳的 LSR 中便将标签（弹出）删除，即在 LSP 的倒数第二跳的 LSR 便开始执行普通的 IP 分组的转发工作，以减少出口 LER 的工作负担。特殊标签值 3（隐式空标签，Implicit-null）就是用来实现 PHP 的，该标签值不会出现在标签栈中，当 LSP 的倒数第二跳的 LSR 发现某个 FEC 被分配了标签值 3 时，该 LSR 不会执行替换操作，而是直接执行弹出操作。

这里用图 3-75 来说明标签交换的基本操作。

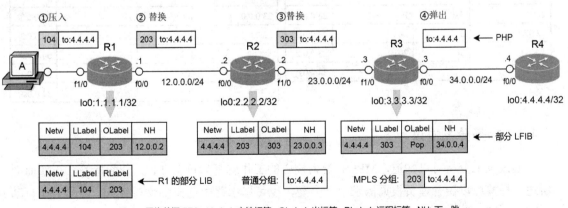

图 3-75　标签交换的基本操作

R1、R2、R3 和 R4 组成了一个 MPLS 域，主机 A 需要访问目的主机 4.4.4.4（FEC），其 IP 分组进入到 R1（入口 LER）。

① R1 根据它的 LIB，将分配给 4.4.4.4 的本地标签（也称为入标签）104 压入，即将 IP 分组打上标签 104，生成一个标签分组。

② R1 查找自己的 LFIB 表，用出标签 203（下一跳的本地标签）替换掉 MPLS 分组中的本地标签 104，并交付给下一跳 12.0.0.2（R2）。

③ R2 收到标签分组，查找自己的 LFIB 表，同样地用出标签 303（下一跳的本地标签）替换掉标签分组中的标签 203，并交付给下一跳 23.0.0.3（R3）。

④ R3 收到标签分组，查找自己的 LFIB 表，发现该标签分组的出标签值是 3（支持倒数第二跳弹出）。因此，R3 不执行标签替换，而是将标签直接弹出，把标签分组变为普通的 IP 分组，并转发给下一跳 34.0.0.4（R4）。

最终 R4 将 IP 分组直接交付给 4.4.4.4。

在表 3-28 中，给出了所有 LSR 的 LFIB 表，读者可以自己分析不同 FEC（网络前缀）的标签交换情况。

表 3-28　各 LSR 的 LFIB 表

R1 的 LFIB 表

网络前缀 FEC	本地标签	出标签	下一跳
23.0.0.0	100	Pop	12.0.0.2
34.0.0.0	101	201	12.0.0.2
2.2.2.2	102	Pop	12.0.0.2
3.3.3.3	103	200	12.0.0.2
4.4.4.4	104	203	12.0.0.2

R2 的 LFIB 表

网络前缀 FEC	本地标签	出标签	下一跳
3.3.3.3	200	Pop	23.0.0.3
34.0.0.0	201	Pop	23.0.0.3
1.1.1.1	202	Pop	12.0.0.1
4.4.4.4	203	303	23.0.0.3

R3 的 LFIB 表

网络前缀 FEC	本地标签	出标签	下一跳
2.2.2.2	300	Pop	23.0.0.2
12.0.0.0	301	Pop	23.0.0.2
1.1.1.1	302	202	23.0.0.2
4.4.4.4	303	Pop	34.0.0.4

R4 的 LFIB 表

网络前缀 FEC	本地标签	出标签	下一跳
23.0.0.0	400	Pop	34.0.0.3
12.0.0.0	401	301	34.0.0.3
1.1.1.1	402	302	34.0.0.3
2.2.2.2	403	300	34.0.0.3
3.3.3.3	404	Pop	34.0.0.3

3.4.4　标签分发协议

通过以上分析可以知道，MPLS 最为核心的工作就是为每个 FEC 分配标签。正如前面所述，标签可以由管理员根据需求手动分配，也可以由路由选择协议与 LDP 协同工作自动分配。以下对 LDP 进行简单的介绍。

1. LDP 的基本功能

LDP 在 RFC 5036 中被定义，该协议用来实现 FEC 的分类、标签的分配以及标签交换路径 LSP 的建立与维护：即对一个特定的数据流（FEC），它给 MPLS 域中的各 LSR 分配的标签是什么。通过 LDP，LSR 最终将控制层面的路由信息直接映射成数据层面的 LSP。

2. LDP 对等体（LDP Peer）

通过 LDP 会话使用 LDP PDU[①]相互交换标签，并将标签与 FEC 进行绑定的两个 LSR 被称为 LDP 对等体。LDP 对等体不仅知道自己的标签的绑定信息，也知道对方标签的绑定信息，这些信息被保存在自己的 LIB 表中。例如，对于某个 FEC（目的主机是 4.4.4.4 的 FEC），LIB 将分配给自己的标签值 104 保存到本地标签字段中，将分配给对方的标签值 203 保存到远程标签字段中，如图 3-76 所示。

网络前缀 FEC	本地标签	远程标签
4.4.4.4	104	203

图 3-76　FEC 格式示例

3. LDP 会话（LDP Session）

LDP 会话的主要功能是在 LDP 对等体间交换标签的绑定或释放标签的绑定。有两种类型的 LDP 会话：一类称为本地 LDP 会话，即两个直接相连的 LSR 之间的 LDP 会话；另一类称为远程 LDP 会话，即两个非直接相连的 LSR 之间的 LDP 会话。

4. LDP 消息类型（LDP Message Type）

LDP 使用了以下四种类型的 LDP 消息。

（1）发现消息（Discovery Message）：在 MPLS 域中宣告并维持自己的 LSR 身份。

（2）会话消息（Session Message）：用来在 LDP 对等体间建立、维持和中止对等体关系。

（4）通告消息（Advertisement Message）：用于创建、修改和删除 FEC 绑定的标签。

（5）通知消息（Notification Message）：用于传递通知和错误信息。

注意，除了发现消息在运输层上使用 UDP 协议之外，其余消息在运输层上均使用了 TCP 协议。

5. 标签的分发（Label Distribution）

如果 FEC 是由动态路由选择协议算法得到的网络前缀，则这些 FEC 的 LSP 可以通过独立（Independent）模式或有序（Ordered）模式的标签分发方式之一实现。

（1）独立模式：每个 LSR 独立地为 FEC 分配且绑定标签，并将标签绑定信息分发到

---

① PDU（Protocol Data Unit）：协议数据单元，这里指 LDP 对等体间交换数据的单元。

LDP 对等体的另一方的 LSR。这种标签分配及绑定方式，基于传统的 IP 分组路由的工作方式，依赖于路由算法的快速收敛。

（2）有序模式：如果 LSR 以有序模式工作，则在一般情况下，上游 LSR（Ru，upstream LSR）根据路由表来选择它的下游 LSR（Rd，downstream LSR）（上游 LSR 和下游 LSR 在 RFC 3031 中被定义），有序模式下的标签分发均由下游 LSR 发往上游 LSR。有序模式包含两种标签分发方式：一种称为主动分发（Distribution Unsolicited，DU）；另一种称为按需分发（Distribution on Domand，DoD）。

- DU：上游 LSR 不需要发出请求，下游的 LSR 在某种触发策略下主动向上游 LSR 发送 FEC 的标签映射消息（Label Mapping Message）。
- DoD：只有当收到上游 LSR 发出的某个 FEC 的标签请求消息（Label Request Message）时，下游的 LSR 才被动地发送标签映射消息给上游 LSR。

通过标签分发，最终每个 LSR 都会生成一个 LIB（标签信息库），在该库中存放的是：本路由器上针对所有目的网络（FEC）分配的标签以及邻居 LSR 分配到的标签信息。例如，在图 3-75 中，R3 的部分 LIB 如下：

```
01: R3#show mpls ldp bindings
02:   tib entry: 1.1.1.1/32, rev 14
03:       local binding:  tag: 303
04:       remote binding: tsr: 2.2.2.2:0, tag: 201
05:       remote binding: tsr: 4.4.4.4:0, tag: 403
06:   tib entry: 2.2.2.2/32, rev 16
07:       local binding:  tag: 304
08:       remote binding: tsr: 2.2.2.2:0, tag: imp-null
09:       remote binding: tsr: 4.4.4.4:0, tag: 404
……
```

第 02～05 行是 FEC（1.1.1.1/32）的标签映射信息，本地分配的标签是 303，邻居 R2 分配的标签是 201，邻居 R4 分配的标签是 403。

第 06～09 行是 FEC（2.2.2.2/32）的标签映射信息，本地分配的标签是 304，邻居 R2 分配的标签是 3（倒数第二跳弹出），R4 分配的标签是 404。

注意，上游 LSR 收到下游 LSR 的标签映射，并不意味着上游 LSR 会绑定标签到某个 FEC，即不一定会用这个标签映射去交换标签分组，除非上游 LSR 的路由表中有 FEC 的路由。

6. LDP 的基本操作（Fundamental Operation of LDP）

LDP 的运行可分为以下四个阶段。

（1）发现（Discovery）：在这个阶段，LSR 向邻居周期性的发送 Hello 消息，宣告自己的存在，通过这种方式，LSR 能够自动地找到 LDP 对等体的另一方。Hello 消息在运输层上使用了 UDP 协议，源端口和目的端口都是 646。LDP 提供了以下两种发现机制。

- 基本的发现机制：用于发现本地 LDP 对等体，建立本地 LDP 会话，即 LDP 对等体是通过共享链路处在同一个直连网络中的。本地 LDP 对等体间交互的 Hello 消息被称为 Link Hello 消息（本书称为本地 Hello 消息），该消息在网络层上使用的目的地址是组播地址"224.0.0.2"。

- 扩展的发现机制：用于发现远程 LDP 对等体，建立远程 LDP 会话，即 LSR 间不是直接相连的，而是跨网络的，但它们在网络层是互通的。在这种情况下，LSR 对等体间周期性地发送的 Hello 消息被称为 Targeted Hello 消息（本书称为远程 Hello 消息），该消息在网络层上使用的目的地址是另一方的单播地址。

（2）会话的建立与维持（Session Establishment and Maintenance）：LDP 会话是建立在 TCP 连接基础之上的，因此，在这个阶段，LDP 对等体间首先需要建立 TCP 连接，然后通过初始化消息（Initialization Message）协商会话参数，例如 LDP 版本、Label 分发模式、定时器设置及标签空间等。LDP 会话建立完成以后，LDP 对等体间相互发送 Hello 消息和 KeepAlive 消息来维持邻居关系和 LDP 会话。

（3）LSP 的建立与维持（LSP Establishment and Maintenance）：在这个阶段，双方通过交换 LDP PDU 为每个 FEC 分配标签从而建立 FEC 的 LSP，并且将标签的映射通知给邻居 LSR。该阶段包含了很多消息，例如：

- 地址消息（Address Message），用于向邻居宣告自己所有接口的 IP 地址；
- 地址撤销消息（Address Withdraw Message），用于向邻居请求撤销自己已经宣告的接口的 IP 地址；
- 标签映射消息（Label Mapping Message），用于宣告 FEC 与标签绑定的信息；
- 标签请求消息（Label Request Message），向邻居请求 FEC 与标签绑定的信息；
- 终止标签请求消息（Label Abort Request Message），终止未完成的标签请求；
- 标签撤销消息（Label Withdraw Message），撤销 FEC 与标签绑定的信息；
- 标签释放消息（Label Release Message），释放标签。

（4）终止会话（Session Termination）：LDP 通过周期性地发送 Hello 消息来维持与邻居的关系，通过周期性地发送 KeepAlive 消息来维持 LDP 会话。LDP 使用两个不同的定时器来维持邻居关系和 LDP 会话。

- Hello Timer：其值是双方发送 Hello 消息时协商的最小值。如果在定时器超时之前未收到 LDP 对等体新发送的 Hello 消息，则 LSR 将解除与 LDP 对等体的邻居关系。
- KeepAlive Timer：其值是双方发送初始化消息时协商的最小值，默认是 180s。如果定时器超时之前未收到 LDP 对等体新发送的 KeepAlive 消息，则 LSR 将关闭连接，并终止 LDP 会话。

当然，LDP 还会使用错误通知消息（Notification Message）来向邻居发送错误信息。

图 3-77 描述了 LDP 的基本操作过程。其中，R2 是建立 TCP 连接的主动方，而 R1 是被动方（所谓主动方指的是主动向对方发起 TCP 连接的一方，参考"第 4 章 端到端的通信"）。

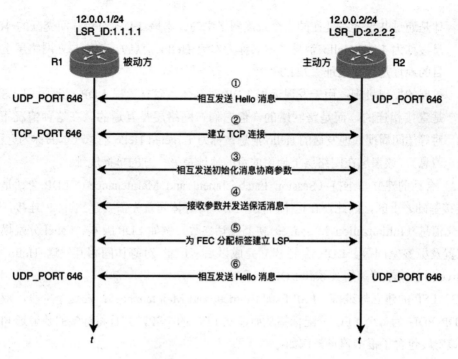

图 3-77 LDP 基本操作过程

7. LDP PDU 的基本格式

LDP PDU 的基本格式在 RFC 5036 中被定义。LDP PDU 由一个通用首部和 LDP 消息所组成，LDP 消息又由通用的消息首部和消息参数所组成，而消息参数以 TLV 格式来表示，并且在一个 LDP PDU 中可以封装多个 LDP 消息。LDP PDU 的基本格式概括如图 3-78 所示。

LDP PDU 通用首部
LDP 消息 1 通用首部
LDP 消息 1 参数（TLV 格式）
LDP 消息 2 通用首部
LDP 消息 2 参数（TLV 格式）
……

图 3-78 LDP PDU 的基本格式概括

8. LDP PDU 通用首部的格式

LDP PDU 通用首部的格式如图 3-79 所示。

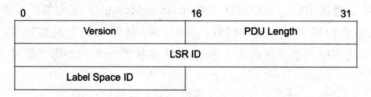

图 3-79 LDP PDU 通用首部

（1）Version：版本，占 16 位。目前版本是 1。

（2）PDU Length：占 16 位。该字段表示 LDP PDU 的总长度（不包括 Version 和 PDU Length 字段），单位是字节。最大的 PDU Length 可以通过 Initialization Message 进行协商，在协商完成之前，LDP PDU 的最大长度可达 4096 字节。

（3）LSR ID：LSR 标识，占 32 位。用于在 MPLS 域中唯一标识一台 LSR，必须全局唯一。LSR ID 可以是人为指定的，也可以由 LSR 选择所有 loopback 接口中的最高 IP 地址作为 LSR ID，如果 LSR 没有 loopback 接口，则可选择所有活动物理接口中的最高 IP 地址作为 LSR ID。

（4）Label Space ID：标签空间标识，占 16 位。值是 0 时表示该标签是基于平台的，也称为全局标签空间，LSR 为每个 FEC 只分配一个标签，并将该标签分发给所有的 LDP 对等体，也可以用于本 LSR 上的所有接口。采用这种方式，可以节约标签空间，LDP 默认使用用的就是这种方式。另外的一种标签分配方式称为接口标签空间，LSR 的每一个接口均可以为特定的 FEC 分配一个标签，对于同一 FEC，每个 LSR 上绑定的标签是不一样的。

注意，LSR ID 加上 Label Space ID 被称为 LDP Identifier，LDP Identifier 用于标识一个 LSR 的标签空间。

9..LDP 消息的通用首部

LDP 所有的消息均包含该通用首部，其格式如图 3-80 所示。

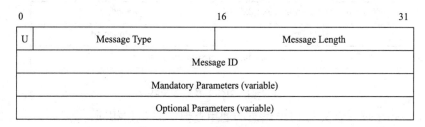

图 3-80　LDP 消息通用首部

（1）U：即 Unknown，未知消息位，占 1 位。如果收到未知消息且 U 位的值是 0，则必须向该消息的发送者返回一个通知消息，并且忽略这个未知消息；对于 U 位的值是 1 的未知消息，则直接忽略。

（2）Message Type：TLV 消息格式中的类型，占 15 位。用来指明是何种类型的消息，LDP 一共定义了 11 种类型的消息，每种类型的消息都用一个代码来表示。

- 0x0001：Notification Message，错误通告消息。
- 0x0100：Hello Message，邻居发现与维护消息。
- 0x0200：Initialization Message，Session 参数协商消息。
- 0x0201：KeepAlive Message，Session 维持消息。
- 0x0300：Address Message，地址消息。
- 0x0301：Address Withdraw Message，地址撤销消息。
- 0x0400：Label Mapping Message，标签映射消息。
- 0x0401：Label Request Message，标签请求消息。

- 0x0404：Label Abort Request Message，终止标签请求消息。
- 0x0402：Label Withdraw Message，标签撤销消息。
- 0x0403：Label Release Message，标签释放消息。

（3）Message Length，消息长度，占 16 位，其值是后面的消息标识、强制参数和可选参数字段的长度的总和，单位是字节。

（4）Message ID，消息标识，占 32 位，用来唯一标识一条 LDP 消息。

（5）Mandatory Parameters，强制参数，长度可变。注意，有一些消息是没有强制参数的，例如 KeepAlive 消息。如果消息中包含强制参数，则这些参数必须按规定的顺序列出。

（6）Optional Parameters，可选参数，长度可变。由 0 个或多个 TLV 格式的参数组成。注意，很多消息没有可选参数。

下面分析几个具体消息的格式。

10. Hello 消息的格式

Hello 消息的格式如图 3-81 所示，图中深色部分为 LDP 消息的通用首部，消息类型的值是 0x0100。

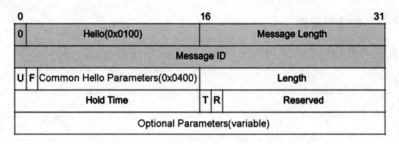

图 3-81　Hello 消息的格式

（1）U：占 1 位。含义与 LDP 消息的通用首部中的 U 位相同。

（2）F：转发未知消息位，占 1 位。当收到 U=1 且 F=1 的未知消息时，该未知消息会被继续转发，F 位的作用是转发本 LSR 不能识别但其他 LSR 可能识别的未知消息。

（3）Common Hello Parameters：所有的 Hello 消息特有的通用参数，占 14 位。

（4）Length：长度，占 16 位。参数选项 TLV 中的值（Value）的字节数。

（5）Hold Time：与邻居维持 LDP 对等体关系的时间（从收到对方的 Hello 消息开始计时），默认情况下，在本地 Hello 消息中是 15s，在远程 Hello 消息中是 45s。在 Hold Time 到期前，如果没有收到对方新的 Hello 消息，便解除与对方的 LDP 对等体关系。

（6）T：Targeted Hello，占 1 位。值是 1 时表示远程 Hello 消息，值是 0 时表示本地 Hello 消息。

（7）R：Request Send Targeted Hellos，占 1 位。值是 1 时表示请求接收者周期性地返回远程 Hello 消息，值是 0 时表示没有此需求。

（8）Reserved：保留未使用，占 14 位。值是全 0。

（9）Optional Parameters：选项参数，长度可变，可包含 0 个或多个 TLV 单元。一个常见的参数 TLV 单元是用来定义 IPv4 传输地址的（Type=0x401），即为发送 LDP 消息的

LSR 指定一个 IPv4 地址，该地址用于与邻居建立会话所需的 TCP 连接，默认情况下使用 LSR ID 作为传输地址。

以下所示是图 3-75 中的 R2 发送的一个 Hello 消息。

```
01: Internet Protocol Version 4, Src: 12.0.0.2, Dst: 224.0.0.2
02: User Datagram Protocol, Src Port: 646, Dst Port: 646
03: Label Distribution Protocol
04:    Version: 1
05:    PDU Length: 30
06:    LSR ID: 2.2.2.2
07:    Label Space ID: 0
08:    Hello Message
09:        0... .... = U bit: Unknown bit not set
10:        Message Type: Hello Message (0x100)
11:        Message Length: 20
12:        Message ID: 0x00000000
13:        Common Hello Parameters
14:            00.. .... = TLV Unknown bits: Known TLV, do not Forward (0x0)
15:            TLV Type: Common Hello Parameters (0x400)
16:            TLV Length: 4
17:            Hold Time: 15
18:            0... .... .... .... = Targeted Hello: Link Hello
19:            .0.. .... .... .... = Hello Requested: Source does not request
                                     periodic hellos
20:            ..0. .... .... .... = GTSM Flag: Not set
21:            ...0 0000 0000 0000 = Reserved: 0x0000
22:        IPv4 Transport Address
23:            00.. .... = TLV Unknown bits: Known TLV, do not Forward (0x0)
24:            TLV Type: IPv4 Transport Address (0x401)
25:            TLV Length: 4
26:            IPv4 Transport Address: 2.2.2.2
```

第 01 行，IP 分组的目的地址，这里是组播地址"224.0.0.2"。

第 02 行，Hello 消息被封装到了 UDP 用户数据报中，源端口和目的端口均是 646。

第 03～07 行，LDP PDU 的通用首部。

第 08～12 行，LDP 消息的通用首部。

第 14～26 行，Hello 消息的参数 TLV，其中第 22～26 行是参数 TLV 中的值（Value），该值又是一个 TLV 单元，其类型是 0x401，长度是 4 字节，值是"2.2.2.2"。

11. Initialization 消息的格式

LDP 对等体间相互发送 Initialization（初始化）消息来协商 LDP 会话参数，这些参数以 TLV 的格式表示。Initialization 消息的格式如图 3-82 所示。

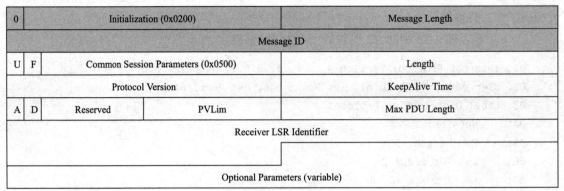

0	Initialization (0x0200)		Message Length	
Message ID				
U	F	Common Session Parameters (0x0500)		Length
Protocol Version			KeepAlive Time	
A	D	Reserved	PVLim	Max PDU Length
Receiver LSR Identifier				
Optional Parameters (variable)				

图 3-82   Initialization 消息的格式

（1）Protocol Version：协议版本，占 16 位。目前版本是 1。

（2）KeepAlive Time：保持 TCP 连接的时间，占 16 位。取双方协商时的最小值（单位是秒），只要收到了 LDP 消息，该时间就会被刷新。该时间用于规定 LDP 对等体的 LSR 双方连续接收两个 LDP 消息的最大时间间隔。

（3）A：标签的通告方式，占 1 位。值是 0 时表示 DU 方式，值是 1 时表示 DoD 方式。

（4）D：是否开启基于路由向量的环路检测，占 1 位。值是 0 时表示不开启，值是 1时表示开启。

（5）Reserved：保留未使用，占 6 位。值是全 0。

（6）PVLim（Path Vector Limit）：用于设置 LSP 的路径向量的最大长度（D 位是 1 时有效，默认 32 跳），占 8 位。当 D 位是 0 时，PVLim 必须设置为 0。

（7）Max PDU Length：LDP PDU 的最大长度，占 16 位。单位是字节，值是 0 时表示使用默认的最大长度 4096 字节。

（8）Receiver LSR Identifier：消息接收 LSR 的 LDP Identifier，占 48 位。参考 LDPPDU 通用首部的格式。

（9）Optional Parameters：可选参数，长度可变，可包含 0 个或多个 TLV 单元。

以下给出的是图 3-75 中的 R2 发送给 R1 的一个 LDP PDU，该 PDU 中包含了一个Initialization 消息。

```
01: Internet Protocol Version 4, Src: 2.2.2.2, Dst: 1.1.1.1
02: Transmission Control Protocol, Src Port: 37191, Dst Port: 646, ...
03: Label Distribution Protocol
04:     Version: 1
05:     PDU Length: 32
06:     LSR ID: 2.2.2.2
07:     Label Space ID: 0
08:     Initialization Message
09:         0... .... = U bit: Unknown bit not set
10:         Message Type: Initialization Message (0x200)
11:         Message Length: 22
12:         Message ID: 0x0000000c
13:         Common Session Parameters
```

```
14:              00.. .... = TLV Unknown bits: Known TLV, do not Forward (0x0)
15:              TLV Type: Common Session Parameters (0x500)
16:              TLV Length: 14
17:              Parameters
18:                  Session Protocol Version: 1
19:                  Session KeepAlive Time: 180
20:                  0... .... = Session Label Advertisement Discipline: DU
21:                  .0.. .... = Session Loop Detection: Loop Detection Disabled
22:                  Session Path Vector Limit: 0
23:                  Session Max PDU Length: 0
24:                  Session Receiver LSR Identifier: 1.1.1.1
25:                  Session Receiver Label Space Identifier: 0
```

第 19 行，KeepAlive Time = 180，本 LSR 设置的保活时间是 180s。

第 20 行，A 位是 0，本 LSR 采用了主动分发方式来分发标签。

第 21 行，D 位是 0，本 LSR 不进行路由环路检测。

第 22 行，由于 D 位是 0，所以 PVLim 被设置为 0。

第 23 行，Max PDU Length = 0，本 LSR 使用默认的最大 LDP PDU 长度（4096 字节）。

第 24 行，消息接收 LSR 的 LDP Identifier。

第 25 行，消息接收 LSR 使用了平台标签空间。

12. KeepAlive 消息的格式

在 LDP 会话建立完成之后，双方周期性地发送 KeepAlive 消息来维持会话。KeepAlive（保活）消息相对比较简单，仅有 LDP 消息的通用首部，没有任何选项参数，其格式如图 3-83 所示。

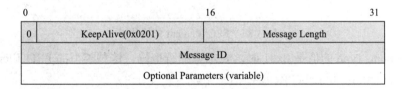

图 3-83　KeepAlive 消息的格式

当 LDP 会话的双方没有其他消息交互时，KeepAlive 消息用于刷新 KeepAlive Timer，以维持 TCP 连接上的 LDP 会话（收到包含任何消息的 LDP PDU，都会刷新 KeepAlive Timer）。下面的示例展示了图 3-75 中的 R1 向 R2 发送的一个 LDP PUD，该 PDU 中包含了一个 Initialization（初始化）消息（第 08 行，具体内容没有展开）和一个 KeepAlive 消息。

```
01: Internet Protocol Version 4, Src: 1.1.1.1, Dst: 2.2.2.2
02: Transmission Control Protocol, Src Port: 646, Dst Port: 37191, ...
03: Label Distribution Protocol
04:     Version: 1
05:     PDU Length: 40
06:     LSR ID: 1.1.1.1
07:     Label Space ID: 0
08:     Initialization Message
```

```
09:       Keep Alive Message
10:           0... .... = U bit: Unknown bit not set
11:           Message Type: Keep Alive Message (0x201)
12:           Message Length: 4
13:           Message ID: 0x00000002
```

13. Label Mapping 消息的格式

Label Mapping（标签映射）消息向邻居通告 FEC 及标签的绑定信息，是 LDP 中最为重要的消息之一。Label Mapping 消息的格式如图 3-84 所示。

0	16	31
0	Label Mapping (0x0400)	Message Length
Message ID		
0 0	FEC (0x0100)	Length
FEC Element 1		
...		
FEC Element *n*		
Label TLV (optional)		
Optional Parameters (variable)		

图 3-84   Label Mapping 消息的格式

FEC Element 1 至 FEC Element *n* 是指在 FEC 的 TLV 格式中，其值（Value）可以包含多个 FEC，即多个 FEC 被绑定到同一个标签，也就是多个 FEC 具有相同的 LSP。

对于每一个 FEC Element，其格式又是一个 TLV 单元，具体如图 3-85 所示。

0	7		23	31
FEC Element Type	Address Family		PreLen	
Prefix				

图 3-85   FEC Element 的格式

FEC Element Type 的值是 0x01 时，表示通配符掩码，这种类型的 FEC Element 没有值，被用在 Label Withdraw 和 Label Release 消息中。

在 Label Mapping 消息中，FEC Element Type 的值是 0x02，表示网络前缀；Address Family 表示地址类型，其值是 0x01 时表示 IPv4；PreLen 表示网络前缀的长度；Prefix 表示具体的网络前缀是什么，必须填充到字节的整数倍，即必须用整数字节表示。

在 Label Mapping 消息中，为 FEC Element 分配的标签以 TLV 的格式表示，具体如图 3-86 所示。

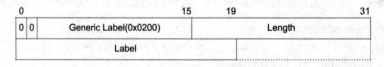

图 3-86   标签的格式

Label 是 20 比特的标签值，但需要占 4 字节的空间。

以下给出的是图 3-75 中的 R2 发送给 R1 的一个 LDP PDU 中，其中包含了 Label Mapping 消息。

```
01: Internet Protocol Version 4, Src: 2.2.2.2, Dst: 1.1.1.1
02: Transmission Control Protocol, Src Port: 37191, Dst Port: 646, ...
03: Label Distribution Protocol
04:     Version: 1
05:     PDU Length: 225
06:     LSR ID: 2.2.2.2
07:     Label Space ID: 0
08:     Address Message
09:     Label Mapping Message
10:     Label Mapping Message
11:     Label Mapping Message
12:     Label Mapping Message
13:         0... .... = U bit: Unknown bit not set
14:         Message Type: Label Mapping Message (0x400)
15:         Message Length: 23
16:         Message ID: 0x00000012
17:         FEC
18:             00.. .... = TLV Unknown bits: Known TLV, do not Forward (0x0)
19:             TLV Type: FEC (0x100)
20:             TLV Length: 7
21:             FEC Elements
22:                 FEC Element 1
23:                     FEC Element Type: Prefix FEC (2)
24:                     FEC Element Address Type: IPv4 (1)
25:                     FEC Element Length: 24
26:                     Prefix: 34.0.0.0
27:         Generic Label
28:             00.. .... = TLV Unknown bits: Known TLV, do not Forward (0x0)
29:             TLV Type: Generic Label (0x200)
30:             TLV Length: 4
31:             .... .... .... 0000 0000 0000 1100 1000 = Generic Label: 200 (0x000c8)
32: ...
```

以上展示的是一个 LDP PDU，该 PDU 一共封装了 5 条 LDP 消息，在这 5 条 LDP 消息中，包含了一条 Address（地址）消息和 4 条 Label Mapping（标签映射）消息，其中第 12～31 行是最后一个 Label Mapping 消息。

第 13～16 行是 LDP 消息的通用首部的 TLV，类型值是 0x400，表明是一个 Label Mapping 消息。

第 17～26 行是绑定标签的 FEC 的 TLV，该 FEC 是一个网络前缀（34.0.0.0）。

第 27～31 行是一个标签的 TLV，其值是十进制 200，即本 LSR 为网络前缀 34.0.0.0 绑定的标签是 200。注意，一般情况下，标签类型是与 LSR 的链路层接口相关的，且不同类型的标签，其标签格式各不相同。例如，链路层接口是 ATM 时，标签类型是 0x0201，链路层接口是帧中继时，标签类型是 0x0202 等。上例中的标签类型是通用标签（Generic Label），这种类型的标签是独立于链路层接口的。

LDP 消息有很多，其他 LDP 消息的格式，请参考 RFC 5036。

3.5 IPv6

3.5.1 概述

自 1983 年 1 月 1 日正式部署 IPv4 以来，互连网络的发展十分迅速，互连网络的应用更加普及，大量的网络纷纷连入互连网络，这使得 32 位的 IPv4 地址空间的消耗速度非常惊人（事实上，从 2011 年 2 月 3 日起，IANA 已经停止了 IPv4 地址的分配）。因此，在 20 世纪 90 年代早期，为了应对 IPv4 地址即将耗尽的问题，IETF 就已经开始研发一种替代 IPv4 的方案，即 IPv6。IPv6（Internet Protocol version 6）的最初草案是由 Cisco 公司的 Steve Deering 和 Nokia 公司的 Robert Hinden 于 1995 年起草完成的，即 RFC 2460。此后，IETF 不断地对 RFC 2460 修改完善，最终于 2017 年 7 月发布了 RFC 8200，即 IPv6 的正式标准 STD86。

IPv6 的初衷是解决 IPv4 地址不够用的问题，因此，IPv6 没有完全否定 IPv4，它对 IPv4 中存在的不足进行了必要的改进。

（1）更大的地址空间：IP 地址由 32 位增加至 128 位，彻底解决了 IPv4 地址不足的问题。除单播和多播地址之外，IPv6 中增加了一个被称为"任播地址"（Anycast Address）的新地址，该地址可以将分组交付给一组主机中的任意一个，这种地址特别适用于 HTTP 镜像站点。

（2）更加安全：支持身份验证且可对网络层数据进行加密，提高了数据的安全性。

（3）传输速度更快：IPv6 在一开始就遵循聚类的原则进行分配，这种分配方式极大地减少了路由表的长度，从而提高了路由器转发分组的速度。

（4）具有无须人工干预的自动配置功能：真正实现了即插即用，减少了网络管理的开销。

（5）更简单的首部格式：废弃了 IPv4 分组的首部中的一些字段，使得 IPv6 分组的首部更加简洁，加速了路由选择过程，提高了转发效率。另外，IPv6 分组的扩展首部的使用，使得 IPv6 对选项长度的限制不是非常严格，从而可以支持更多的选项。

（6）支持流标签：使用流标签来确定一条 IPv6 数据流，能够更好地实现 QoS。

3.5.2 IPv6 分组的格式

如图 3-87 所示，IPv6 分组由两部分组成，一部分是 40 字节的基本首部，另一部分是有效载荷。有效载荷又包含了若干个扩展首部以及数据部分，有效载荷的最大长度是 65535 字节。因此，一个 IPv6 分组的最大长度是 65575 字节。IPv6 分组的扩展首部类似于 IPv4 分组首部中的选项部分，在 IPv6 分组的基本首部中，用"下一个首部"来区分这些扩展首部。

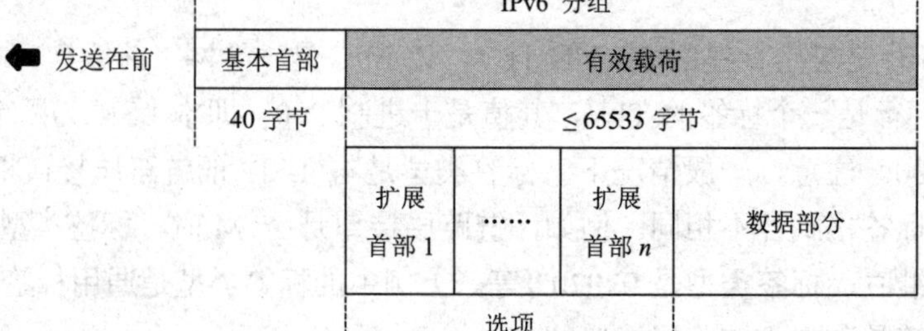

图 3-87　IPv6 分组的组成

1. IPv6 分组的基本首部

IPv6 分组的基本首部的格式如图 3-88 所示。

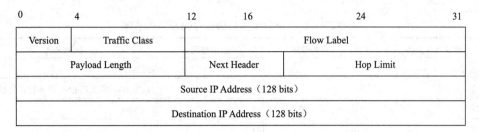

图 3-88　IPv6 分组的基本首部的格式

（1）Version：版本，占 4 位。协议的版本，对于 IPv6，该字段的值是 6。

（2）Traffic Class：通信类别（流量类型），占 8 位。该字段的功能类似于 IPv4 分组中的服务类型（TOS），目前被用于区分不同服务需求的 IPv6 分组（流量管理）以及显式拥塞通知。

（3）Flow Label（在 RFC 6437 中被定义）：流标签，占 20 位。源端用流标签来标记一个分组序列，这个分组序列在网络中被单独作为一条"流"来进行处理。采用流标签、源地址和目的地址就可以唯一确定一条数据"流"。流标签常用于网络资源的预分配，适用于实时的音频/视频数据流的传送。如果不使用流标签，则将其置为 0。

（4）Payload Length：有效载荷长度，占 16 位。IPv6 分组的除基本首部以外的剩余部分的长度（包括所有的扩展首部），单位是字节。有效载荷的最大长度是 65535 字节。

（5）Next Header：下一个首部，占 8 位。该字段的值是协议号码（Protocol Number），该号码与 IPv4 中的协议号码一致，用来标识紧接着 IPv6 分组的基本首部之后的扩展首部的类型。在 Windows 系统中，C:\WINDOWS\system32\drivers\etc 下的 protocol 文件中保存了协议号码。如果没有扩展首部，则该字段与 IPv4 分组的协议字段类似，表明 IPv6 分组的基本首部后面的数据交付给何种协议处理。

（6）Hop Limit：跳数限制，占 8 位。与 IPv4 分组中的 TTL 类似，最大值是 255，用于防止 IPv6 分组在网络中被无限制地转发，路由器收到一个 IPv6 分组，便将跳数限制减 1，当跳数限制变为 0 时，路由器便丢弃该 IPv6 分组。

（7）Source IP Address：源 IP 地址，占 128 位。始发 IPv6 分组的主机的 IP 地址。

（8）Destination IP Address：目的 IP 地址，占 128 位。IPv6 分组的预期接收端的 IP 地址（如果 IPv6 分组中包含路由选择扩展首部，则目的 IP 地址可能不是最终的接收端）。

2. IPv6 扩展首部

在 IPv4 中，分组传送路径上的每一个路由器都必须对选项一一进行检查，这种检查大大降低了路由器处理分组的速度。在 IPv6 中，所有类似于 IPv4 分组中的选项功能，全部被扩展首部替代，这些扩展首部仅仅被源主机和目的主机处理，途经的路由器并不处理这些扩展首部（逐跳扩展首部除外）。扩展首部由若干个字段所组成，不同的扩展首部，其长度各不相同，但所有扩展首部的第一个字段都是 8 位的"下一个首部"字段，此字段的值指出在该扩展首部后面的扩展首部的类型。当使用多个扩展首部时，这些扩展首部有先后顺序的排列要求，高层协议的首部总是放在最后面。扩展首部类型、协议号码及其排列顺序如表 3-29 所示。

表 3-29　扩展首部类型、协议号码及排列顺序

扩展首部类型	排列顺序	协议号码	参考 RFC
IPv6 基本首部	1	41	RFC2473
逐跳选项	2	0	RFC8200，紧跟在 IPv6 基本首部之后
目的选项	3，8	60	RFC8200
路由选项	4	43	—
分片选项	5	44	—
认证(AH)	6	51	RFC4302
封装安全载荷(ESP)	7	50	RFC4303
目的选项	8	60	RFC8200
无，没有下一个首部	9	59	RFC8200
ICMPv6	最后	58	RFC8200
UDP	最后	17	RFC768
TCP	最后	6	RFC9293
各种其他高层协议	最后	—	

注意，除了目的选项扩展首部可能出现两次以外（一次在路由选项扩展首部之前，另一次在上层协议扩展首部之前），其余扩展首部只能出现一次。

（1）逐跳选项扩展首部，该扩展首部中给出的信息，在转发路径上的每一跳路由器都必须处理，这些信息用 TLV 单元来描述。

（2）目的选项扩展首部，该扩展首部给出的信息，仅需最终目的主机进行处理（顺序是 8）。但是，当 IPv6 分组中包含有路由选项扩展首部时，目的选项扩展首部会在路由选项扩展首部之前及上层协议扩展首部之前各出现一次。途经节点处理顺序是 3 的目的选项扩展首部，最终目的主机处理顺序是 8 的目的选项扩展首部。

（3）路由选项扩展首部，该扩展首部列出一个或多个 IPv6 分组到达目的主机所必须经过的中间节点。

（4）分片选项扩展首部，该扩展首部中给出了源端的分片信息。IPv6 分组在传输过程中是不允许分片的，当路由器收到的 IPv6 分组的长度超过送出接口的 MTU 时（IPv6 需要互连网络上的每条链路的 MTU 大于或等于 1280 字节），路由器将该 IPv6 分组丢弃并向源端报错。因此，在 IPv6 中，分片只能在源端进行且仅在目的端重组这些分片。

（5）认证扩展首部，该扩展首部用来对 IPv6 分组的基本首部进行认证、完整性检验、重放保护。

（6）封装安全载荷扩展首部，该扩展首部用来对 IPv6 分组的有效载荷进行认证、完整性检验、重放保护以及加密。

（7）没有下一个首部的情况。如果在 IPv6 分组的基本首部或任何一个扩展首部中，将下一个首部设置为 59，则说明该首部之后没有扩展首部，即没有上层协议扩展首部。

为了更好地理解扩展首部的概念，图 3-89 给出了扩展首部的两个例子。

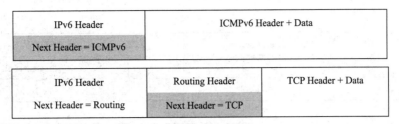

<table>
<tr><td>IPv6 Header
Next Header = ICMPv6</td><td>ICMPv6 Header + Data</td></tr>
</table>

<table>
<tr><td>IPv6 Header
Next Header = Routing</td><td>Routing Header
Next Header = TCP</td><td>TCP Header + Data</td></tr>
</table>

图 3-89 IPv6 分组的扩展首部

下面以一个实例来说明 IPv6 分组的格式。

```
01: Ethernet II, Src: Apple_ee:37:42, Dst: zte_b1:56:c0
02: Internet Protocol Version 6, Src: 240e:352:324f:1000:555f:c8fa:8a2:7c8d,
                             Dst: ...
03:    0110 .... = Version: 6
04:    .... 0000 0000 .... .... .... .... .... = Traffic Class: 0x00
05:    .... 0110 0000 0111 0111 0000 = Flow Label: 0x60770
06:    Payload Length: 16
07:    Next Header: ICMPv6 (58)
08:    Hop Limit: 255
09:    Source Address: 240e:352:324f:1000:555f:c8fa:8a2:7c8d
10:    Destination Address: 2402:f000:1:404:166:111:4:100
11: Internet Control Message Protocol v6
12:    Type: Echo (ping) request (128)
13:    Code: 0
14:    Checksum: 0xe80e [correct]
15:    Identifier: 0x07d4
16:    Sequence: 0
17:    Data (8 bytes)
18:       Data: 6393fc87000306f8
```

第 02～10 行是 40 字节的 IPv6 分组的基本首部，其中，第 07 行指明了下一个首部的类型是 ICMPv6；第 09 行是源 IP 地址；第 10 行是目的 IP 地址。

第 11～18 行是 ICMPv6 的回显请求报文（类似于 IPv4 中 ICMP 回显请求报文），该报文的首部长度是 8 字节，并携带了 8 字节的数据。

3. IPv4 分组与 IPv6 分组对比

与 IPv4 分组相比，IPv6 分组的首部仅有 8 个字段，而 IPv4 分组的首部有 13 个字段。IPv6 分组将复杂的功能全部放在了扩展首部中，且删除了 IPv4 分组的首部中的一些字段。图 3-90 给出了 IPv4 分组首部的格式，深色背景的字段在 IPv6 分组中已被删除，其他字段在 IPv6 分组中原样保留，但位置和名字发生了变化，IPv6 分组实际上只增加了一个 Flow Label 字段。

（1）取消了 IHL 字段，因为在 IPv6 中，基本首部的长度是固定的（40 字节）。

（2）取消了用于分片的 Identification、Flags 和 Fragment Offset 字段，因为在 IPv6 中，路由器不会对 IP 分组进行分片，分片由源端采用分片选项扩展首部标识，且最终在目的端被重组。

0	4	8	16	19	31
Version	IHL	Type of Service		Total Length	
Identification			Flags	Fragment Offset	
Time To Live		Protocol	Header Checksum		
Source IP Address					
Destination IP Address					
Options					Padding

图 3-90　IPv4 分组首部的格式

（3）取消了 Header Checksum 字段，因为在数据链路层已经丢弃了出错的帧，且运输层协议也会对数据报进行检测（UDP 是将出错的数据报直接丢弃，而 TCP 协议会重传出错的 TCP 报文段），因此，位于数据链路层与运输层之间的网络层，再进行首部检验显得有些多余，故在 IPv6 分组中将该字段删除。

（4）取消了 Options 和 Padding 字段，其功能由扩展首部实现。

（5）Type of Service 字段被 Traffic Class 字段替代。

（6）Total Length 字段被 Payload Length 字段替代。

（7）Time To Live 字段被 Hop Limit 字段替代。

（8）Protocol 字段被 Next Header 字段替代。

3.5.3　IPv6 地址

1. IPv6 地址的表示形式

IPv6 地址的长度是 128 位（在 RFC 4291 中被定义），地址总数达到了 2^{128} 个，几乎不可能被全部耗尽。在 IPv4 中，采用点分十进制来表示一个 IPv4 地址，如果 IPv6 地址也采用类似的点分十进制，则需要使用 16 个十进制数来表示，这种表示方法太长。为了减少表示的长度，IPv6 地址采用冒号十六进制形式来表示（Colon Hexadecimal Notation，简写为 Colon Hex），该表示方法将 128 位的 IPv6 地址拆分为 8 段，每一段 16 位，每段均以十六进制形式来表示，段间以冒号进行分隔。例如，"240E:352:324F:1000:460:F3C8:75F3:7D77"就是一个冒号十六进制形式的 IPv6 地址。

由于 IPv6 地址很长，经常出现连续多个 0 的情况，所以可以简写 IPv6 地址，省略掉 IPv6 地址中的部分 0：

（1）每组地址 0 开头时可以省略；

（2）每组连续多个 0 可以用一个 0 表示；

（3）连续多组 0 可以用双冒号表示（零压缩，只能使用一次）。

表 3-30 给出了简写 IPv6 地址的一些示例。

表 3-30　IPv6 地址简写示例

原地址	简写地址
2001:0000:0000:0000:8:0000:0000:BE7A	2001::8:0:0:BE7A（只能使用一次零压缩）
FE80:0000:0000:0000:0000:0000:0000:1A11	FE80::1A11（本地链路单播地址）

原地址	简写地址
0000:0000:0000:0000:0000:0000:0000:1	::1（环回接口地址）
0000:0000:0000:0000:0000:0000:0000:0000	::或 0:0:0:0:0:0:0:0
2001:0DB8:0:0D30:0123:4567:89AB:0DEF	2001:DB8:0:D30:123:4567:89AB:DEF（省略每组中开始的 0）

CIDR 斜线记法仍然适用。例如，64 位网络前缀 2001:0000:0000:3170 可表示如下：

2001:0000:0000:3170:0000:0000:0000:0000/64

或者 2001:0:0:3170::/64

或者 2001::3170:0:0:0:0/64

注意，对于上述网络前缀，以下写法是错误的：

2001:0:0:317/64，不能省略 3170 最后的 0；

2001::3170/64，这表示地址 2001:0000:0000:0000:0000:0000:0000:3170/64；

2001::317/64，这表示地址 2001:0000:0000:0000:0000:0000:0000:0317/64。

2. IPv6 地址的分类

与 IPv4 地址相比较，IPv6 地址的类型更多，主要可划分为三大类：

（1）单播（Unicast）地址，对应于 IPv4 中的公有和私有地址，是单一接口标识符，发往此地址的 IPv6 分组，被该地址标识的接口接收，这类地址可用作源地址或目的地址，用于实现一对一的通信。IPv6 中定义了多种类型的单播地址，以实现不同的功能。

（2）多播（Multicast）地址（也称为组播地址），是一组接口的标识符，发送给多播地址的 IPv6 分组，最终被发送给多播组中的每一个接口接收，多播地址用于实现一对多的通信。注意，IPv6 取消了广播地址，广播地址是多播地址的一个特例。多播地址仅可用于目的地址。IPv6 中的多播地址又被分为多种类型，以实现不同的功能。

（3）任播（Anycast）地址，这是 IPv6 中新增加的一种地址类型。任播地址标识的也是一组接口（这些接口通常属于不同的节点），但 IPv6 分组仅交付给该地址标识的接口之一，通常交付给路由选择算法计算的开销最小的一个地址，即交付给路由意义上最近的一个网络接口。任播地址仅可用于目的地址。注意，IPv6 中没有单独分配任播地址空间，而是与单播地址共享地址空间，且任播地址仅可以被分配给路由设备，不能分配给端系统使用，当一个单播地址分配给多个接口使用时，该单播地址就变成任播地址了。具体分类情况参考表 3-31。

表 3-31　IPv6 地址的分类简介

地址类型	地址块前缀	前缀的 CIDR 记法	说明
未指定地址	00...0（128 位）	::/128	—
环回地址	00...1（128 位）	::1/128	类似于 IPv4 中的 127.0.0.1
本地站点单播地址	1111 1110 11	FEC0::/10	类似 IPv4 中的私有 IP，已被废弃
唯一本地单播地址	1111 110	FC00::/7	类似 IPv4 中的私有 IP
本地链路单播地址	1111 1110 10	FE80::/10	限定在本地链路范围内（二层范围内），不能路由
多播（组播）地址	1111 1111	FF00::/8	注意：FF02::1、FF02::2、FF02::1:FFxx:xxxx
全球单播地址	001	2000::/3	2001::/16 分给主机使用

3. 单播地址

（1）未指定地址（Unspecified Address），::/128 是 IPv6 中的未指定地址，类似于 IPv4 中的地址 0.0.0.0，当一个接口没有有效的 IPv6 地址且需要发送数据时，该接口可以使用这个地址作为源地址。

（2）环回地址（Loopback Address），类似于 IPv4 中的环回地址 127.0.0.1，用于虚拟的环回接口，常用于测试和排错，路由器永远不会转发发送给环回地址的 IPv6 分组。

（3）本地链路单播地址（Link-Local Unicast Addresses），该地址被分配给共享单一链路进行通信的主机使用，即用于单条链路，路由器永远不会转发目的地址是本地链路单播地址的数据流量。当接口配置了其他的单播地址，IPv6 会自动为该接口配置本地链路单播地址，类似于 IPv4 中的 APIPA（Automatic Private IP Addressing）：在没有 DHCP 服务器的情况下，Windows 系统会自动分配一个 169.254.0.0/16 中的地址。

由于每个接口可以分配多个 IPv6 单播地址，并且管理员可以随时改变这些 IPv6 地址，所以出现了很多路由的下一跳路由器是相同的，但下一跳的 IPv6 地址却不一样的情况。利用接口的唯一的不会发生变化的本地链路单播地址，就能够很好地解决这些问题。在无法正确配置 IPv6 地址的情况下，本地链路单播地址也能够保证邻居发现协议正确地工作。本地链路单播地址的结构如图 3-91 所示。

1111 1110 10	0000…0000	Interface ID
10 bits	54 bits	64 bits

图 3-91　本地链路单播地址的结构

从本地链路单播地址的结构可以看出，前 10 位固定是 1111 1110 10，因此，该地址块的前缀是 FE80::/64。在无状态地址自动配置的情况下（没有 DHCPv6 服务器），64 位 Interface ID（接口标识）用于唯一标识一个接口。

（4）本地站点单播地址（Site-Local Unicast Addresses），等效于 IPv4 中的私有 IP 地址（10.0.0.0/8、172.16.0.0/12 和 192.168.0.0/16），路由器不会转发目的地址是本地站点单播地址的 IPv6 分组。本地站点单播地址的结构如图 3-92 所示。

1111 1110 11	Subnet ID	Interface ID
10 bits	54 bits	64 bits

图 3-92　本地站点单播地址的结构

从本地站点单播地址的结构可以看出，前 10 位固定是 1111 1110 11，因此，该地址块的前缀是 FEC0::/10。在本地站点单播地址中，Subnet ID（子网标识）由管理员配置，Interface ID（接口标识）用于保证地址的唯一性。在实际工作中，由于经常将网络合并或拆分，如果将使用了相同的本地站点单播地址寻址方案的两个网络合并，可能会产生问题。因此，本地站点单播地址已经被 RFC 4193 定义的唯一本地单播地址取代。

（5）唯一本地单播地址（Unique Local Unicast Address），该地址的作用与本地站点单播地址一样，其结构如图 3-93 所示。

1111 110	L	Global ID	Subnet ID	Interface ID
7 bits	1	40 bits	16 bits	64 bits

图 3-93　唯一本地单播地址的结构

该地址的前 7 位固定是 1111 110，因此，该地址块的前缀是 FC00::/7。第 8 位用来表示该地址的分配方式，如果该比特位是 1，则说明 Global ID 是由本地分配的，如果该比特位是 0，则说明 Global ID 是由互联网注册机构分配的。Global ID 是全局唯一前缀或全局唯一标识，如果是本地分配，则 Global ID 是通过伪随机算法计算得到的，因此，节点具有相同的 Global ID 的可能性非常小。16 位的 Subnet ID 被称为子网标识，用于层次化组织网络。Interface ID 被称为接口标识，该标识可以保证每个地址在子网中是唯一的。正是由于唯一的特性，使得这类地址的分组即使不慎被路由到了站点之外，也不可能与其他地址产生冲突。

（6）全球单播地址（Global Unicast Addresses），在全球的 IPv6 互连网络内，该地址为接口指定了一个全局唯一的不会重复的标识，该地址类似 IPv4 中的公网 IP 地址，其结构如图 3-94 所示。

001	Global Routing Prefix	Subnet ID	Interface ID
3 bits	45 bits	16 bits	64 bits

图 3-94　全球单播地址的结构

前三位固定是 001，其后 45 位是全球路由前缀（Global Routing Prefix）。16 位的子网标识（Subnet ID）由组织机构管理员分配，用于创建子网，管理员一共可定义 65534 个子网。Interface ID（接口标识），用于保证地址的唯一性。由其结构可以看出，该地址块的前缀是 2000::/3，因此全球单播地址的范围是 2000::~3FFF:FFFF:FFFF:FFFF:FFFF:FFFF:FFFF:FFFF。

Interface ID 是通过 EUI 64 算法计算得到的。EUI 64 算法是利用接口的 MAC 地址来计算接口标识，该算法对 MAC 地址进行了两次修改：第一，将 MAC 地址的 U/L 位（第 7 位）取反（1 变为 0，0 变为 1），在 MAC 地址中表示是本地管理；第二，将十六进制数"FFFE"插入到 MAC 地址的中间。例如，某接口的 MAC 地址是 00:50:79:66:68:01，将第 7 位取反：0250:7966:6801；将修改后的 MAC 地址一分为二，中间插入固定的"FFFE"：0250:79FF:FE66:6801。

4. 多播地址

在 IPv6 中，有多种类型的多播地址（Multicast Address），这些多播地址分别用于实现不同的功能，例如邻站发现（替代 IPv4 中的 ARP 协议）、路由发现、重复地址检测、路由通告等等。一般的多播地址结构如图 3-95 所示。

1111 1111	Flags	Scope	Group ID
8 bits	4 bits	4 bits	112 bits

图 3-95　多播地址的结构

在 IPv6 中没有广播地址，而是采用多播来替代广播。多播地址的前缀是 FF00::/8。

如果 4 位标志（Flags）的值是 0000，则表示是由 IANA 分配的、永久的、众所周知（Well-Known）的多播地址，这些多播地址分配给了各种不同的网络技术去使用；如果值是 0001，则表示是一个临时的、动态分配的多播地址。

Scope 字段用来指明多播地址的作用范围（范围是指某种拓扑结构连接起来的区域）。

- 0x1：Interface-Local Scope，本地接口范围，仅能在本地单一的接口上使用，用于一个节点中的 loopback 接口来分发多播流量。
- 0x2：Link-Local Scope，本地链路范围，即二层直连网络内。
- 0x4：Admin-Local Scope，本地管理范围。
- 0x5：Site-Local Scope，本地站点范围，即本地的物理网络范围，用于机构内部多播的私有多播地址，该范围内的多播流量不会穿越本地站点的 IPv6 边界路由器。
- 0x8：Organization-Local Scope，组织机构范围，该范围内的多播流量不会穿越组织机构的 IPv6 边界路由器。
- 0xE：Global Scope，全球范围。

Group ID，组标识，一共 112 位（可被划分为若干部分）。

图 3-96 比较直观地给出了部分多播地址的作用范围。

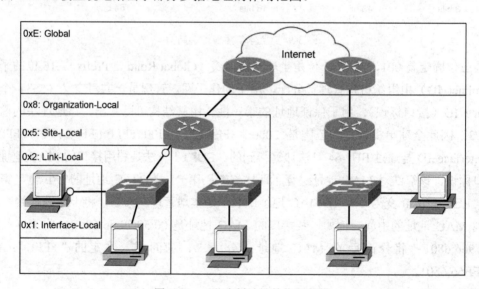

图 3-96 一些多播地址的作用范围

（1）众所周知的（Well-Known）的多播地址

IANA 定义了很多特殊用途的多播地址，被称为众所周知的多播地址，这些多播地址的前缀为 FF00::/12。一些特殊用途的多播地址如表 3-32 所示。

表 3-32 一些特殊用途的多播地址

/8 前缀	标志	范围	Group ID	压缩格式	含义	等效于 IPv4
本地接口范围						
FF	0	1	0:0:0:0:0:0:1	FF01::1	本地接口（主机）范围内的所有节点	None
FF	0	1	0:0:0:0:0:0:2	FF01::2	本地接口（主机）范围内的所有路由器	None

/8 前缀	标志	范围	Group ID	压缩格式	含义	等效于 IPv4
本地链路范围						
FF	0	2	0:0:0:0:0:0:0:1	FF02::1	本地链路范围内的所有节点	一个子网的广播地址
FF	0	2	0:0:0:0:0:0:0:2	FF02::2	本地链路范围内的所有路由器	None
FF	0	2	0:0:0:0:0:0:0:5	FF02::5	本地链路范围内的所有运行 OSPF 的路由器	224.0.0.5
FF	0	2	0:0:0:0:0:0:0:6	FF02::6	本地链路范围内的所有运行 OSPF 的指定路由器	224.0.0.6
FF	0	2	0:0:0:0:0:0:0:9	FF02::9	本地链路范围内的所有运行 RIP 的路由器	224.0.0.9
FF	0	2	0:0:0:0:0:0:0:A	FF02::A	本地链路范围内的所有运行 EIGRP 的路由器	224.0.0.10
FF	0	2	0:0:0:0:0:0:1:2	FF02::1:2	本地链路范围内的所有 DHCP 中继代理	None
本地站点范围						
FF	0	5	0:0:0:0:0:0:0:2	FF05::2	本地站点范围内的所有的节点	None
FF	0	5	0:0:0:0:0:0:1:3	FF05::1:3	本地站点范围内的所有 DHCP 服务器	None

（2）被请求节点多播地址（Solicited-Node Multicast Address）

这是一个非常特别且十分重要的多播地址，它有两个方面的重要作用：

- 由于 IPv4 中的 ARP 协议存在诸多安全问题，IPv6 取消了 ARP 协议，并且用 ICMPv6 协议的功能来替代 ARP 的功能。被请求节点多播地址，就是用来获取本地链路上的邻居节点的物理地址的。
- 被请求节点多播地址也用于重复地址检测（DAD），在 IPv6 无状态地址自动配置的情况下，节点在为自己配置 IPv6 地址之前，利用 DAD 来检查本地链路上该 IPv6 地址是否已被其他节点使用。

该地址的前缀是 FF02:0000:0000:0000:0000:0001:FF00:0000/104，即 FF02::1:FF00:0/104。

例如，某接口的 IPv6 地址是 FE80::0250:79FF:FE66:6801，其被请求节点多播地址则是 FF02:0:0:0:0:1:FF66:6801。

5. 主机/路由器接口的地址

对于主机而言，其接口一旦分配了单播 IPv6 地址（本地或全球），便会自动分配一个本地链路单播地址。

```
01: PC-1> show ipv6
02:
03: NAME            : PC-1[1]
04: LINK-LOCAL SCOPE : fe80::250:79ff:fe66:6800/64
05: GLOBAL SCOPE    : 2001::2050:79ff:fe66:6800/64
06: DNS             :
07: ROUTER LINK-LAYER :
08: MAC             : 00:50:79:66:68:00
09: MTU:            : 1500
```

第 04 行，本地链路单播地址。

第 05 行，全球单播地址。

第 08 行，本地接口的 MAC 地址。

对于路由器而言，除了自动分配本地链路单播地址外，还会自动加入本地链路所有节点多播组 FF02::1、本地链路所有路由器多播组 FF02::2 和被请求节点多播组 FF02::1:FFxx:xxxx。

```
01: R4#show ipv6 int f0/0
02: FastEthernet0/0 is up, line protocol is up
03:   IPv6 is enabled, link-local address is FE80::C006:BFF:FE28:0
04:   Global unicast address(es):
05:     2001:DB08:ACAD:1::2, subnet is 2001:DB08:ACAD:1::/64
06:   Joined group address(es):
07:     FF02::1
08:     FF02::2
09:     FF02::5
10:     FF02::6
11:     FF02::1:FF00:2
12:     FF02::1:FF28:0
13:   MTU is 1500 bytes
14:   ICMP error messages limited to one every 100 milliseconds
15:   ICMP redirects are enabled
16:   ND DAD is enabled, number of DAD attempts: 1
17:   ND reachable time is 30000 milliseconds
18:   ND advertised reachable time is 0 milliseconds
19:   ND advertised retransmit interval is 0 milliseconds
20:   ND router advertisements are sent every 200 seconds
21:   ND router advertisements live for 1800 seconds
22:   Hosts use stateless autoconfig for addresses.
```

第 03 行，本地链路单播地址。

第 05 行，全球单播地址。

第 07～12 行，路由器加入的多播组。从第 09 行和第 10 行可以看出，该路由器运行了 OSPF 路由协议。第 11 行和第 12 行是两个被请求节点多播地址，分别对应全球单播地址（第 05 行）和本地链路单播地址（第 03 行）。

第 14～21 行，协商的各类消息参数，大多是一些定时器参数。

第 22 行，说明主机采用无状态地址自动配置的方式来为接口配置 IPv6 地址。

3.5.4 ICMPv6

1. 基本概念

与 ICMPv4 类似，ICMPv6（在 RFC 4443 中被定义）消息分为两大类：一类是差错报告消息，一类是信息消息。但是相较于 ICMPv4，ICMPv6 的功能得到了大幅度的增强：它将 IPv4 中使用的 ARP、IGMP 协议的相关功能，全部整合到了 ICMPv6 中。由于邻站的发现仅需要 ICMPv6 就可以实现，因此很好地解决了 ARP 协议高度依赖数据链路层的问题及 ARP 协议的安全性问题。ICMPv6 功能较多，相对比较复杂。在 IPv6 分组中，标识 ICMPv6 消息的下一个首部的值是 58。

2. ICMPv6 消息的通用格式

所有的 ICMPv6 消息都有一个通用的首部，该首部的格式如图 3-97 所示。

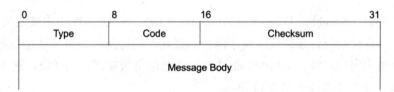

图 3-97　ICMPv6 消息通用首部的格式

（1）Type：类型，占 8 位。表明消息的类型，其值若在 0～127 之间，则是 ICMPv6 差错报告消息；其值若在 128～255 之间，则是 ICMPv6 信息消息。

（2）Code：代码，占 8 位。对类型的进一步详细描述，即对类型的进一步细化，类似于评价指标，若类型是一级指标，则代码是二级指标。

（3）Checksum：检验和，占 16 位。与 ICMPv4 消息的首部检验和类似，ICMPv6 消息的检验和的计算包括整个 ICMPv6 消息和伪首部，伪首部由出错 IPv6 分组中的源地址、目的地址、有效载荷长度和下一个首部组成。

部分 ICMPv6 消息的类型、代码、含义及来源如表 3-33 所示。

表 3-33　部分 ICMPv6 消息

消息	类型	代码	含义	来源
差错报告消息				
Destination Unreachable Message 目的不可达消息	1	0	没有去往目的的路由	源主机或路由器
		1	管理上不允许访问目的主机，例如设置了防火墙	
		2	不能转发，例如路由器因拥塞不能转发等	
		3	地址不可达	
		4	端口不可达	
Packet Too Big Message 分组太大消息	2	0	分组长度超过了路由器送出接口链路的 MTU	路由器
Time Exceeded Message 超时消息	3	0	传输中超过了跳数限制	路由器或目的主机
		1	分片重组超时	目的主机
Parameter Problem Message 参数问题消息	4	0	首部字段出错	路由器
		1	不可识别的下一首部	路由器
		2	不可识别的首部选项	路由器
信息消息				
Echo Request Message 回送请求消息	128	0	回送请求消息	源主机
Echo Reply Message 回送回答消息	129	0	回送回答消息	目的主机

有关 ICMPv6 差错报告消息和回送请求/回答消息本书不做介绍，请参考 RFC 4443。后面仅对邻站发现协议所需的消息进行介绍，只有 ICMPv6 使用了这些消息，ICMPv4 没有这类消息。

3.5.5 邻站发现协议

1. 概述

邻站发现协议（Neighbor Discovery Protocol，NDP，在 RFC 4861 中被定义）是 IPv6 协议体系中的一个重要协议，该协议实现了路由器发现、地址解析、重复地址检测、邻居不可达检测及路由重定向的功能，ICMPv6 通过 5 种信息消息来实现这些功能，这 5 种信息消息的类型、代码、含义及来源如表 3-34 所示。

表 3-34 5 种信息消息

消息	类型	代码	含义	来源
Router Solicitation Message 路由器请求（RS）消息	133	0	用于主机发现链路上的路由器	主机
Router Advertisement Message 路由器通告（RA）消息	134	0	路由器主动通告或响应 RS 消息	路由器
Neighbor Solicitation Message 邻居请求（NS）消息	135	0	节点向邻居发送 NS 消息以获取其 MAC 地址	主机
Neighbor Advertisement Message 邻居通告（NA）消息	136	0	节点发送 NA 消息给发送 NS 消息的邻居和其他节点	主机
Redirect Message 重定向消息	137	0	路由器向节点通告去往目的主机的最佳第一跳	路由器

（1）路由器发现：主机通过 RS 消息和 RA 消息来确定本链路上的路由器以及相关配置信息，这些信息包含路由器发现、前缀发现和参数发现等，常用于自动配置 IPv6 地址的主机。

（2）地址解析：其功能与 IPv4 中的 ARP 协议是一样的，主机通过 NS 消息和 NA 消息，来获取目的 IPv6 地址的主机的数据链路层地址。

（3）重复地址检测：节点通过 NS 消息和 NA 消息，来检查自己即将使用的 IPv6 地址是否已经被其他节点使用。

（4）邻居不可达检测：节点通过 NS 消息和 NA 消息来检测与邻居节点的连通性。

（5）路由重定向：路由器告诉主机去往目的主机的最佳下一跳。IPv6 中的路由重定向与 IPv4 中的路由重定向略有不同：路由器不会转发需要重定向转发的 IPv6 分组，它会把该 IPv6 分组封装到 ICMPv6 重定向消息中返回给源主机。

注意，NDP 仅在本链路范围内有效，即仅在直连网络内有效。

2. RS 消息

主机向本地链路上的所有路由器的多播组（目的地址是 ff02::2）发送 RS 消息，以获取网络前缀信息和路由器的地址，源地址是本地链路单播地址。该消息只能通过自动配置（Auto Configuration）才能产生且是由主机主动发出的消息。注意，自动配置称为无状态地址自动配置，在这种配置环境下是不需要 DHCPv6 服务器的，只需要一个具有 IPv6 地址的网关即可，那些与该网关同处于一个直连网络中的主机，通过 RS 消息和 RA 消息都会自动获得一个 IPv6 地址。RS 消息的格式如图 3-98 所示。

0	8	16	31
Type = 133	Code = 0	Checksum	
Reserved			
Options (variable)			

图 3-98 RS 消息的格式

RS 消息的格式比较简单，下面通过一条真实的 RS 消息来理解。该消息是由如图 3-99 所示的网络拓扑中的 PC-1 发送的，而 RA 消息是由 R1 被动发送的。

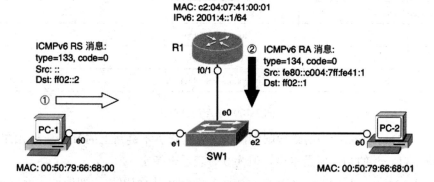

图 3-99 IPv6 网络拓扑

例如，PC-1 发送的 RS 消息如下：

```
01: Ethernet II, Src: 00:50:79:66:68:00, Dst: 33:33:00:00:00:02
02: Internet Protocol Version 6, Src: ::, Dst: ff02::2
03:     0110 .... = Version: 6
04:     .... 0000 0000 .... .... .... .... .... = Traffic Class: 0x00
05:     .... 0000 0000 0000 0000 0000 = Flow Label: 0x00000
06:     Payload Length: 8
07:     Next Header: ICMPv6 (58)
08:     Hop Limit: 255
09:     Source Address: ::
10:     Destination Address: ff02::2
11: Internet Control Message Protocol v6
12:     Type: Router Solicitation (133)
13:     Code: 0
14:     Checksum: 0x7bb8 [correct]
15:     Reserved: 00000000
```

第 02～10 行是 IPv6 分组的基本首部，其中第 02 行表示源地址是::，即主机的源地址是未指定的，需要通过发送 RS 消息来请求网络前缀信息。该消息的目的地址是本地链路上的所有路由器的多播地址 ff02::2（第 10 行），即向本地链路范围内的所有路由器请求地址配置信息。注意，网络层的多播地址最终需要映射到链路层的多播地址，从第 01 行的目的 MAC 地址可以看出，网络层的多播地址 ff02::2 映射到链路层的多播地址是 33:33:00:00:00:02，其中 33:33 是固定部分，后面 32 位是 IPv6 地址的后 32 位。

第 07 行，下一个首部的值是 58，表示该 IPv6 分组的有效载荷是一个 ICMPv6 消息。

第 11～15 行，是一个具体的 RS 消息（Type = 133，Code = 0）

3. RA 消息

RA 消息可以是路由器对 RS 消息的响应，也可以是路由器周期性地主动发布的 RA 消息（在没有抑制路由器发送 RA 消息的情况下），RA 消息用来通告路由器的 IPv6 地址前缀信息以及标志位等信息。RA 消息的格式如图 3-100 所示。

0		8			16	31
Type = 134			Code = 0			Checksum
Cur Hop Limit		M	O	Reserved		Router Lifetime
Reachable Time						
Retrans Timer						
Options (variable)						

图 3-100　RA 消息格式

（1）Cur Hop Limit：当前跳数限制，占 8 位。告诉本链路上的节点，发出的 IPv6 分组中的首部 Hop Limit 的初始值是多少，值为 0 时表示未指定。

（2）M（Managed Address Configuration）：管理地址配置位，即地址配置方式位，占 1 位。指示主机使用何种配置方式来获取 IPv6 单播地址。M = 1 时，收到该 RA 消息的主机将使用有状态配置协议（DHCPv6）来获取 IPv6 地址，否则使用无状态地址自动配置。

（3）O（Other Configuration）：其他配置位，占 1 位。只有当 M=1 时该位才有意义。值是 1 时，表示使用有状态配置协议来获取其他配置信息（通过 DHCPv6 获取），例如 DNS、链路 MTU、邻居可达时间、路由器生存时间等；值是 0 时，表示 DHCPv6 中没有其他的可用信息。

（4）Reserved：保留位，占 6 位。

（5）Router Lifetime：路由器生存时间，占 16 位。表示主机将该路由器作为默认路由器（网关）的有效时间，以秒为单位，最大值是 65535。如果该字段的值是 0，则说明发出 RA 消息的路由器不是默认路由器。

（6）Reachable Time：可达时间，占 32 位。用于邻居不可达检测，以毫秒为单位，用来告知本链路上的所有节点：在收到邻居可达性确认后，在 Reachable Time 内，可认为该邻居是可到达的。值是 0 时，说明路由器没有指定。

（7）Retrans Timer：重传定时器，占 32 位。一般用于地址解析和邻居不可达检测，以毫秒为单位。表示节点没有收到 NA 消息而重新发送 NS 消息的时间间隔，即重传 NS 消息的时间间隔。值是 0 时，说明路由器没有指定。

（8）Options：选项，长度可变。可以是源站的链路层地址、MTU、IPv6 地址的前缀等信息。

续前例，R1 被动发送的 RA 消息（响应 PC-1 的 RS 消息）如下：

```
01: Ethernet II, Src: c2:04:07:41:00:01 , Dst: 33:33:00:00:00:01
02: Internet Protocol Version 6, Src: fe80::c004:7ff:fe41:1, Dst: ff02::1
```

```
03:     0110 .... = Version: 6
04:     .... 1110 0000 .... .... .... .... .... = Traffic Class: 0xe0
05:     .... 0000 0000 0000 0000 0000 = Flow Label: 0x00000
06:     Payload Length: 64
07:     Next Header: ICMPv6 (58)
08:     Hop Limit: 255
09:     Source Address: fe80::c004:7ff:fe41:1
10:     Destination Address: ff02::1
11: Internet Control Message Protocol v6
12:     Type: Router Advertisement (134)
13:     Code: 0
14:     Checksum: 0x6e12 [correct]
15:     Cur hop limit: 64
16:     Flags: 0x00, Prf (Default Router Preference): Medium
17:         0... .... = Managed address configuration: Not set
18:         .0.. .... = Other configuration: Not set
19:         ..0. .... = Home Agent: Not set
20:         ...0 0... = Prf (Default Router Preference): Medium (0)
21:         .... .0.. = Proxy: Not set
22:         .... ..0. = Reserved: 0
23:     Router lifetime (s): 1800
24:     Reachable time (ms): 0
25:     Retrans timer (ms): 0
26:     ICMPv6 Option (Source link-layer address : c2:04:07:41:00:01)
27:     ICMPv6 Option (MTU : 1500)
28:     ICMPv6 Option (Prefix information : 2001:4::/64)
```

由于 PC-1 在规定的时间内收到了路由器发送的 RA 消息，因此 PC-1 知道这是它发送的 RS 消息的响应消息。

第 02 行，源 IPv6 地址是 R1 路由器接口 f0/1 的本地链路地址 fe80::c004:7ff:fe41:1，该地址是由路由器的 MAC 地址 c2:04:07:41:00:01 通过 EUI 64 计算得到的。由于路由器 R1 收到的 RS 消息中没有源 IPv6 地址，所以 R1 发送 RA 消息的目的地址是本链路上所有节点的多播地址，即 ff02::1。注意第 01 行的目的地址 33:33:00:00:00:01，这是本链路上所有节点的多播地址 ff02::1 对应的数据链路层的多播地址。

第 11～28 行，是完整的 RA 消息，其中第 23 行表明路由器是默认路由器，且给出了该路由器作为默认路由器的有效时间。

第 26～28 行，分别给出了发送 RA 消息的路由器的 MAC 地址、接口的 MTU 以及网络前缀（2001:4::/64）。

PC-1 通过 RS 消息和 RA 消息，采用无状态地址自动配置的方式，最终得到了自己的全局单播 IPv6 地址、默认路由器以及默认路由器的 MAC 地址（地址解析功能）。

```
01: PC-1> show ipv6
02:
03: NAME            : PC-1[1]
04: LINK-LOCAL SCOPE : fe80::250:79ff:fe66:6800/64
05: GLOBAL SCOPE     : 2001:4::2050:79ff:fe66:6800/64
```

```
06: DNS              :
07: ROUTER LINK-LAYER : c2:04:07:41:00:01
08: MAC              : 00:50:79:66:68:00
09: LPORT            : 10032
10: RHOST:PORT       : 127.0.0.1:10033
11: MTU:             : 1500
```

第 04 行，本地链路单播地址。

第 05 行，采用无状态地址自动配置的方式获得的全球单播地址。

第 07 行，默认路由器的链路层地址。

第 08 行，本地接口的链路层地址。

第 11 行，MTU 是 1500 字节。

4. NS 消息

在 IPv4 中，只有通过 ARP 协议才可以获取直连网络中的邻居主机的链路层地址，但是在 IPv6 中，通过 NS 消息和 NA 消息便可获取邻居节点的链路层地址。NS 消息还可用来验证邻居的可达性及实现重复地址检测。NS 消息的格式如图 3-101 所示。

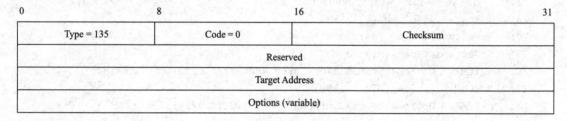

图 3-101 NS 消息的格式

Type 字段的值是 135 且 Code 字段的值是 0 时，表示该 ICMPv6 消息是 NS 消息。

（1）Target Address：目的主机的 IPv6 地址，占 128 位。

（2）Options：选项，给出了源主机的链路层地址（地址解析功能）。

请求邻居的链路层地址的过程如图 3-102 所示。

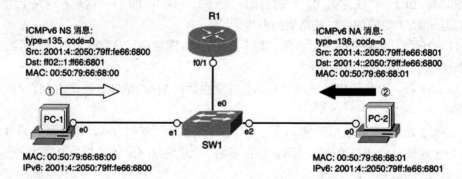

图 3-102 地址解析过程

例如，图 3-102 中的 PC-1 发送的请求 PC-2 的链路层地址的 NS 消息（PC-2 的 IPv6 地址是 2001:4::2050:79ff:fe66:6801）如下：

```
01: Ethernet II, Src: Private_66:68:00, Dst: 33:33:ff:66:68:01
02: Internet Protocol Version 6, Src: 2001:4::2050:79ff:fe66:6800,
                                 Dst: ff02::1:ff66:6801
03: Internet Control Message Protocol v6
04:     Type: Neighbor Solicitation (135)
05:     Code: 0
06:     Checksum: 0xee07 [correct]
07:     Reserved: 00000000
08:     Target Address: 2001:4::2050:79ff:fe66:6801
09:     ICMPv6 Option (Source link-layer address : 00:50:79:66:68:00)
10:         Type: Source link-layer address (1)
11:         Length: 1 (8 bytes)
12:         Link-layer address: 00:50:79:66:68:00
```

第 01 行，该行中的目的 MAC 地址 33:33:ff:66:68:01，是被请求节点的多播地址 ff02::1:ff66:6801 映射到链路层的多播地址。

第 02 行，IPv6 分组中的目的地址，并不是被请求节点的 IPv6 地址，而是被请求节点的多播地址 ff02::1:ff66:6801。

第 08 行，被请求节点的 IPv6 地址。

5. NA 消息

NA 消息可以是对 NS 消息的响应，也可以是节点主动发出的，其格式如图 3-103 所示。

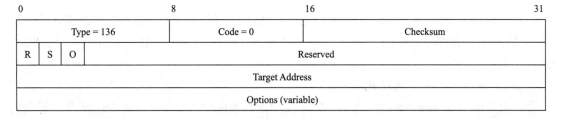

图 3-103　NA 消息的格式

Type 字段的值是 136 且 Code 字段的值是 0 时，表示该 ICMPv6 消息是 NA 消息。

（1）R：路由器（Router）标志，占 1 位。值是 1 时，表示消息是由路由器发送的；值是 0 时，表示消息是由主机发送的。

（2）S：被请求（Solicited）标志，占 1 位。值是 1 时，表示这是对 NS 消息的响应消息，是被动发送的；值是 0 时，表示这是主机主动发送的 NA 消息。S 位在邻居不可达检测中用于可达性的确认。在多播 DAD（重复地址检测）和主动发送的 NA 消息中，S 位不能置为 1。

（3）O：覆盖（Override）标志，占 1 位。值是 1 时，表示这个 NA 消息应该更新已存在的邻居缓存表项中的链路层地址；值是 0 时，表示只有当邻居缓存表项中没有链路层地址时，这个 NA 消息才可以更新邻居缓存表项。

（4）Target Address：目的地址，占 128 位。如果是对 NS 消息的响应消息，Target Address 与相应的 NS 消息中的 Target Address 相同，即被请求的邻居的 IPv6 地址（发送 NA 消息的主机的 IPv6 地址）。

（5）Options：选项，包含请求的目的节点的链路层地址，如果是响应多播的 NS 消息（例如 DAD、地址解析），则必须使用该选项；响应单播的 NS 消息（例如 NUD）时，也可以使用该选项。

续前例，PC-2 发送的 NA 消息如下所示，该消息是对 PC-1 发送的 NS 消息的响应，在该消息中给出了 PC-2 的链路层地址：

```
01: Ethernet II, Src: 00:50:79:66:68:01, Dst: 00:50:79:66:68:00
02: Internet Protocol Version 6, Src: 2001:4::2050:79ff:fe66:6801,
                                 Dst: 2001:4::2050:79ff:fe66:6800
03: Internet Control Message Protocol v6
04:     Type: Neighbor Advertisement (136)
05:     Code: 0
06:     Checksum: 0xd1b5 [correct]
07:     Flags: 0x60000000, Solicited, Override
08:         0... .... .... .... .... .... .... .... = Router: Not set
09:         .1.. .... .... .... .... .... .... .... = Solicited: Set
10:         ..1. .... .... .... .... .... .... .... = Override: Set
11:         ...0 0000 0000 0000 0000 0000 0000 0000 = Reserved: 0
12:     Target Address: 2001:4::2050:79ff:fe66:6801
13:     ICMPv6 Option (Target link-layer address : 00:50:79:66:68:01
14:         Type: Target link-layer address (2)
15:         Length: 1 (8 bytes)
16:         Link-layer address: 00:50:79:66:68:01
```

由于该 NA 消息是对 NS 消息的响应，因此，网络层目的地址是发送 NS 消息的主机 PC-1 的全球单播地址（第 02 行），链路层的目的地址是发送 NS 消息的主机 PC-1 的 MAC 地址（第 01 行）。

第 13～16 行，主机 PC-2 的链路层地址。

主机在向邻居发送 NS 消息之后，如果在规定时间内没有收到邻居的 NA 消息，则认为主机到邻居是不可达的；如果在规定时间内收到了邻居的 NA 消息，但是该消息中的 S 位是 0，则认为主机到邻居也是不可达的，因为该 NA 消息不是对 NS 消息的响应，也就意味着邻居没有收到主机发送给它的 NS 消息，但是，邻居到主机却是可达的，因为主机收到了邻居主动发送的 NA 消息。

3.5.6　重复地址检测

如果网络中的 IPv6 地址全部都是由管理员手工配置的，则很有可能出现地址重复使用的问题。NS 消息和 NA 消息可进行重复地址检测（Duplicate Address Detection，DAD），以解决地址重复使用的问题。

DAD 的工作原理是：重复地址检测的检测方发送一个 NS 消息，该消息的源 IPv6 地址是::，目的 IPv6 地址是被请求节点的多播地址，该地址由自己即将使用的 IPv6 地址生成；检测方如果收到了对该 NS 消息的响应 NA 消息（发送该 NA 消息的源地址就是自己即将使用的 IPv6 地址），则说明该地址已被发送 NA 消息的主机所使用。DAD 的工作过程如图 3-104 所示。

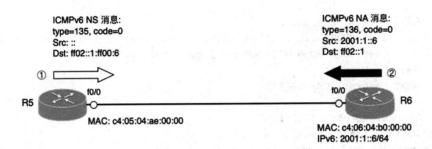

ICMPv6 NS 消息:
type=135, code=0
Src: ::
Dst: ff02::1:ff00:6

ICMPv6 NA 消息:
type=136, code=0
Src: 2001:1::6
Dst: ff02::1

MAC: c4:05:04:ae:00:00

MAC: c4:06:04:b0:00:00
IPv6: 2001:1::6/64

图 3-104　DAD 的工作过程

在图 3-104 中，R6 的接口 f0/0 已经被设置了 IPv6 地址 2001:1::6/64，现在 R5 的接口 f0/0 也想使用这个地址：

① R5 用希望使用的 IPv6 地址 2001:1::6 生成该地址的被请求节点多播地址 ff02::1:ff00:6，且使用该多播地址作为目的地址，发送 NS 消息（源地址是::)。

② R6 在链路上收到 R5 发送的 NS 消息，由于 R6 就是被请求节点，因此 R6 发送 NA 消息来响应收到的 NS 消息：源地址是 R6 使用的全球单播地址 2001:1::6（也是 R5 想使用的地址）；由于 NS 消息中的源地址是::，因此，R6 返回的 NA 消息的目的地址是 ff02::1，即发送给链路上的所有主机。当 R5 收到该 NA 消息，就能判断出地址 2001:1::6 已经被使用，R5 会返回如下所示的地址重复信息：

```
*Mar 1 00:01:35.055: %IPV6-4-DUPLICATE: Duplicate address 2001:1::6 on
FastEthernet0/0
```

R5 发送的 NS 消息的详细信息如下：

```
01: Ethernet II, Src: c4:05:04:ae:00:00, Dst: 33:33:ff:00:00:06
02: Internet Protocol Version 6, Src: ::, Dst: ff02::1:ff00:6
03:     0110 .... = Version: 6
04:     .... 1110 0000 .... .... .... .... .... = Traffic Class: 0xe0
05:     .... 0000 0000 0000 0000 0000 = Flow Label: 0x00000
06:     Payload Length: 24
07:     Next Header: ICMPv6 (58)
08:     Hop Limit: 255
09:     Source Address: ::
10:     Destination Address: ff02::1:ff00:6
11: Internet Control Message Protocol v6
12:     Type: Neighbor Solicitation (135)
13:     Code: 0
14:     Checksum: 0x5a9a [correct]
15:     Reserved: 00000000
16:     Target Address: 2001:1::6
```

第 01 行，链路层的目的地址是被请求节点的多播地址映射的链路层多播地址。

第 02～10 行，IPv6 的基本首部，源地址是::，目的地址是被请求节点的多播地址。

第 11～16 行，完整的 ICMPv6 的 NS 消息，Type = 135，Code = 0，被请求节点的 IPv6 地址是 2001:1::6。

R6 发送的 NA 消息的详细信息如下：

```
01: Ethernet II, Src: c4:06:04:b0:00:00, Dst: 33:33:00:00:00:01
02: Internet Protocol Version 6, Src: 2001:1::6, Dst: ff02::1
```

```
03:        0110 .... = Version: 6
04:        .... 1110 0000 .... .... .... .... .... = Traffic Class: 0xe0
05:        .... 0000 0000 0000 0000 0000 = Flow Label: 0x00000
06:    Payload Length: 32
07:    Next Header: ICMPv6 (58)
08:    Hop Limit: 255
09:    Source Address: 2001:1::6
10:    Destination Address: ff02::1
11: Internet Control Message Protocol v6
12:    Type: Neighbor Advertisement (136)
13:    Code: 0
14:    Checksum: 0x4dd9 [correct]
15:    Flags: 0x20000000, Override
16:    Target Address: 2001:1::6
17:    ICMPv6 Option (Target link-layer address : c4:06:04:b0:00:00)
```

3.6 本章实验

3.6.1 独臂路由接入互连网络

1. 基本要求

在 2.8.1 节的实验的基础上,实现处于不同子网(VLAN)中的主机间的互通,这需要使用路由器来转发各子网间的分组。本实验还需要将企业网络连接到互连网络。为了完成本实验,需要在图 2-70 的基础上增加两个路由器。路由器 R1 是企业内部路由器,其功能之一是完成企业内各子网间的分组转发,功能之二是将企业网络通过 ISP 路由器 R2 接入互连网络。本实验的网络拓扑如图 3-105 所示。

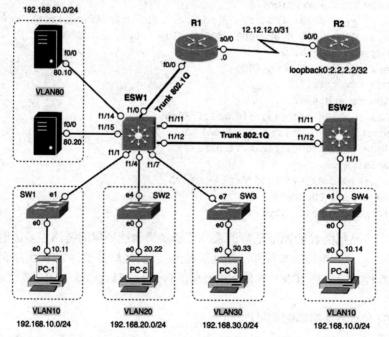

图 3-105 企业网络接入互连网络

在图 3-105 中，R1 的接口 f0/0 是一个三层接口，即该接口可以配置 IP 地址，三层交换机 ESW1 的二层接口（f1/0）与其相连。从理论上看，要实现企业内部的 4 个子网间的互连互通，R1 需要 4 个三层接口，且这 4 个接口要分属于企业内部的 4 个子网之中，即这 4 个接口上配置的 IP 地址是分属于这 4 个子网的。很容易理解，这 4 个 IP 地址分别就是 4 个子网的网关。如果企业内部有很多子网，这种实现子网间互通的路由方式，需要消耗路由器更多的硬件接口（价格更贵）。在实际的工程应用中，可以采取独臂路由来解决这一问题，所谓独臂路由（单臂路由），就是利用 Trunk 和子接口来实现子网间的路由，仅消耗路由器的一个三层接口。

为了实现独臂路由，首先，将 ESW1 与 R1 之间的链路配置成 Trunk 模式，即将交换机 ESW1 的接口 f1/0 设置为 Trunk 模式；然后，将 R1 的三层接口 f0/0 划分为若干个子接口，每个子接口配置对应子网中的 IP 地址（子网的网关），并且封装 802.1q 协议；最后，为各子网中的设备指定正确的网关（对应子接口的 IP 地址）。

注意，本实验直接使用私有 IP 地址与外部互连网络相互通信，真实的工程环境中需要在 R1 上配置 NAT 来进行地址转换（参考 3.2.7 节）。企业通过 ISP 路由器 R2 接入互连网络，用 R2 上的一个 loopback 接口来充当互连网络中的某台主机，该 loopback 接口的 IP 地址是2.2.2.2/32。

R1 与 R2 之间是一条点对点的链路，这个特殊的网络使用了 12.12.12.0/31 子网，这个子网中只有两个 IP 地址：地址 12.12.12.0/31 分配给了 R1 的接口 s0/0，地址 12.12.12.1/31分配给了 R2 的接口 s0/0。要实现企业网络访问互连网络（例如，访问 2.2.2.2），需要在 R1上配置一条默认路由，该路由的下一跳是 R2（12.12.12.1），当然，R2 也必须配置一条指向企业网络的静态路由（注意，实际工程中不能路由私有 IP 地址），该静态路由的下一跳是R1（12.12.12.0）。

2. VLAN 间的互通

在第 2 章的实验中，已经配置完成了 VLAN、ESW1 和 ESW2 之间的 Trunk 链路以及各主机的 IP 地址，验证了同一 VLAN 跨交换机的连通性（PC-1 和 PC-4 互通）。要实现不同子网间的互通，主机除了要配置 IP 地址外，还要配置网关。在实际的工程应用中，常常使用每个子网中的最低或最高 IP 地址作为该子网的网关，例如，对于 192.168.10.0/24 这个子网，通常指定 192.168.10.1/24 作为该子网的网关。因此，在仿真环境下，首先将各主机的 IP 地址删除，然后重新配置 IP 地址和网关。这里仅给出 PC-1 的配置过程，其他的主机参照配置即可。

（1）主机的配置

```
01: PC-1> clear ip
02: IPv4 address/mask, gateway, DNS, and DHCP cleared
03: PC-1> ip 192.168.10.11/24 gateway 192.168.10.1
04: PC-1> save
```

第 01 行，删除主机原有的 IP 地址配置信息。

第 03 行，配置 IP 地址和网关，网关为 192.168.10.1。

第 04 行，保存配置。

由于服务器是由路由器仿真实现的，因此，需要配置一条默认路由来访问其他子网和互连网络：

```
01: WWW#conf t
02: WWW(config)#ip route 0.0.0.0 0.0.0.0 192.168.80.1
03: WWW(config)#end
04: WWW#wr
```

第 02 行，为路由器配置一条默认路由，下一跳是该子网的网关 192.168.80.1

（2）交换机的配置

ESW1 与 R1 之间的链路需要允许所有 VLAN 访问，因此需要将 ESW1 的接口 f1/0 配置为 Trunk 模式：

```
01: ESW1#conf t
02: ESW1(config)#int f1/0
03: ESW1(config-if)#switchport mode trunk
04: ESW1(config-if)#no shut
05: ESW1(config-if)#end
06: ESW1#wr
```

（3）路由器的配置

需要将路由器 R1 的接口划分出四个子接口，每个子接口分属不同的子网，子接口的 IP 地址即为子网的网关，这里给出属于 VLAN10 的子接口的配置命令，其他子接口的配置方法相同：

```
01: R1#conf t
02: R1(config)#int f0/0
03: R1(config-if)#no shut
04: R1(config-if)#int f0/0.10
05: R1(config-subif)#encapsulation dot1q 10
06: R1(config-subif)#ip address 192.168.10.1 255.255.255.0
07: R1(config-subif)#no shut
```

第 05 行，子接口 f0/0.10 封装了 802.1q 协议，且承载 VLAN10 的流量。

第 06 行，为子接口 f0/0.10 配置了 IP 地址，该地址是 VLAN10 的网关。

当正确配置完成了其余三个子接口 f0/0.20、f0/0.30 和 f0/0.80，路由器 R1 便得到了与 4 个子网直连的路由：

```
01: R1#show ip route
02: ...
03: C    192.168.30.0/24 is directly connected, FastEthernet0/0.30
04: C    192.168.10.0/24 is directly connected, FastEthernet0/0.10
05: C    192.168.80.0/24 is directly connected, FastEthernet0/0.80
06: C    192.168.20.0/24 is directly connected, FastEthernet0/0.20
07: ...
```

至此，企业内的各子网间可以相互访问了。以下是 VLAN10 中的 PC-1 访问 VLAN20 中的 PC-2 的输出结果：

```
01: PC-1> ping 192.168.20.22
```

```
02:
03: 192.168.20.22 icmp_seq=1 timeout
04: 84 bytes from 192.168.20.22 icmp_seq=2 ttl=63 time=19.852 ms
05: 84 bytes from 192.168.20.22 icmp_seq=3 ttl=63 time=21.540 ms
06: 84 bytes from 192.168.20.22 icmp_seq=4 ttl=63 time=19.298 ms
07: 84 bytes from 192.168.20.22 icmp_seq=5 ttl=63 time=20.452 ms
```

读者可以思考：为什么会有第 03 行的输出结果？如果 PC-1 再次访问 PC-2，会有第 03 行的输出结果吗？

3. 接入互连网络

下一步要完成的工作是实现企业网络接入互连网络，这些工作要在 R1 和 R2 上进行配置。

（1）为 R1 和 R2 的接口配置 IP 地址

为 R1 的接口 s0/0 指定 IP 地址 12.12.12.0/31。注意，网络前缀是 31 位，主机位仅剩 1 位，即主机号只能是 0 和 1，这两个地址可以用于点对点的链路。以下给出 R1 的接口 s0/0 的配置过程，R2 的接口 s0/0 的配置过程类似（地址是 12.12.12.1/31）。

配置 R1 的接口 s0/0 的 IP 地址：

```
01: R1#conf t
02: R1(config)#int s0/0
03: R1(config-if)#ip address 12.12.12.0 255.255.255.254
04: R1(config-if)#no shut
05: R1(config-if)#end
06: R1#wr
```

（2）R1 和 R2 上分别配置路由

R1 是企业的边界路由器，只需要配置一条默认路由即可访问互连网络中的主机：

```
01: R1#conf t
02: R1(config)#ip route 0.0.0.0 0.0.0.0 12.12.12.1
03: R1(config)#end
04: R1#wr
```

R2 是 ISP 路由器，需要配置访问企业网络的路由。注意，在本实验中，企业内部分配的是私有 IP 地址，在实际的工程中，R2 不能配置指向私有 IP 地址的路由，本实验暂时配置这样的路由，后续实验将采用 NAT 来解决这个问题。

企业内部有四个子网，分别是 192.168.10.0/24、92.168.20.0/24、92.168.30.0/24 及 92.168.80.0/24，R2 可配置 4 条静态路由来分别访问这 4 个子网。但是，如果采用 CIDR 则仅需配置一条静态路由即可。在 R2 上还需配置一个 loopback 接口来充当互连网络上的一台主机：

```
01: R2#conf t
02: R2(config)#int loopback0
03: R2(config-if)#ip address 2.2.2.2 255.255.255.255
04: R2(config-if)#ip route 192.168.0.0 255.255.0.0 12.12.12.0
05: R2(config)#end
```

```
06: R2#wr
```

注意，第 04 行是配置了一条去往网络前缀 192.168.0.0/16 的路由，该网络前缀中包含了企业内部使用的全部 IP 地址。

至此，交换机、路由器的配置全部完成了。分别查看 R1 和 R2 的路由表：

```
01: R1#show ip route
02: ...
03: Gateway of last resort is 12.12.12.1 to network 0.0.0.0
04:
05: C    192.168.30.0/24 is directly connected, FastEthernet0/0.30
06: C    192.168.10.0/24 is directly connected, FastEthernet0/0.10
07: C    192.168.80.0/24 is directly connected, FastEthernet0/0.80
08: C    192.168.20.0/24 is directly connected, FastEthernet0/0.20
09:      12.0.0.0/31 is subnetted, 1 subnets
10: C       12.12.12.0 is directly connected, Serial0/0
11: S*   0.0.0.0/0 [1/0] via 12.12.12.1
12:
13: R2#show ip route
14:
15:      2.0.0.0/24 is subnetted, 1 subnets
16: C       2.2.2.0 is directly connected, Loopback0
17:      12.0.0.0/31 is subnetted, 1 subnets
18: C       12.12.12.0 is directly connected, Serial0/0
19: S    192.168.0.0/16 [1/0] via 12.12.12.0
```

第 03~11 行输出的是 R1 的完整的路由表，第 11 行是 R1 的默认路由，以 "S*" 标识。第 19 行是 R2 中的一条静态路由，以 "S" 标识。注意，"C" 表示子网与接口是直连的。

最后，验证企业网络与互连网络的连通性：

```
01: PC-1> ping 2.2.2.2
02:
03: 84 bytes from 2.2.2.2 icmp_seq=1 ttl=254 time=11.610 ms
04: 84 bytes from 2.2.2.2 icmp_seq=2 ttl=254 time=4.655 ms
05: 84 bytes from 2.2.2.2 icmp_seq=3 ttl=254 time=11.971 ms
06: 84 bytes from 2.2.2.2 icmp_seq=4 ttl=254 time=7.844 ms
07: 84 bytes from 2.2.2.2 icmp_seq=5 ttl=254 time=5.143 ms
```

3.6.2 DHCP 与 NAT

图 3-105 所示的企业网络中，如果每个 VLAN 中的主机的 IP 地址都由管理员手工配置和管理，对于较大的子网来说，工作量较大且容易出错。如果在每个 VLAN 中配置一台 DHCP 服务器，就能够使得 VLAN 中的主机自动获取正确的 IP 地址等信息。通过在 R1 中配置 DHCP 服务，可以解决 VLAN 中主机自动获取 IP 地址的问题。

1. DHCP 服务的配置与管理

```
01: R1#conf t
02: R1(config)#ip dhcp pool vlan10
```

```
03: R1(dhcp-config)#network 192.168.10.0 255.255.255.0
04: R1(dhcp-config)#dns-server 192.168.80.20
05: R1(dhcp-config)#default-route 192.168.10.1
06: R1(dhcp-config)#exit
07:
08: R1(config)#ip dhcp pool vlan20
09: R1(dhcp-config)#network 192.168.20.0 255.255.255.0
10: R1(dhcp-config)#dns-server 192.168.80.20
11: R1(dhcp-config)#default-route 192.168.20.1
12: R1(dhcp-config)#exit
13:
14: R1(config)#ip dhcp pool vlan30
15: R1(dhcp-config)#network 192.168.30.0 255.255.255.0
16: R1(dhcp-config)#dns-server 192.168.80.20
17: R1(dhcp-config)#default-route 192.168.30.1
18: R1(dhcp-config)#exit
19:
20: R1(config)#ip dhcp excluded-address 192.168.10.1
21: R1(config)#ip dhcp excluded-address 192.168.20.1
22: R1(config)#ip dhcp excluded-address 192.168.30.1
23: R1(config)#service dhcp
24: R1(config)#end
25: R1#wr
```

第 02～06 行，给 VLAN10 指定了 IP 地址池、DNS 服务器和默认网关。在本实验中，将 192.168.80.20/24 作为企业网络中的 DNS 服务器。

第 20～22 行，指定了不能被 VLAN 中的主机使用的 IP 地址（这些地址都是各子网的网关）。注意，这里并没有给 VLAN80 配置地址池，这是因为 VLAN80 是企业网络中心的服务器场，服务器的 IP 地址一般是由管理员手动配置且固定不变的。

下列命令及输出结果用来检查 DHCP 配置的正确性：

```
01: R1#show run | section dhcp
02: no ip dhcp use vrf connected
03: ip dhcp excluded-address 192.168.10.1
04: ip dhcp excluded-address 192.168.20.1
05: ip dhcp excluded-address 192.168.30.1
06: ip dhcp pool vlan10
07:    network 192.168.10.0 255.255.255.0
08:    dns-server 192.168.80.20
09:    default-router 192.168.10.1
10: ip dhcp pool vlan20
11:    network 192.168.20.0 255.255.255.0
12:    dns-server 192.168.80.20
13:    default-router 192.168.20.1
14: ip dhcp pool vlan30
15:    network 192.168.30.0 255.255.255.0
16:    dns-server 192.168.80.20
17:    default-router 192.168.30.1
```

验证 DHCP 是否能够正常工作:

（1）在 PC-1 与 ESW1 上启动 Wireshark 抓包，以分析 DHCP 的工作过程。

（2）删除 PC-1 原有的 IP 地址并执行 dhcp 命令自动获取 IP 地址。

```
01: PC-1> clear ip
02: IPv4 address/mask, gateway, DNS, and DHCP cleared
03:
04: PC-1> dhcp
05: DORA IP 192.168.10.2/24 GW 192.168.10.1
06:
07: PC-1> show ip
08:
09: NAME         : PC-1[1]
10: IP/MASK      : 192.168.10.2/24
11: GATEWAY      : 192.168.10.1
12: DNS          : 192.168.80.20
13: DHCP SERVER  : 192.168.10.1
14: DHCP LEASE   : 86283, 86400/43200/75600
15: MAC          : 00:50:79:66:68:00
16:
17: PC-1> ping 2.2.2.2
18:
19: 84 bytes from 2.2.2.2 icmp_seq=1 ttl=254 time=11.582 ms
20: 84 bytes from 2.2.2.2 icmp_seq=2 ttl=254 time=9.638 ms
21: 84 bytes from 2.2.2.2 icmp_seq=3 ttl=254 time=6.146 ms
22: 84 bytes from 2.2.2.2 icmp_seq=4 ttl=254 time=9.823 ms
23: 84 bytes from 2.2.2.2 icmp_seq=5 ttl=254 time=2.845 ms
```

从上述结果可以看出，PC-1 正确获取到了子网中的一个 IP 地址、DNS 和默认网关。注意，第 05 行中的 "DORA"，表示 PC-1 执行 dhcp 命令获取 IP 地址的四个过程:

D：DHCP Discover，DHCP 客户发送的 DHCP 服务器发现消息。

O：DHCP Offer，DHCP 服务器发送的 DHCP 响应消息。

R：DHCP Request，DHCP 客户发送的请求使用 IP 地址的消息。

A：DHCP ACK，DHCP 服务器发送的确认可以使用 IP 地址的消息。

实验抓包结果如图 3-106 所示，读者可以在 Wireshark 中仔细分析抓包结果。

No.	Source	Destination	Length	Protocol	Info
6	0.0.0.0	255.255.255.255	406	DHCP	DHCP Discover - Transaction ID 0xb2e5514d
7	192.168.10.1	192.168.10.2	342	DHCP	DHCP Offer - Transaction ID 0xb2e5514d
8	0.0.0.0	255.255.255.255	406	DHCP	DHCP Request - Transaction ID 0xb2e5514d
9	192.168.10.1	192.168.10.2	342	DHCP	DHCP ACK - Transaction ID 0xb2e5514d

图 3-106   DHCP 工作过程的抓包结果

2. NAT 的配置与管理

前面已经多次强调，私有 IP 地址不允许被路由，以下工作就是通过 NAT 来解决企业内部私有 IP 地址访问互连网络的问题。NAT 的原理在 3.2.5 节已经做过介绍，不是很复杂，仅需在企业的边界路由器 R1 上将私有 IP 地址转换成公有 IP 地址即可。

假设企业分配了一个网络前缀 202.193.96.0/24，WWW 服务器设置了被外部访问的 IP 地址 202.193.96.10/24，DNS 服务器设置了被外部访问的 IP 地址 202.193.96.20/24，则需要在 R1 上为这两个服务器配置静态 NAT。再假设其他主机均采用 PAT 进行地址转换，那么需要在 R1 上进行如下配置：

```
01: R1#conf t
02: R1(config)#access-list 1 permit 192.168.0.0 0.0.255.255
03: R1(config)#ip nat inside source list 1 int s0/0 overload
04: R1(config)#ip nat inside source static 192.168.80.10 202.193.96.10
05: R1(config)#ip nat inside source static 192.168.80.20 202.193.96.20
06: R1(config)#int f0/0.10
07: R1(config-subif)#ip nat inside
08: R1(config-subif)#int f0/0.20
09: R1(config-subif)#ip nat inside
10: R1(config-subif)#int f0/0.30
11: R1(config-subif)#ip nat inside
12: R1(config-subif)#int s0/0
13: R1(config-if)#ip nat outside
14: R1(config-if)#end
15: R1#wr
```

第 02 行，指定需要转换的内部私有 IP 地址空间，注意，这里使用了 CIDR 进行地址汇聚。

第 03 行，指定内部私有 IP 地址全部转换为路由器 R1 的接口 s0/0 的公有 IP 地址来访问互连网络（端口多路复用）。

第 04 行，WWW 服务器转换成公有 IP 地址 202.193.96.10。

第 05 行，DNS 服务器转换成公有 IP 地址 202.193.96.20。

在路由器 R2 中，需要将原来配置的指向企业内部私有 IP 地址的路由删除，增加一条去往网络前缀 202.193.96.0/24（ISP 分配给本企业的网络前缀）的静态路由：

```
01: R2#conf t
02: R2(config)#no ip route 192.168.0.0 255.255.0.0 12.12.12.0
03: R2(config)#ip route 202.193.96.0 255.255.255.0 12.12.12.0
04: R2(config)#end
05: R2#wr
```

第 02 行，删除原有的一条静态路由。

第 03 行，增加一条新路由。

最后，进行连通性测试：

（1）在 R1 上开启 NAT 调试（以便观察地址转换情况）：

```
01: R1#debug ip nat
02: IP NAT debugging is on
```

（2）验证静态 NAT。从互连网络访问企业的 WWW 和 DNS 服务器（从 R2 访问）：

```
01: R2#ping 202.193.96.10
```

```
02:
03: Type escape sequence to abort.
04: Sending 5, 100-byte ICMP Echos to 202.193.96.10, timeout is 2 seconds:
05: .!!!!
06: Success rate is 80 percent (4/5), round-trip min/avg/max = 56/60/64 ms
07: R2#ping 202.193.96.20
08:
09: Type escape sequence to abort.
10: Sending 5, 100-byte ICMP Echos to 202.193.96.20, timeout is 2 seconds:
11: .!!!!
12: Success rate is 80 percent (4/5), round-trip min/avg/max = 32/46/60 ms
```

第 01 行，访问企的 WWW 服务器，从第 05 行的显示结果中可以看出，外部可以通过公有 IP 地址 202.193.96.10 访问 WWW 服务器。

第 07 行，访问企业的 DNS 服务器，从第 11 行的显示结果中可以看出，外部可以通过公有 IP 地址 202.193.96.20 访问 DNS 服务器。

（3）验证企业内主机访问互连网络：

```
01: PC-1> ping 2.2.2.2
02:
03: 84 bytes from 2.2.2.2 icmp_seq=1 ttl=254 time=10.655 ms
04: 84 bytes from 2.2.2.2 icmp_seq=2 ttl=254 time=2.513 ms
05: 84 bytes from 2.2.2.2 icmp_seq=3 ttl=254 time=2.505 ms
06: 84 bytes from 2.2.2.2 icmp_seq=4 ttl=254 time=6.055 ms
07: 84 bytes from 2.2.2.2 icmp_seq=5 ttl=254 time=3.813 ms
```

在上述验证的过程中，R1 输出了过程中的地址转换信息。以下是 PC-1 访问 2.2.2.2 时的地址转换信息：

```
01: *Mar  1 00:22:30.975: NAT*: s=192.168.10.2->12.12.12.0, d=2.2.2.2 [7895]
02: *Mar  1 00:22:31.007: NAT*: s=2.2.2.2, d=12.12.12.0->192.168.10.2 [7895]
03: *Mar  1 00:22:31.927: NAT*: s=192.168.10.2->12.12.12.0, d=2.2.2.2 [7896]
04: *Mar  1 00:22:31.959: NAT*: s=2.2.2.2, d=12.12.12.0->192.168.10.2 [7896]
05: R1#
06: *Mar  1 00:22:33.163: NAT*: s=192.168.10.2->12.12.12.0, d=2.2.2.2 [7897]
07: *Mar  1 00:22:33.191: NAT*: s=2.2.2.2, d=12.12.12.0->192.168.10.2 [7897]
08: *Mar  1 00:22:34.115: NAT*: s=192.168.10.2->12.12.12.0, d=2.2.2.2 [7898]
09: *Mar  1 00:22:34.143: NAT*: s=2.2.2.2, d=12.12.12.0->192.168.10.2 [7898]
```

在上述的输出结果中，出去方向上，R1 将源地址 192.168.10.2（私有 IP 地址）转换成了接口 s0/0 的 IP 地址 12.12.12.0（公有 IP 地址）；进来方向上，R1 将目的地址 12.12.12.0 又转换成了私有 IP 地址 192.168.10.2。在实验过程中，读者可以在 PC-1 与 ESW1 之间的链路上，以及 R1 与 R2 之间的链路上分别启动抓包，对比两个抓包结果中的 IP 分组的源地址和目的地址。在 R1 上，也可以使用以下命令来查看地址转换信息：

```
01: R1#show ip nat translations icmp
02: Pro Inside global      Inside local      Outside local      Outside global
03: icmp 12.12.12.0:6947   192.168.10.2:6947  2.2.2.2:6947       2.2.2.2:6947
04: icmp 12.12.12.0:7203   192.168.10.2:7203  2.2.2.2:7203       2.2.2.2:7203
```

05: icmp 12.12.12.0:7459	192.168.10.2:7459	2.2.2.2:7459	2.2.2.2:7459
06: icmp 12.12.12.0:7715	192.168.10.2:7715	2.2.2.2:7715	2.2.2.2:7715
07: icmp 12.12.12.0:7971	192.168.10.2:7971	2.2.2.2:7971	2.2.2.2:7971

如果从 PC-2 访问 2.2.2.2，R1 也会将 PC-2 的私有 IP 地址替换成接口 s0/0 的公有 IP 地址。可以看出，通过 PAT 进行地址转换能够让所有主机共享一个公有 IP 地址访问互连网络，最大限度地节约了 IP 地址空间。

3.6.3 单区域的 OSPF 的配置

1. 基本要求

在图 3-107 所示的网络拓扑中，完成 OSPF 的配置与管理，分析 OSPF 的工作状态。

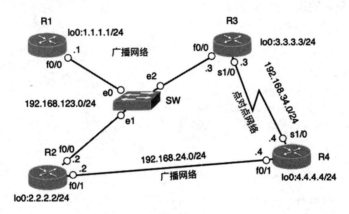

图 3-107 配置 OSPF 的网络拓扑

在图 3-107 中，R1 的接口 f0/0、R2 的接口 f0/0 和 R3 的接口 f0/0 同处一个广播式网络（以太网）中；同样，R2 的接口 f0/1 与 R4 的接口 f0/1 同处一个广播式网络（以太网）中；R3 的接口 s1/0 和 R4 的接口 s1/0 通过点对点的链路相连接（点对点的网络）。

本实验中，首先，按拓扑结构中给出的 IP 地址，正确配置路由器各接口的 IP 地址。其次，在每个路由器上配置 OSPF 路由选择协议。最后，通过抓包来分析广播式网络中的 DR 与 BDR 的选举及五种类型的 OSPF 分组。

2. 路由器的配置

（1）路由器接口 IP 地址的配置和 OSPF 路由选择协议的配置

本实验仅配置单区域的 OSPF，且仅配置主干区域的 OSPF。以 R1 为例，其配置过程如下所示，其他路由器的配置过程类似，读者可参考网络拓扑图自己完成。

```
01: R1#conf t
02: R1(config)#int f0/0
03: R1(config-if)#ip address 192.168.123.1 255.255.255.0
04: R1(config-if)#no shut
05: R1(config-if)#int loopback0
06: R1(config-if)#ip address 1.1.1.1 255.255.255.0
07: R1(config-if)#router ospf 1
08: R1(config-router)#network 1.1.1.0 0.0.0.255 area 0
```

```
09: R1(config-router)#network 192.168.123.0 0.0.0.255 area 0
10: R1(config-router)#end
11: R1#wr
```

第 07～09 行是在区域 0 中配置 OSPF 路由选择协议。其中第 07 行是运行 OSPF 进程，数字 1 可认为是进程号（取值范围是 1～65535），该值仅具有本地意义。

第 08～09 行是向邻居路由器通告的本地网络，"0.0.0.255"被称为通配符掩码（Wildcard Mask）。用"255.255.255.255"与通配符掩码进行异或运算，便可得到对应的子网掩码。因此，采用 network 命令宣告本地网络时，可以直接使用通配符掩码。"area 0"指定 OSPF 运行在区域 0 中，注意数字 0 在区域内是统一的。由于本实验是单区域的 OSPF 的配置实验，故图 3-107 中的其他路由器，在配置 OSPF 路由选择协议时，也必须指定"area 0"作为 OSPF 的运行区域。

（2）验证配置的正确性

```
01: R1#show run | section ospf
02: router ospf 1
03:  log-adjacency-changes
04:  network 1.1.1.0 0.0.0.255 area 0
05:  network 192.168.123.0 0.0.0.255 area 0
```

（3）验证网络的连通性

● 查看路由器的路由表

```
01: R1#show ip route ospf
02:      2.0.0.0/32 is subnetted, 1 subnets
03: O       2.2.2.2 [110/2] via 192.168.123.2, 00:00:11, FastEthernet0/0
04:      3.0.0.0/32 is subnetted, 1 subnets
05: O       3.3.3.3 [110/2] via 192.168.123.3, 00:00:11, FastEthernet0/0
06:      4.0.0.0/32 is subnetted, 1 subnets
07: O       4.4.4.4 [110/3] via 192.168.123.2, 00:00:11, FastEthernet0/0
08: O    192.168.24.0/24 [110/2] via 192.168.123.2, 00:00:11, FastEthernet0/0
09: O    192.168.34.0/24 [110/65] via 192.168.123.3, 00:00:11, FastEthernet0/0
```

字母"O"表示是由 OSPF 路由选择协议计算得到的路由。

每条路由中的网络前缀后面，都用"[110/Cost]"来表示路由的可信度和开销。路由的可信度由"管理距离"来区分，其值越小可信度越高。不同的厂商对不同的路由选择协议定义的管理距离是不同的，Cisco 定义的 OSPF 路由选择协议的管理距离是 110。Cost 是路由的开销（某条路径上的路由器出接口的开销之和），其值越小则越好。默认情况下，Cisco 设备接口的开销定义为：参考带宽 100Mb/s/接口逻辑带宽，若结果小于 1 则取值 1；loopback 接口的开销定义为 1。因此对于速率是 100Mb/s 的接口，其开销是 1。

图 3-107 中所有的路由器的接口 f0/0 和 f0/1 的带宽均是 100Mb/s，而 R3 的接口 s1/0 和 R4 的接口 s1/0 的带宽是 1.544Mb/s，根据这些信息就能够很好地理解上述的 R1 的路由表中的 Cost 值了。

"via"之后的 IP 地址指的是下一跳路由器，"FastEthernet0/0"则是送出接口，即 IP 分组从本路由器的哪一个接口交付给下一跳路由器。

- 验证网络的连通性及路由信息

通过 ping 命令以及 traceroute 命令来验证网络的连通性及路由信息。

```
01: R1#ping 4.4.4.4
02:
03: Type escape sequence to abort.
04: Sending 5, 100-byte ICMP Echos to 4.4.4.4, timeout is 2 seconds:
05: !!!!!
06: Success rate is 100 percent (5/5), round-trip min/avg/max = 16/26/44 ms
07: R1#traceroute 4.4.4.4
08:
09: Type escape sequence to abort.
10: Tracing the route to 4.4.4.4
11:
12:   1 192.168.123.2 4 msec 20 msec 16 msec
13:   2 192.168.24.4 40 msec 36 msec 24 msec
14:
15: R1#ping 192.168.34.4
16:
17: Type escape sequence to abort.
18: Sending 5, 100-byte ICMP Echos to 192.168.34.4, timeout is 2 seconds:
19: !!!!!
20: Success rate is 100 percent (5/5), round-trip min/avg/max = 12/21/28 ms
21: R1#traceroute 192.168.34.4
22:
23: Type escape sequence to abort.
24: Tracing the route to 192.168.34.4
25:
26:   1 192.168.123.3 16 msec 12 msec 12 msec
27:   2 192.168.34.4 16 msec 40 msec 20 msec
28: R1#
```

第 07~13 行所示的内容，是追踪从 R1 到 4.4.4.4 所经过的路由器的情况，可以看出，从 R1 访问 4.4.4.4，第一跳是 R2 路由器，第二跳是 R4 路由器。

第 21~27 行所示的内容，是追踪从 R1 到 192.168.34.4 所经过的路由器的情况，可以看出，从 R1 访问 192.168.34.4，第一跳是 R3 路由器，第二跳是 R4 路由器。

（4）OSPF 的工作状态

- 在 GNS3 仿真环境中，在 R1 的接口 f0/0、R2 的接口 f0/0 和 R3 的接口 f0/0 上全部执行 shutdown 命令（其他路由器上的操作类似）；在 R1 上执行 debug 命令来查看 OSPF 路由选择协议的输出信息：

```
01: R1#conf t
02: R1(config)#int f0/0
03: R1(config-if)#shutdown
04: R1(config-if)#do debug ip ospf events
05: OSPF events debugging is on
06: R1(config-if)#
```

- 在 R1 与 SW 之间的链路上启动抓包。
- 在 R1、R2 和 R3 的接口 f0/0 上全部执行 no shutdown 命令（其他路由器上的操作类似）：

```
R1(config-if)#no shutdown
```

通过分析 R1 输出的 OSPF 消息及 Wireshark 抓包的结果，读者可更好地理解 OSPF 的工作状态：分析五种类型的 OSPF 分组及 DR 与 BDR 的选举。

3.6.4　简单的路由追踪程序的实现

所谓路由追踪，就是获取 IPv4 分组从源主机到目的主机经过的路由器的信息，即从源主机发出的分组经过哪些路由器的转发而到达了目的主机。Windows 系统提供的命令 tracert 可以实现路由追踪，而在 Linux 和 macOS 系统中，是使用命令 traceroute 来实现路由追踪功能的。路由追踪的实现方法有很多种，本实验通过 ICMP 回送请求报文和回送回答报文来实现（基本原理参考图 3-40）。参考程序如下（3-1_tracert.py）：

```
01: # 3-1_tracert.py
02: # ICMP 协议实现路由追踪
03: # IP 分组初始 TTL=1，依次增加 IP 分组中 TTL 的值
04:
05: from scapy.all import *
06: from random import randint
07:
08: def tracert(host, ttl):
09:     '''
10:     利用 ICMP 回送请求报文，实现路由追踪
11:     host 追踪的目的主机，ttl 最大追踪跳数
12:     '''
13:     ttl = int(ttl)
14:     # 循环发送 ICMP 回送请求报文
15:     # IP 分组中的 ttl 的初始值是 1，依次递增，直到追踪到目的主机或达到最大追踪跳数
16:     for i in range(1, ttl+1):
17:
18:         id_ip = randint(1, 65535)
19:         id_icmp = randint(1, 65535)
20:         seq_icmp = randint(1, 65535)
21:         # 将 ICMP 回送请求报文封装到 IP 分组中，ttl 值 从 1 递增至最大跳数
22:         pkt = IP(
23:             dst=host, ttl=i, id=id_ip) / ICMP(
24:             id=id_icmp, seq=seq_icmp) / b'tracert'
25:
26:         try:
27:
28:             # 发送 IP 分组，返回的结果保存至 ans 中
29:             ans = sr1(pkt, timeout=0.5, verbose=False)
30:             # 分析 ans 中的结果信息
31:             if (ans[ICMP].type == 11 and ans[ICMP].code == 0):
```

```
32:                    # 若收到的 ICMP 差错报告报文中的 type=11 且 code=0，传输超时
33:                    # 输出发送 ICMP 报文的 IP 地址信息
34:                    print(
35:                        "第 {} 跳路由器 {}：超时，传输过程中 TTL 值为 0".format(
36:                            i, ans[IP].src))
37:                elif (ans[ICMP].type ==0 and ans[ICMP].type == 0):
38:                    # 目的主机返回 ICMP 回送回答报文，说明已经追踪到目的主机
39:                    # 输出结果，程序退出。
40:                    print("已追踪到目的主机: {}。".format(ans[IP].src))
41:                    exit()
42:
43:        except Exception as e:
44:            # 出于安全考虑，途经的一些路由器不会返回任何消息
45:            print('第 {} 跳路由器：没有反应 * * *'.format(i))
46:        # 处理 ttl 太小追踪不到的情况
47:        if(i == ttl):
48:            print('{} 跳数内无法到达目的主机 {}'.format(ttl, host))
49:
50: if __name__ == '__main__':
51:     '''
52:     命令格式 python tracert tar_ip ttl
53:     tar_ip 目的 IP 地址
54:     ttl 初始化追踪的跳数
55:     '''
56:     tracert(sys.argv[1], sys.argv[2])
```

源程序中已给出了必要的注释，以下是程序的运行结果：

```
01: (base) Mac-mini:code $ python 3-1_tracert.py 23.185.0.3 20
02: 第 1 跳路由器 192.168.1.1 : 超时，传输过程中 TTL 值为 0
03: 第 2 跳路由器 100.72.0.1 : 超时，传输过程中 TTL 值为 0
04: 第 3 跳路由器 180.140.111.209 : 超时，传输过程中 TTL 值为 0
05: 第 4 跳路由器：没有反应 * * *
06: 第 5 跳路由器：没有反应 * * *
07: 第 6 跳路由器：没有反应 * * *
08: 第 7 跳路由器 202.97.94.102 : 超时，传输过程中 TTL 值为 0
09: 第 8 跳路由器 202.97.94.14 : 超时，传输过程中 TTL 值为 0
10: 第 9 跳路由器 129.250.3.29 : 超时，传输过程中 TTL 值为 0
11: 第 10 跳路由器：没有反应 * * *
12: 第 11 跳路由器 61.200.91.46 : 超时，传输过程中 TTL 值为 0
13: 已追踪到目的主机: 23.185.0.3。
```

读者可以继续完善上述程序，例如，增加计算往返时延的功能、将输出结果改为 Windows 系统的 tracert 命令的输出形式等。

3.6.5 ARP 协议实现活动主机的探测

探测网络中的活动主机的方法有很多，ping 程序利用 ICMP 回送请求报文进行探测，它

可以探测互连网络中的任何一台主机，但是出于安全性的考虑，互连网络中的很多主机不会理会发送给它的 ICMP 回送请求报文，例如程序 3-1_tracert.py 中的一些路由器。另外，ping 程序也可以一次性探测一个网络前缀中的所有活动的主机，例如 ping 192.168.1.255（参考 3.2.1 节）。

ARP 协议只能在直连网络中使用，不能穿越路由器，因此，通过 ARP 协议只能探测直连网络中的活动主机。通过 ARP 协议探测活动主机的原理很简单，源主机在网络中广播发送 ARP 询问报文，请求某个主机的 MAC 地址，如果收到某个主机发送的 ARP 响应报文，则说明该目的主机是活动的。参考程序如下：

```
01: # 3-2_arp_ping.py
02: # 通过向目的 IP 发送 ARP 询问报文，来探测 目的 IP 是否为活动主机
03: # 注意：
04: # 如果 macOS 下命令方式运行报错：[Error 24: too many open files]
05: # 查看允许打开的文件数 ulimit -n，修改为 ulimit -n 10000，来解决上述问题
06:
07: from scapy.all import *
08: from multiprocessing import Process
09: import ipaddress
10:
11:
12: def get_if_mac(ifname):
13:     '''读取本机的发送帧的接口的 MAC 地址'''
14:     return(get_if_hwaddr(ifname))
15:
16:
17: def arp_request(ip_address, ifname):
18:     '''
19:     获取 ip_address 的 MAC 地址
20:     '''
21:     # 构建一个以太网帧，封装的是 ARP 询问报文
22:     eht_pkt = Ether(
23:         dst = 'ff:ff:ff:ff:ff:ff', src=get_if_mac(ifname))/ARP(
24:         op=1, hwdst='00:00:00:00:00:00', pdst=ip_address)
25:
26:     try:
27:         # 发送帧
28:         result_raw = srp(eht_pkt, timeout=2, iface=ifname, verbose=False)
29:         result_list = result_raw[0].res
30:         # 处理 ARP 响应报文，输出 ARP 响应报文的 hwsrc
31:         # 这是为了理解 ARP 报文的结构
32:         if len(result_list)!=0:
33:             # 可以直接输出返回帧中的源 MAC 地址，如以下注释行所示
34:             # print(result_list[0][1].src)
35:             mac = str(result_list[0][1].getlayer(ARP).fields['hwsrc'])
```

```
36:            print(
37:                "{} 是活动主机, 它的 MAC 地址是: {}".format(ip_address, mac))
38:        except:
39:            return
40:
41:
42: def arp_ping(net_prefix, ifname):
43:     '''
44:     向网络前缀 net_prefix 中的 IP 地址发送 ARP 询问
45:     采用多进程方式, 也可采用多线程方式
46:     '''
47:     net = ipaddress.ip_network(net_prefix)
48:     # 保存进程队列
49:     p_list = []
50:     for ip in net:
51:         # 遍历 net 中所有的 IP 地址
52:         ip_addr = str(ip)
53:         # 多进程方式向 IP 地址发送 ARP 询问
54:         p = Process(target=arp_request, args=(ip_addr, ifname))
55:         p.start()
56:         p_list.append(p)
57:     for res in p_list:
58:         # 等待进程结束
59:         res.join()
60:
61:
62: if __name__ == '__main__':
63:     '''
64:     arp_ping prefix interface
65:     prefix 可以是斜线记法的前缀, 例如 192.168.1.0/25
66:     prefix 如果不是斜线记法, 默认/32, 即探测一台具体的主机
67:     interface 是主机发送帧的物理接口, 例如 en0
68:     '''
69:     print("arping...")
70:     arp_ping(sys.argv[1], sys.argv[2])
```

程序中各函数的功能已经在程序注释, 程序运行的结果如下:

```
01: (base) Mac-mini:code $ python 3-2_arp_ping.py 192.168.1.0/25 en0
02: arping...
03: 192.168.1.1 是活动主机, 它的 MAC 地址是: d8:4a:2b:b1:56:c0
04: 192.168.1.3 是活动主机, 它的 MAC 地址是: fa:0a:9b:9b:d2:92
05: 192.168.1.6 是活动主机, 它的 MAC 地址是: 16:6a:cf:4f:4b:01
06: 192.168.1.7 是活动主机, 它的 MAC 地址是: f0:18:98:ee:37:42
07:
08: (base) Mac-mini:code $ python 3-2_arp_ping.py 192.168.1.1 en0
```

```
09: arping...
10: 192.168.1.1 是活动主机，它的 MAC 地址是：d8:4a:2b:b1:56:c0
```

第 01 行，探测网络前缀 192.168.1.0/25 中的活动主机。

第 08 行，探测 IP 地址为 192.168.1.1/32 的主机是否是活动主机。

习题

3-01 试分析 202.193.96.0 是网络号还是一个具体的 IP 地址。

3-02 试分析一个 A 类网络中的地址数量相当于多少个 B 类网络中的地址数量，一个 B 类网络中的地址数量又相当于多少个 C 类网络中的地址数量。

3-03 特定主机的路由一定会出现在转发表中吗？

3-04 假设路由器 R 的路由表（表 3-9）中，没有第 n 条路由，那么路由器 R 的转发表（表 3-10）的路由会发生变化吗？

3-05 在路由器转发 IP 分组的过程示意图（图 3-22）中，为什么没有标明特定主机路由和默认路由匹配的过程？

3-06 根据 tracert 命令追踪去往目的主机 A 的结果和 ping 目的主机 A 的结果，能否大致判断目的主机 A 所使用的操作系统？

3-07 有一个网络拓扑图如习题图 3-1 所示，其中 SW 是一个二层交换机，且所有接口同属一个 VLAN，所有路由器接口的 IP 地址均显示在接口旁边。

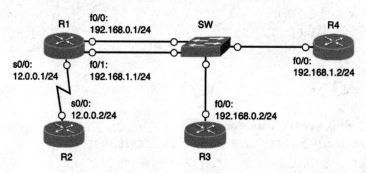

习题图 3-1　网络拓扑图

（1）在路由器 R1 上执行命令 ping 255.255.255.255，会得到什么样的结果？为什么？

（2）在路由器 R1 上分别执行命令 ping 192.168.0.255、ping 192.168.1.255 和 ping 12.0.0.255，又会得到什么样结果？为什么？

3-08 在 Scapy 命令行中输入以下几行代码，依据输出结果理解 ICMP 时间戳选项，并尝试编写一段程序计算往返时延。

```
>>> pkt= IP(dst="www.163.com")/ICMP(type=13,code=0)
>>> pkt.show()
>>> ans,unans=sr(pkt)
>>> ans[0][1].show()
>>> ans[0][1][ICMP].ts_ori
```

3-09 网络前缀 172.16.32.0/22 中有多少个 IP 地址？其中第一个可用的 IP 地址和最后一个可用的 IP 地址分别是什么？这些 IP 地址的子网掩码是什么？

3-10 假设将习题 3-09 中的网络前缀分配给某公司使用，该公司有 4 个部门，部门 1 大约需要 200 个 IP 地址，部门 2 大约需要 300 个 IP 地址，而部门 3 和部门 4 分别只需要 100 个 IP 地址，请给出合理的 IP 地址分配方案。

3-11 在 3.6.1 节的实验中，企业内部使用了 192.168.10.0/24、192.168.20.0/24、192.168.30.0/24 和 192.168.80.0/24 四个网络前缀，故在路由器 R2 上配置了一条 CIDR 路由来访问企业内部网络：

```
R2(config-if)#ip route 192.168.0.0 255.255.0.0 12.12.12.0
```

试分析是否可以用命令 ip route 192.168.0.0 255.255.128.0 12.12.12.0 来取代上述命令。

3-12 在如习题图 3-2 所示的网络中，交换机 SW 组建了一个未划分 VLAN 的局域网络，部分设备接口的 IP 地址已经配置完成，请给出主机 A、B、C 可使用的 IP 地址范围，以及子网掩码、默认网关和 DNS 配置信息。

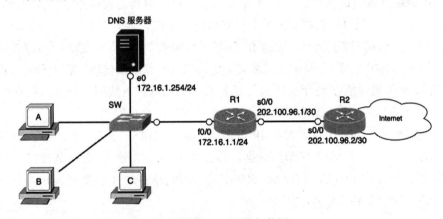

习题图 3-2　网络拓扑图

3-13 以下是 Wireshark 的抓包结果，请给出习题表 3-1 中的行号列所标注的行的正确含义。

```
01: Ethernet II, Src: f0:18:98:ee:37:42, Dst: d8:4a:2b:b1:56:c0
02:     Destination: d8:4a:2b:b1:56:c0 (d8:4a:2b:b1:56:c0)
03:     Source: f0:18:98:ee:37:42 (f0:18:98:ee:37:42)
04:     Type: ARP (0x0806)
05:     Padding: 000000000000000000000000000000000000
06: Address Resolution Protocol (reply)
07:     Hardware type: Ethernet (1)
08:     Protocol type: IPv4 (0x0800)
09:     Hardware size: 6
10:     Protocol size: 4
11:     Opcode: reply (2)
12:     Sender MAC address: f0:18:98:ee:37:42
13:     Sender IP address: 192.168.1.7
14:     Target MAC address: d8:4a:2b:b1:56:c0
15:     Target IP address: 192.168.1.1
```

习题表 3-1　行的含义

行号	含义
04	
05	
06	
11	
12	

3-14 主机收到路由器发来的一个 ICMP 差错报告报文，其中 Type = 11、Code = 0，请分析路由器为什么发送这个差错报告报文。

3-15 在 ICMP 差错报告报文中，其报错信息为什么包含原始出错 IP 分组的首部及数据部分的前 8 字节？

3-16 在 IPv4 中，为什么仅对 IP 分组的首部进行检验？另外 IP 分组在转发至下一跳路由器之前，IP 分组的首部中的哪些字段可能会发生变化？需要重新计算检验和吗？

3-17 IP 分组的首部的长度必须是 4 字节的整数倍，否则需要填充。当接收方收到一个首部带有填充的 IP 分组时，接收方如何区分哪些是填充的内容？

3-18 假设发送端发送了一个较大的 IP 分组（例如 6578 字节），超过了发送端送出接口的 MTU（例如 1500 字节），但是发送端又不允许该 IP 分组在传输过程中分片（即设置了 DF=1），请问发送端可能收到什么错误信息？在 Windows 系统中，执行 ping -l 6550 -f 192.168.1.1 命令可以进行验证，其中 192.168.1.1 是主机的默认网关。

3-19 路由器 R 收到一个待转发的 IP 分组（标识是 918），该 IP 分组采用了固定 20 字节的首部长度，且携带了 6558 字节的数据，路由器 R 需要将该 IP 分组从接口 f0/0 转发至下一跳路由器，但接口 f0/0 的 MTU 是 1500 字节，因此路由器 R 需要对该 IP 分组进行分片。请在习题表 3-2 中给出相关分片的信息。

习题表 3-2　IP 分组的分片信息

IP 分组	总长度（20 字节是 IP 分组首部）	标识	MF 标志	片偏移
原始 IP 分组	6558+20	918	0	0
分片 1				
分片 2				
…	…	…	…	…
分片 n				

3-20 如果子网掩码是 255.255.254.0，则以下有效的、可分配给主机使用的 IP 地址是：

A．126.17.3.0　　　　　　　B．174.15.3.255

C．20.15.36.0　　　　　　　D．115.12.4.0

3-21 路由器 R 的路由表如习题表 3-3 所示。

习题表 3-3　路由表

序号	目的网络	子网掩码	下一跳
1	202.193.96.0	255.255.254.0	f0/0
2	202.193.98.0	255.255.255.192	R1

序号	目的网络	子网掩码	下一跳
3	202.193.98.64	255.255.255.192	R2
4	202.193.98.128	255.255.255.192	R3
5	202.193.98.192	255.255.255.192	R4
6	0.0.0.0	0.0.0.0	R5

路由器 R 收到了 4 个 IP 分组，这 4 个 IP 分组的目的地址分别是：

（1）202.193.96.22

（2）202.193.97.22

（3）202.193.98.150

（4）202.193.98.123

请判断路由器 R 将分别使用哪一条路由转发收到的 4 个 IP 分组。

3-22 以下是一个 IP 地址的二制形式，试将这些 IP 地址转换成点分十进制形式，并判断属于哪一类别的 IP 地址。

（1）00000001 01001001 00001011 11101011

（2）11000001 11000011 00011011 01111100

（3）10100111 11011011 10001111 01111111

（4）11110000 10011011 10111011 00001110

3-23 在习题图 3-3 所示的直连网络中，SW 是一个未划分 VLAN 的二层交换机，管理员为主机 A、B、C、D 配置了 IP 地址，试回答以下问题：

（1）主机 A、B、C、D 中哪些主机间可以互通？为什么？

（2）如果主机 A 分别 ping 主机 C 和 D，则主机 A 中可能出现什么信息？

（3）如果主机 C 或 D ping 主机 A，则主机 C 或 D 中可能出现什么信息？

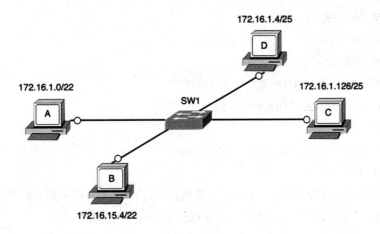

习题图 3-3　网络拓扑图

3-24 在一个局域网中，主机均采用 DHCP 自动配置 IP 地址，但该局域网中没有 DHCP 服务器，如果这些主机均是 Windows 系统，那么这些主机能得到 IP 地址吗？

3-25 以下哪些子网掩码是正确的？

（1）240.0.0.0

（2）192.0.255.0

（3）255.240.0.0

（4）255.240.128.0

（5）255.255.240.0

（6）255.255.254.254

（7）255.255.255.254

3-26 某公司申请得到了一个网络前缀 210.103.128.0/20，试分析该公司共有多少个 IP 地址。这些地址数量相当于多少个 C 类网络的地址数量？

3-27 ISP 为某公司分配了 222.196.64.0/24 至 222.196.71.0/24 的连续 8 个 C 类网络，现在 ISP 需要添加去往该公司的静态路由，试给出去往该公司的一条汇聚路由（假设下一跳是 12.12.12.1）。

3-28 如果在一个局域网内存在多个 DHCP 服务器，试讨论可能会出现什么问题？

3-29 在网络工程应用中，首先在交换机上采用基于接口划分的方式划分 VLAN（数据链路层划分 VLAN），然后在网络层上为这些 VLAN 分配不同的子网，子网间需要通过路由器才能相互通信（参考 3.6.1 节的实验），试分析如果仅在网络层分配不同的子网会存在什么问题（即不在数据链路层划分 VLAN）。

3-30 试分析 BGP 如何检测路由环路。

3-31 在 IPv6 中，本地链路单播地址和被请求节点多播地址分别具有什么意义？

3-32 有一个 IPv6 网络，该网络中的网关的网络前缀是 2001::/64。现有一台主机接入该网络，且采用无状态地址自动配置的方式配置 IPv6 地址，主机的 MAC 地址是 00:50:79:66:68:00。试分析该主机的本地链路单播地址、全球单播地址和被请求节点多播地址。

3-33 试分析以下 IPv6 地址是否正确：

（1）2406:840:f990::1

（2）2406::0840:f990:1

（3）2400:8900:e000:10::

（4）0000:0:0000:0:0000:0000:01:002:0003

（5）2001:db8:ffff::123:4567:89ab:cdef

（6）1::1::1

（7）2400:8900:e000:10::ffff:e456:5a66:bca0

（8）2001::192.168.1.1

3-34 在 IPv6 地址的表示中，为什么不能用两次零压缩来省略多组连续的 0？

3-35 MPLS 中的 FEC 的含义是什么？LDP 协议的功能又是什么？

3-36 在 MPLS 域中，LSR 路由器为什么要在倒数第二跳弹出标签？

3-37 以下是在 macOS 下运行的命令以及 Wireshark 的抓包结果，请仔细观察命令的输出结果以及抓包结果，理解 ICMP 回送请求/回答报文的格式及字段的含义。

注意，www.baidu.com 的 IP 地址是 14.215.177.38（思考主机是如何知道的）。

```
01: Mac-mini:~ $ping -c 8 192.168.1.1 >null & ping  -c 8 www.baidu.com >null &
02: Mac-mini:~ $ ps -a | grep ping
03:  1000 ttys000    0:00.02 ping 192.168.1.1
04:  1026 ttys001    0:00.01 ping www.baidu.com
05:  1043 ttys002    0:00.00 grep ping
```

第 01 行，后台同时运行两条 ping 命令（Linux 中类似）。

第 02 行，查看后台 ping 进程。

第 03 行，ping 192.168.1.1 的进程号是 1000。

第 04 行，ping www.baidu.com 的进程号是 1026。

部分抓包结果如下：

```
07: Internet Protocol Version 4, Src: 192.168.1.6, Dst: 192.168.1.1
08: Internet Control Message Protocol
09:     Type: 8 (Echo (ping) request)
10:     Code: 0
11:     Checksum: 0x16c0
12:     Identifier (BE): 59395 (0xe803)
13:     Identifier (LE): 1000 (0x03e8)
14:     Sequence Number (BE): 0 (0x0000)
15:     Sequence Number (LE): 0 (0x0000)
16:     Data (44 bytes)
17:
18: Internet Protocol Version 4, Src: 192.168.1.1, Dst: 192.168.1.6
19: Internet Control Message Protocol
20:     Type: 0 (Echo (ping) reply)
21:     Code: 0
22:     Checksum: 0x1ec0 incorrect, should be 0x892c
23:     [Checksum Status: Bad]
24:     Identifier (BE): 59395 (0xe803)
25:     Identifier (LE): 1000 (0x03e8)
26:     Sequence Number (BE): 0 (0x0000)
27:     Sequence Number (LE): 0 (0x0000)
28:     Data (44 bytes)
29:
30: Internet Protocol Version 4, Src: 192.168.1.6, Dst: 14.215.177.38
31: Internet Control Message Protocol
32:     Type: 8 (Echo (ping) request)
33:     Code: 0
34:     Checksum: 0xf509 incorrect, should be 0x5f76
35:     [Checksum Status: Bad]
36:     Identifier (BE): 516 (0x0204)
37:     Identifier (LE): 1026 (0x0402)
38:     Sequence Number (BE): 0 (0x0000)
39:     Sequence Number (LE): 0 (0x0000)
40:     Data (44 bytes)
41:
42: Internet Protocol Version 4, Src: 14.215.177.38, Dst: 192.168.1.6
```

```
43: Internet Control Message Protocol
44:     Type: 0 (Echo (ping) reply)
45:     Code: 0
46:     Checksum: 0xfd09 incorrect, should be 0x6776
47:     [Checksum Status: Bad]
48:     Identifier (BE): 516 (0x0204)
49:     Identifier (LE): 1026 (0x0402)
50:     Sequence Number (BE): 0 (0x0000)
51:     Sequence Number (LE): 0 (0x0000)
52:     Data (44 bytes)
```

3-38 试编写一个 Python 程序，用于探测源主机到目的主机的最小 MTU。

3-39 试分析以太网三层交换机的优点与缺点。

第 4 章　端到端的通信

第 3 章介绍的网络互连，解决了位于不同网络中的主机间转发 IP 分组的问题，即通过 IP 协议将异构的计算机网络相互连接起来，实现了不同网络中的主机间的通信。但是，主机到主机的通信中，还有很多细节问题没有得到解决：主机中是哪一个进程发送的数据？又是哪一个进程接收的数据？网络层是不可靠的，如何在不可靠的网络上实现主机间进程通信的可靠性？由于 IP 分组可能未按序到达接收端，那么接收端如何重组无序到达的数据？发送端发送数据太快，导致接收端来不及接收数据；等等。本章介绍的端到端的通信，属于计算机网络五层体系结构中的运输层。

本章主要内容如下：

（1）端到端的概念。

（2）端口的概念。

（3）无连接的 UDP 协议。

（4）面向连接的 TCP 协议：可靠传输的实现；流量控制机制；拥塞控制方法；TCP 连接的管理等。

4.1　端到端的概念

4.1.1　端系统与网络层

1. 概述

在互连网络中，用 IP 地址来标识相互通信的主机，源主机发送的 IP 分组沿着一条路径到达目的主机。注意，主机并不会主动发送或接收 IP 分组，这些工作都是由运行在主机中的进程（程序）来实现的，例如，主机 A 中运行一个浏览器程序，远程访问互连网络中的另一台主机 B 中运行的百度服务器程序；主机 A 还可以运行一个即时通信软件，与互连网络中的另一台主机 B 运行的即时通信软件相互通信。因此，互连网络中的主机间的通信，指的是不同网络内的主机中运行着的进程间的通信，注意，不是指同一系统中进程间的通信，这些通信的进程可以是跨主机、跨网络的。当然，主机中也可以同时运行服务器程序和客户程序，但这种工作方式大都用来在服务器程序部署之前调试服务器程序运行的正确性、安全性以及可靠性等。

一个通俗的例子可以说明端到端的通信的概念：在现实的网络购物中，卖方通过物流公司，将货物从卖方通信地址送达买方通信地址；由于很多卖方共享一个通信地址，很多买方也共享一个通信地址，因此，为了区分每一对买卖关系，对双方的通信地址分别设立一个驿站（假设只有一个），卖方将需要发送的货物送往卖方所在的驿站，驿站将买卖双方的信息（手机号码）附加在货物之上，然后通过物流公司将货物发送到买方所在的驿站，买方所在的驿站在收到货物之后，根据附加在货物上的手机号码，联系买家取货，如图 4-1 所示。

当然，通信地址 B 也可以是卖方的地址，而通信地址 A 也可以是买方的地址。因此，可以认为，通过通信地址与手机号码的组合，实现了卖方与买方之间的购物交易。

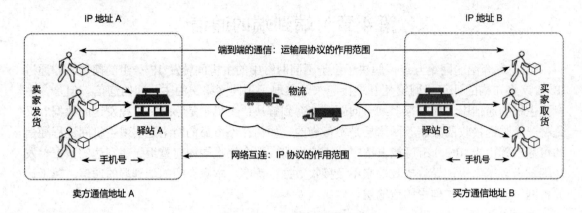

图 4-1　端到端的通信的示意图

从计算机网络五层体系结构上看：网络层的作用范围是从一个 IP 地址到另一个 IP 地址，解决了两个主机间的通信问题，类似于图 4-1 中的物流公司的作用范围是在两个通信地址之间，解决了异地货物转运的问题；运输层的作用范围被局限在一个系统之内（端系统中，运输层的协议也称为端到端的协议），用于区分是哪一对进程间的通信，类似于图 4-1 中的通过手机号码来区分是哪一对买卖双方在交易。物流公司根据目的通信地址来转运货物，类似于网络中的路由器根据目的 IP 地址来转发 IP 分组，而驿站根据手机号码来接收和分发货物，类似于端系统中根据端口来接收和分发报文。可以看出，四元组（买家手机号码，买家通信地址，卖家手机号码，卖家通信地址）唯一区分了一次网络购物的买卖交易。而在互连网络中，四元组（源端口，源 IP 地址，目的端口，目的 IP 地址）也可以用来唯一区分端系统中进程间的通信。

表 4-1 列出了网络层与运输层的关系的例子。在端系统中，运输层负责将应用层报文移动到网络的边界，即交付给网络层，网络层的路由器不用识别运输层上的任何信息，它仅依据网络层的信息（IP 地址）来转发 IP 分组。因此可以认为，运输层屏蔽了网络层的细节，用户进程不用关心网络拓扑结构以及采用何种路由协议，只需要将发送的数据交付给运输层就能够实现端到端进程间的通信，即用户进程似乎使用了端系统中运输层之间的一个逻辑信道在通信，类似于网络购物中的买家与卖家，仅需通过驿站就能够实现网络购物交易，他们并不关心物流公司的具体运作过程，买家与卖家似乎是通过驿站进行的交易（卖方通过驿站发货，而买方通过驿站收货）。

表 4-1　网络层与运输层的关系的例子

端到端的通信	网络购物
进程	买家与卖家（很多对）
运输层协议	驿站使用的买家与卖家的手机号码
网络层协议	买家与卖家通信地址

在互连网络中，运输层提供了两种端到端的协议供用户进程使用：一种是面向连接的可靠的 TCP 协议，它在不可靠的网络层上，为用户提供了可靠的传输服务，TCP 协议为用

户进程建立了一条全双工的可靠的逻辑信道；另一种是非连接的不可靠的 UDP 协议，它为用户提供的是不可靠的逻辑信道。当然，应用进程也可以不使用运输层提供的端到端的服务（允许越层），在这种情况下，用户进程需要实现类似的运输层的功能（例如，采用 ICMP 协议的 ping 应用程序）。

2. 运输层的多路复用/分用

在端系统中，只有一个运输层，但通信的应用进程却是多种多样的。因此，运输层需要将多个不同的应用进程通过复用的方法共享到网络层，并且能够将收到的数据正确地交付给目的应用进程，运输层的这种工作过程称为运输层的多路复用（multiplexing）和多路分用（de-multiplexing）。例如图 4-1 中，很多卖方共享一个驿站 A 来发送货物，即驿站揽收不同卖方的货物，同样也有很多买方共享一个驿站 B 来收取货物，驿站将收到的货物分发给不同的买方。

在图 4-2 中，给出了运输层基于端口的多路复用和多路分用的概念。发送方的一些应用进程复用运输层 TCP 协议，另一些应用进程复用运输层 UDP 协议，接收方的运输层协议通过多路分用（解复用），将数据交付给目的应用进程。端口是用来区分通信的主机应用进程的，类似网络购物中的驿站通过用户手机号码来区分不同的买家与卖家。所谓 IP 复用，指运输层的 TCP 协议和 UDP 协议共享一个 IP 协议。在发送方的 IP 协议中，需要指明运输层采用的是何种协议（TCP 还是 UDP 协议），以便接收方的 IP 协议能够正确分用给运输层相关的协议处理，因此，IP 协议并不需要知道运输层的多路复用和分用。

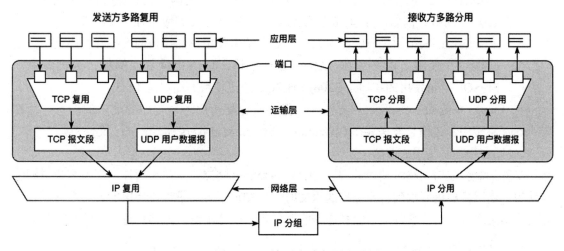

图 4-2 运输层多路复用和分用

4.1.2 端口的概念

在一个单一的系统中，操作系统是通过进程号来管理正在运行的进程的，但是在互连网络环境下的端到端的通信中，基于以下几方面的原因，不能采用进程号来区分通信的进程：

（1）相互通信的端系统是异构的，不同端系统中进程号的规范是有差异的，与不能用硬件地址来识别互连网络中的主机一样，不能用端系统中的进程号来识别端到端通信的进程。另外，系统中的进程是不断动态变化的，可以随时运行，也可以随时终止。如果一定要使用进程号来识别端到端通信的一对进程，其前提条件是互连的端系统使用统一的操作系统，且由操作系统为需要通信的进程统一分配进程号。

（2）互连网络中端到端的通信很多采用的是客户-服务器（Client/Server，C/S）模式。类似于窗口服务行业，客户最关心的是服务器是否能提供所需的服务，具体是哪些工作人员、哪种方式提供的服务，客户并不关心。例如，银行可以提供对公业务及对私业务等服务窗口（假设每类服务窗口只有一个且有编号），客户根据自己的需求选择正确的服务窗口即可（通过编号寻找），至于服务窗口里面是哪位工作人员（经常发生变化）为客户办理业务，客户并不关心，即服务窗口是客户办理业务的入口点，只要服务窗口是开的，客户就能办理业务。

在互连网络中，全网采用了一个统一的、抽象的、用于区别不同系统中的进程的标识，该标识就是端口（Port），通过端口，不同系统的进程间能够相互间接识别：源进程通过源端口发送数据，而接收进程通过目的端口接收数据。由此可知，端到端的通信，首先必须知道通信双方的 IP 地址，这是为了在互连网络中寻找到通信双方的主机系统，其次需要知道通信双方进程使用的端口，即用一对端口+IP 地址来唯一标识端到端的进程间的通信。

端口采用 16 比特进行编码，即端口的范围是 0～65535。端口仅具有本地意义，即端口只是为了标识本系统内与其他系统进行通信的进程，不同系统中的进程可以使用相同的端口。端口一共分为两大类：一类是服务器端使用的端口，另一类是客户临时使用的端口。

（1）服务器端使用的端口

- 熟知端口（全世界都知道的）：其范围是 0～1023，类似于众所周知的电话号码 110、120、119 等。例如，端口 80 被分配给提供 Web 服务的应用程序使用等。
- 登记端口：其范围是 1024～49151，分配给未使用熟知端口的服务器程序使用，这些端口在使用之前必须在 IANA 进行登记，以防止重复。例如，数据库系统 MySQL 登记使用的端口是 3306，而 SQL 登记使用的端口是 1433。

在 Linux 系统的/etc/services 文件中，保存有分配给服务器程序的端口的信息，而在 Windows 系统中，该信息被保存在 C:\Windows\System32\drivers\etc\services 文件中。

（2）客户临时使用的端口

又称为短暂端口（临时端口），其范围是 49152～65535，这些端口被分配给客户进程临时使用。当服务器进程收到客户进程的报文时，就知道了客户进程所使用的临时端口，在双方通信结束之后，这个临时端口会被系统收回，可再次分配给其他客户进程使用。

4.1.3 端口监听的概念

对于互连网络中的服务器程序而言，该服务器程序使用的端口，被称为服务器监听的端口，即服务器程序等待客户通过该端口来请求服务。例如，某银行工作人员在 1 号对私服务窗口工作，等待客户前来办理业务（请求服务），可称为该工作人员在监听 1 号窗口。

互连网络中有很多著名的服务器程序，为客户提供各种各样的不同的服务。例如，著名的超文本传输协议（HyperText Transfer Protocol，HTTP）默认使用端口 80 为人们提供 Web 站点的页面访问服务，而简单邮件传输协议（Simple Mail Transfer Protocol，SMTP）默认使用端口 25 为人们提供发送电子邮件服务。可以这样认为，HTTP 默认监听端口 80，而

SMTP 默认监听端口 25。图 4-3 给出了互连网络中部分服务器程序默认监听的端口。注意，端到端的协议（运输层协议）分为 TCP 和 UDP。另外，FTP 比较特殊，分别使用了端口 20 和 21。

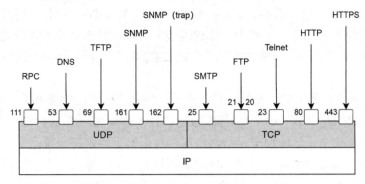

图 4-3 部分服务器程序监听的端口

当互连网络中的服务器进程监听到有客户进程请求服务时，服务器进程会产生一个从属进程来响应客户的请求，随后，服务器进程返回，继续监听新的服务请求。

4.2 UDP

4.2.1 概述

用户数据报协议（User Datagram Protocol，UDP）在 RFC 768 中被定义，较为简单，除实现了运输层的多路复用和分用及差错检测功能之外，没有在 IP 协议之上增加任何改进的功能，如果应用进程选择使用运输层的 UDP 协议，则几乎是直接使用 IP 协议。UDP 协议简单地将应用进程的数据加上用于多路复用/分用的端口，和差错检测等字段，形成一个 UDP 用户数据报便交给网络层处理，网络层将其封装成 IP 分组（可能需要分片），且尽最大努力将该 IP 分组转发至目的主机。如果 IP 分组能够正确到达目的主机，则目的主机的 UDP 根据目的端口将数据交付给正确的应用进程。

注意，UDP 发送用户数据报是一个"十分随意"的过程：一方面，源主机的 UDP 在收到应用层交付的数据后，加上 UDP 首部之后立即发送（交付给 IP 协议），它不需要知道目的主机是否存在，以及是否做好了接收数据的准备，也不关心目的主机是否能够收到发送给它的 UDP 用户数据报；另一方面，目的主机在收到源主机发送的 UDP 用户数据报后，不会向源主机发送任何确认信息，即 UDP 没有握手协商的过程，也没有确认过程。因此，UDP 是无连接的、不可靠的协议。

通过上述分析可知，当端系统中的应用进程采用 UDP 协议传输数据，且不需要进行双向交互时，运输层上的源端口和 IP 分组中的源 IP 地址是可有可无的，因此可以用二元组（目的端口，目的 IP 地址）来标识端系统中进程间的通信，也就是说，目的主机中的某个进程，它不加区分地接收不同源主机发送的 UDP 用户数据报且不会向源端发送任何数据。

4.2.2 UDP 的特点

（1）UDP 是无连接的，且尽最大努力交付（即不保证可靠交付）。所谓连接指的是逻辑层面上的连接，即运输层间在发送和接收数据之前所执行的"准备工作"，并且在数据发送和接收完成之后，运输层间需要执行"收尾工作"以释放连接。所谓可靠传输指的是源端发送什么数据，接收端必须正确无误地接收到这些数据，运输层需要使用序号、确认和重传等机制才能够实现端到端的可靠传输（参考 TCP 协议）。UDP 采用的是无连接的、不可靠的传输方式，这种方式的优点是减少了维护连接所需要的开销（例如，发送/接收缓存、拥塞控制参数及序号参数等），也减少了发送数据之前的时延，即立即将 UDP 用户数据报移交给网络层。

（2）UDP 是面向报文的。在计算机网络五层体系结构中，如果不考虑具体的协议，则对等层间交互的数据对于下一层而言可称之为报文。例如，应用层交付给运输层的数据对于运输层来说是一个报文，运输层交付给网络层的数据对于网络层来说是一个报文。UDP 是面向报文的，指的是 UDP 将应用层交付的数据加上 UDP 首部一次性地封装成一个 UDP 用户数据报，即不会拆分应用层交付的报文，而是保留应用层所产生的原始报文的边界，如图 4-4 所示。

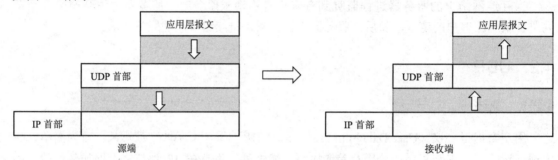

图 4-4　面向报文的 UDP

因此，源端的 UDP 一次发送多少字节的应用层数据，接收端的 UDP 便一次完整地接收多少字节的数据（在 UDP 报文能够正确无误地被传输到接收端的情况下），即对于源端的 UDP 而言，UDP 是一次发送一个完整的应用层报文，而对于接收端的 UDP 而言，是一次向应用层交付一个完整的应用层报文。

从图 4-4 可以看出，应用层报文在被 UDP 增加了一个 UDP 首部之后，便作为 IP 分组的数据部分被封装到了 IP 分组之中。如果应用层报文过长，超过了数据链路层的 MTU，则 IP 分组必须分片之后才能够经数据链路层转发至下一跳。

通过上述分析可以知道，如果采用 UDP，则应用层产生的报文不能太大，否则会产生多个 IP 分片，当某一个 IP 分片在传输过程中出现错误，接收端就不能还原原始的 UDP 报文。另外，如果应用层报文太小，则 IP 分组也会很小，从而降低了 IP 层的效率。因此，当应用进程采用运输层的 UDP 时，需要仔细考虑一次交换数据的大小问题。

（3）UDP 没有拥塞控制。即使因网络拥塞而丢弃了封装了 UDP 报文的 IP 分组，也不会影响源端运输层发送 UDP 报文的速率，这非常有利于互连网络中的实时应用。例如实时视频会议、IP 电话和网络直播等，一方面，这些应用要求源端以恒定的速率发送数据，且对时延有较高的要求（即不能推迟发送数据）；另一方面，这些应用能够容忍因网络拥塞而丢失了部分数据的情况。

（4）UDP 首部开销小，仅有 8 字节，相较于运输层协议 TCP 的首部长度 20 字节而言，其效率更高、处理速度更快。

（5）由于 UDP 是无连接的、不可靠的，使得 UDP 能够支持多种形式的交互式通信，例如一对一、一对多、多对一和多对多的通信，且特别适合实时及多媒体等应用。

（6）由于 UDP 是无连接的，使得应用进程可以更加精确地控制何时发送何种数据，因此，UDP 特别适合多次请求获取数据的场景。例如应用层的 DNS 协议：DNS 的客户进程随时可以向 DNS 的服务器进程请求服务，在某次请求服务没有得到响应的情况下，可以继续多次重复请求服务，若采用 TCP，则这种随时请求服务的过程开销太大。另外，UDP 也适合应用层一次传输少量数据的情况。

4.2.3 UDP 报文的格式

UDP 报文的格式如图 4-5 所示。

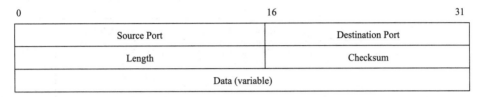

图 4-5 UDP 报文的格式

（1）Source Port：源端口，占 16 位。源端口是可选的，当使用源端口时，它用来标识源主机中发送数据的应用进程，用于目的主机回送 UDP 应答报文。如果源端口的值是 0，则表示未使用（不需要回送应答的情况）。

（2）Destination Port：目的端口，占 16 位。用来标识目的主机接收数据的应用进程，如果目的主机没有该端口标识的进程在运行，则目的主机向源主机发送目的端口不可达的 ICMP 差错报告报文（type=3，code=3）。例如，在图 4-1 中，卖方将货物发送给了一个错误的（不存在的）用户（以手机号码区分），买方驿站将无法分发该货物。

（3）Length：长度，占 16 位。以字节为单位来指明 UDP 用户数据报的总长度，包括 UDP 首部和数据部分。可以看出，最小的 UDP 报文的长度是 8 字节（仅有首部）。注意，最大的 UDP 报文的长度不是 65535 字节，它是受 IP 分组的大小限制的，一个 IP 分组的最大长度是 65535 字节，其数据部分最多是 65515 字节（减去最小的 IP 分组的首部长度 20 字节），因此，UDP 报文的最大长度是 65515 字节，且最大可以封装的应用层报文的长度是 65507 字节（减去 8 字节的 UDP 首部）。

（4）Checksum（在 RFC 1071 中被定义）：检验和，占 16 位。用于检测 UDP 报文在端到端的传输过程中是否出错。UDP 检验和是一个端到端的检验，由源端计算，且由接收端验证。如果接收端验证出错，则简单地将该 UDP 报文丢弃且不会向源端报错。

UDP 检验和的计算方法与 IP 首部检验和的计算方法类似，但是 UDP 检验和是个可选项（即可以关闭 UDP 检验和的计算），它与 IP 首部检验和存在三个不同：

第一，UDP 报文的长度可以是奇数字节，而检验和的计算是 16 位相加，因此在计算检验和时，可能需要在 UDP 报文的最后填充 1 字节的 0，使得 UDP 报文的长度是偶数字节。注意，填充字节仅用于计算检验和，不会被传送。

第二，UDP 报文的数据部分也参与检验和的计算，而 IP 分组仅对首部计算检验和。

第三，在计算 UDP 检验和时，需要加上 12 字节的伪首部进行计算，在伪首部中包含了一些网络层的信息。伪首部的格式如图 4-6 所示。

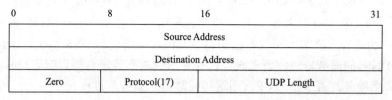

图 4-6　计算 UDP 检验和所需的伪首部

由图 4-5 和图 4-6 可知，UDP 是对图 4-7 中所示的字段计算检验和的。

0	8	16	31
Source Address			
Destination Address			
Zero	Protocol(17)	UDP Length	
Source Port		Destination Port	
Length		Checksum	
Data (variable)			
	0		

图 4-7　UDP 中参与计算检验和的字段的示例

图 4-7 给出了 UDP 中参与计算检验和的字段的示例，最后填充了 1 字节的 0，以使计算检验和的字段总长度是偶数字节。深颜色部分是计算检验和时增加的伪首部字段和填充字节。注意，伪首部和填充字节不是 UDP 报文的一部分，即伪首部和填充字节不会被发送，仅仅用于计算检验和。伪首部中包含了 Source Address（源 IP 地址）、Destination Address（目的 IP 地址）、Zero（1 字节的 0）、Protocol（UDP 协议代码：17）和 UDP Length（UDP 报文长度）字段。

增加伪首部进行检验和计算，可以理解为 UDP 进行了三重检验：一是对源 IP 地址和目的 IP 地址进行检验，验证源主机和目的主机（以 IP 地址标识）是否正确；二是对源端口和目的端口进行检验，验证源进程和目的进程是否正确；三是对数据进行检验，验证数据传输过程是否出错。检验和计算和验证的过程如下：

（1）在源端，首先将 UDP 报文中的检验和字段置为 0，必要时，在 UDP 报文的最后填充 1 字节的 0，使得 UDP 报文的长度是偶数字节；然后连同伪首部一起，按二进制反码计算 16 位的检验和，并将该结果写入 UDP 报文的检验和字段；最后将该 UDP 报文（不包含填充字节）交付给 IP 层转发至接收端。

（2）在接收端，将收到的 UDP 报文（可能需要加上 1 字节的 0）连同伪首部一起，也按二进制反码计算 16 位的和，如果结果是 16 位 0，则接收该 UDP 报文并将封装的数据上交给应用进程，否则说明该 UDP 报文在端到端的传输过程中出错了，接收端直接丢弃该 UDP 报文，且不会向源端回送任何错误信息。

图 4-8 给出了一个计算 UDP 检验和的例子。

153.19.8.104			
171.3.14.11			
0	17	15	
1087		13	
15		0	
84	69	83	84
73	78	71	0

图 4-8　计算 UDP 检验和的例子

图 4-8 中，深色背景部分是计算 UDP 检验和增加的字段（伪首部和填充的字节 0），白色部分是一个 15 字节长度的 UDP 报文，由于 UDP 报文的长度不是偶数字节，故在计算检验和时，需要在 UDP 报文的最后填充 1 字节的 0。

图 4-9 给出了源端对图 4-8 所示的例子计算 UDP 检验和的具体过程。

10011001 00010011	153.19 → 39187
00001000 01101000	8.104 → 2152
10101011 00000011	171.3 → 43779
00001110 00001011	14.11 → 3595
00000000 00010001	17
00000000 00001111	15
00000100 00111111	1087
00000000 00001101	13
00000000 00001111	15
00000000 00000000	0
01010100 01000101	21573
01010011 01010100	21332
01001001 01001110	18766
01000111 00000000	18176 和 0（填充 0）

10　10010110 11101011　　→ 10010110 11101101

↓ 取反

校验和　　　　01101001 00010010

图 4-9　计算 UDP 检验和的具体过程

注意，计算结果中超过 16 位长度的"10"需要再次移到低位求和。将求和得到的最终结果取反便得到了检验和。发送端将得到的检验和写入 UDP 报文的检验和字段（图 4-9 中深色背景字段）。如果接收端对收到的 UDP 报文计算检验和的结果是 16 位 0，则说明该 UDP 报文在端到端的传输过程中没有出现错误。

4.3　TCP

网络层是不可靠的，端到端的 UDP 协议也仅仅是在网络层的基础上，增加了多路复用/

分用功能，所以也是不可靠的。但是互连网络中的很多应用都有可靠且按序交付的传输要求，例如邮件传输、文件传输等。要实现可靠、按序交付等的传输功能，端到端的通信需要使用 TCP 协议。

4.3.1　TCP 概述

相较于 UDP，传输控制协议（Transmission Control Protocol，TCP）是一个复杂的协议，能够为应用进程提供可靠的字节流服务，使得应用进程能够在不可靠的网络层上实现可靠的传输。TCP 最早被定义在 RFC 793 中，后经多次修改，最新的定义是 RFC 9293。

TCP 是面向连接的、全双工的并且是点到点的协议。全双工是指在每个 TCP 连接上支持一对字节流的传输，每个方向一个字节流，也就是在一个 TCP 连接上同时有两个方向的数据传输。点到点是指每个 TCP 连接仅有两个端点，因此，TCP 不支持多播或广播。TCP 也支持多路复用/分用，允许主机上的多个应用进程与各自对应的通信实体进行通信。

TCP 通过限制源端在一定时间内发送的数据量，实现了对字节流传输的流量控制。TCP 还提供了网络拥塞控制机制，它通过限制主机发送数据的速度，来防止主机将过多的数据注入网络中而引起网络拥塞（发送到网络中的数据，超过了网络所能容纳的数据量）。注意，流量控制（Flow Control）是端到端的问题，是为了防止源端发送的数据量超出了接收端的接收容量。而拥塞控制（Congestion Control）是主机与网络间的问题，是为了防止过多的数据注入网络而造成路由器或链路超载，从而防止网络因拥塞而丢弃分组。图 4-10[①]描述了流量控制与拥塞控制的区别。

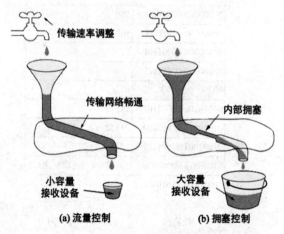

图 4-10　流量控制与拥塞控制

TCP 是面向字节流的，应用进程将交付的数据按字节进行编号后交付给 TCP，每一个 TCP 连接就是一个字节流，而不是消息流（应用层报文），端到端的 TCP 之间不会保留消息的边界，即 TCP 不像 UDP 那样，将应用层报文一次性地发送给对端，TCP 不保证应用进程一次发送的数据，被接收端一次性完全接收。例如，源端的应用进程将 4 个 512 字节的数据块写入 TCP 流中，那么在接收端，有可能按 4 个数据块分别上交给应用进程，也有可能按 2 个 1024 字节的数据块上交给应用进程，也有可能一次将 2048 字节的数据上交给应用进程，等等。

---

① 图片来源：计算机网络（第 4 版），Andrew S.Tanenbaum 著。

TCP 存在发送时延（不是立即移交给网络层）。UDP 在收到应用层报文之后，加上 8 字节的首部便立即交付给网络层进行转发。TCP 则是由应用进程将按字节编号之后的、有序的字节流写入 TCP 的缓存中，TCP 并不会立即将这些有序的数据交付给网络层，而是等待一个合适的时机（也有可能立即传送），将 TCP 缓存中的有序字节流打包成一个个大小不一的 TCP 报文段，交付给网络层进行转发，如图 4-11 所示。

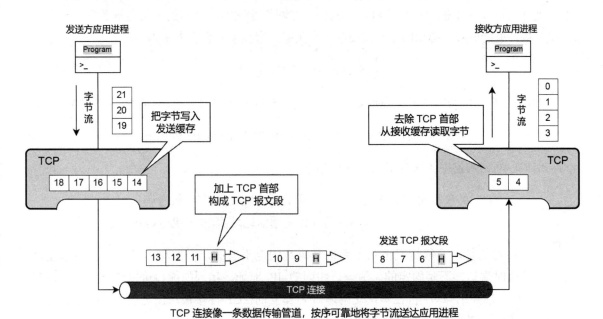

图 4-11   TCP 面向字节流的概念

面向连接的电路交换是在物理层上保证通信的可靠性，通信双方独享一条物理链路，以实现数据按序发送并按序接收。而面向连接的虚电路是在网络层上保证通信的可靠性，采用信道复用技术为通信双方建立一条独享的虚电路，分组不失序地沿虚电路传输。图 4-11 中的 TCP 连接是一个逻辑层面上的虚连接，它采用协议的方法（例如序号、确认和重传等机制）来确保通信双方有一条全双工的、可靠的逻辑信道，在这个虚连接上，数据字节按序发送且按序接收。因此，TCP 对等体在通信之前，首先需要建立 TCP 连接，以协商实现可靠传输所需的、必要的参数，例如数据字节起始编号、接收缓存大小等。类似于网络购物，在交易发生之前，买卖双方协商一些相关内容，例如选择的物流公司、是否有折扣等。注意，为 TCP 提供虚连接服务的网络层是不可靠的，且网络层的 IP 分组并不一定按序到达目的主机。

TCP 是可靠的传输协议，所谓可靠的传输，指的是通过 TCP 实现了端到端数据传输的无差错、不丢失、不重复且能够按序交付给接收方应用进程。

通过上述分析可以看出，TCP 为应用进程提供的是面向连接的、可靠的、有序的字节流服务。后续内容将分析可靠传输的具体实现。

4.3.2 TCP 连接的概念

TCP 的所有功能基础是 TCP 连接，那么什么是 TCP 连接呢？一条 TCP 连接仅有两个端点，即 TCP 连接是点到点的。端点既不是端口，也不是 IP 地址，更不是进程 ID，在 RFC 793 中，端点被定义为套接字（Socket），它是 IP 地址与 TCP 端口关联在一起的、一个特别的标识，该标识能够唯一区分进行主机间通信的主机进程：IP 地址标识了互连网络中的一台主机，而端口标识了主机中运行的进程。例如，在网络购物中，驿站的通信地址关联上买家的手机号码，就能够唯一标识网络交易中的一个买家。套接字的表示方法为

$$\text{Socket} = (\text{IP 地址}, \text{端口})$$

由于 TCP 连接是由两个端点确定的，因此一条 TCP 连接可以由两个套接字来确定：

$$\text{TCP 连接} := \{\text{Socket1}, \text{Socket2}\} = \{(\text{IP1}, \text{Port1}), (\text{IP2}, \text{Port2})\}$$

例如，网络购物中买家与卖家的连接为

$$\text{买家与卖家的连接} := \{(\text{买方驿站通信地址}, \text{买方手机号码}),$$
$$(\text{卖方驿站通信地址}, \text{卖方手机号码})\}$$

需要注意的是，一般情况下买方手机号码是固定不变的，而主机中的同一应用进程每次使用的临时端口却不是固定的。另外，相同的 IP 地址、相同的端口可以恰巧多次出现在不同的 TCP 连接中，即主机在本次使用端口 P 建立的 TCP 连接被关闭之后，下次新建立一个 TCP 连接时，有可能又恰好使用端口 P。

在 Windows 系统中，netstat 命令可以用来查看本机的 TCP 连接情况。

```
01: C:\Users\Administrator>netstat -n -p tcp
02:
03: 活动连接
04:
05:    协议    本地地址              外部地址                   状态
06:    ...
07:    TCP    192.168.1.9:1033     180.xxx.xxx.xxx:443       ESTABLISHED
08:    TCP    192.168.1.9:1034     202.xxx.xxx.xxx:80        ESTABLISHED
09:    TCP    192.168.1.9:1035     58.xx.xxx.xx:80           ESTABLISHED
10:    TCP    192.168.1.9:1172     104.xxx.xxx.xxx:80        ESTABLISHED
11:    ...
```

第 07～10 行，显示了本机与互连网络上的主机所建立的 TCP 连接的情况。

第 07 行，本地地址（本地套接字）是"192.168.1.9:1033"，远程地址（远程套接字）是"180.xxx.xxx.xxx:443"，TCP 连接的状态是"ESTABLISHED"（已建立连接），注意，TCP 连接有很多状态（参考 TCP 连接管理）。

TCP 连接的两个端点通过三次握手的方式来建立 TCP 连接，通过三次握手，通信双方可以相互协商可靠传输所需要的参数。TCP 连接建立之后，通信双方开始传输字节流，当所有字节流传输完成后，通信双方通过四次挥手来释放 TCP 连接。

4.3.3 TCP 可靠的传输

1. 滑动窗口算法

滑动窗口算法是 TCP 的核心算法，讨论该算法的前提条件是：网络容量无限大，不可能出现拥塞的情况，丢失的 IP 分组不是因网络拥塞而丢失的，即源端不限量地向网络注入数据，网络层均可以转发（只要 IP 分组不出错）。在这种情况下，源端一次性向网络注入多少数据仅受接收端的接收能力所限制。另外，虽然 TCP 是全双工的，但这里仅讨论一方是发送方，另一方是接收方的情况。最后，为了讨论的方便性，假设 TCP 是以字节为单位来发送和接收数据的（即假设每个 TCP 报文仅携带 1 字节的数据），事实上通信双方间交互的是 TCP 报文段，每一个 TCP 报文段中都封装了若干有序的字节。

（1）发送方将应用层报文中的数据按字节赋予一个序号（数据以字节为单位编号，是 TCP 实现可靠传输的基本要求之一），且序号可以无限增大。注意，字节的起始序号是由双方三次握手建立 TCP 连接时协商得到的。

（2）发送窗口 swnd（send window）给出了发送方能够发送但未收到确认的字节的上限。LAR（Last Acknowledgement Received）表示发送方最近收到的确认序号，表明接收方已经收到该序号及该序号之前的所有数据字节。LBS（Last Byte Send）则表示发送方最近发送的字节的序号。显然：LBS-LAR ≤ swnd，如图 4-12 所示。

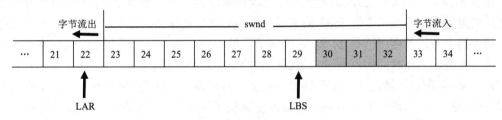

图 4-12　发送方的发送窗口

图 4-12 所示的发送窗口是 10 字节，窗口中序号是 23～29 的字节已经被发送出去，但还没有收到接收方回送的确认信息（这也是 TCP 实现可靠传输的基本要求之一）。注意，这些字节虽然已经发送完成，但不能移出发送窗口，在一定时间内，如果发送方没有收到接收方对这些字节的确认，发送方需要重传这些字节（超时重传，也是 TCP 实现可靠传输的基本要求之一）。序号是 30～32 的字节是可以发送但还未发送的数据。

发送窗口之外的、序号小于等于 22 的字节，是接收方已经正确接收的字节，发送方已经收到接收方对这些字节的确认信息。而序号大于等于 33 的字节是暂时不允许发送的字节。

如果发送方收到对序号是 26 的字节的确认，则说明接收方已经正确收到了序号小于等于 26 的字节，发送方将序号是 23～26 的字节移出发送窗口，序号是 33～36 的字节流入发送窗口，如图 4-13 所示。

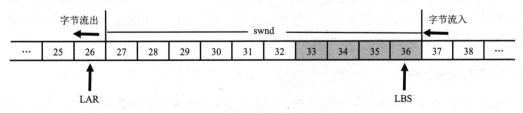

图 4-13　字节流入和流出发送窗口

注意，由于 LBS 指向了序号是 36 的字节，说明序号是 33～36 的字节也已经被发送出去了，即发送窗口中的字节全部被发送了出去，发送方停止发送，等待接收方回送的确认信息。

（3）接收窗口 rwnd（receive window）给出了接收方所能接收的字节的上限。根据讨论滑动窗口算法的前提条件，显然：swnd≤rwnd，否则接收方可能不能完全接收发送方发送的字节。LAB（Largest Acceptable Byte）表示最大可接收字节的序号，LBR（Last Byte Received）则表示最近收到的字节的序号（已经发送了收到该字节的确认）。显然：LAB-LBR≤rwnd，如图 4-14 所示。

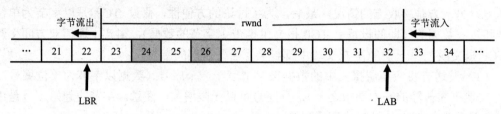

图 4-14　接收方的接收窗口

假设接收方收到的字节序号是 seq，则当 LBR<seq≤LAB 时，该字节被接收。现在讨论接收方是否应该向源端发送确认信息。假设最近发送的确认信息中的序号是 ack，则说明序号小于 ack 的字节均已正确收到，期望收到字节序号是 ack 的字节。

在图 4-14 中，ack 是 23，说明接收方已经正确收到序号小于等于 22 的字节，并且已经递交给应用进程，序号大于等于 33 的字节是不能被接收的字节，序号是 23～32 的字节是允许被接收的字节。其中序号是 24 和 26 的字节已经收到，由于未按序到达，这两字节不能够递交给应用进程。此时，接收方迫切需要收到的是序号是 23 的字节。

在图 4-14 所示的情况下，如果接收方收到了序号是 23 和 25 的字节，则说明已经收到了序号是 23～26 的连续的字节块，接收方将这些字节递交给应用进程，并且将这些字节移出接收窗口，然后向发送方发送 ack=27 的确认信息，指明最期望收到的字节序号是 27。另外，序号是 33～36 的字节也进入到接收窗口。最终，接收方的接收窗口可接收序号是 27～36 的字节，如图 4-15 所示。

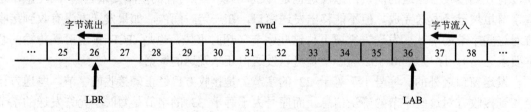

图 4-15　字节流入和流出接收窗口

注意，TCP 不会对收到的序号是 23～26 的连续字节分别发送 4 个确认信息 ack=24、ack=25、ack=26 和 ack=27，而是仅仅发送一个确认信息 ack=27，即仅仅发送按序收到的最高序号的字节的确认信息，告知发送方序号小于 27 的字节已经正确收到，现在期望收到序号是 27 的字节，TCP 的这种确认方式被称为累积确认。

2. 有效的重复确认

接收方 TCP 对于收到的失序的字节，需要重复发送已经收到的连续字节的确认信息。例如，在图 4-14 中，当收到序号是 24 的字节时，需要发送确认信息 ack=23，告知发送方序号小于 23 的字节全部收到，期望收到序号是 23 的字节；当接收方再次收到失序的序号是 26 的字节时，确认信息 ack=23 又被发送一次。注意，接收方在收到序号是 22 的字节时，该确认信息已经被发送过一次，即确认信息 ack=23 被发送了三次（重复发送了两次），如图 4-16 所示。这种收到失序字节而对已收到的连续字节进行重复确认的机制，被用于 TCP 的快重传机制（参考 TCP 拥塞控制）。

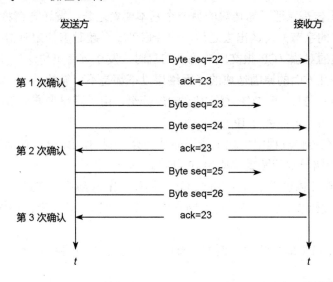

图 4-16　收到失序字节而重复确认已收到的连续字节

3. 选择确认

所谓选择确认，指接收方能够准确地确认已经收到了哪些不连续的字节块（一个字节块由若干连续字节组成），而不只是确认按序收到的最高的字节序号，如图 4-17 和图 4-18 所示。

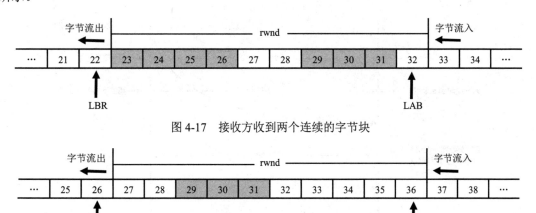

图 4-17　接收方收到两个连续的字节块

图 4-18　发送选择确认之后的接收窗口滑动

在图 4-17 中，接收方收到了两个不连续的字节块，如果接收方仅确认按序到达字节块的最高序号，则在发送方可能会重传接收方已经收到的、序号是 29～31 的字节块（超时重传）。这种情况增加了发送方与接收方之间数据传输的负担。如果接收方采用选择确认，则可以明确告知发送方已经收到了哪些不连续的字节块：[ack=23,ack=26],[ack=29,ack=31]。发送方收到这些选择确认信息之后，如果出现超时重传，则仅需要重传那些没有被确认的字节块，例如，重传序号是 27～28 的字节块。

4. 超时重传

TCP 的超时重传是保证可靠传输的另一个基本要素之一。发送方在将一个 TCP 报文段（封装了若干有序的字节）发送出去之后，便会启动一个超时重传定时器。当定时器超时还没收到接收方回送的对该 TCP 报文段的确认信息时，发送方将重传这一 TCP 报文段。注意，超时可能是由以下几方面的原因造成的（网络层以下都是不可靠的）：

（1）网络拥塞，封装了 TCP 报文段的 IP 分组，由于网络拥塞而被转发设备丢弃，例如，路由器缓存空间不足而丢弃 IP 分组。

（2）IP 分组在传输过程中出现了错误而被丢弃。例如，IP 分组首部检验和出错而被丢弃或某个 IP 分片出错导致无法重组原始 IP 分组。

（3）IP 分组在传输过程中发生超时错误，例如，IP 分组中的 TTL 值太小。

（4）IP 分组被封装成帧，帧在直连网络中交换时出错，被丢弃，例如，以太网帧 CRC 校验出错的情况。

（5）接收方主机失联的情况，例如，接收方主机关机、断网等。

5. 无效的重复确认

TCP 的发送方收到的一些重复确认是无效的，这些无效的确认会被直接丢弃，如图 4-19 所示。

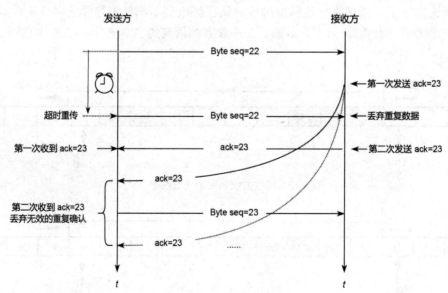

图 4-19　无效的重复确认

发送方发送了序号是 22 的字节（再次重申，TCP 每次发送的是一个 TCP 报文段，报文段中封装了若干有序的字节），便启动一个超时重传定时器。接收方正确收到了序号是 22 的字节，且发送了确认信息 ack=23，告知发送方，期望接收序号是 23 的字节，但是确认信息

ack=23 在网络中慢慢地被转发，在发送方的超时重传定时器超时了还未能送达发送方，发送方便超时重传序号是 22 的字节，且重传的字节很快到达接收方，接收方发现这是一个重复数据，便将该数据丢弃，并第二次向发送方发送 ack=23 的确认信息，且该确认信息很快到达发送方。当发送方准备发送、或开始发送，或已经发送完了序号是 23 的字节时（虚线所示），若收到接收方第一次发送的、姗姗来迟的 ack=23 的确认信息，则发送方很明确地知道这是一个无效的重复确认，发送方直接丢弃该确认信息。

6. 可靠传输

通过上述分析可以看出，TCP 采用滑动窗口、序号、确认和重传机制，在不可靠的网络层上实现了可靠的传输，即端到端的 TCP 协议，为应用进程提供了无差错、不丢失、不重复且按序的数据传输服务，最终实现了接收方能够准确无误地收到发送方传输的所有数据。

4.3.4　TCP 报文段的格式

前面以字节为单位讨论了滑动窗口算法，事实上，TCP 是以 TCP 报文段来传输有序字节的，每个 TCP 报文段封装的有序字节的数量是不尽相同的，即 TCP 的发送方和接收方以报文段作为数据传输单位。和 IP 协议类似，TCP 报文段的首部也由固定的 20 字节和可选的 40 字节组成，TCP 报文段首部的最小长度是 20 字节，TCP 报文段首部的最大长度是 60 字节。注意，TCP 报文段首部的长度必须是 4 字节的整数倍，首部的长度不足 4 字节的整数倍时，选项部分需要填充。TCP 协议实现的功能较多，因此较为复杂，首部包含的字段也比较多。TCP 报文段作为数据被封装到 IP 分组中传输。IP 协议实现了位于异构网络中的、异构主机间的 IP 分组的传输，而 TCP 协议实现了异构主机中的进程间的通信（通过异构网络）。TCP 报文段首部的格式如图 4-20 所示。

0	4	8										16	31
Source Port												Destination Port	
Sequence Number													
Acknowledgement Number													
Data Offset	Reserved	C W R	E C E	U R G	A C K	P S H	R S T	S Y N	F I N			Window	
Checksum												Urgent Port	
Options and Padding (Up to 40 Bytes)													
Data (variable)													

图 4-20　TCP 报文段首部的格式

（1）Source Port 和 Destination Port：源端口和目的端口，分别占 16 位。分别用于标识端系统中的发送数据的应用进程和接收数据的应用进程，与 UDP 类似，TCP 也是通过端口实现多路复用与多路分用的。通过 TCP 连接的介绍可以知道，这两个字段再加上网络层的源 IP 地址和目的 IP 地址，便构成为了一条 TCP 连接的唯一标识，从网络体系结构来看，TCP 多路复用与多路分用是一个四元组：(SrcPort,SrcIPAddr,DstPort,DstIPAddr)。

（2）Sequence Number：序号，占 32 位。该字段用于实现滑动窗口算法，其值指明的是本 TCP 报文段中封装的有序数据字节的第 1 字节的序号。例如，假设 TCP 发送方连续发送了两个 TCP 报文段，每个 TCP 报文段中携带 100 字节的数据，第一个 TCP 报文段携带的有序数据字节的序号是 0～99，则第一个 TCP 报文段中首部的序号字段的值是 0，第二个 TCP 报文段中首部的序号字段值是 100。序号的值的范围是[0,2^{32}-1]，即一共有 4 294 967 296 个序号，也就是说，当发送方需要发送的数据字节超过 4 294 967 296 字节时，序号从 0 开始重新轮回使用，即序号是使用mod2^{32}计算得到的。

另外需要注意的是，如果 TCP 报文段的标志位 SYN 是 1，则说明这是一个请求建立 TCP 连接的报文，该报文用于通信双方协商数据字节编号的初始序号（Initial Sequence Number，ISN）等，在 TCP 连接建立完成之后，第一个发送数据的 TCP 报文段中的序号是 ISN+1，即 SYN=1 的 TCP 报文段需要消耗一个序号。

（3）Acknowledgement Number：确认号，占 32 位。只有当标志位 ACK 是 1 时，确认号才有意义。该字段用于告诉发送方，期望收到的下一个 TCP 报文段中，所封装的有序数据字节的第 1 字节的序号。例如，接收方收到一个 TCP 报文段，封装的有序数据字节是序号是 0～99 的共 100 字节，则接收方向发送方发送一个标志位 ACK 是 1 的确认报文段，将确认号置为 100。注意，在发送方与接收方的 TCP 连接建立完成之后，它们之间后续传输的 TCP 报文段中的确认号都是有意义的且是必须设置的。

（4）Data Offset：数据偏移（即首部长度），占 4 位。以 4 字节为单位，用于指明 TCP 报文段中封装的有序数据字节的起始位置，即在 TCP 报文段中，数据部分离 TCP 报文的首部有"多远"（其实就是指明了 TCP 报文段首部的长度），其意义等价于 IP 分组首部中的首部长度字段。4 比特最大可表示十进制 15，因此，TCP 报文段首部的最大长度是 60 字节。

（5）Reserved：保留控制位，占 4 位。为将来使用而保留的控制位，如果发送方没有使用这 4 位，该字段的值必须置为 0，接收方也忽略这 4 位。

接下来的 8 位称为控制位（每个控制位占 1 位），也被称为标志（Flag）位，这些标志位是由 IANA 分配与管理的，目前已分配的控制位有 CWR、ECE、URG、ACK、PSH、RST、SYN 和 FIN。

（6）CWR（Congestion Window Reduced）：拥塞窗口已经减小位。用于 TCP 的拥塞控制机制，发送方在收到接收方发送的 ECE=1 的 TCP 报文段之后，减小自己的拥塞窗口，并在发送的下一个 TCP 报文段中将 CWR 置为 1，用来告知接收方"自己已经将拥塞窗口减小了"（参考 TCP 拥塞控制）。

（7）ECE（ECN-Echo）：ECN 回送位。当 TCP 接收方收到一个 IP 分组，其首部的 CE（ECN=11）被标记，则说明网络层感知到网络拥塞了，此时，接收方在发送的确认 TCP 报文段中将 ECE 置为 1，用于告诉 TCP 的发送方，网络拥塞了（参考 TCP 拥塞控制）。

（8）URG（URGent）：紧急位。当 URG=1 时，说明 TCP 报文段中包含紧急数据。发送方通过这种方式来告诉接收方，有部分紧急数据与普通数据混在一起了，如何处理这种数据，那是接收方需要解决的问题。接收方收到带有紧急数据的 TCP 报文段后，应该尽快将紧急数据递交给应用进程处理。

（9）ACK（ACKnowledgement）：确认位。当 ACK=1 时，确认号有效；当 ACK=0 时，确认号无效。在 TCP 连接建立完成之后的后续 TCP 报文段中，ACK 始终是 1。

（10）PSH（PuSH）：push 位。当应用进程需要将数据立即发送出去时，TCP 将数据封装到 TCP 报文段中，将 TCP 报文段首部的 PSH 置为 1，并且立即发送该 TCP 报文段。一般情况下，接收方收到 PSH=1 的 TCP 报文段，需要立即将 TCP 报文段中封装的数据递交给应用进程。

通常认为，URG 主要针对接收方（立即交付），而 PSH 主要针对发送方（立即发送）。

为了提高 TCP 的传输效率，TCP 会等待一个"时机"（发送 TCP 报文段的触发机制）才将 TCP 发送缓存中的数据封装成一个 TCP 报文段发送出去（移送给网络层 IP 协议处理），也就是说，TCP 对于应用进程交来的数据，它可能会推迟一段时间再将这些数据发送出去。这种工作方式对于一些实时的交互式应用进程不够友好，例如，互连网络中最为经典的应用 Telnet，客户从键盘键入的每一个字符，都需要立即传输至接收方进行处理（远程编辑服务器中的文件程序等也是如此）。在这种情况下，应用进程要求 TCP 立即发送字符，这也是 TCP 发送数据的"时机"之一。

（11）RST（ReSeT）：重建连接位。当 TCP 连接出现混乱的时候，TCP 发送 RST=1 的 TCP 报文段，要求与对方重新建立连接。例如，在没有建立连接的情况下，发送方向接收方发送 ACK=1（或 FIN=1）的 TCP 报文段，接收方收到之后会向发送方发送 RST=1 的 TCP 报文段，要求重新建立连接。

（12）SYN（SYNchronize）：同步位。在建立 TCP 连接时，用来同步序号，当 TCP 报文段中 SYN=1 时，说明该报文段是一个建立连接的请求报文，其中的序号是初始序号。如果对方同意建立连接，则发送 SYN=1 且 ACK=1 的 TCP 报文段。

（13）FIN（FINish）：终止连接位。当 TCP 发送方的数据发送完毕（没有数据需要发送了），它会发送一个 FIN=1 的 TCP 报文段，要求终止自身到对方的 TCP 连接。如果对方同意终止这个方向的连接，则会回送 ACK=1 的 TCP 报文段。注意，TCP 是全双工的，某个方向上的连接被终止了，另一个方向上的连接依然存在，该方向上还可以继续传输数据。

（14）Window：窗口，占 16 位。该字段的取值范围是[0,65535]，用于通告对方自己能够接收的数据量（接收窗口）是：本报文段中的序号+窗口。例如，发送方发送给接收方的 TCP 报文段中，Sequence Number=0，Window=27810，则发送方的接收窗口是 27810 字节。如果不考虑网络拥塞的情况，那么对方的发送窗口不能超过 27810 字节。可以看出，接收窗口是用来让对方设置发送窗口的，其实就是接收方用自己接收字节的能力来限制发送方发送字节的数量（因为自己的接收缓存是有限的），这种机制称为流量控制。

（15）Checksum：检验和，占 16 位。检验的范围包括首部和数据部分，方法与 UDP 检验和类似，也需要加上一个伪首部进行计算：将图 4-6 中的伪首部中的协议字段的值改为 6（TCP 协议的代码），UDP Length 改为 TCP Length。注意，不像 UDP，TCP 检验和是一个强制性的字段，一定由发送方计算并写入，接收方进行验证。

（16）Urgent Pointer：紧急指针，占 16 位。该字段在 URG=1 时才有效。紧急指针是一个正的偏移量，它与序号相加的结果即为紧急数据中最后 1 字节的序号，当紧急数据与普通数据一起被封装到 TCP 报文段中时，紧急数据位于普通数据之前。在发送窗口是 0 的情况下（对方不允许发送数据），也可以发送紧急数据。

（17）Options and Padding：选项和填充。选项部分更加丰富了 TCP 协议的功能。TCP 选项常以(Kind,Length,Value)的形式给出，也被称为 TLV(Type,Length,Value)格式。TCP 有以下几种常用的选项。

- 最大报文段长度（Maximum Segment Size，MSS）选项。用于指明 TCP 报文段中最多能够封装的字节是多少，注意，MSS 加上 TCP 报文段首部的长度才是整个 TCP 报文的长度。

  MSS 与接收窗口没有关系，它的作用是为了提高 TCP 的传输效率。如果 TCP 每次都将应用进程交付的数据立即封装到 TCP 报文段中发送出去，在很多情况下效率会比较低，例如，应用进程交来 1 字节的数据，加上最小 20 字节的 TCP 报文段首部，再加上网络层最小的 20 字节首部，这时的网络层的传输效率是 1/41≈2.4%。

  TCP 也不能等待有太多的应用层数据到达之后再来发送数据，这种过分推迟数据的发送：一方面，增加了数据等待发送的时间；另一方面，太大的 TCP 报文段在网络层被转发时，可能需要分片，某一分片的丢失很容易造成 TCP 报文段的超时重传。因此，TCP 双方在 SYN=1（请求建立连接或同意建立连接）的 TCP 报文段中，通过 MSS 选项告诉对方，一个 TCP 报文段中最多可以封装多少字节的数据。为了提高传输效率，MSS 应尽可能大一些，只要封装的 TCP 报文段在网络层不分片即可。早期的互连网络中，所有转发设备都能够不分片地、直接转发小于 576 字节的 IP 分组，因此，早期的互连网络中，TCP 将 MSS 的值置为 536（536 字节+TCP 报文段首部 20 字节+IP 分组首部 20 字节=576 字节）。随着互连网络技术的发展，现在 TCP 报文段协商的 MSS 的值，要远高于 536。

  MSS 选项的格式如图 4-21 所示。

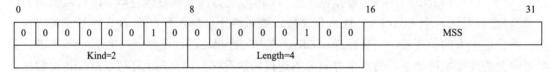

图 4-21　MSS 选项的格式

- 窗口扩大（Window Scale）选项。TCP 报文段首部的窗口字段占 16 位，也就是 TCP 通告的最大的接收窗口是 64KB（65536 字节），对于现今的一些高带宽和高时延的网络，需要提高接收窗口的容量，才能提高网络的吞吐量。窗口扩大选项可以调整 TCP 接收窗口的大小。窗口扩大选项的值是 0～14，即接收窗口最大可由 30 位的二进制数来定义，可容纳 $2^{30}-1$ 字节的数据。窗口扩大选项的格式如图 4-22 所示。

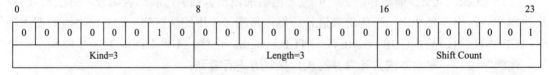

图 4-22　窗口扩大选项的格式

- 支持选择确认（Selective ACK Permitted）选项。用于告知对方，自己是否支持选择确认，TCP 是在 SYN=1 的报文段中来告知对方是否支持选择确认的，如果支持选择确认，则 TCP 报文段通过选择确认（Selective ACK，SACK）选项来通知对方已经收到的不连续的字节块。

  TCP 用 4 字节对数据进行编号，因此，为了标识一个字节块需要消耗 8 字节，而 TCP 报文段首部的选项部分最大是 40 字节，因此，TCP 报文段一次最多只能告诉对

方 4 个不连续的字节块。支持选择确认选项和选择确认选项的格式分别如图 4-23(a)
和图 4-23(b)所示。

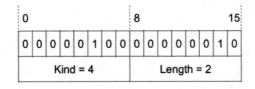

0		8	15
0 0 0 0 0 1 0 0		0 0 0 0 0 0 1 0	
Kind = 4		Length = 2	

(a) 支持选择确认选项

0	8	16	24	31
		Kind=5	Length	
Left Edge of Block 1				
Right Edge of Block 1				
...				
Left Edge of Block *n*				
Right Edge of Block *n*				

(b) 选择确认选项

图 4-23　支持选择确认和选择确认选项的格式

- 时间戳（Timestamps）选项。时间戳选项的作用有两个：

第一个，用于测量 TCP 双方通信的 RTT（往返时延），对于 TCP 而言，端到端的
往返时延至关重要，它直接影响 TCP 超时重传时间的选择（参考 TCP 定时器）。
发送方将当前时间 T 放入时间戳字段，接收方在发送的确认报文段中将该时间戳 T
复制到时间戳回答字段中，当发送方收到确认报文段后，根据接收到确认报文段的
时间，以及确认报文段中的时间戳回答字段中的 T 值，便能计算出 RTT。

第二个，防止序号回绕（Protection Against Wrapped Sequence number，PAWS）。
TCP 用 4 字节对数据进行编号，在 4 字节的序号空间全部用完之后，又从 0 开始
重新轮回使用，即序号是使用 $mod2^{32}$ 进行计算的。对于当今的高速互连网络，在
一次 TCP 的连接上，字节序号很有可能被重复使用。例如，如果发送报文的速率
是 10Gb/s，则约 3.4s 左右序号就会重复，如果端到端的时延超过了 3.4s，接收方就
有可能接收到序号相同的两个 TCP 报文段，这使得接收方认为收到了重复 TCP 报
文段，采用时间戳选项，就能很好地解决这一问题。时间戳选项的格式如图 4-24
所示。

0	8	16	48	79
0 0 0 0 1 0 0 0 0 0 0 0 1 0 1 0		Timestamp Value	Timestamp Echo Reply	
Kind=8	Length=10	Initial Time	Reply Time	

图 4-24　时间戳选项的格式

注意，时间戳选项的长度是 10 字节，Timestamp Value（发送时间）和 Timestamp Echo Reply（回复时间）各占 4 字节。

例 4-1 一个 TCP 报文段首部。

```
01: Ethernet II, Src:7c:c3:a1:b2:e0:e6, Dst: d4:41:65:ee:5c:c0
02: Internet Protocol Version 4, Src: 192.168.1.2, Dst: 202.193.96.153
03: Transmission Control Protocol, Src Port: 49200, Dst Port: 2222…
04:     Source Port: 49200
05:     Destination Port: 2222
06:     Sequence Number: 3526170804
07:     Acknowledgement Number: 0
08:     1011 .... = Header Length: 44 bytes (11)
09:     Flags: 0x0c2 (SYN, ECE, CWR)
10:         000. .... .... = Reserved: Not set
11:         ...0 .... .... = Accurate ECN: Not set
12:         .... 1... .... = Congestion Window Reduced: Set
13:         .... .1.. .... = ECN-Echo: Set
14:         .... ..0. .... = Urgent: Not set
15:         .... ...0 .... = Acknowledgement: Not set
16:         .... .... 0... = Push: Not set
17:         .... .... .0.. = Reset: Not set
18:         .... .... ..1. = Syn: Set
19:         .... .... ...0 = Fin: Not set
20:     Window: 65535
21:     Checksum: 0xb121
22:     Urgent Pointer: 0
23:     Options: (24 bytes), Maximum segment size, No-Operation (NOP),…
24:         TCP Option - Maximum segment size: 1460 bytes
25:         TCP Option - No-Operation (NOP)
26:         TCP Option - Window scale: 5 (multiply by 32)
27:         TCP Option - No-Operation (NOP)
28:         TCP Option - No-Operation (NOP)
29:         TCP Option - Timestamps
30:         TCP Option - SACK permitted
31:         TCP Option - End of Option List (EOL)
32:         TCP Option - End of Option List (EOL)
```

第 04 和 05 行：分别是源端口和目的端口。

第 09 行：标志位，分别设置了 SYN、ECE、CWR。由于 ACK=0 且 SYN=1，因此该 TCP 报文段是一个建立 TCP 连接的请求报文，告诉对方本 TCP 使用的 ISN（初始序号）是 3526170804（第 06 行）。注意，本 TCP 报文段的确认号无意义（第 07 行）。

第 20 行：接收窗口是 65535 字节，注意，需要根据窗口扩大选项进行调整（得到真正使用的接收窗口）。

第 21 和第 22 行：分别是检验和与紧急指针，本 TCP 报文段不包含紧急数据。

第 23～32 行：24 字节的选项。第 24 行给出了最大报文长度（数据部分），1460 字节的数据加上 20 字节的 TCP 报文段首部和 20 字节的 IP 分组首部，刚好组成 1500 字节的 IP 分组，这恰好是以太网的 MTU（最大传输单元），因此，IP 分组不需要分片即可通过以太网进行交换。第 26 行是窗口扩大选项，将原本 16 位的窗口增加了 5 位，因此，最大的接收窗口是$65536 \times 2^5 = 2097152$字节。第 29 行是时间戳选项，第 30 行是支持选择确认选项。

No-Operation（NOP）选项（Kind=1）和 End of Option List（EOL）选项（Kind=0）是两个特殊的选项，长度均是 1 字节。NOP 选项用于两个选项之间，表示下一个选项开始，对于发送方可以使用或不使用这个选项，因此接收方需要做好处理有这个选项或没有这个选项的准备。EOL 选项用在选项列表的最后，该选项不是强制的，如果 40 字节的选项空间已经被用完，则不使用该选项。

注意，MSS 选项、窗口扩大选项和支持选择确认选项，仅在 SYN=1 的 TCP 报文段中使用，即在建立 TCP 连接时使用，而选择确认选项、时间戳选项、NOP 选项和 EOL 选项，可以在任意 TCP 报文段中使用。

4.3.5 发送 TCP 报文段的时机

1. 触发机制

TCP 是面向连接和面向字节的，TCP 应用进程只要将字节写入（Write）TCP 连接即完成数据发送任务，而接收方从 TCP 连接中读取（Read）字节即完成数据接收任务。在发送方，TCP 收集应用进程发送的字节并存入 TCP 的发送缓存，等收集到足够多的字节之后，发送方的 TCP 才将这些字节封装成一个 TCP 报文段发送给接收方的 TCP；在接收方，TCP 将接收到的 TCP 报文段的数据字节存入接收缓存，当应用进程空闲时便从 TCP 的接收缓存中读取字节，如图 4-25 所示。

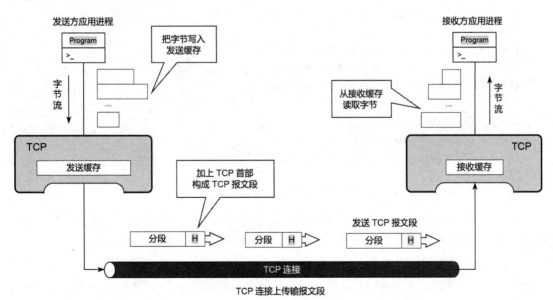

图 4-25 TCP 的发送与接收缓存

注意，TCP 是全双工的，图 4-25 仅给出了一个方向的字节流。在发送方，TCP 不关心应用进程一次将多少字节写入 TCP 缓存（在不考虑缓存大小的情况下），它只关心什么时候应该将 TCP 发送缓存中的字节封装成一个 TCP 报文段移送给网络层（发送 TCP 报文段），即 TCP 发送一个 TCP 报文段的触发机制是什么（这说明 TCP 存在推迟发送数据的情况）。从图 4-25 可以看出，TCP 不像 UDP，不保证发送方应用进程发送多少字节，接收方应用进程就接收多少字节，即发送的字节块与接收的字节块大小是不一样的，且顺序也是不同的。另外，发送方在每个 TCP 报文段中封装的数据字节也是不一样多的。

（1）第一种触发机制：应用进程明确告诉 TCP，应该立即将字节发送出去，即 TCP 支持 push 操作，应用进程通过这个操作要求 TCP 立即发送 TCP 缓存的字节。Telnet 交互式应用采用了这种机制，例 4-2 给出了 push 操作的一个例子。

例 4-2　PSH=1 的 TCP 报文段。

```
01: Ethernet II, Src: cc:03:03:2c:00:00, Dst: c4:01:03:2a:00:00
02: Internet Protocol Version 4, Src: 1.1.1.1, Dst: 1.1.1.2
03: Transmission Control Protocol, Src Port: 23351, Dst Port: 23, ...
04:     Source Port: 23351
05:     Destination Port: 23
06:     Sequence Number: 4247311843
07:     Acknowledgement Number: 1863905455
08:     0101 .... = Header Length: 20 bytes (5)
09:     Flags: 0x018 (PSH, ACK)
10:         000. .... .... = Reserved: Not set
11:         ...0 .... .... = Accurate ECN: Not set
12:         .... 0... .... = Congestion Window Reduced: Not set
13:         .... .0.. .... = ECN-Echo: Not set
14:         .... ..0. .... = Urgent: Not set
15:         .... ...1 .... = Acknowledgement: Set
16:         .... .... 1... = Push: Set
17:         .... .... .0.. = Reset: Not set
18:         .... .... ..0. = Syn: Not set
19:         .... .... ...0 = Fin: Not set
20:     Window: 4062
21:     Checksum: 0xaac5
22:     Urgent Pointer: 0
23:     TCP payload (1 byte)
24: Telnet
25:     Data: c
```

Telnet 客户向服务器发送了一个字符"c"，它要求 TCP 立即将这一个字符发送出去，故 TCP 报文段中的 PSH=1（第 16 行）。注意，如前所述，这种传输方式效率较低。

（2）第二种机制：TCP 维持一个阈值变量，即 MSS（最大报文段长度）。当 TCP 从应用进程收集的字节的数量达到 MSS 时，便将这些字节封装成一个 TCP 报文段移送给网络层。如前所述，为了提高传输效率，MSS 应该尽可能大一些。例如，将 MSS 设置为直连网络的 MTU 减去 TCP 报文段首部和 IP 分组首部的长度，这样在直连网络中转发分组不会产生 IP 分片。当希望从源端传输 IP 分组到目的端的路径上不出现 IP 分片时，必须知道路径上的最小 MTU。

（3）第三种机制：TCP 维持一个发送 TCP 报文段的触发定时器，当定时器超时，便将发送缓存中的数据封装成一个 TCP 报文段移送给网络层，当然，封装的数据不能超过 MSS 字节。

2. TCP 的发送和接收缓存

我们已经知道，TCP 双方都维护了一个发送窗口（swnd）和接收窗口（rwnd），在不考虑网络容量的情况下，TCP 的 swnd 小于等于对方的 rwnd。TCP 的窗口是 TCP 缓存中的一块存储空间，TCP 缓存的大小是由主机的操作系统指定的。

例如，在 Linux 系统中，文件/proc/sys/net/ipv4/tcp_wmem 用于设置 TCP 的发送缓存，而文件/proc/sys/net/ipv4/tcp_rmem 用于设置 TCP 的接收缓存。

那么，窗口（swnd 与 rwnd）与发送缓存和接收缓存是什么样的关系呢？发送缓存与发送窗口之间的关系如图 4-26 所示，接收缓存与接收窗口的关系如图 4-27 所示。

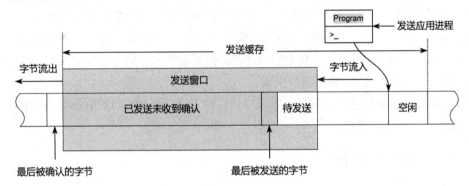

图 4-26　TCP 的发送缓存与发送窗口

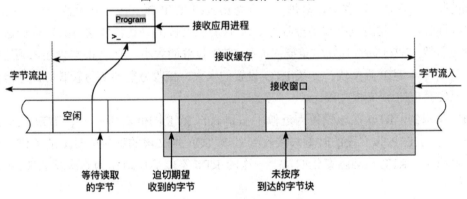

图 4-27　TCP 的接收缓存与接收窗口

在 TCP 的发送方，发送应用进程将字节写入发送缓存，等待进入发送窗口。发送窗口中保存了已发送还未收到确认的字节，以及可发送还未发送的（等待发送）的字节。那些收到确认的字节被从发送缓存中删除了。

在 TCP 的接收方，接收缓存中保存了已收到且发送了确认但应用进程还未读取的字节；接收窗口中保存了未按序到达的字节块。如果连续字节流入（接收数据）太快，而应用进程读取字节的速度太慢，则发送缓存的空闲空间将很快被填满，接收窗口也会很快变为 0，此时后续到达的字节将无法被接收。

3. 几个需要注意的情况

（1）在不考虑网络容量的情况下，发送窗口受对方的接收窗口的限制。但是，发送窗口并不是时时与对方的接收窗口的大小相同，这是因为接收方是通过 TCP 报文段的窗口字段的值来通知对方新的接收窗口的，由于网络时延的问题，新的窗口通知还未到达发送方之前，对方仍使用原有的发送窗口。

（2）接收方对于不连续字节块的处理，TCP 没有给出明确的规定，为了避免不必要的重传，操作系统在实现 TCP 协议时，将这些不连续的字节块暂时存放在了接收窗口中，待缺失字节到来之后再一并递交给应用进程。

（3）如前所述，TCP 要求实现累积确认。如果接收方的 TCP 一连收到多个 TCP 报文段，且这些 TCP 报文段封装的数据字节组成了一个连续的字节块，且该字节块的起始字节正是接收方迫切需要接收的字节，即与已经收到的字节是序号相连的，此时，接收方只需确认该字节块中的最后 1 字节即可。另外，接收方也可以在自己有数据需要发送给对方时"顺便"发送确认报文（也称为捎带确认），以提高传输效率，但是，接收方不能过分推迟发送确认报文的时间（TCP 规定，不能超过 0.5s），否则发送方可能会超时重传，从而浪费了网络资源，事实上，这种捎带确认很少出现。

（4）如果接收方收到一连串的、具有 MSS 的 TCP 报文段，则每间隔一个 TCP 报文段就需要发送一个确认报文。

4.3.6　TCP 超时重传时间

超时重传时间（Retransmission Time-Out，RTO）在 RFC 6298 中被定义，它是 TCP 可靠传输的基本要素之一。发送方对每一个发送出去的 TCP 报文段，均设置一个 RTO，如果在 RTO 时间内，发送方没有收到接收方对该 TCP 报文段的确认，发送方必须重传这个 TCP 报文段。显然，RTO 的选择非常重要：如果 RTO 设置的太小，TCP 报文段还未到达接收方，发送方又重传了 TCP 报文段；如果 RTO 设置的太大，接收方需要等待较长时间才能收到重传的、已经丢失的 TCP 报文段。

很容易想到，RTO 应该设置为近似于端到端的 RTT 的值，即在一个 TCP 连接上，发送方发送完成 TCP 报文段的时刻与接收到对该 TCP 报文段的确认的时刻的差值。但是，在互连网络中，RTT 是动态变化的，上一次的 RTT 不能简单地作为本次发送 TCP 报文段的 RTO。

RFC 6298 给出了计算 RTO 方法，其基本思想是：用已经测得的 RTT 来估算（比 RTT 略大）本次发送 TCP 报文段的 RTO。可见，RTT 的测量是计算 RTO 的基础。TCP 初始化时将超时重传时间设置为 1s（早期版本设置为 3s），最大的 TCP 超时重传时间大于等于 60s。

1. 测量 RTT

每发送一个 TCP 报文段，TCP 都会计算 RTT。如果在同一个 TCP 连接上，同一时刻发送了多个 TCP 报文段，则只计算其中的一个 RTT，那些 TCP 报文段均使用这一个 RTT。对于双方都支持 TCP 时间戳选项的主机而言，RTT 的测量较为容易，发送方将发送 TCP 报文段的时间写入时间戳选项中，接收方在发送的确认 TCP 报文段中回送该时间戳，发送方通过收到确认报文段的时间与确认报文段中回送的时间戳之差，就能计算得到 RTT。例 4-3 和例 4-4 给出了 TCP 报文段中时间戳选项的例子。

例 4-3　发送方的 TCP 报文段中的时间戳选项。

```
01: Transmission Control Protocol, Src Port: 49200, Dst Port: 2222, ...
02:     Source Port: 49200
03:     Destination Port: 2222
04:     Sequence Number: 3526170804
05:     [Next Sequence Number: 3526170805]
06:     Acknowledgement Number: 0
07:     1011 .... = Header Length: 44 bytes (11)
08:     Flags: 0x0c2 (SYN, ECE, CWR)
09:     Window: 65535
10:     Checksum: 0xb121
11:     Urgent Pointer: 0
12:     Options: (24 bytes),..., Timestamps, SACK permitted,...
13:         TCP Option - Maximum segment size: 1460 bytes
14:         TCP Option - No-Operation (NOP)
15:         TCP Option - Window scale: 5 (multiply by 32)
16:         TCP Option - No-Operation (NOP)
17:         TCP Option - No-Operation (NOP)
18:         TCP Option - Timestamps
19:             Kind: Time Stamp Option (8)
20:             Length: 10
21:             Timestamp value: 1044555283: TSval 1044555283, TSecr 0
22:             Timestamp echo reply: 0
23:         TCP Option - SACK permitted
24:         TCP Option - End of Option List (EOL)
25:         TCP Option - End of Option List (EOL)
```

例 4-3 是一个请求建立 TCP 连接的报文段（SYN=1），第 18~22 行是时间戳选项。第 21 行是发送该 TCP 报文段的时刻（1044555283），由于这是建立 TCP 连接的第一个报文段（参考 TCP 连接管理），因此第 22 行回送时间戳字段设置的是 0（无意义）。注意第 05 行（注释行），给出了下一个序号，可见 SYN=1 的 TCP 报文段需要消耗一个序号。

例 4-4　接收方的确认 TCP 报文段中的时间戳选项。

```
01: Transmission Control Protocol, Src Port: 2222, Dst Port: 49200, ...
02:     Source Port: 2222
03:     Destination Port: 49200
04:     Sequence Number: 2608163401
05:     Acknowledgement Number: 3526170805
06:     1010 .... = Header Length: 40 bytes (10)
07:     Flags: 0x052 (SYN, ACK, ECE)
08:     Window: 28960
```

```
09:        Checksum: 0x087b
10:        Urgent Pointer: 0
11:        Options: (20 bytes), ..., Timestamps, No-Operation (NOP), ...
12:            TCP Option - Maximum segment size: 1440 bytes
13:            TCP Option - SACK permitted
14:            TCP Option - Timestamps
15:                Kind: Time Stamp Option (8)
16:                Length: 10
17:                Timestamp value: 1117651119: TSval 1117651119, TSecr 1044555283
18:                Timestamp echo reply: 1044555283
19:            TCP Option - No-Operation (NOP)
20:            TCP Option - Window scale: 7 (multiply by 128)
```

例 4-4 是例 4-3 的响应报文，它是建立 TCP 连接的第二个报文（SYN=1，ACK=1），由于 ACK=1，因此该报文也是一个确认报文（收到了例 4-3 的 TCP 报文段，注意第 05 行的确认号）。第 14~18 行是时间戳选项，第 18 行表明，在该确认报文段中，将例 4-3 的时间戳选项中的时间戳字段的值（1044555283），复制到了时间戳回送字段中，接收方根据该字段的值，以及收到该确认 TCP 报文段的时间，很容易计算得到 RTT。

如果端系统不支持 TCP 时间戳选项，则需要用另外的方法计算 RTT。TCP 维持着一个重传队列，每一个 TCP 报文段在第一次被发送出去之后，便被插入到重传队列中，且每一个 TCP 报文段都含有一个 TCP 控制块，该控制块中有一个变量 tcp_skb_cb，该变量记录了该报文段第一次被发送的时间，若收到对该 TCP 报文段的确认，则 RTT 等于收到确认报文段的时间与 tcp_skb_cb 的差值。

注意，TCP 必须使用 Karn 算法来获取 RTT 样本，当出现 TCP 报文段超时重传时，由于无法判断收到的确认报文段，是针对第一次发送的还是重传的 TCP 报文段的确认，故超时重传的 RTT 不被采用。

2. RTO 的计算

如前所述，TCP 初始化 RTO 为 1s，为了计算当前需要使用的 RTO，TCP 需要维护两个状态变量：SRTT（Smoothed Round-Trip Time，平滑往返时间）和 RTTVAR（Round-Trip Time VARiation，往返时延偏差）。另外，假设时钟粒度是 G(s)。

当第一次测得的 RTT 是 R 时，TCP 进行如下初始化：

$$SRTT = R$$
$$RTTVAR = R/2$$
$$RTO = SRTT + \max(G, K \times RTTVAR)$$

其中 $K = 4$；

对后续测得的 RTT 的值 R，主机必须按序进行如下更新：

$$RTTVAR = (1 - \beta) \times RTTVAR + \beta \times |SRTT - R|$$
$$STTR = (1 - \alpha) \times SRTT + \alpha \times R$$
$$RTO = SRTT + \max(G, K \times RTTVAR)$$

其中 $\alpha = 1/8, \beta = 1/4, K = 4$。

如果计算得到的 RTO 小于 1s，则应四舍五入至 1s。

当使用粗时钟粒度 G 来测量 RTT 并计算 RTO 时，会得到较大的最小 RTO 值，而如果使用细时钟粒度 G，则会得到较小的最小 RTO 值。较大的最小 RTO 可避免伪重传（不必要的重传），但是经验表明，较细的时钟粒度（例如≤100ms）性能要好于较粗的时钟粒度。

3. RTO 定时器的管理

TCP 不能过早地重传 TCP 报文段，即在一个 RTO 周期内，TCP 报文段只能被重传一次。

（1）每发送一个包含数据的 TCP 报文段（含重传）便启动超时重传定时器，并设置定时时间为 RTO（使用当前计算的 RTO）。

（2）收到对所有传输数据的确认后，关闭超时重传定时器。

（3）当收到的确认中，接收方期望传输新数据，发送方在发送数据之后重新启动超时重传定时器，并设置定时时间为 RTO（使用当前计算的 RTO）。

（4）如果出现超时重传定时器超时，则重传最早的、接收方未确认的 TCP 报文段，并且必须设置RTO $= 2 \times$ RTO。

4.3.7　TCP 流量控制

1. 概述

由于 TCP 是全双工的，因此一个 TCP 连接的两个端点 A 和 B 均会为该连接设置接收缓存。为方便讨论问题，假设端点 A 是发送方，而端点 B 是接收方，且认为网络容量无限大（不会因拥塞而丢失 IP 分组）。当 B 收到一个正确的 TCP 报文段，它会拆分该 TCP 报文段，并将数据存放在 TCP 的接收缓存中，应用进程从接收缓存中读取数据。事实上，应用进程并不会立即读取刚刚写入接收缓存中的数据，或许会等待一段时间再去读取缓存中的数据。如果应用进程读取数据的速度较慢，而 A 发送的数据多且快，这些数据最终会导致 B 的接收缓存溢出。

为了避免上述情况的发生，TCP 为应用进程提供了流量控制服务（flow control service），该服务为 TCP 连接的两个端点提供速度匹配服务，即发送方发送数据的速率与接收方应用进程读取数据的速率相匹配，也就是发送方发送数据的速率受接收方应用进程读取数据的速率的限制。

注意，在 4.3.1 节中，我们已经知道了 TCP 具有拥塞控制（congestion control）机制，以防止端系统将过多的数据注入网络中而使得网络出现拥塞，造成网络丢弃 IP 分组，这种机制也是通过限制端系统发送数据的速率来实现的，即流量控制与拥塞控制所采取的措施非常类似，但是，这种类似的措施所对应的问题是由完全不同的两种原因产生的：一个是因为接收方应用进程读取数据的速率太慢，它是一个端到端的问题，只涉及 TCP 连接的两个端点；另一个则是为了防止网络产生拥塞而丢弃 IP 分组所采用的措施，它是端系统与网络间的问题，涉及很多 TCP 连接中的端系统，也就是说，为了防止网络出现拥塞，所有向可能出现拥塞的网络注入数据的端系统都需要降低向网络发送数据的速率。

2. 流量控制方法

TCP 的发送方以接收方可用的接收缓存大小，来限制自己发送数据的量，从而实现端到端的流量控制。在一条 TCP 连接上，接收方 B 将自己的接收窗口 rwnd 告诉 A，A 据此设置自己的发送窗口 swnd，A 可以将 swnd 中的字节封装成若干个 TCP 报文段连续发送给 B。

假设 B 为 TCP 设置的接收缓存的大小是 RcvBuffer，定义以下两个变量。

- LastByteRead：B 的应用进程已经读取的最后 1 字节的序号。
- LastByteRcvd：B 从网络中接收并已经写入到接收缓存的数据流中的最后 1 字节的序号。

显然，为了保证 B 的接收缓存不会溢出，以下式子必须成立

$$LastByteRcvd - LastByteRead \leq RcvBuffer$$

B 的接收窗口就是 B 可用的接收缓存，因此

$$rwnd = RcvBuffer - [LastByteRcvd - LastByteRead]$$

rwnd 与 RcvBuffer 之间的关系如图 4-28 所示。

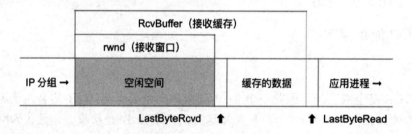

图 4-28　rwnd 与 RcvBuffer

通过上述分析可见，B 的 rwnd 是动态变化的，B 在发送给 A 的 TCP 报文段（例如确认报文）中，将自己当前的 rwnd 写入 TCP 报文段的窗口字段，用以通知 A 随时更改自己的发送窗口。注意，初始时 rwnd=RcvBuffer。

在发送方，TCP 也维护着两个变量。

- LastByteSend：A 已经发送的数据流中的最后 1 字节的序号（不能再发送数据了）。
- LastByteAcked：A 最近收到确认的数据块中的最后 1 字节的序号。

以上两个变量之差是 A 已经发送但未收到确认的数据量，只要将该数据量限制在 B 的 rwnd 值之内，则能够保证 B 的接收缓存不会溢出。即

$$swnd = LastByteSend - LastByteAcked 并且 swnd \leq rwnd$$

图 4-29 给出了流量控制的一个例子：每个 TCP 报文段携带 100 字节的数据，B 的接收缓存是 400 字节，则 A 的发送窗口初始化为 400 字节。图 4-29 中，ACK 是确认标志位，ack 是确认号，seq 是序号，Data 是 100 字节的数据。注意，A 为每一个已经发送的 TCP 报文段启动超时重传定时器，图 4-29 中仅给出了序号是 200 的 TCP 报文段的超时重传定时器。

① A 发送了序号是 0 的 TCP 报文段，携带了 100 字节的数据（0~99），A 还可发送 300 字节的数据。

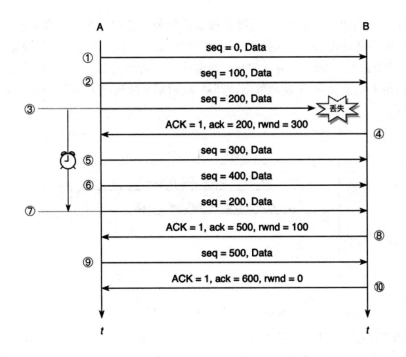

图 4-29　接收窗口与流量控制

② A 发送了序号是 100 的 TCP 报文段，携带了 100 字节的数据（100～199），A 还可发送 200 字节的数据。

③ A 发送了序号是 200 的 TCP 报文段，携带了 100 字节的数据（200～299），该报文在传输过程中丢失。

④ A 收到 B 发来的确认报文，B 已经正确收到了序号是 0～199 的数据字节，期望接收起始序号是 200 的 TCP 报文段，并且 B 将自己的接收窗口更改为 300 字节（流量控制），即可以接收序号是 200～499 的数据字节（300 字节）。

⑤ 序号是 200 的 TCP 报文段的超时重传定时器未超时，即已经发送了 100 字节的数据，还可以发送 200 字节的数据。A 发送序号是 300 的 TCP 报文段。

⑥ A 继续发送序号是 400 的 TCP 报文段，至此，A 已经发送了序号是 200、300 和 400 的 TCP 报文段，共发送了 300 字节的数据。此时，A 停止发送数据。

⑦ 已发送的序号是 200 的 TCP 报文段的超时重传定时器到时，A 重传序号是 200 的 TCP 报文段。由于已经发送了 300 字节的数据，A 停止发送数据。

⑧ A 收到 B 发来的确认号是 500 的 TCP 报文段，即 B 已经正确收到序号是 0～499 的数据字节。在确认报文中，B 将自己的接收窗口更改为 100 字节（流量控制），即期望接收序号是 500～600 的数据字节。

⑨ A 发送序号是 500 的 TCP 报文段，A 停止发送。

⑩ A 收到 B 发来的序号是 600 的确认报文，即对方期望接收起始序号是 600 的 TCP 报文段，但是，B 将自己的接收窗口设置为 0（流量控制），表示 B 的接收缓存已经没有空间来接收数据。此时 A 不能再发送数据。

在 B 将自己的接收窗口是 0 的事实通知 A 之后，A 停止发送数据。当 B 的应用进程从接收缓存中读取了一些数据，B 的接收缓存不再是 0，可以继续接收新的数据时，B 向 A 发送一个窗口非 0（例如 rwnd=400）的确认报文，但是，非常不幸，该报文在传输过程中丢失了。注意，B 不会重传这个确认报文（因为 TCP 规定，不会重传未携带数据的确认报文）。假设 B 不会有数据需要发送给 A，此时，非常尴尬的情况出现了：B 可以接收新数据，但 A 因发送窗口是 0 而不会向 B 发送数据，即 A 被阻塞不能再向 B 发送数据，双方死锁了，如图 4-30 所示。

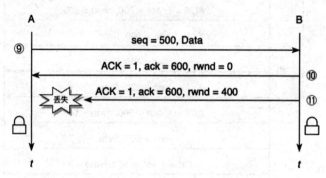

图 4-30 A 被阻塞不能发送数据

在图 4-30 的第⑪步中，B 向 A 发送了一个 rwnd=400 且未携带数据的确认报文，但是该报文在传输过程丢失了。此时：

A 会一直等待收到 B 发送的非零窗口的通知。

B 会一直等待 A 发送新的数据。

在这种情况下，如果没有其他的技术措施，TCP 收发双方互相等待的死锁局面将一直延续下去。

为了解决这一问题，TCP 规定，当发送方收到一个 rwnd=0 的 TCP 报文段时，发送方便启动一个持续定时器（persistence timer），如果该定时器超时还没有收到 rwnd 是非零的通知，则发送方发送一个仅携带 1 字节数据的 TCP 报文段（探测报文），当接收方收到该报文段，则可在确认报文段中重新设置 rwnd 的值。

初始时，持续定时器与超时重传定时器相同，在发送了探测报文之后，如果接收方在确认报文中仍将 rwnd 设置为零，则持续定时器的值加倍（与出现超时重传时计算 RTO 的方法一致）。持续定时器的时长不能无限增加，当它达到某个门限值 T（例如 60s），便不再增加，且每隔 T 时长便发送一个探测报文。零窗口探测的实例如例 4-5 所示。

例 4-5 零窗口探测报文的抓包结果（如图 4-31 所示）。

No.	Source	Destination	Length	Protocol	Info
30	172.16.25.136	172.16.25.168	60	TCP	55588 → 23 [SYN] Seq=0 Win=8192 Len=0
31	172.16.25.168	172.16.25.136	60	TCP	23 → 55588 [SYN, ACK] Seq=0 Ack=1 Win=4128 Len=0 MSS=536
32	172.16.25.168	172.16.25.168	60	TCP	[TCP ZeroWindow] 55588 → 23 [ACK] Seq=1 Ack=1 Win=0 Len=0
34	172.16.25.168	172.16.25.136	60	TELNET	[TCP ZeroWindowProbe] Telnet Data ...[Malformed Packet]
37	172.16.25.168	172.16.25.136	60	TELNET	[TCP ZeroWindowProbe] Telnet Data ...[Malformed Packet]
39	172.16.25.168	172.16.25.136	60	TELNET	[TCP ZeroWindowProbe] Telnet Data ...[Malformed Packet]

图 4-31 零窗口探测

No.30：客户向服务器发送 SYN=1 的第一次握手的报文，请求建立 TCP 连接（参考 TCP 连接管理）。

No.31：服务器向客户发送 SYN=1 且 ACK=1 的第二次握手的报文，同意建立连接且向客户请求建立连接。

No.32：客户向服务器发送 ACK=1 的第三次握手的报文，同意建立连接。注意，客户发送的报文中，将 rwnd 设置为了零。

No.34：服务器向客户发送 ACK=1，且携带 1 字节数据的零窗口探测报文，该报文的详细内容如下：

```
01: Transmission Control Protocol, Src Port: 23, Dst Port: ...
02:     Source Port: 23
03:     Destination Port: 55588
04:     Sequence Number: 1
05:     Acknowledgement Number: 1
06:     0101 .... = Header Length: 20 bytes (5)
07:     Flags: 0x010 (ACK)
08:         000. .... .... = Reserved: Not set
09:         ...0 .... .... = Accurate ECN: Not set
10:         .... 0... .... = Congestion Window Reduced: Not set
11:         .... .0.. .... = ECN-Echo: Not set
12:         .... ..0. .... = Urgent: Not set
13:         .... ...1 .... = Acknowledgement: Set
14:         .... .... 0... = Push: Not set
15:         .... .... .0.. = Reset: Not set
16:         .... .... ..0. = Syn: Not set
17:         .... .... ...0 = Fin: Not set
18:
19:     Window: 4128
20:     Checksum: 0x6af7
21:     Urgent Pointer: 0
22:     TCP payload (1 byte)
```

第 13 行，TCP 三次握手建立连接之后的所有 TCP 报文，其 ACK 的值必须是 1。

第 22 行，说明该报文携带了 1 字节的数据。

3. 糊涂窗口综合征

TCP 的接收方发送的确认报文中，重新指定了自己接收窗口的大小，即重新告知发送方自己当前能够接收的字节数。发送方用该窗口值减去已发送但未收到确认的字节数来计算自己可用的发送窗口，这就是前述的流量控制方法，也称为滑动窗口算法。

但是，在某些特定情况下，如果没有恰当的预防措施，发送方可用的发送窗口可能会越来越小，从而导致 TCP 报文段的数据部分长度小于首部长度，严重时可使发送方应用进程过载，从而使得网络吞吐量下降、效率降低。这种情况是由于接收方一次只能接收少量字节（例如几字节），或发送方只能发送小报文段（携带几字节的数据）而产生的，这种现象被称为糊涂窗口综合征（Silly Window Syndrome）。由此可见，需要从发送方和接收方的两方来解决糊涂窗口综合征。

（1）发送方糊涂窗口综合征

一个实例可用来说明发送方糊涂窗口综合征。如果发送方驿站每收到一件待转发的货物就立即安排一辆货车（可装很多货物）进行转运，那么大量的货车在公路网络中运行，这极易造成公路网络的拥堵，另一方面，货物转运的效率太低且开销太大。互连网络中的 Telnet 应用程序，双方交互的是一个一个的字符（1 字节），发送方应用进程每次向发送缓存写入一个字符，如果该字符立即被封装到 TCP 报文段中进行传输，则运输层上的传输效率是 1/21≈5%，而在网络层的传输效率是 1/41≈2.4%。

为了缓解生成过多小 TCP 报文段的问题，RFC 1122 中推荐了 Nagle 算法（Nagle Algorithm）。该算法在具体实现时略有差别，其基本思想如下：

第一个报文段正常发送，即应用进程产生的第一块数据，无论多少字节（即使仅有 1 字节）立即发送；

对以后到来的数据，积累并等待发送，如果此时接收窗口和积累的待发送的数据大于等于 MSS，则发送一个携带 MSS 字节数据的报文段；

否则，当缓存中有未被确认的数据时，缓存数据，直到收到确认报文（即收到确认之后立即发送已经缓存的数据）；如果缓存中没有未被确认的数据（即先前发送的数据都已经被确认），立即发送所有数据。

Nagle 算法的 Python 伪码描述如下：

```
01: if there is new data:
02:     send segment
03: if the window size >= MSS and available data size >= MSS:
04:     send complete MSS segment now
05: else:
06:     if there is unconfirmed data still in the pipe:
07:         enqueue data in the buffer until an acknowledge is received
08:     else:
09:         send data immediately
```

可以看出，在一个 TCP 连接上，Nagle 算法只允许存在一个未确认的小报文段，在这个小报文段的确认到达之前只能缓存数据，在收到确认之后再发送缓存的少量数据。注意，一个小数据量的报文段，一般不是指携带 1 字节数据的报文段，通常是指携带的数据的字节数小于 MSS 的报文段。

（2）接收方糊涂窗口综合征

如果接收方的应用进程读取数据的速率小于发送方发送数据的速率，最终接收窗口将小于 MSS 字节。对于发送方而言，希望尽快将数据发送出去，因此它会立即发送一个数据小于 MSS 字节的报文，如果接收方读取数据的速度仍然很慢，其接收窗口将越来越小，发送方发送的报文也会越来越小。用一个例子来说明接收方糊涂窗口综合征，假设接收方驿站每次只能将少量的货物从仓库中取出交付给收货人，其速度小于进入仓库中的货物速度，那么仓库的可用空间将越来越小，接收方通知发送方发送的货物也将越来越少，这势必造成运送货物的货车越来越多，但每辆车运送的货物越来越少。在这种情况下，接收方需要等到仓库能够容纳一定数量的货物时，再通知发送方发送一辆满载货物的货车。

接收方可以采取以下方法来避免接收方糊涂窗口综合征：

当接收方的接收窗口太小时，接收方不发送窗口大小的通知报文，直到接收窗口能够容纳 MSS 字节的数据，或者有一半缓存空间是空闲的。

当接收方有数据发送时，可以捎带发送 ACK=1（接收窗口已经变得足够大时）的确认信息，以减少发送 ACK=1 的 TCP 报文段的数量。

TCP 不会对收到的每一个报文段发送确认，而是采用累积确认，即收到多个连续的 TCP 报文段后（这些 TCP 报文段的数据构成一个连续的字节块），接收方发送一个确认报文来一起确认。累积确认可以让接收方推迟发送确认报文的时间，这也能够减少网络拥塞，但是，接收方的 TCP 不能过分推迟发送确认的时间，以防发送方超时重传报文。

4.3.8 TCP 拥塞控制

1. 概述

TCP 除了有端到端的流量控制之外，还具有网络拥塞控制机制。再次强调，流量控制是一个端到端的问题，仅涉及一个 TCP 连接上的两个端系统，通过接收方的接收窗口来限制发送方发送的数据量来实现流量控制。而拥塞控制是端系统与网络的问题，当连入网络中的很多端系统同时向网络中注入大量的数据时，网络中的转发设备（例如路由器）很有可能因缓存不足而丢弃 IP 分组（向网络注入的负载超出了网络的处理能力），而 IP 分组的丢弃，势必造成很多 TCP 连接的端系统超时重传，在这种情况下，如果没有网络拥塞控制，网络的吞吐量最终将成为 0。因此，一旦侦测到网络可能发生拥塞了，所有的 TCP 连接上的端系统，都需要减少向网络注入的数据量（注意与流量控制的区别）。例如，在高速公路网络中，如果每个高速公路的入口都有大量的汽车驶入高速公路，高速公路最终会因不堪负荷而无法让汽车继续行驶，此时需要减少所有高速公路入口驶入高速公路中的车辆。图 4-32 给出了拥塞控制的作用的示意图。

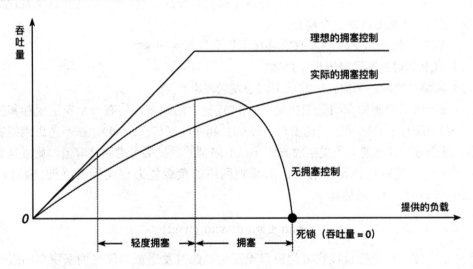

图 4-32　拥塞控制的作用

在理想的网络拥塞控制情况下，当向网络提供的负载还未达到网络最大吞吐量时，网络吞吐量与向网络提供的负载相等，当向网络提供的负载超过了网络最大吞吐量时，网络只能保持最大吞吐量，超过网络吞吐量的负载被丢弃。

在实际的网络中，开始阶段的网络的吞吐量就要小于网络提供的负载。如果没有网络拥塞控制，网络很快从轻度拥塞转入拥塞，最终死锁，即没有数据流量穿过网络（网络的吞吐量是 0）。对于实际的网络拥塞控制，网络的吞吐量是随提供的负载而缓慢增大的（近似于一条对数曲线）。

2. 拥塞控制方法

注意，只有网络（例如路由器）才能够直接知道网络是否发生了拥塞，TCP 的拥塞控制方法可根据网络是否向运输层的拥塞控制提供显式帮助来进行区分：

（1）端到端的拥塞控制。在这种拥塞控制方法中，网络不会向端系统的运输层提供任何有关网络拥塞的信息，端系统必须通过观察网络行为来大致判断网络是否发生拥塞，例如，当运输层出现超时重传、收到三个重复的确认报文及往返时延增加等情况时，则运输层认为网络可能出现了拥塞。

注意，超时重传并不一定是由网络拥塞引起的，数据链路层丢弃出错的帧及网络层丢弃出错的 IP 分组，都能引起端系统 TCP 的超时重传，在这种情况下，网络可能根本没有出现拥塞。

（2）网络通知的拥塞控制。在这种拥塞控制方法中，网络中的转发设备（例如路由器），将网络发生拥塞的信息显式地通知发送方的 TCP，发送方 TCP 在收到网络发生拥塞的通知之后便减少向网络中注入的数据量。

3. 端到端的拥塞控制

在这种拥塞控制方法中，TCP 的每一个发送方根据感知到的网络拥塞程度，来调整向 TCP 连接上发送数据的量。如果感觉从它到目的路径之间没有出现网络拥塞，发送方则增加向 TCP 连接发送数据的量；如果感觉出现了拥塞，发送方则降低向 TCP 连接发送数据的量。实现这个算法需要解决三个问题：

（1）TCP 如何限制发送方向 TCP 连接上发送数据流的速率？

（2）TCP 如何判断网络出现了拥塞？

（3）网络拥塞时，采用什么算法来减小发送速率？

通过前面流量控制的介绍我们知道，TCP 连接上的双方，均有一个发送缓存和接收缓存，在这两个缓存中分别又有发送窗口（swnd）和接收窗口（rwnd），在不考虑网络容量的情况下，发送方的发送速率是受接收方的 rwnd 限制的。如果考虑网络容量，则发送方的发送速率还不能超过网络的负载能力，如果把网络的负载能力定义为网络拥塞窗口 cwnd（congestion window），显然有

$$swnd \leq min\{rwnd, cwnd\}$$

为讨论方便，这里假设接收方的窗口无限大，此时发送窗口仅受拥塞窗口的限制；另外还假设发送窗口中总有字节需要发送，TCP 不断将发送窗口中的所有字节封装成一个个 TCP 报文段移交给 IP。

在粗略计算的情况下，经过一个 RTT（传输回合），发送方便能够收到接收方的确认报文，因此发送方的发送速率大致是 cwnd/RTT（B/s）。

如前所述，当发送方的 TCP 出现超时重传或收到三个连续的重复确认时，端系统认为网络可能出现了拥塞，需要减小 cwnd 的值。

RFC 3390 规定了初始的 cwnd：

```
If (MSS <= 1095 bytes)
    then win <= 4 * MSS;
If (1095 bytes < MSS < 2190 bytes)
    then win <= 4380;
If (2190 bytes <= MSS)
    then win <= 2 * MSS;
```

例如，当 MSS=1460 字节（即数据链路层 MTU=1500 字节）时，初始的 cwnd=4380 字节。为讨论方便，假设每个 TCP 报文段刚好携带 MSS 字节的数据，这样，cwnd 可以以 TCP 报文段为单位计，即 cwnd 中的字节可以封装成多少个 TCP 报文段，例如，cwnd=1460 字节可被封装成一个 TCP 报文段，cwnd=4380 字节可被封装成三个 TCP 报文段。

TCP 拥塞控制算法由慢开始、拥塞避免和快恢复三部分构成。在慢开始的初始阶段，cwnd=1（1 个 TCP 报文段），TCP 以较慢的速率发送数据，并且希望快速找到较高的发送速率。TCP 将 cwnd 中的第一个 TCP 报文段发送出去，此时发送速率是 MSS/RTT（B/s）；在收到了接收方的确认报文之后，cwnd 加倍，即变为 2 个 TCP 报文段，并且将这 2 个 TCP 报文段发送出去，在不考虑发送 TCP 报文段的时间间隔的情况下，此时的发送速率约是 (2×MSS)/RTT（B/s）；在收到这 2 个 TCP 报文段的确认之后，cwnd 再次加倍，即变成 4 个 TCP 报文段，并将这 4 个 TCP 报文段发送出去，此时的发送速率约为(4×MSS)/RTT（B/s）。以此类推（每收到一个确认，cwnd 加倍。注意，不考虑重传的报文），每经过一个 RTT（不考虑发送 TCP 报文段的时间间隔和发送每个 TCP 报文段的时间），TCP 的发送速率就翻倍（指数增长），如图 4-33 所示。

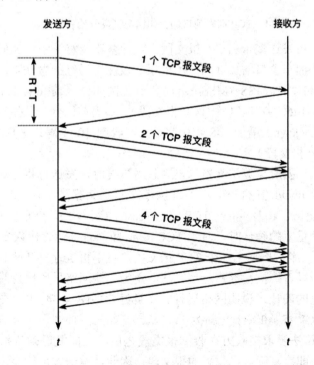

图 4-33　慢开始

虽然称为慢开始，但是这种指数增长的速度是非常快的，什么时候才能结束这种指数增长呢？TCP 维护一个变量 ssthresh（慢开始阈值），当 cwnd≥ssthresh 时，不再执行慢开始算法，转而执行较为保守的拥塞避免算法：每个 RTT（传输回合）将 cwnd 增加 1 个 TCP 报文段（MSS 字节），即线性增长。如图 4-34 所示，从①处开始执行拥塞避免算法。

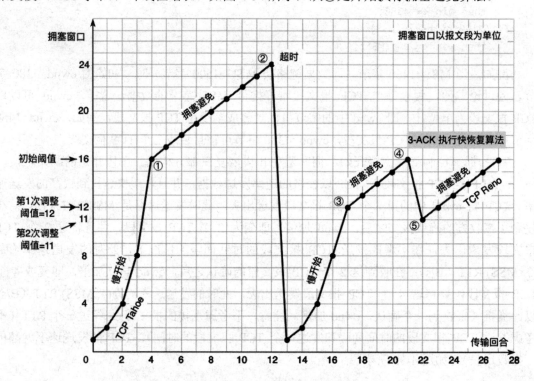

图 4-34   TCP 拥塞窗口的变化情况（慢开始和快恢复）

在每个回合中，可发送多个 TCP 报文段，在拥塞避免算法中，如何保证在收到对这些报文段的确认之后，拥塞窗口增加 1 个 TCP 报文段呢？通行的做法是，在每个回合中，每收到一个确认，cwnd 增加 MSS×(MSS/cwnd) 字节。例如，当前 cwnd=14600 字节（10 个 TCP 报文段），MSS=1460 字节（1 个 TCP 报文段），即当前回合一共发送了 10 个 TCP 报文段；每收到一个确认，cwnd 增加 MSS/10 字节，在收到 10 个确认之后，cwnd 刚好增加了 MSS 字节（1 个 TCP 报文段）。

那么，何时结束拥塞避免算法呢？当出现超时重传时，发送方将 cwnd 重新设置为 1，ssthresh 更新为当前 cwnd 值的一半，不再执行拥塞避免算法，转而执行慢开始算法。如图 4-34 中，在②处出现了超时重传，TCP 将 ssthresh 更新为 12，转而执行慢开始算法。

当连续收到三个重复的确认时，对于 TCP Reno 版而言（包含快恢复），是将 ssthresh 更新为当前 cwnd 值的一半，再加上 3 个 TCP 报文段，且不再执行慢开始算法，而是直接执行拥塞避免算法。之所以直接执行拥塞避免算法，是为了让网络尽快地摆脱拥塞状态，因为能够连续收到三个重复的确认，说明网络运行状态良好。如图 4-34 中，在④处收到了三个重复的确认报文段，TCP 将 ssthresh 更新为 11，从⑤开始执行拥塞避免算法（线性增加）。

TCP 的快恢复算法要求接收方在收到报文段之后，立即发送确认报文段，即使收到了失序的报文段也要立即重复确认已收到的报文段。因此，发送方可能会连续收到多个重复的确认报文段。在这种情况下，网络不一定发生了拥塞，可能是由于个别的帧或 IP 分组在传输过程中出错了而被丢弃所造成的,因此,TCP Reno 更为合理。TCP Reno 有很多变化版本,本书不再介绍这些版本。

当发送方连续收到三个重复的确认报文段,发送方应该知道有报文段在传输过程中丢失了,即便是该报文段的超时重传定时器未超时,发送方也应该立即重传丢失的报文段,这种方法称为快重传,如图 4-35 所示。

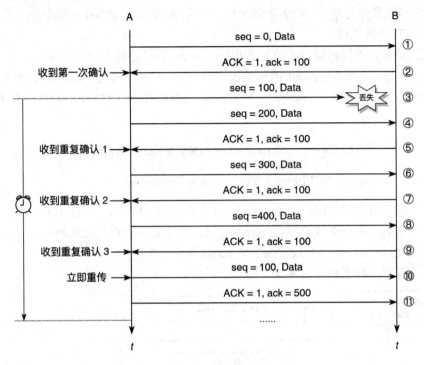

图 4-35　TCP 快重传

在图 4-35 中,A 是发送方,B 是接收方,每个 TCP 报文段携带 100 字节,初始序号是 0。

① A 向 B 发送了 seq=0 的 TCP 报文段,数据字节的序号是 0~99。

② B 向 A 发送了 ack=100 的确认报文段,期望接收 seq=100 的 TCP 报文段,A 正确收到了该确认报文段(A 收到了第一次确认)。

③ A 向 B 发送了 seq=100 的 TCP 报文段,数据字节的序号是 100~199,但该报文段在传输过程中丢失了。

④ A 向 B 发送了 seq=200 的 TCP 报文段,数据字节的序号是 200~299。

⑤ B 正确收到了 seq=200 的 TCP 报文段,但该报文段是一个失序的报文段,B 将该报文段中的数据写入缓存,并向 A 发送一个 ack=100 的重复确认报文段(第 1 个重复确认报文段),期望接收 seq=100 的 TCP 报文段,A 正确收到了该确认报文段(重复确认)。

⑥ A 向 B 发送了 seq=300 的 TCP 报文段,数据字节的序号是 300~399。

⑦ B 正确收到了 seq=300 的 TCP 报文段,但该报文段又是一个失序的报文段,B 将该报文段中的数据写入缓存,并向 A 发送一个 ack=100 的重复确认报文段(第 2 个重复确认报文段),期望接收 seq=100 的 TCP 报文段,A 正确收到了该确认报文段(重复确认)。

⑧ A 向 B 发送了 seq=400 的 TCP 报文段,数据字节的序号是 400~499。

⑨ B 正确收到了 seq=400 的 TCP 报文段,但该报文段还是一个失序的报文段,B 将该

报文段中的数据写入缓存，并向 A 发送一个 ack=100 的重复确认报文段（第 3 个重复确认报文段），期望接收 seq=100 的 TCP 报文段，A 正确收到了该确认报文段（重复确认）。

⑩ 至此，A 一共收到了 4 个 ack=100 的确认报文段，其中三个是重复确认报文段，故 A 立即重传丢失的 seq=100 的 TCP 报文段（注意，seq=100 的 TCP 报文段的超时重传定时器并未超时）。

⑪ B 已经收到序号是 0～499 字节的数据，向 A 发送 seq=500 的确认报文段，期望接收 seq=500 的 TCP 报文段。

需要强调的是，不同的操作系统在实现时，cwnd 的初始值不一定是 1（1 个 TCP 报文段），对于部分 Linux 版本，cwnd 的初始值设置为 10（10 个 TCP 报文段）。另外，还需要注意端到端的拥塞控制中 TCP Tahoe 与 TCP Reno 之间的区别（TCP Reno 是对 TCP Tahoe 的扩展）：

$$TCPTahoe = SlowStart + AIMD + FastRetransmit$$

$$TCPReno = TCPTahoe + FastRecovery$$

加法增大乘法减小（Additive Increase Multiplicative Decrease，AIMD）：加法增大是指从慢开始结束开始，每一个传输回合 cwnd 加 1；乘法减小是指在出现超时或收到三个重复的确认报文段之后，将 ssthresh 设置为当前 cwnd 值的一半。

端到端的拥塞控制流程如图 4-36 所示。

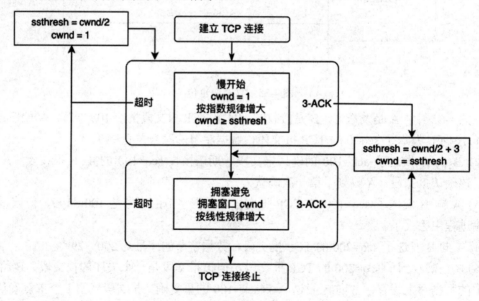

图 4-36 TCP 端到端的拥塞控制流程图

4. 网络辅助的拥塞控制

在端到端的拥塞控制中，通过 TCP 报文段丢失的现象，不能够准确判断网络是否发生了拥塞，只有网络中的构件（例如路由器）才能真正知道网络是否发生了拥塞。网络中的路由器可以向端系统传递网络拥塞的信息，让 TCP 立即采取措施，减少向网络中注入的数据流量，如图 4-37 所示。

路由器采用两种方式向端系统发送网络拥塞的通知：第一种是直接通知发送方；第二种是通知接收方，再由接收方通知发送方。显然，在第二种方式中，发送方需要经过约一个RTT才能知道网络发生了拥塞。

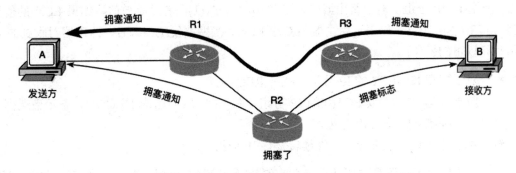

图 4-37　反馈拥塞信息的两条路径

在图 4-37 中，R2 出现了拥塞，它可以直接向发送方发送拥塞的通知，让 A 降低发送速率。在第二种通知方式中，R2 发生拥塞后，仍向接收方转发 IP 分组，但在 IP 分组的首部添加拥塞标记显式地告知接收方网络发生拥塞了。B 在收到带有拥塞标记的 IP 分组之后，在回送的确认报文段中携带上网络拥塞的信息，发送方收到该确认报文段后，将自己的cwnd 值减半，并将 cwnd 值减半的信息，在下一个 TCP 报文段中告知接收方。可以看出，不管采用哪种方式，都是网络层路由器感知网络拥塞并传送网络拥塞的通知，而采取拥塞控制措施的是端系统运输层的 TCP。

在第二种方式中，网络层如何传递网络拥塞的信息呢？TCP 又是如何传递拥塞通知的呢？在 RFC 3168 中给出了这部分内容的详细定义。

（1）显式拥塞通知

显式拥塞通知（Explicit Congestion Notification，ECN）是 TCP/IP 协议的扩展，用来支持端到端的网络拥塞通知，字段如图 4-38 所示。

TOS			
DSCP		ECN	
		ECT	CE
		0	0	Not-ECT
		0	1	ECT(1)
		1	0	ECT(0)
		1	1	CE

图 4-38　IP 分组首部的 ECN 字段

在正常情况下，当网络出现了拥塞，网络中的路由器会主动丢弃 IP 分组，TCP 将减小cwnd，以降低发送速率。支持 ECN 的路由器在网络发生拥塞时，能够在 IP 分组首部设置网络拥塞标志，且继续转发该 IP 分组而不是丢弃。因此，ECN 减少了被丢弃 TCP 报文段的数量，避免了重传从而减少了延迟，提升了网络性能。注意，ECN 需要与主动队列管理（AQM）策略结合使用（参考主动队列管理）。在路由器队列溢出之前，路由器便能检测到拥塞，并在 IP 分组首部设置经历拥塞（Congestion Experienced，CE）的标记。

在 IP 分组首部的 TOS 字段中，最低的 2 位组成了 ECN 字段。

当发送方将 IP 分组首部的 ECN 设置为比特 01 或 10 时，表明支持 ECN 传输（ECN Capable Transport，ECT），分别称为 ECT(1)和 ECT(0)，即 ECT(1)表示 ECN 的值是比特 01，ECT(0)表示 ECN 的值是比特 10。当发送方和接收方均支持 ECN 时，双方使用 ECT(0)或 ECT(1)来标记 IP 分组，对于路由器而言 ECT(0)和 ECT(1)两者是等效的。如果 ECN 的值是比特 00，即 Not-ECT，则表示路由器不支持 ECN。当网络发生拥塞时，路由器对收到的 IP 分组执行以下的操作：

- 对于标记 Not-ECT 的 IP 分组，执行 RED 算法。
- 对于标记 ECT(1)或 ECT(0)的 IP 分组，将 ECN 改为比特 11（CE），表示遭遇拥塞了，并继续转发该 IP 分组。
- 对于标记 CE 的 IP 分组，继续转发该 IP 分组。

注意，当路由器检测到需要丢弃报文，但此时队列还未满时，路由器才可以设置 IP 分组首部的 CE 标记并转发该 IP 分组。如果队列已满，则将 IP 分组丢弃。

（2）TCP 中使用 ECN

TCP 使用 2 个标志位来支持 ECN：一个是 ECE，另一个是 CWR。参考图 4-39 给出的 TCP 报文段的部分格式。

Data Offset	Reserved	C W R	E C E	U R G	A C K	P S H	R S T	S Y N	F I N	Window

图 4-39　TCP 报文段的 CWR 和 ECE 标志位

假设 A 是发送方，B 是接收方，TCP 通过以下三个步骤来使用 ECN：

第一步：在建立 TCP 连接阶段，A、B 双方通过交换 ECN 信息来协商是否支持 ECN。如果双方都支持 ECN，则 A 发送的 TCP 报文段中设置 ECT(0)或 ECT(1)，表明 A 支持 ECN 且愿意使用 ECN。当路由器发生拥塞时（队列未满），路由器在 IP 分组首部中打上 CE 标记。ECN 的协商过程如下：

在连接建立阶段，A 向 B 发送 ECE=1、CWR=1 且 SYN=1 的报文段，B 在收到之后，向 A 发送 ECE=1、SYN=1 且 ACK=1 的确认报文段（注意 CWR=0）。图 4-40 给出了一个 ECN 协商的实例。

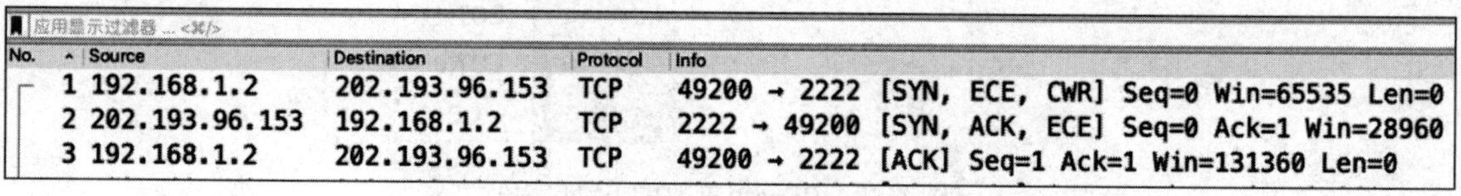

No.	▲ Source	Destination	Protocol	Info
1	192.168.1.2	202.193.96.153	TCP	49200 → 2222 [SYN, ECE, CWR] Seq=0 Win=65535 Len=0
2	202.193.96.153	192.168.1.2	TCP	2222 → 49200 [SYN, ACK, ECE] Seq=0 Ack=1 Win=28960
3	192.168.1.2	202.193.96.153	TCP	49200 → 2222 [ACK] Seq=1 Ack=1 Win=131360 Len=0

图 4-40　TCP 连接建立时协商是否支持 ECN

序号是 1~3 的 TCP 报文段，是双方三次握手建立连接的三个报文，序号是 1 的报文是发送方向接收方发送的第一个建立连接的握手报文，该报文中设置了 SYN=1、ECE=1 且 CWR=1，而序号是 2 的报文是接收方向发送方发送的第二个建立连接的握手报文，该报文中设置了 SYN=1、ACK=1 且 ECE=1。

第二步：当 B 收到带有 CE 标记的 IP 分组时，它便在发送的 TCP 确认报文段首部中，通过设置 ECE=1 来通知 A 网络发生了拥塞。

第三步：当 A 收到 ECE=1 的 TCP 报文段时，它不但减小自己的拥塞窗口，且向 B 发送 CWR=1 的 TCP 报文段，通知 B 拥塞窗口已经被减小了。

如图 4-41 中，①和②是在双方建立 TCP 连接期间协商是否支持 ECN；③说明 A 发送的 IP 分组中打上了 ECT(1)或 ECT(0)标记，即将 ECN 设置为比特 10 或 01；④该 IP 分组在经路由器 R2 转发时发生了拥塞，R2 将该 IP 分组的 ECN 改为比特 11（CE），表示发生拥塞了，若 R2 的队列没有溢出，则继续转发该 IP 分组；⑤B 在收到带有 CE 标记的 IP 分组之后，向 A 发送 ECE=1 的确认报文段，通知 A 网络发生拥塞了；⑥A 在收到 ECE=1 的确认报文段之后，将自己的拥塞窗口减半，且在随后发送给 B 的报文段中，将 CWR 设置为 1，通知 B 拥塞窗口已经被减小了。

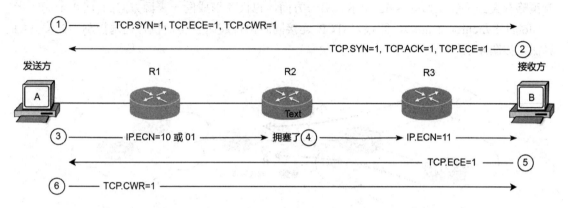

图 4-41　TCP 中使用 ECN 的过程

例 4-6　带有 ECT(0)标记的 IP 分组。

```
01: Internet Protocol Version 4, Src: 192.168.1.2, Dst: 202.193.xxx.xxx
02:     0100 .... = Version: 4
03:     .... 0101 = Header Length: 20 bytes (5)
04:     Differentiated Services Field: 0x02 (DSCP: CS0, ECN: ECT(0))
05:         0000 00.. = Differentiated Services Codepoint: Default (0)
06:         .... ..10 = Explicit Congestion Notification: ECN-Capable Transport
07:     Total Length: 73
08:     Identification: 0x0000 (0)
09:     010. .... = Flags: 0x2, Don't fragment
10:     ...0 0000 0000 0000 = Fragment Offset: 0
11:     Time to Live: 64
12:     Protocol: TCP (6)
13:     Header Checksum: 0x4da8
14:     Source Address: 192.168.1.2
15:     Destination Address: 202.193.xxx.xxx
16: Transmission Control Protocol, Src Port: 49200, Dst Port: 2222, …1
17: Data (21 bytes)
```

例 4-6 中，第 02～15 行是 IP 分组的首部，其中第 05 和 06 行是 TOS 字段，第 06 行是该字段中最低的 2 位，这 2 位（ECN）被设置为了 10，即 ECT(0)。若该 IP 分组在转发过程中遭遇拥塞，路由器会将这 2 位设置为 11，即 CE。

4.3.9 主动队列管理

在 TCP 的拥塞控制方法中，已经知道，支持 ECN 的 TCP 必须与路由器的主动队列管理（Active Queue Management，AQM）相结合才能够发挥作用。进入路由器的 IP 分组需要在路由器的输入缓存中排队来等待路由器的转发，如果路由器采用先进先出 FIFO（First In First Out）的规则来转发队列中的 IP 分组，则当路由器转发 IP 分组的速度小于 IP 分组进入队列的速度时，队列长度将不断增加，最终出现队满，路由器不得不丢弃后续到来的 IP 分组（尾部丢弃策略），即使那些被打上 CE 标记的 IP 分组也会被丢弃，在这种情况下，路由器无法将发生拥塞的情况通知给接收方。

路由器的这种队列管理策略，很容易丢弃一连串的、同一来源方向的 IP 分组，这种丢弃策略有失公平性，如图 4-42 所示。另一方面，也极易形成同一来源方向的 TCP 全局同步（Global Synchronization），即很多 TCP 连接同时出现超时重传而执行拥塞控制中的慢开始算法，如图 4-43 所示。

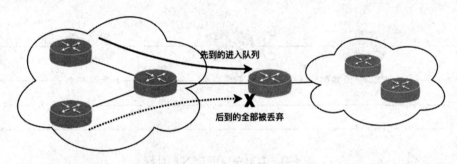

图 4-42 路由器同一来源方向的一连串的 IP 分组被丢弃

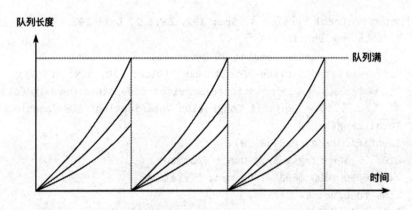

图 4-43 路由器同一来源方向的 TCP 全局同步

为了解决上述问题，主动队列管理被提了出来。主动队列管理是指路由器不是等到队列满了才被迫丢弃 IP 分组，而是当队列还未满、其长度达到某个值得警惕的值的时候（即可能会发生拥塞时），就开始随机地、主动地丢弃到来的 IP 分组。早期的随机早期检测（Random Early Detection，RED），就是一种路由器使用的主动队列管理算法，该算法在 2015 年被 RFC 7567 列为"过时的"，不再推荐使用。

RED 算法包括了两个方面的工作：第一是计算平均队列长度；第二是决定是否丢弃新到达的 IP 分组（IP 分组的丢弃策略）。

1. 计算平均队列

当新的 IP 分组到达路由器时，路由器按某种算法来计算平均队列长度，队列长度的单位可以是 IP 分组也可以是字节。注意，平均队列描述的是过去一段时间内队列的情况，不是指瞬时情况。

2. 丢弃策略

RED 算法丢弃 IP 分组的策略需要使用两个参数：一个参数是 minth（minimum threshold），另一个参数是 maxth（maximum threshold）。假设 aver_que 表示新的 IP 分组到来之后，路由器计算得到的平均队列长度，如图 4-44 所示。

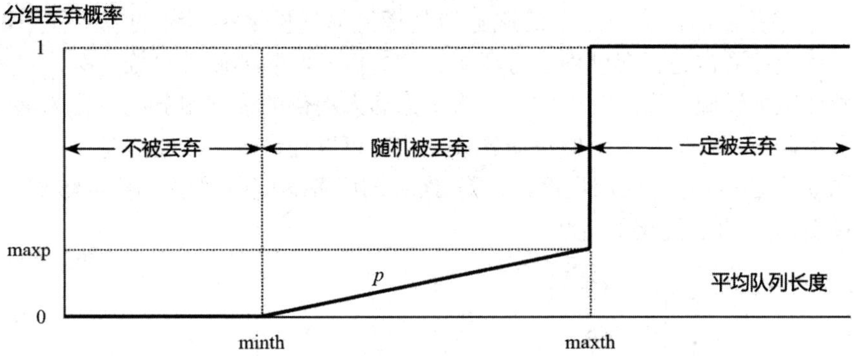

图 4-44　RED 算法的 IP 分组丢弃策略

当 aver_que<minth 时，说明在过去的一段时间内，队列大部分是空闲的，此时，路由器将新到的 IP 分组放入队列准备转发（除非新到的 IP 分组瞬间塞满队列致使队列溢出），不会丢弃新到的 IP 分组。

当 aver_que>maxth 时，说明过去的一段时间内，队列大部分是满的，此时，路由器将新到的 IP 分组丢弃。

当 minth≤aver_que≤maxth 时，路由器以概率 p 来丢弃新到的 IP 分组（丢弃的随机性），$0<p<maxp$。

在 RED 算法中，较为难以处理的是丢弃概率 p 的选择，因为 p 不是一个常数，它是线性变化的，对于每一个新到的 IP 分组，均需要重新计算。另外，两个门限值的细微变化会对网络的性能产生较大的影响。最后，RED 算法无法应对 IP 分组的优先级的问题。为解决稳定性和公平性的问题，RED 衍生出了多种变种算法，例如 Self-Configuring RED、FRED、ARED（Adative RED）及 WRED 等。

4.3.10　TCP 连接管理

1. 概述

TCP 是面向连接的，即采用 TCP 协议的端系统，在传输数据之前，双方首先必须建立 TCP 连接，然后才能相互传输数据，数据传输完毕后需要释放连接。与其他面向连接的协议一样，建立 TCP 连接的主要目的是为通信的双方预留资源：

（1）确认通信双方是否存在。

（2）双方协商传输过程中使用的一些参数，例如初始序号、窗口最大值、是否使用窗口扩大选项和时间戳选项、是否支持 ECN 等。

（3）双方为数据传输分配缓存、分配管理 TCP 连接表项。

2. 建立 TCP 连接

主动请求建立 TCP 连接的一方被称为客户（Client），而被动响应客户连接请求的一方被称为服务器（Server），如前所述，这种工作方式被称为客户-服务器（Client/Server，C/S）模式。客户与服务器是通过握手的方式来建立 TCP 连接的，注意，为了建立 TCP 连接，客户与服务器之间需要双方交换三个握手报文（原文是 Three-Way Handshake），本书将这三个握手报文分别称为第一次握手、第二次握手和第三次握手（即三次握手建立一个 TCP 连接）。

重申一下服务器的概念：这里的服务器是指能够提供某种服务的应用程序，是软件层面的概念，该程序通常运行在硬件服务器中。例如，某医院的硬件设施（医疗设备、床位数等）称为硬件服务设施，而医院中的医护人员为病人提供的诊疗服务则可称为软件服务功能。一台硬件服务器上可以运行多个服务器软件，从而可以提供多种应用服务。

假设 A 是 TCP 的客户应用程序，B 是 TCP 的服务器应用程序，图 4-45 给出了 A 与 B 通过三次握手建立 TCP 连接的过程。

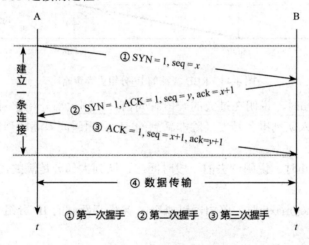

图 4-45　三次握手建立 TCP 连接

① A 向 B 发送 SYN=1 且 seq=x 的第一次握手报文，注意 TCP 规定，SYN=1 的报文不能携带数据，但需要消耗一个序号，即 A 下一次发送 seq=x+1 的 TCP 报文段。

② B 向 A 发送 SYN=1、ACK=1、seq=y 且 ack=x+1 的第二次握手报文，该报文也不能携带数据且需要消耗一个序号，即 B 下一次发送 seq=y+1 的 TCP 报文段。

③ A 向 B 发送 ACK=1、seq=x+1 且 ack=y+1 的第三次握手报文，该报文可以携带数据。

④ 至此，A 与 B 间的 TCP 连接建立完成，可以开始相互传输数据了。

注意，以上用三个报文建立连接的过程，实际上可理解为用四个报文建立了连接，即：

（1）A→B：SYN=1 的请求与 B 建立连接的报文，A 选择的序号是 x。

（2）A←B：ACK=1 的确认报文，同意 A 与自己建立连接，且同意 A 使用序号 x。

（3）A←B：SYN=1 的被动与 A 建立连接的报文，B 选择的序号是 y。

（4）A→B：ACK=1 的确认报文，同意 B 与自己建立连接，且同意 B 使用序号 y。

将上述（2）和（3）合并为一个报文，则仅需要三个报文便可建立 TCP 连接。

读者或许会问，两个报文就可以完成连接，为什么还需要第三个报文呢？用三个报文建立连接有两个目的。

第一个目的是双方协商初始序号（ISN），如图 4-46 所示。

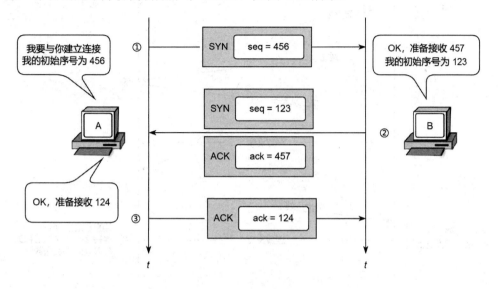

图 4-46　TCP 连接中协商使用的序号

如果 A 不发送第三个确认报文，B 无法知道 A 是否接受自己的初始序号 123。

第二个目的是防止收到已经失效的连接请求报文重新建立连接。假设采用二个报文建立 TCP 连接，我们分析已经失效的连接请求报文带来的问题：

A 向 B 发送第一次握手请求建立连接，但是该报文迟迟未能到达 B，假设 A 超时重传了这一请求报文，B 也很快地收到了 A 重传的请求建立连接的报文，且回送了第二次握手同意建立连接，双方的 TCP 连接建立完成。若 A 和 B 之间很快地完成了数据传输且释放了 TCP 连接后，A 向 B 第一次发送的第一次握手到达 B，则 B 向 A 发送第二次握手同意建立 TCP 连接。此时，B 认为与 A 的 TCP 连接已经建立完成，而 A 收到 B 的第二次握手则觉得很奇怪，因为 A 没有向 B 发送第一次握手，故 A 丢弃该报文。在这种情况下，B 始终维持着一个并不存在的 TCP 连接，如图 4-47 所示。

① A 向 B 发送第一次握手请求建立连接，但该报文在传输过程中"移动"缓慢，迟迟未能到达 B。

② A 超时重传①发送的请求建立连接的报文，即第二次向 B 发送请求建立连接的报文。

③ A 第二次重传的请求建立连接的报文很快到达 B，B 立即向 A 发送第二次握手同意建立连接，双方连接建立完毕。

④ 双方交换数据之后立即释放了 TCP 连接。

⑤ A 向 B 最早发送的第一次握手终于到达 B。

⑥ B 认为这是一个新的请求建立连接的报文，B 立即向 A 发送第二次握手，同意与 A 建立连接。

⑦ 由于 A 没有向 B 发送第一次握手，A 将收到的 B 发来的第二次握手直接丢弃，即 A 并不认可这样一个 TCP 连接，故 A 不会向 B 发送任何数据。此时，若 A 不采取其他任何

措施，则 B 认为它与 A 已经完成了 TCP 连接的建立，并等待接收 A 向其发送数据，当然，B 也认为它可以向 A 发送数据。

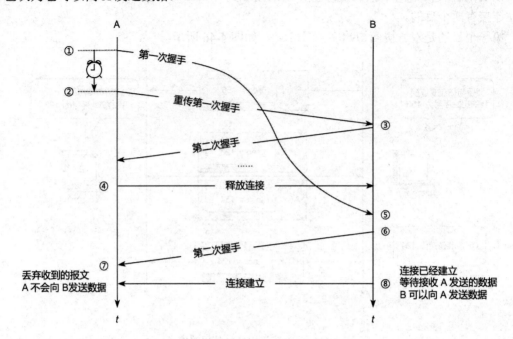

图 4-47　2 个报文建立 TCP 连接的问题

当有已经失效的、重复的数据报文到达 B 时，则会出现一种更为糟糕的情况：假设 A 向 B 第一次发送的请求建立连接的报文中，选择了 $seq=x$，该报文在⑤时刻到达了 B，B 在⑥时刻发送了 $seq=y$ 且 $ack=x+1$ 的第二次握手同意建立连接。在⑧时刻之后，如果恰好有一个 A 曾经发送的、失效的、$seq=x+1$ 的数据报文段到达 B（该报文段属于以前的 TCP 连接），则 B 认为这是本次 TCP 连接上的、一个新的数据报文段，故将数据写入接收缓存。

通过上述分析可以知道，TCP 连接中的初始序号十分重要，对于相同的两个 TCP 对等体，前一次 TCP 连接中使用过的序号，在一段时间内不能在下一个 TCP 连接中出现。因此，TCP 连接的初始序号的选择算法也是较为复杂的，该算法要能够应对因系统崩溃而重新建立连接的情况，以确保新连接中使用的序号不会与系统崩溃之前的旧连接中使用的序号重叠。本书不具体分析初始序号的选择算法，有兴趣的可以参考 RFC 9293。

3. 释放 TCP 连接

仍假设 A 和 B 是一条 TCP 连接上的两个端点，当 A 没有数据发送给 B 时，A 可以主动请求关闭 A 到 B 方向上的连接，当 B 也没有数据发送给 A 时，B 也可以主动请求关闭 B 到 A 方向上的连接。因此，在两个方向上的连接均已关闭的情况下，才算完全释放了一条 TCP 连接，否则这条 TCP 连接处于半关闭状态。可以这样理解释放 TCP 连接：TCP 是全双工的，可以看作是两个独立的单工连接，为了完全释放 TCP 连接，需要分别将这两个独立的单工连接关闭。释放 TCP 连接的过程如图 4-48 所示，注意，A 需要等待 2 个 MSL 后才关闭（参考 TCP 连接的管理模型）。

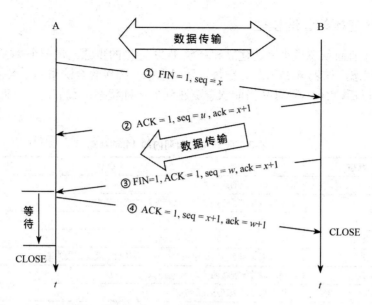

图 4-48　四个报文释放 TCP 连接

从图 4-48 中可以看出，完整地释放一个 TCP 连接需要四个报文才能实现，本书分别称这四个报文为第一次挥手、第二次挥手、第三次挥手和第四次挥手。

① 当 A 不再有数据需要发送给 B 时，A 向 B 发送 FIN=1 且 seq=x 的第一次挥手，请求关闭 A→B 方向的连接。

② B 向 A 发送 ACK=1、seq=u 且 ack=x+1 的第二次挥手，同意 A 关闭连接，至此，A 与 B 之间的 TCP 连接处于半连接状态，A 不能再向 B 发送数据，但 B→A 方向的连接仍然保持，故 B 仍可向 A 发送数据。注意，TCP 的两个端点之间处于半连接的状态是经常容易出现的，例如，A 在 TCP 连接建立之后崩溃或关机了，而 B 并不知道，此时，A 与 B 处于一种非正常的 TCP 连接状态；另外一种情况，A 在将需要处理的数据发送给 B 之后，仅等待接收 B 回送的处理结果，而 B 处理这些数据需要一定时间，此时，A 也可以主动关闭 A→B 方向的连接。

③ 当 B→A 方向不再有数据需要传输时，B 向 A 发送 FIN=1、ACK=1、seq=w 且 ack=x+1 的第三次挥手，请求关闭 B→A 方向的 TCP 连接。注意，在三次握手建立 TCP 连接之后的后续的 TCP 报文段中，ACK 必须设置为 1；另外，之所以该报文的 seq=w，是因为 B 向 A 发送完 seq=u 的报文以后，继续向 A 发送了数据。

④ A 发送 ACK=1、seq=x+1 且 ack=w+1 的第四次挥手，同意 B 关闭连接。

注意，与 SYN=1 的报文一样，对于 FIN=1 的报文，即使没有携带数据，也需要消耗一个序号。

当 A→B 方向的连接被关闭的同时，如果 B 也不再有数据发送给 A，B 也需要关闭 B→A 的连接，则可将②、③的第二次挥手、第三次挥手合二为一（双方同时关闭连接）：

A→B：发送 FIN=1 且 seq=x 的第一次挥手。

A←B：发送 FIN=1、ACK=1、seq=u 且 ack=x+1 的第二、三次挥手。

A→B：发送 ACK=1、seq=x+1 且 ack=u+1 的第四次挥手。

4.3.11　TCP 连接的管理模型

可以用一个有限状态机来表述建立和释放 TCP 连接的步骤，在一个 TCP 生命周期内，一共有 11 种状态，如表 4-2 所示。在每一种状态中，都包含合法事件，当合法事件发生且采取某些动作以后，TCP 可以从当前状态变迁到另一种状态，我们用"事件/动作"来描述状态变迁的原因。

表 4-2　TCP 生命周期内的 11 种状态

序号	状态	说明
1	LISTEN	等待远程客户的连接请求
2	SYN-SENT	应用程序发送了连接请求并等待匹配的连接请求
3	SYN-RCVD	收到并发送了连接请求，等待确认
4	ESTABLISHED	连接已经建立，在连接上正在传输数据
5	FIN-WAIT-1	等待对端关闭连接的请求或等待对端确认自己关闭连接的请求
6	FIN-WAIT-2	等待对端关闭连接的请求
7	CLOSE-WAIT	等待本端发送关闭连接的请求
8	CLOSING	等待对端发送对本端先前发送的关闭连接请求的确认
9	LAST-ACK	等待对端发送对本端先前发送的关闭连接请求的确认，先前发送的关闭连接请求中包含了对端发送的关闭连接请求的确认
10	TIME-WAIT	需要等待足够的时间，确保对端收到对关闭连接的确认
11	CLOSED	没有活动的连接

每一个 TCP 连接都起始于 CLOSED 状态，运行服务器程序执行被动打开操作，服务器便进入 LISTEN 状态，客户执行主动打开操作进入 SYN-SENT 状态，如果对方执行对应的操作，则双方进入 ESTABLISHED 状态。TCP 的任何一方都可以发起关闭连接，TCP 连接释放完成，双方回到 CLOSED 状态。TCP 连接管理的有限状态机如图 4-49 所示，其中，粗实线表示客户正常的状态变迁，粗虚线表示服务器正常的状态变迁，而细线则表示异常的状态变迁。每条线均被旁边的"事件/动作"[①]标记，用以说明状态变迁的原因。

在分析图 4-49 之前，首先了解图中的两个概念 TCB 和 MSL：

- TCP 是面向连接的可靠的传输协议，它必须跟踪端系统间的每一个连接和会话信息，TCP 通过传输控制程序块（Transmit Control Block，TCB），来存储每个 TCP 连接的信息。TCB 是一个结构体，包含了很多变量，每个变量分别保存一个 TCP 连接的相关信息，例如，ISS（Initial Send Sequence number）记录初始的发送序号，SND.WND 记录发送窗口的大小，IRS（Initial Receive Sequence number）记录初始的接收序号，RCV.WND 记录接收窗口的大小，等等。
- MSL（Maximum Segment Lifetime）指的是最长报文段寿命，这是 TCP 规定的 TCP 报文段在网络中存在的最长时间。

（1）建立 TCP 连接。运行服务器软件（被动打开），服务器创建 TCB，从 CLOSED 状态进入到 LISTEN 状态。图 4-49 中的①、②和③分别对应第一次握手、第二次握手和第三次握手，通过这三次握手，客户与服务器完成了 TCP 连接的建立而进入到 ESTABLISHED 状态，在这个状态下，双方可以相互传输数据。

---

　①　没有动作的场合，图中用"—"（一字线）表示。

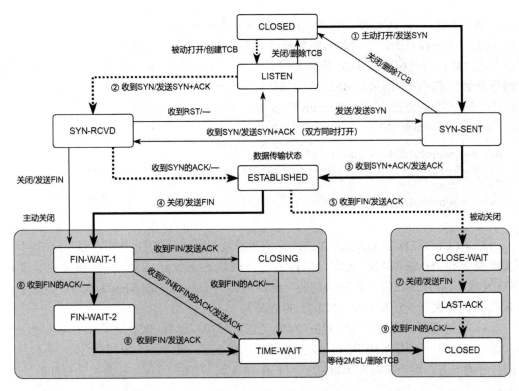

图 4-49　TCP 连接管理的有限状态机

（2）释放 TCP 连接。④是第一次挥手，⑤是第二次挥手，⑦是第三次挥手，⑧第四次挥手，通过这四次挥手，双方完美释放了 TCP 连接，返回 CLOSED 状态。当客户希望关闭连接时，它发送一个 FIN=1 的报文段而变迁到 FIN-WAIT-1 状态（主动关闭），并等待对应的 ACK；客户在收到对应的 ACK 后，便从 FIN-WAIT-1 状态变迁到 FIN-WAIT-2 状态，此时客户到服务器方向的 TCP 连接被关闭（整个 TCP 连接处于半关闭状态）。服务器在收到客户发送的 FIN=1 的报文后，便发送 ACK 并变迁到 CLOSE-WAIT 状态。如果⑥和⑧合并为一个 TCP 报文，则从 FIN-WAIT-1 状态直接变迁到 TIME-WAIT 状态（双方同时关闭），即自己在发送了 FIN=1 的报文之后，收到了对端的 FIN=1 并对自己发送的 FIN=1 的报文的 ACK 的报文。注意，从 FIN-WAIT-1 变迁到 CLOSING 也意味着双方同时关闭，即自己在发送了 FIN=1 的报文之后，收到了对端的 FIN=1 的报文，等待对端对自己发送的 FIN=1 的报文的 ACK。

注意，虽然双方可以同时关闭连接，但是 TCP 规定：在 LAST-ACK 状态下，收到最后一个 ACK 后可立即变迁到 CLOSED 状态；其他状态下收到最后一个 ACK，都需要变迁到 TIME-WAIT 状态，在等待 2×MSL 时间后，才能变迁到 CLOSED 状态。这是为了确保在本连接释放之前所有的 TCP 报文段都已经消失。

例如，在图 4-48 中，假设 A 在发送完最后一个 ACK=1 的报文后便立即关闭了 TCP 连接，如果这个报文丢失了，B 会超时重传 FIN=1 的报文，但 B 不可能收到 A 发送的 ACK=1 的报文。这种情况不会影响 TCP 连接上数据的传输，但不尽合理。另外一种情况，如果本次连接所选择的端口和序号恰好与前一次连接是一样的（即端口被重新快速打开），则若属于前一次连接的数据出现在本次连接中（序号在本次连接所使用序号范围之内），这些数据会被当作本次连接中的数据而被接收。在 2×MSL 期间，如果前一连接中的数据是送往服务器的，由于服务器的 TCP 连接已经关闭，故直接丢弃该数据；如果是送往客户的，由于客户的 TCP 连接还没有关闭，因此这些数据被认为是重复数据而被丢弃。

由此可见，两条相同的 TCP 连接之间必须有 2×MSL 的间隙，以保证前一个 TCP 连接上的数据全部在网络中消失。MSL 的值与具体的实现有关，最为典型的值是 30s。在 Linux 系统中，2×MSL 的值在/proc/sys/net/ipv4/tcp_fin_timeout 文件中定义。

例 4-7 Linux 系统中 2×MSL 的值如下：

```
01: kwn@ubuntu1604:~$ uname -r -v
02: 4.4.0-210-generic #242-Ubuntu SMP Fri Apr 16 09:57:56 UTC 2021
03:
04: kwn@ubuntu1604:~$ cat /proc/sys/net/ipv4/tcp_fin_timeout
05: 60
```

（3）除 CLOSED 和 LISTEN 状态外，在其余任何状态下 TCP 均可通过发送 RST=1 的报文而变迁到 TIME-WAIT 状态。同样，在任何状态下收到 RST=1 的报文也会变迁到 LISTEN 或 CLOSED 状态。为简洁起见，在图 4-49 中仅给出了在 SEND-RCVD 状态下，收到 RST=1 的报文而变迁到 LISTEN 状态的情况。

（4）较难理解的是双方同时建立 TCP 连接的情况，这种 TCP 连接说明双方互为服务器，也互为客户。如图 4-50 所示，实箭头线表示建立了一个 A 与 B 间的 TCP 连接，A 是主动打开的一方；虚箭头线表示建立了一个 B 与 A 间的 TCP 连接，B 是主动打开的一方。

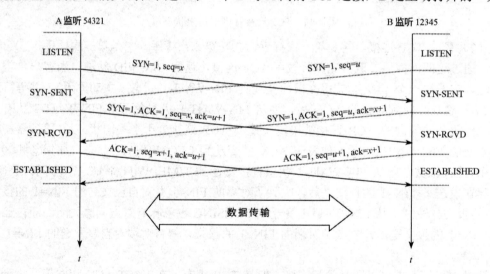

图 4-50　双方同时建立 TCP 连接的情况

图 4-51 给出了同时建立 TCP 连接的抓包结果：主机运行两个服务器程序 S1 和 S2（被动打开），S1 监听端口 54321，S2 监听 12345，S1 和 S2 之间建立了两个 TCP 连接，一个是 S1 主动发起的，另一个是 S2 主动发起的。

No.	Source	Destination	Protocol	Info
1	127.0.0.1	127.0.0.1	TCP	54321 → 12345 [SYN] Seq=3651472763 Win=65495 Len=0 MSS=65495
2	127.0.0.1	127.0.0.1	TCP	12345 → 54321 [SYN] Seq=1998361615 Win=65495 Len=0 MSS=65495
3	127.0.0.1	127.0.0.1	TCP	12345 → 54321 [SYN, ACK] Seq=1998361615 Ack=3651472764 Win=6
4	127.0.0.1	127.0.0.1	TCP	54321 → 12345 [SYN, ACK] Seq=3651472763 Ack=1998361616 Win=6
5	127.0.0.1	127.0.0.1	TCP	54321 → 12345 [ACK] Seq=3651472764 Ack=1998361616 Win=65536
6	127.0.0.1	127.0.0.1	TCP	12345 → 54321 [ACK] Seq=1998361616 Ack=3651472764 Win=65536

图 4-51　双方同时建立 TCP 连接的抓包结果

No.1、No.3 和 No.5 是三次握手建立了一个 TCP 连接。

No.2、No.4 和 No.6 是三次握手建立了另一个 TCP 连接。

4.3.12　TCP 定时器

正如前面所述，TCP 使用多个定时器来保证 TCP 合理、正确地运行。TCP 使用了 4 个定时器，以下对这 4 个定时器进行简单的总结。

（1）RTO（超时重传）定时器：TCP 为每一个已经发送的 TCP 报文段启动一个 RTO 定时器，若 RTO 定时器超时还未收到对该报文段的确认，则重传该报文段，RTO 以 RTT 为基础进行计算。

（2）持续定时器（Persistence Timer）：当 TCP 收到一个 0 窗口的 TCP 报文段时，它便启动持续定时器，若持续定时器超时还未收到非 0 窗口的通知，则发送一个携带 1 字节数据的非 0 窗口探测报文。当一直未能收到非 0 窗口的通知时，与 RTO 的计算类似，持续定时器也按指数退避。例如，假设初始的持续定时器的时长是 1s，则第二次是 2s、第三次是 4s，当时长达到 60s 时，不再增加。需要注意的是，TCP 从不放弃非 0 窗口的探测，直到收到非 0 窗口通知或 TCP 连接被终止（不同操作系统实现时略有不同）。

（3）保活定时器（KeepAlive Timer）：保活定时器用于终止长时间的空闲连接。例如，客户在与服务器建立 TCP 连接并发送完一些数据之后，长时间保持静默，不再向服务器发送任何数据，或客户机因掉电而关机了，在这种情况下，客户与服务器之间的连接始终保持却没有传输任何数据。保活定时器的时长是 2h，服务器每次收到客户的消息时，便重置该定时器。如果定时器超时未能收到客户的消息，服务器便向客户发送一个探测报文，每隔 75s 探测一次，经过 10 次探测之后，如果仍未收到客户的任何消息，服务器便关闭与客户的连接（不同操作系统实现时略有不同）。

（4）时间等待定时器（Time Wait Timer）：该定时器用于 TCP 连接终止期间，当发送完第四次挥手后便启动时间等待定时器。该定时器是为了防止端口快速重新打开后，收到前一次连接中的影子报文，以确保本次 TCP 连接上的数据全部消失。从该定时器的作用可以看出，重新建立一个与前次相同的 TCP 连接时，需要等待一段时间，这个时间也是时间等待定时器的时长。通常情况下该定时器的时长是 2×MSL，一般是 60s（不同操作系统实现时略有不同）。

4.4　TCP 与 UDP 的区别

这里用一个例子[①]来简单描述 TCP 与 UDP 的区别：两个房子 H1 和 H2 之间有一条河流，现在 H1 需将一封信件交付给 H2，有两种方案可供选择：第一种，在 H1 和 H2 之间修建一座桥（这显然是费时的），通过这座桥 H1 可以将信件交付给 H2；第二种，H1 通过信鸽传送信件（较为古老的方式），信鸽不一定能够保证将信件传送到 H2。前一种是 TCP，后一种是 UDP。

另一个例子也可以用来说明 TCP 与 UDP 的区别：电话交流信息是 TCP，而社交软件中的留言则可认为是 UDP。TCP 与 UDP 的区别如表 4-3 所示。

---

① 例子来源于 geeksforgeeks 官网。

表 4-3　TCP 与 UDP 的区别

对比	TCP 协议	UDP 协议
服务类型	TCP 是一种面向连接的协议，即在传输数据之前，通信双方应建立连接，并在传输数据之后关闭连接。存在管理连接的开销	UDP 是面向消息（数据报）的协议，保留了应用层交付数据的边界。没有建立连接、维护连接和释放连接的开销
可靠性	TCP 保证可靠交付，能够保证数据到达目的主机	尽最大努力交付，不保证消息能够到达目的主机
同步	不同步，即接收方接收字节流与发送方发送字节流的速度不同	同步，一次发送的数据块与一次接收的数据块相同
差错控制机制	除基本的检验和差错检测之外，具有流量控制和拥塞控制机制以及确认机制	仅有检验和差错检测
确认机制	接收方正确收到报文后必须向源端确认	没有确认机制
序号	使用序号：数据按字节编号，数据按序发送、按序接收	不使用序号：如果需要有序接收，需要应用层保证按序接收
发送速度	存在发送时机，发送速度慢于 UDP	简单、发送速度快且比 TCP 效率高
重传	超时重传可能丢失或出错的 TCP 报文段	不会重传出错或丢失的 UDP 用户数据报
首部长度	20～60 字节	固定 8 字节
握手机制	面向连接的协议，需要三次握手 SYN、SYN-ACK 和 ACK 建立连接	无连接的协议，不需要握手
广播	不支持广播	支持广播
应用	HTTP、HTTPs、FTP、SMTP 和 Telnet 等	DNS、DHCP、TFTP、SNMP、RIP 和 VoIP 等
流类型	面向字节流	面向消息流（报文）
开销	开销高于 UDP	开销低

4.5　本章实验

本章实验的网络拓扑如图 4-52 所示，是基于虚拟机的网络拓扑结构（参考 5.7.1 节的实验）。

读者在没有实验条件（有多台计算机组成的网络且与互连网络连通）的情况下，可以采用虚拟机的方式，在宿主计算机中运行虚拟机软件并创建两台 Linux 虚拟机，虚拟机和宿主计算机采用桥接方式互通。由于笔者宿主计算机硬件资源有限，故 Linux 虚拟机无图形操作界面，采用 CLI 方式操作，在这种情况下，抓取通信过程中的数据包时需要注意以下几点：

（1）如果需要抓取虚拟机间通信的数据包，则在 Linux 虚拟机中运行抓包命令并保存为.cap 文件，然后将抓包文件拷贝到宿主计算机中，用 Wireshark 打开该文件进行分析。抓包命令如下（具体实验中均有提示）：

```
sudo tcpdump -i ens33 -w file_name.cap
```

上面命令中，ens33 是虚拟机网卡的名称。注意，某些版本的 Wireshark 不能打开后缀是.cap 的文件，读者可以将文件后缀更改为.pcap，然后再尝试用 Wireshark 打开。

（2）如果需要抓取虚拟机与宿主计算机间通信的数据包，则可在宿主计算机中直接使用 Wireshark 抓包并分析结果。

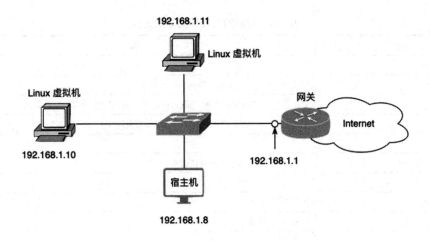

图 4-52　实验的网络拓扑图

（3）如果需要抓取虚拟机与网关（或互联网中的主机）间通信的数据包，则可以在宿主计算机中直接使用 Wireshark 抓包并分析结果。

（4）如果需要抓取宿主计算机与外界通信的数据包，则直接在宿主计算机中使用 Wireshark 抓包。

另外需要注意的是，实验程序是按 Python 3 格式编写，因此读者需要在 Linux 虚拟机中安装 Python 3。如果 Linux 虚拟机中安装了 Python 2 和 Python 3，则在 Linux 虚拟机中运行实验程序时，需使用 python3 命令运行程序，例如 python3 4-1.py。笔者的宿主计算机中仅安装了 Python 3，故宿主计算机中直接使用 python 命令运行程序，例如 python 4-1.py。总之，读者需要根据自己的实验环境来正确运行 Python 版本。

4.5.1　Socket 程序

1. 概述

套接字（Socket）是应用层进程与运输层之间的一个软件抽象层，它将复杂的运输层屏蔽起来，应用进程通过套接字就能够完成数据的交互。可以把套接字想象成有线电话的接线口，电话线在插入接线口之后才能够通话。有多种类型的套接字，例如 Internet 套接字（AF_INET）、Unix 套接字（AF_UNIX）等，本书仅介绍最具代表和最经典的 Internet 套接字。

在 Internet 中，通信的两个端点在通信之前必须创建套接字，套接字是一个 IP 地址与端口组成的二元组，它表示通信的端点。根据运输层数据的传输方式，Internet 套接字主要被分为流格式套接字（SOCK_STREAM，采用运输层 TCP 协议）和数据报格式套接字（SOCK_DGRAM，采用运输层 UDP 协议）。

2. 常用的套接字对象的方法

常用的套接字对象的方法如表 4-4 所示。

表 4-4   常用的套接字对象的方法

名称	描述
服务器	
bind(ip_addr,port)	绑定地址(ip_addr,port)到套接字
listen(backlog)	监听端口，等待客户连接，backlog 用于指明同时受理连接申请的最大值
accept()	被动接收客户的连接请求，且一直等待直到连接到来（阻塞）
客户端	
connect(ip_addr,port)	主动向服务器发起 TCP 连接请求
普通通用	
recv()	接收 TCP 消息
send()	发送 TCP 消息
close()	关闭套接字

3. TCP 通信模型

TCP Client 端：首先通过 connect(ip_addr,port)方法，主动向服务器请求建立连接；然后用 send()方法向服务器发送数据，且用 recv()方法接收服务器回送的数据。

TCP Server 端：首先通过 bind(ip_addr,port)方法绑定 IP 地址和端口，如果 ip_addr 是空，则表示本机所有活动接口的 IP 地址；然后使用 listen()方法监听端口、控制同时受理连接申请的最大数据量，accept()方法则一直阻塞等待，直到有客户连接请求的到来；并且用 recv()方法接受客户发送来的数据，用 send()方法向客户发送数据。

TCP 通信模型如图 4-53 所示。

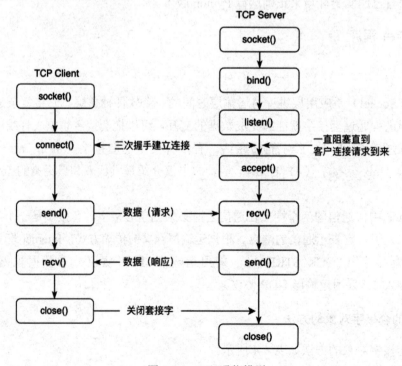

图 4-53   TCP 通信模型

4. Python TCP 通信程序参考

程序分为服务器程序和客户程序，如果在同一台机器中运行这两个程序，服务器程序和客户程序中的 IP 地址应该设置为 127.0.0.1，Wireshark 抓包时应选择 loopback 接口进行抓包。本实验在 IP 地址是 192.168.1.11 的主机中运行 4-1.py 服务器程序，而在 IP 地址是 192.168.1.10 的主机中运行 4-2.py 客户程序，这两台主机均是 Linux 虚拟机（程序也可以在 Windows 环境下运行），且在 Linux 中通过 tcpdump 命令抓取通信结果并保存到文件中：

```
sudo tcpdump -i ens33 -w TCP_Server_Client.cap
```

以下的客户程序和服务器程序实现了简单的一问一答式的"AI"英语翻译功能，客户向服务器提问，服务器给出回答。例如，客户输入"1"，服务器回答"one"（仅翻译了数字 1~5），输入"bye"退出。

（1）服务器程序 4-1.py

```
01: # 4-1.py TCP Server
02:
03: import socket
04:
05: # 如果为空，则使用所有活动接口的 IP 地址
06: IP = '192.168.1.11'  # 服务器 IP 地址
07: PORT = 6161          # 监听端口
08: BUFFER_SIZE = 1024   # 接收缓存
09: ADDR = (IP, PORT)
10:
11: # 创建 Internet 流式套接字（采用运输层 TCP 协议）
12: s = socket.socket(socket.AF_INET, socket.SOCK_STREAM)
13: # 绑定地址
14: s.bind(ADDR)
15: # 监听
16: s.listen(1)
17: # 可回答的信息，即服务器的知识库
18: num_en = {'1':'one', '2':'two', '3':'three', '4':'four', '5':'five'}
19: # 阻塞，等待客户连接
20: conn, addr = s.accept()
21: print('有人找我了，他的地址是: {}'.format(addr))
22:
23: # conn.send(bytes('hi', encoding='utf-8'))
24: # 该行用于测试运行 4-3.py 时，服务器重传数据的次数
25: while 1:
26:     try:
27:         # 接收客户发送的消息
28:         data = conn.recv(BUFFER_SIZE)
29:         de_data = data.decode('utf-8')
30:         conn.send(bytes('hi', encoding='utf-8'))
31:         if de_data =='bye':
32:             s.close()
```

```
33:              break
34:          elif int(de_data) not in range(1,6):
35:              conn.send(bytes(de_data+' 这个我不会. ', encoding='utf-8'))
36:              continue
37:          else:
38:              print( "请帮我翻译的数字: {}".format(de_data))
39:              # 寻找答案
40:              for key, value in num_en.items():
41:                  if de_data == key:
42:                      # 发送响应消息
43:                      conn.send(bytes(de_data+' 的英语是: '+value, encoding='utf-8'))
44:                      break
45:      except:
46:          continue
47:
48: conn.close()
49: s.close()
```

（2）客户端程序 4-2.py

```
01: # 4-2.py TCP Client
02:
03: import socket
04:
05: IP = '192.168.1.11'
06: PORT = 6161
07: ADDR = (IP, PORT)
08: BUFFER_SIZE = 1024
09: # 创建 Internet 流式套接字（采用运输层 TCP 协议）
10: s = socket.socket(socket.AF_INET, socket.SOCK_STREAM)
11: # 与服务器三次握手建立 TCP 连接
12: s.connect(ADDR)
13:
14: while True:
15:     say = input("请输入一个数字，输入 bye 退出:")
16:     if say != 'bye':
17:         if (len(say) !=1) or not say.isdigit():
18:             print("请输入 1-5 之间的数字.")
19:             continue
20:     s.send(say.encode('utf-8'))
21:     if say=='bye':
22:         break
23:     # 接收服务器发送的消息
24:     data = s.recv(BUFFER_SIZE)
25:     print( "AI 翻译回答: {}".format(data.decode('utf-8')))
26:
27: s.close()
```

· 316 ·

（3）程序运行情况和抓包结果

首先，在服务器（Linux，192.168.1.11）上执行抓包命令，并运行服务器程序 4-1.py；然后，在客户端（Linux，192.168.1.10）上运行客户程序 4-2.py。

服务器（192.168.1.11）中的运行结果如下：

```
sudo tcpdump -i ens33 -w TCP_Server_Client.cap
sudo python3 4-1.py
有人找我了，他的地址是：('192.168.1.10', 37816)
请帮我翻译的数字：1
请帮我翻译的数字：2
请帮我翻译的数字：3
```

客户端（192.168.1.10）中的运行结果如下：

```
sudo python3 4-2.py
请输入一个数字，输入 bye 退出：1
AI 翻译回答：1 的英语是：one
请输入一个数字，输入 bye 退出：2
AI 翻译回答：2 的英语是：two
请输入一个数字，输入 bye 退出：3
AI 翻译回答：3 的英语是：three
请输入一个数字，输入 bye 退出：bye
```

以上客户与服务器间通信过程的抓包结果（TCP_Server_Client.cap）如图 4-54 所示。

No.	Time	Source	Destination	Protocol	Info
1	1676107291.968243	192.168.1.10	192.168.1.11	TCP	37816 → 6161 [SYN] Seq=0 Win=64240 Len=0 MSS=1460 SACK
2	1676107291.968309	192.168.1.11	192.168.1.10	TCP	6161 → 37816 [SYN, ACK] Seq=0 Ack=1 Win=65160 Len=0 MS
3	1676107291.968616	192.168.1.10	192.168.1.11	TCP	37816 → 6161 [ACK] Seq=1 Ack=1 Win=64256 Len=0
4	1676107293.153055	192.168.1.10	192.168.1.11	TCP	37816 → 6161 [PSH, ACK] Seq=1 Ack=1 Win=64256 Len=1
5	1676107293.153074	192.168.1.11	192.168.1.10	TCP	6161 → 37816 [ACK] Seq=1 Ack=2 Win=65280 Len=0
6	1676107293.153522	192.168.1.11	192.168.1.10	TCP	6161 → 37816 [PSH, ACK] Seq=1 Ack=2 Win=65280 Len=20
7	1676107293.153737	192.168.1.10	192.168.1.11	TCP	37816 → 6161 [ACK] Seq=2 Ack=21 Win=64256 Len=0
8	1676107293.705035	192.168.1.10	192.168.1.11	TCP	37816 → 6161 [PSH, ACK] Seq=2 Ack=21 Win=64256 Len=1
9	1676107293.705389	192.168.1.11	192.168.1.10	TCP	6161 → 37816 [PSH, ACK] Seq=21 Ack=3 Win=65280 Len=20
10	1676107293.705624	192.168.1.10	192.168.1.11	TCP	37816 → 6161 [ACK] Seq=3 Ack=41 Win=64256 Len=0
11	1676107294.201020	192.168.1.10	192.168.1.11	TCP	37816 → 6161 [PSH, ACK] Seq=3 Ack=41 Win=64256 Len=1
12	1676107294.201375	192.168.1.11	192.168.1.10	TCP	6161 → 37816 [PSH, ACK] Seq=41 Ack=4 Win=65280 Len=22
13	1676107294.201571	192.168.1.10	192.168.1.11	TCP	37816 → 6161 [ACK] Seq=4 Ack=63 Win=64256 Len=0
14	1676107295.704690	192.168.1.10	192.168.1.11	TCP	37816 → 6161 [PSH, ACK] Seq=4 Ack=63 Win=64256 Len=3
15	1676107295.704837	192.168.1.10	192.168.1.11	TCP	37816 → 6161 [FIN, ACK] Seq=7 Ack=63 Win=64256 Len=0
16	1676107295.704879	192.168.1.11	192.168.1.10	TCP	6161 → 37816 [FIN, ACK] Seq=63 Ack=8 Win=65280 Len=0
17	1676107295.705003	192.168.1.10	192.168.1.11	TCP	37816 → 6161 [ACK] Seq=8 Ack=64 Win=64256 Len=0

图 4-54　TCP C/S 通信过程抓包结果

No.1～No.3：是客户与服务器间三次握手建立 TCP 连接的过程，服务器监听的端口 6161 由服务器程序 4-1.py 指定，而客户端的端口 37916 是由操作系统分配的一个临时端口。

No.15～No.17：是客户与服务器四次挥手释放连接的过程，注意，由于第二次挥手报文与第三次挥手报文合并为一个报文（No.16），故释放 TCP 连接的过程只需要三个挥手报文。

No.4～No.14：是客户与服务器间传输数据的过程。例如，No.4 是客户向服务器发送了数字"1"，No.5 是服务器对 No.4 的确认；No.6 是服务器回送的处理结果的消息"1 的英语是：one"，No.7 是客户对 No.6 的确认。即 No.4 和 No.6 传输的是数据，而 No.5 和 No.7 是确认消息。可以看出双方各发送一次数据，需要 4 个报文，其中有 2 个是传输数据的报文，另外 2 个是确认报文。

在 TCP 整个会话期间，客户与服务器间一共传输了 17 个 TCP 报文段，双方共传输了 68 字节的数据，其中客户向服务器传输了数据"123bye"共 6 字节，服务器向客户传输了数据"1 的英语是：one2 的英语是：two3 的英语是：three"共 62 字节（utf-8 编码）。假设每个 TCP 报文段的首部长度仅有 20 字节，则在整个会话期间一共传输了

$$20 \times 17 + 68 = 408B$$

故整个会话期间，运输层的传输效率是(68/408)×100%≈17%。

4.5.2 通用的建立 TCP 连接的程序

TCP 通信的第一步就是在客户与服务器之间建立 TCP 连接，前面实验中，4-1.py 与 4-2.py 之间的 TCP 连接的建立和释放是由操作系统自动完成的，应用程序并不用关心。所谓通用的建立 TCP 连接的程序是指 TCP 连接的管理不再由操作系统负责，而是由应用程序自己来管理。为了建立 TCP 连接，客户程序首先向服务器程序发送第一次握手并接收服务器发回的第二次握手，然后再向服务器程序发送第三次握手，最后客户程序退出（注意，没有创建 TCB 保留 TCP 连接的信息），这使得客户程序似乎与服务器程序建立了一个 TCP 连接，但事实上这是一个虚假的 TCP 连接。所谓虚假的 TCP 连接，是指服务器认为与客户建立了 TCP 连接（服务器程序创建了 TCB），而事实上客户根本不存在，我们利用该程序，来更好的理解 TCP 协议。出于安全性考虑，请读者仅在自己管理的计算机网络中建立这种虚假的、欺骗服务器的 TCP 连接（例如虚拟机）。

1. 源程序简介

在前面所述的 Socket 程序设计中，TCP 连接的建立是通过操作系统内核实现的，本实验是通过 Python 编程来模拟三次握手建立 TCP 连接的过程。程序在 Ubuntu 中运行（也可在 Windows 环境中运行），其版本是：Ubuntu 18.04.3 LTS (GNU/Linux 4.15.0-117-generic x86_64)。程序及说明如下：

```
01: # 4-3.py 三次握手建立 TCP 连接
02: # 运行环境：Ubuntu 18.04.3 LTS (GNU/Linux 4.15.0-117-generic x86_64)
03: # 需要将自己发送的 RST 包丢弃：
04: # sudo iptables -A OUTPUT -p tcp --tcp-flags RST RST -s 192.168.1.10 -j DROP
05: # 命令格式 4-3.py srcIP, dstIP, sport, dport
06:
07: from scapy.all import *
08: import sys
09:
10: def three_wayTCP(srcIP, dstIP, sport, dport):
11:     # 构造 IP 分组
12:     pkt_ip = IP(src=srcIP, dst=dstIP)
13:     # 构造 TCP 报文段
14:     pkt_tcp = TCP(sport=sport, dport=dport, flags='S', seq=1000)
15:     # 将 TCP 报文段封装到 IP 分组中，并发送该 IP 分组（发送第一次握手报文）
16:     # 服务器返回的第二次握手报文保存在 pkt_syn_ack 中
17:     pkt_syn_ack = sr1(pkt_ip/pkt_tcp, timeout=1, verbose=0)
```

```
18:        # 构造第三次握手报文
19:        pkt_ack = TCP(sport=sport, dport=dport, flags='A',
20:            seq=pkt_syn_ack.ack, ack=pkt_syn_ack.seq+1)
21:        # 发送第三次握手报文
22:        send(pkt_ip/pkt_ack, verbose=0)
23:
24: def main():
25:        args = sys.argv
26:        try:
27:            src = args[1]     # 源 IP 地址
28:            dst = args[2]     # 目的 IP 地址
29:            sport = args[3]   # 源端口
30:            dport =args[4]    # 目的端口
31:
32:            three_wayTCP(src, dst, int(sport), int(dport))
33:        except:
34:            print("程序运行出错! ")
35:
36: if __name__ == '__main__':
37:        main()
```

注意，在 IP 地址是 192.168.1.10 的主机中（Linux）执行以下两条命令来运行程序 4-3.py：

```
01: sudo iptables -A OUTPUT -p tcp --tcp-flags RST RST -s 192.168.1.10 -j DROP
02: sudo python3 4-3.py 192.168.1.10 xx.xx.xx.44 58580 80
```

第 01 条命令：用于丢弃自己发送的 RST 包。在发送完第一次握手之后，服务器发送了第二次握手。由于主机的操作系统并没有真正向服务器请求建立连接，因此主机在突然收到第二次握手后，主机的操作系统认为这是一个错误的连接，它会向服务器发送 RST=1 的报文，在此之后程序发送的第三次握手，服务器也会认为是一个错误的连接而被丢弃。在这种情况下，上述程序就无法与服务器建立虚假的 TCP 连接了。

第 02 条命令：运行程序 4-3.py 建立虚假 TCP 连接，程序共需要 4 个参数，分别是：源 IP 地址、目的 IP 地址、源端口和目的端口，即用于指定建立 TCP 连接的两个端点。

注意，目的主机 xx.xx.xx.44（互连网络中的一台真实主机）需要开启 80 端口（也可以采用 TCP 协议的其他端口），即目的主机必须是一台提供了 WWW 服务的主机。

如果在另一台主机上，例如 192.168.1.11（Linux），运行服务器程序 4-1.py，监听 6161 端口，则 02 行改为如下命令也是可以的：

```
02: sudo python3 4-3.py 192.168.1.10 192.168.1.11 58580 6161
```

程序运行之后的抓包结果如图 4-55 所示。

No.1～No.3：模拟的三次握手建立 TCP 连接，即没有应用进程与远程服务器 80 端口建立真正的 TCP 连接，只是欺骗了远程服务器，让服务器认为有应用进程与之建立了连接。

No.4：60s 之后，远程服务器一直未能收到客户的请求数据，便直接向客户发送 FIN=1 的请求释放连接的第一次挥手报文，进入到 FIN-WAIT-1 状态。

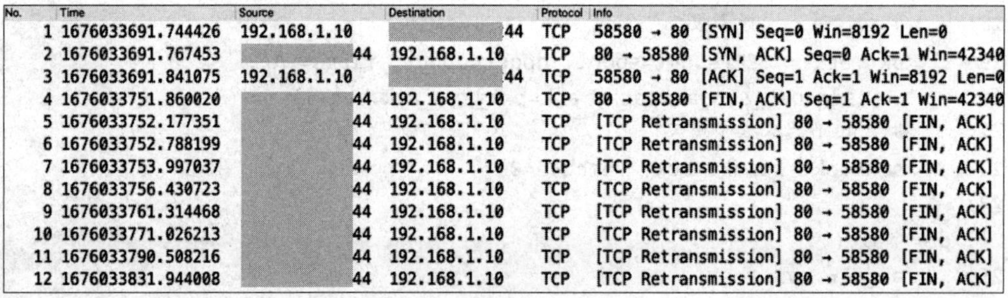

No.	Time	Source	Destination	Protocol	Info
1	1676033691.744426	192.168.1.10	44	TCP	58580 → 80 [SYN] Seq=0 Win=8192 Len=0
2	1676033691.767453	44	192.168.1.10	TCP	80 → 58580 [SYN, ACK] Seq=0 Ack=1 Win=42340
3	1676033691.841075	192.168.1.10	44	TCP	58580 → 80 [ACK] Seq=1 Ack=1 Win=8192 Len=0
4	1676033751.860020	44	192.168.1.10	TCP	80 → 58580 [FIN, ACK] Seq=1 Ack=1 Win=42340
5	1676033752.177351	44	192.168.1.10	TCP	[TCP Retransmission] 80 → 58580 [FIN, ACK]
6	1676033752.788199	44	192.168.1.10	TCP	[TCP Retransmission] 80 → 58580 [FIN, ACK]
7	1676033753.997037	44	192.168.1.10	TCP	[TCP Retransmission] 80 → 58580 [FIN, ACK]
8	1676033756.430723	44	192.168.1.10	TCP	[TCP Retransmission] 80 → 58580 [FIN, ACK]
9	1676033761.314468	44	192.168.1.10	TCP	[TCP Retransmission] 80 → 58580 [FIN, ACK]
10	1676033771.026213	44	192.168.1.10	TCP	[TCP Retransmission] 80 → 58580 [FIN, ACK]
11	1676033790.508216	44	192.168.1.10	TCP	[TCP Retransmission] 80 → 58580 [FIN, ACK]
12	1676033831.944008	44	192.168.1.10	TCP	[TCP Retransmission] 80 → 58580 [FIN, ACK]

图 4-55　建立 TCP 连接

No.5～No.12：由于虚假的 TCP 连接上只有服务器，所以服务器不可能收到客户对 FIN=1 的报文的确认报文，于是服务器超时重传 FIN=1 的报文，一共进行了 8 次超时重传。

2. 探索超时重传次数

对于 TCP 来说，超时重传的次数是非常重要的。如果无限次地超时重传某个报文，则将消耗端系统的资源，也给端系统带来了安全隐患。在图 4-55 中，已经给出了实验环境的操作系统中超时重传 FIN=1 的报文的次数。在 Linux 操作系统中，通过一些内核参数来限定特定报文的超时重传次数（通过执行命令 sudo sysctl -a 查看），例如：

- 默认情况下，net.ipv4.tcp_retries1 = 3，该参数规定了连接建立后，在向 IP 传递消极建议（例如重新评估当前 IP 路径）之前，愿意尝试重传数据报文的次数。

- 默认情况下，net.ipv4.tcp_retries2 = 15，该参数规定了连接建立后，在放弃当前的 TCP 连接之前，愿意尝试重传的次数。

- 默认情况下，net.ipv4.tcp_syn_retries = 6：该参数规定了重传 SYN=1 的报文的次数，即重传第一次握手的次数。

- 默认情况下，net.ipv4.tcp_synack_retries = 5：该参数规定了重传 SYN=1 且 ACK=1 报文的次数，即重传第二次握手的次数。

- 数据报文重传多少次，需要根据已经重传了多少时间来估算，例如，假设总的超时重传时间规定为 900s 左右，12 次重传就消耗了 880s，则只需再重传一次或不重传即可（不同的系统在实现时略有不同）。

以下是几种报文的重传次数的实验。

（1）SYN=1 且 ACK=1 的报文的重传次数探测

实验原理：客户在收到第二次握手之后，如果它不再向服务器发送 ACK=1 的第三次握手，则会迫使服务器超时重传第二次握手。要实现这样的效果，只需要在程序 4-3.py 中，将第 22 行注释掉即可（即不发送第三次握手）。程序 4-3.py 中的修改部分如下：

```
...
22:    # send(pkt_ip/pkt_ack)
...
```

首先在 IP 地址是 192.168.1.11 的主机（Linux）中执行抓包命令（01 行）并运行服务器程序 4-1.py（02 行），然后在 IP 地址是 192.168.1.10 的主机（Linux）中运行程序 4-3.py（03 行）。

```
01: sudo tcpdump -i ens33 -w TCP_SA_Retrans.cap
```

```
02: sudo python3 4-1.py
03: sudo python3 4-3.py 192.168.1.10 192.168.11 58580 6161
```

程序运行之后的抓包结果如图 4-56 所示，结果与实验环境的操作系统设置的默认参数一致。

No.	Time	Source	Destination	Protocol	Info
1	1676036198.179764	192.168.1.10	192.168.1.11	TCP	58580 → 6161 [SYN] Seq=0 Win=8192 Len=0
2	1676036198.180006	192.168.1.11	192.168.1.10	TCP	6161 → 58580 [SYN, ACK] Seq=0 Ack=1 Win=64240
3	1676036199.188238	192.168.1.11	192.168.1.10	TCP	[TCP Retransmission] 6161 → 58580 [SYN, ACK]
4	1676036201.204054	192.168.1.11	192.168.1.10	TCP	[TCP Retransmission] 6161 → 58580 [SYN, ACK]
5	1676036205.268897	192.168.1.11	192.168.1.10	TCP	[TCP Retransmission] 6161 → 58580 [SYN, ACK]
6	1676036213.458660	192.168.1.11	192.168.1.10	TCP	[TCP Retransmission] 6161 → 58580 [SYN, ACK]
7	1676036229.587459	192.168.1.11	192.168.1.10	TCP	[TCP Retransmission] 6161 → 58580 [SYN, ACK]

图 4-56　重传了 5 次第二次握手

（2）数据报文的重传次数探测

TCP 连接建立完成之后，服务器向客户发送数据，由于客户已不存在，故永远不会向服务器发送确认报文，这种情况迫使服务器超时重传数据报文，以下实验分析了服务器重传数据报文的次数（注意，不同系统实现时略有差别）。

为了能让服务器在连接建立完毕后首先向客户发送数据，将程序 4-1.py 第 23 行的注释删除：

```
…
23: conn.send(bytes('hi', encoding='utf-8'))
…
```

首先在 IP 地址是 192.168.1.11 的主机（Linux）中运行服务器程序 4-1.py（01 行），并执行抓包命令（02 行），然后在 IP 地址是 192.168.1.10 的主机中运行程序 4-3.py（03 行）。

```
01: sudo python3 4-1.py
02: sudo tcpdump -i ens33 -w TCP_Retran_Data.cap
03: sudo python3 4-3.py 192.168.1.10 192.168.1.11 58580 6161
```

抓包结果（TCP_Retran_Data.cap）如图 4-57 所示。

No.	Time	Source	Destination	Protocol	Info
1	1676038992.059469	192.168.1.10	192.168.1.11	TCP	58580 → 6161 [SYN] Seq=0 Win=8192 Len=0
2	1676038992.059683	192.168.1.11	192.168.1.10	TCP	6161 → 58580 [SYN, ACK] Seq=0 Ack=1 Win=64240
3	1676038992.112007	192.168.1.10	192.168.1.11	TCP	58580 → 6161 [ACK] Seq=1 Ack=1 Win=8192 Len=0
4	1676038992.112498	192.168.1.11	192.168.1.10	TCP	6161 → 58580 [PSH, ACK] Seq=1 Ack=1 Win=64240
5	1676038992.377937	192.168.1.11	192.168.1.10	TCP	[TCP Retransmission] 6161 → 58580 [PSH, ACK]
6	1676038992.922318	192.168.1.11	192.168.1.10	TCP	[TCP Retransmission] 6161 → 58580 [PSH, ACK]
7	1676038993.978458	192.168.1.11	192.168.1.10	TCP	[TCP Retransmission] 6161 → 58580 [PSH, ACK]
8	1676038996.090329	192.168.1.11	192.168.1.10	TCP	[TCP Retransmission] 6161 → 58580 [PSH, ACK]
9	1676039000.441371	192.168.1.11	192.168.1.10	TCP	[TCP Retransmission] 6161 → 58580 [PSH, ACK]
10	1676039008.886392	192.168.1.11	192.168.1.10	TCP	[TCP Retransmission] 6161 → 58580 [PSH, ACK]
11	1676039026.036575	192.168.1.11	192.168.1.10	TCP	[TCP Retransmission] 6161 → 58580 [PSH, ACK]
12	1676039060.856390	192.168.1.11	192.168.1.10	TCP	[TCP Retransmission] 6161 → 58580 [PSH, ACK]
13	1676039128.461888	192.168.1.11	192.168.1.10	TCP	[TCP Retransmission] 6161 → 58580 [PSH, ACK]
14	1676039249.398509	192.168.1.11	192.168.1.10	TCP	[TCP Retransmission] 6161 → 58580 [PSH, ACK]
15	1676039370.162238	192.168.1.11	192.168.1.10	TCP	[TCP Retransmission] 6161 → 58580 [PSH, ACK]
16	1676039490.976981	192.168.1.11	192.168.1.10	TCP	[TCP Retransmission] 6161 → 58580 [PSH, ACK]
17	1676039611.805613	192.168.1.11	192.168.1.10	TCP	[TCP Retransmission] 6161 → 58580 [PSH, ACK]
18	1676039732.635815	192.168.1.11	192.168.1.10	TCP	[TCP Retransmission] 6161 → 58580 [PSH, ACK]
19	1676039853.465961	192.168.1.11	192.168.1.10	TCP	[TCP Retransmission] 6161 → 58580 [PSH, ACK]

图 4-57　重传了 15 次数据报文

No.1～No.3：建立了虚假的 TCP 连接（没有客户端），但服务器并不知情。

No.4：服务器主动向客户发送封装了数据"hi"的报文（程序 4-1.py 第 23 行的功能）。

No.5：由于握手时间非常短暂（RTT 很小），服务器几乎立即超时重传数据报文（初始超时重传时间很小，约 0.3s）。

No.6～No.19：全部是超时重传的数据报文，读者可以仔细观察每一个报文超时重传的时间。

3. 探测 TCP 连接保活

我们知道，当 TCP 连接的一端不发送任何数据或者崩溃了，默认情况下 TCP 的另一端将在 2 小时后开始发送第一个探测报文，如果一直未能收到对端的响应，则以 75s 为间隔继续发送 9 个探测报文，即一共发送 10 个探测报文，如果对端仍没有响应，则关闭 TCP 连接。

如果在服务器中存在大量的这种静止的 TCP 连接，则将大大增加服务器的开销，从而影响服务器的性能，也使得网络的传输效率大大降低。因此，在服务器和客户程序的设计中，需要对这种静止的 TCP 连接进行必要的限制。在 Linux 系统中，用三个文件来设置与 TCP 保活定时器相关的变量：

- 文件/proc/sys/net/ipv4/tcp_keepalive_time，定义保活时长，默认为 7200s。
- 文件/proc/sys/net/ipv4/tcp_keepalive_probes，定义重复探测次数，默认为 9 次。
- 文件/proc/sys/net/ipv4/tcp_keepalive_intvl，定义探测时间间隔，默认为 75s。

Linux 中，可以用以下命令来修改默认时间，例如，将保活时长改为 300s 和将探测时间间隔改为 5s 的命令分别如下：

```
sudo sysctl -w net.ipv4.tcp_keepalive_time=300
sudo sysctl -w net.ipv4.tcp_keepalive_intvl=5
```

最后用命令 sudo sysctl -p 刷新更改参数。

（1）执行命令

由于主机 192.168.1.10 是一台 Linux 虚拟机，它也可以访问网关（其实是通过宿主计算机的网卡去访问网关的），故只需要在宿主计算机上启动抓包程序即可。虚拟主机执行以下命令来探测目的主机 192.168.1.1 的 TCP 连接保活措施，目的主机是一台网关设备：

```
python  4-3.py 192.168.1.8 192.168.1.1 58580 80
```

（2）抓包结果

从图 4-58 的抓包结果可以看出，服务器的 TCP 保活时长远没有 2h，仅 1s 后就发送了第一个 KeepAlive 报文，之后每隔 1s 发送一个 KeepAlive 报文，在发送了第三个 KeepAlive 报文之后，服务器仍然没有收到客户的响应，1s 之后发送了 RST 报文。当然，这也许是 80 端口的服务器程序（Web 服务器程序）所采取的措施。客户端浏览器在与 Web 服务器建立了 TCP 连接之后，应该立刻向服务器请求 Web 页面，而不是等待（参考应用层 HTTP 协议），服务器收到请求后也会立即向客户发送数据。由于 Web 服务器需要应对大量客户的访问（例如 www.baidu.com），因此 Web 服务器不可能长时间保留那些无数据传输的静止连接。

No.	Time	Source	Destination	Protocol	Info
1	1676429753.314068	192.168.1.10	192.168.1.1	TCP	58580 → 80 [SYN] Seq=0 Win=8192 L
2	1676429753.314549	192.168.1.1	192.168.1.10	TCP	80 → 58580 [SYN, ACK] Seq=0 Ack=1
3	1676429753.371242	192.168.1.10	192.168.1.1	TCP	58580 → 80 [ACK] Seq=1 Ack=1 Win=
4	1676429754.364943	192.168.1.1	192.168.1.10	TCP	[TCP Keep-Alive] 80 → 58580 [ACK]
5	1676429755.364953	192.168.1.1	192.168.1.10	TCP	[TCP Keep-Alive] 80 → 58580 [ACK]
6	1676429756.364939	192.168.1.1	192.168.1.10	TCP	[TCP Keep-Alive] 80 → 58580 [ACK]
7	1676429757.364789	192.168.1.1	192.168.1.10	TCP	80 → 58580 [RST, ACK] Seq=1 Ack=1

图 4-58　KeepAlive 报文

通过上述实验，发现 TCP 协议有很多需要完善的地方，任何客户向服务器发送一些不适宜的 TCP 报文，都会触发服务器产生一系统的动作，从而消耗了服务器的资源。

注意，不同的系统对建立 TCP 连接之后再无数据传输的情况的处理方式不尽相同（不一定发送 KeepAlive 报文）：有些系统会发送超时重传报文，最后发送 FIN 报文；有些系统会发送 KeepAlive 报文，最后发送 RST 报文；还有一些系统直接发送 FIN 报文，然后超时重传 FIN 报文（如图 4-55 所示）。

另外，对于收到 0 窗口的通知，不同的系统的处理方式也不相同，不一定发送非 0 窗口探测报文，而是以超时重传来进行探测。读者可以修改程序 4-3.py，在发送的最后一个 ACK=1 的报文中，设置 window=0（向服务器发送 0 窗口的通知），然后观察通信的抓包结果。

4.5.3　端口扫描程序

1. 概述

端口是基于软件的，用于标识特定的服务器程序或客户程序，使得主机能够区别不同类型的数据流量，例如，域名系统（DNS）的数据流量位于端口 53 之上，而 Web 的数据流量位于端口 80 之上，即服务器程序提供什么应用服务，就监听相应的端口。在图 4-3 中已经给出了部分服务器程序默认使用的端口。另外，常用的互联网服务器程序在运输层上采用了不同的协议，例如，Web、E-mail 等采用了 TCP 协议，而 DNS、DHCP 等采用了 UDP 协议。

端口扫描用于快速查找主机上哪些端口是打开的，即哪些端口所对应的程序可以与外界进行通信。由于很多服务器程序存在漏洞，常被黑客利用进行攻击，因此作为网络管理者，需要关闭那些存在漏洞的服务器程序。对于学习者而言，仅仅能扫描自己管理的主机，不能扫描互连网络上正在提供服务的服务器，否则如果这些扫描被认为是网络攻击行为则需要承担法律责任，因此，所有端口扫描的对象，应是自己全权管辖的主机。

2. UDP 扫描

UDP 扫描的原理是：程序向目的主机的目的端口发送 UDP 报文，根据主机的响应情况来判断目的端口是否开放。

如果目的主机返回端口不可达的 ICMP 差错报告报文（Type=3，Code=3），则说明目的端口没有打开。如果端口是打开的，返回的结果取决于目的主机对扫描程序发送的空的 UDP 报文的响应方式。一般情况下，主机不会响应空的 UDP 报文。

（1）UDP 端口扫描的参考源程序 4-4.py

```python
01: # 4-4.py UDP 端口扫描程序
02: # sudo nmap -sU -p50-55 192.168.1.1 192.168.1.8
03:
04: from scapy.all import *
05:
06: timeout=1
07: def udp_scan(dst_ip, dst_port):
08:     '''主机端口扫描函数'''
09:     try:
10:         # 构造一个 UDP 报文封装到 IP 分组中
11:         pkt_udp = IP(dst=dst_ip)/UDP(sport=RandShort(), dport=dst_port)
12:         # 发送 IP 分组给目的主机并接收返回结果
13:         res = sr1(pkt_udp, timeout=timeout, verbose=0)
14:         # 无响应, 端口可能开启（端口不可达消息被丢弃）
15:         if (res==None):
16:             # 不能访问的主机, 端口全都是 Open|Unknown :(
17:             print('{}/UDP is Open|Unknown'.format(dst_port))
18:         elif res.haslayer(UDP):        # 收到 UDP 响应报文, 端口开启
19:             print('{}/UDP is Open'.format(dst_port))
20:         elif res.haslayer(ICMP):       # 收到差错报告报文
21:             # 其他主机不可达的情况
22:             if (res.getlayer(ICMP).type==3 and (int(res.getlayer(ICMP).type)== 3 and
23:                 int(res.getlayer(ICMP).code) in [1,2,9,10,13]):
24:                 print('{}/UDP is Filtered'.format(dst_port))
25:             # 明确告知端口不可达, 端口关闭
26:             elif (int(res.getlayer(ICMP).type)==3
27:                 and int(res.getlayer(ICMP).code)==3):
28:                 print('{}/UDP is Closed'.format(dst_port))
29:     except Exception as e:
30:         print("Error:{}.".format(str(e)))
31:
32: def main():
33:     args =sys.argv
34:     if len(args)<4:      # 命令格式错误
35:         print("命令格式参考: python 4-4.py 192.168.1.1,192.168.1.8 50 55")
36:         exit(0)
37:     # 处理命令参数
38:     targets = str(args[1]).split(',')
39:     b_port = int(args[2])
40:     e_port =  int(args[3])
41:
42:     for target in targets:      # 扫描每一台主机
43:         print('scaning {}: '.format(target))
44:         print('PORT    STATE')
```

```
45:        time.sleep(0.5)
46:        # 扫描每个端口
47:        for port in range(b_port, e_port+1):
48:            # 启动多线程扫描端口
49:            t=threading.Thread(target=udp_scan, args=(target, port))
50:            t.start()
51:            t.join()    # 等待一台主机扫描结束
52:        print('------ {} 扫描完成------'.format(target))
53:        time.sleep(0.5)
54:
55: if __name__ == '__main__':
56:     main()
```

第 07~30 行定义了扫描函数 udp_scap，在该函数中，首先构造一个 UDP 报文，其目的端口是需要扫描的端口，源端口是一个随机端口，并且将该 UDP 报文封装到 IP 分组中，其目的 IP 地址是需要扫描的主机，然后将 IP 分组发送给目的主机并接收目的主机的返回结果，最后根据返回结果来判断目的端口是否打开。

第 15~17 行，程序认为，只要没有收到响应，则端口可能是开启的。因为一些主机或防火墙会屏蔽发送的 ICMP 差错报告报文，在这种情况下，源主机不可能收到目的端口不可达的差错报告报文。例如，目的主机并没有开启 49999 端口，目的主机在收到访问该端口的报文时，就会向源主机发送目的端口不可达的信息，但是如果该信息被防火墙丢弃了，则扫描程序不可能收到响应报文。在这种情况下，程序输出目的端口是"Open|Unknown"的。

第 18~19 行，如果收到的是 UDP 报文，即收到一个 UDP 响应报文，则说明端口一定是开启的。一些交互式的 UDP 应用，它会响应客户的正确请求，例如 DNS、DHCP（分别使用端口 53 和 68）等。在这种情况下，程序输出目的端口是"Open"的。

第 22~28 行，如果收到的是目的不可达的 ICMP 差错报告报文，则需要根据具体情况加以区分：若 Type=3 且 Code=3，则主机明确告知端口是关闭的，程序输出目的端口是"Closed"的；另一种是管理员限制了网络或主机对主机端口的请求等的响应信息，这种情况下，Type=3 而 Code 的取值范围更大（程序给出的范围是 1、2、9、10、13），程序输出目的端口是"Filtered"的。

需要注意的问题：非活动主机的端口全部都是"Open"或"Filtered"的（回为不可能有响应），因此，首先需要探测目的主机是否是活动主机。从以上分析可以看出，程序 4-4.py 端口扫描的结果不是很准确。

（2）程序运行结果

以下命令分别扫描目的主机 192.168.1.1 和 192.168.1.8 的 50~55 端口。

```
python 4-4.py 192.168.1.1,192.168.1.8 50 55
Scaning 192.168.1.1:
PORT   STATE
50/UDP is Closed
51/UDP is Closed
52/UDP is Closed
53/UDP is Open|Unknown
54/UDP is Closed
55/UDP is Closed
```

```
------ 192.168.1.1 扫描完成------
Scaning 192.168.1.8:
PORT   STATE
50/UDP is Closed
51/UDP is Closed
52/UDP is Closed
53/UDP is Closed
54/UDP is Closed
55/UDP is Closed
------ 192.168.1.8 扫描完成------
```

192.168.1.1 是网络中的网关，也是 DNS 服务器。程序第 02 行给出了扫描工具 nmap 进行扫描的命令，读者可以在 Linux 系统中运行该行命令，观察运行结果，并与程序 4-4.py 的运行结果进行对比。

3. TCP 扫描

TCP 是面向连接的可靠的运输层协议，在通信之前通信双方必须建立 TCP 连接，在收到对方发来的数据报文之后必须进行确认，数据传输完毕后通信双方需要释放 TCP 连接。因此，TCP 扫描可以在建立 TCP 连接、数据传输和释放 TCP 连接的三个方面来探测目的主机的目的端口是否开启。正是因为客户可以向服务器发送各种各样的 TCP 报文段，因此 TCP 扫描的方式也是多种多样的，本实验仅实现 TCP 连接扫描。

（1）TCP 连接扫描

客户在采用某个端口向目的主机的某个端口 P 发送 SYN=1 的报文（请求建立连接的第一次握手）之后，如果收到了目的主机返回的 SYN=1 且 ACK=1 响应报文（第二次握手），则表明目的主机的端口 P 是开启的；如果收到目的主机返回的 RST=1 的报文，则表明目的主机的端口 P 是关闭的。扫描原理如图 4-59 所示。

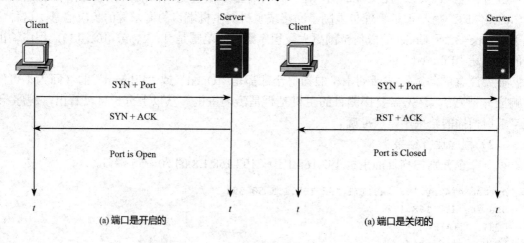

图 4-59 TCP 连接扫描的原理

TCP 连接扫描的参考源程序 4-5.py：

```
01: # 4-4.py TCP 端口扫描程序：连接扫描
02: # sudo nmap -sT -p75-80 192.168.1.1 192.168.1.8
```

```
03:
04: from scapy.all import *
05:
06: timeout=1
07: def tcp_scan_conn(dst_ip, dst_port):
08:     '''主机端口扫描函数'''
09:     try:
10:         # 构造一个 SYN=1 的 TCP 报文封装到 IP 分组中
11:         pkt_udp = IP(dst=dst_ip)/TCP(sport=64294, dport=dst_port, flags='S')
12:         # 发送 IP 分组给目的主机并接收返回结果
13:         res = sr1(pkt_udp, timeout=timeout, verbose=0)
14:         if (res==None):
15:             # 不能访问的主机 :(
16:             print('{}/TCP is Closed'.format(dst_port))
17:         elif res.haslayer(TCP):
18:             # 收到 SYN=1 且 ACK=1 的报文
19:             if(res.getlayer(TCP).flags == 'SA'):
20:                 print('{}/TCP is Open'.format(dst_port))
21:             # 收到 RST=1 且 ACK=1 的报文
22:             elif (res.getlayer(TCP).flags == 'RA'):
23:                 print('{}/TCP is Closed'.format(dst_port))
24:     except Exception as e:
25:         print("Error:{}.".format(str(e)))
26:
27: def main():
28:     args =sys.argv
29:     if len(args)<4:      # 命令格式错误
30:         print("命令格式参考: python 4-5.py 192.168.1.1,192.168.1.8 75 80")
31:         exit(0)
32:     # 处理命令参数
33:     targets = str(args[1]).split(',')
34:     b_port = int(args[2])
35:     e_port =  int(args[3])
36:
37:     for target in targets:    # 扫描每一台主机
38:         print('scaning {}: '.format(target))
39:         print('PORT   STATE')
40:         time.sleep(0.5)
41:         # 扫描每个端口
42:         for port in range(b_port, e_port+1):
43:             # 启动多线程扫描端口
44:             t=threading.Thread(target=tcp_scan_conn, args=(target, port))
45:             t.start()
46:             t.join()    # 等待一台主机扫描结束
47:         print('------ {} 扫描完成------'.format(target))
48:         time.sleep(0.5)
49:
50: if __name__ == '__main__':
51:     main()
```

第 14～16 行，如果没有收到任何响应，则目的主机处于关闭状态或失去了网络连接。

第 18～20 行，收到 SYN=1 且 ACK=1 的报文，目的端口是开启的。

第 22～23 行，收到 RST=1 且 ACK=1 的报文，目的端口是关闭的。

注意，与 4.5.2 中的程序 4-3.py 不同，本程序在收到 SYN=1 且 ACK=1 的报文之后，没有发送 ACK=1 的报文，该报文由操作系统发送。

程序运行结果：

```
python 4-5.py 192.168.1.1,192.168.1.8 75 80
scaning 192.168.1.1:
PORT   STATE
75/TCP is Closed
76/TCP is Closed
77/TCP is Closed
78/TCP is Closed
79/TCP is Closed
80/TCP is Open
------ 192.168.1.1 扫描完成------
scaning 192.168.1.8:
PORT   STATE
75/TCP is Closed
76/TCP is Closed
77/TCP is Closed
78/TCP is Closed
79/TCP is Closed
80/TCP is Closed
------ 192.168.1.8 扫描完成------
```

（2）FIN 扫描

客户向目的主机的端口 P 发送 FIN=1 的报文，若客户没有收到任何响应报文，则目的主机的端口 P 是开启的；若收到 RST=1 且 ACK=1 的报文，则目的主机的端口 P 是关闭的；若收到 ICMP 差错报告报文，并且该差错报告报文中 Type=3 且 Code=1、2、3、9、10 或 13，则说明服务器端口被防火墙过滤，其状态是不可发现的。TCP FIN 扫描的函数如下：

```
01: def tcp_scan_fin(dst_ip, dst_port):
02:     '''主机端口扫描函数'''
03:     try:
04:         # 构造一个 FIN=1 的 TCP 报文封装到 IP 分组中
05:         pkt_udp = IP(dst=dst_ip)/TCP(sport=64294, dport=dst_port, flags='F')
06:         # 发送 IP 分组给目的主机并接收返回结果
07:         res = sr1(pkt_udp, timeout=timeout, verbose=0)
08:         if (res==None):
09:             # 没有响应
10:             print('{}/TCP is Open|Filtered'.format(dst_port))
11:         elif res.haslayer(TCP):
12:             # 收到 RST=1 且 ACK=1 的报文
13:             if(res.getlayer(TCP).flags == 'RA'):
14:                 print('{}/TCP is Closed'.format(dst_port))
15:             # 收到 ICMP 差错报告报文
```

```
16:         elif (res.haslayer(ICMP)):
17:             if(int(res.getlayer(ICMP).type)==3 and
18:                 int(res.getlayer(ICMP).code) in [1,2,3,9,10,13]):
19:                 print('{}/TCP is Filtered'.format(dst_port))
20:     except Exception as e:
21:         print("Error:{}.".format(str(e)))
```

读者只要将该函数替换掉程序 4-5.py 中的函数 tcp_scan_conn，并将程序 4-5.py 第 44 行中的"tcp_scan_conn"改成"tcp_scan_fin"即可得到完整的 FIN 扫描程序 4-6.py。

（3）其他扫描方法

除了上述两种方法之外，还有其他的 TCP 端口扫描方法，例如 NULL 扫描（向服务器发送 Flag=''（空）的报文）、ACK 扫描（向服务器发送 ACK=1 的报文）等。

习题

4-01 在 Scapy 中运行以下两行代码：

```
>>> pkt=IP(src='192.168.1.8', dst='192.168.1.1')/UDP(dport=53, sport=None)
>>> ans=sr1(pkt, verbose=False)
```

运行上述代码的抓包结果如下：

```
1: Internet Protocol Version 4, Src: 192.168.1.8, Dst: 192.168.1.1
2: User Datagram Protocol, Src Port: 0, Dst Port: 53
3:     Source Port: 0
4:     Destination Port: 53
5:     Length: 8
6:     Checksum: 0x7c4f
```

请问主机 192.168.1.1 会向主机 192.168.1.8 回送 UDP 报文吗？为什么？

4-02 假设 TCP 的发送方一直未收到接收方的确认报文，TCP 会一直超时重传吗？

4-03 在图 4-19 中，为什么发送方能明确知道第二次收到的 ack=23 是一个无效的重复确认？

4-04 TCP 首部长度必须是 4 字节的整数倍，首部长度不足 4 字节整数倍时，选项部分需要填充，试分析接收方如何识别填充的内容。

4-05 同一个 TCP 连接可能在不同时间内出现两次吗？同一时间会出现两个相同的 TCP 连接吗？

4-06 假设一个 TCP 报文段仅有首部而没有封装数据，试分析首部中数据偏移字段的二进制形式的值。

4-07 应用程序 Telnet 在运输层上采用的是 TCP 协议，它要求 TCP 立即发送 Telnet 程序输入的每个字符，接收方在收到之后立即将字符上交应用进程，且立即向发送方回送该字符（用于在显示器上显示该字符）。假设 Telnet 客户向服务器发送了"Hello"，试分析 TCP 的传输效率。

4-08 IP 仅对首部进行检验，试分析为什么 UDP 和 TCP 需要对首部和数据进行检验。

4-09 试分析在例 4-1 的 TCP 首部中，发送方为什么发送两个 NOP 选项（第 27 行和第 28 行）和两个 EOL 选项（第 31 行和第 32 行）。

4-10 试分析以下 TCP 报文段:

```
01: Ethernet II, Src: cc:03:03:2c:00:00 , Dst: c4:01:03:2a:00:00
02: Internet Protocol Version 4, Src: 1.1.1.1, Dst: 1.1.1.2
03: Transmission Control Protocol, Src Port: 23351, Dst Port: 23, ...
04:     Source Port: 23351
05:     Destination Port: 23
06:     Sequence Number: 4247311843
07:     Acknowledgement Number: 1863905455
08:     0101 .... = Header Length: 20 bytes (5)
09:     Flags: 0x018 (PSH, ACK)
10:         000. .... .... = Reserved: Not set
11:         ...0 .... .... = Accurate ECN: Not set
12:         .... 0... .... = Congestion Window Reduced: Not set
13:         .... .0.. .... = ECN-Echo: Not set
14:         .... ..0. .... = Urgent: Not set
15:         .... ...1 .... = Acknowledgement: Set
16:         .... .... 1... = Push: Set
17:         .... .... .0.. = Reset: Not set
18:         .... .... ..0. = Syn: Not set
19:         .... .... ...0 = Fin: Not set
20:     Window: 4062
21:     Checksum: 0xaac5 [unverified]
22:     Urgent Pointer: 0
23:     TCP payload (1 byte)
24: Telnet
25:     Data: c
```

4-11 发送方在收到例 4-4 所示的 TCP 报文段之后，将发送一个确认报文（第三次握手）。试问，该确认报文中会有时间戳选项吗？若有时间戳选项，则应该如何设置该时间戳选项中的 Timestamp Value 和 Timestamp Echo Reply 的值？

4-12 令 TCP 初始化 RTO = 3s，在 t = 0s 时刻，TCP 发送了第 1 个报文段。假设该报文段被重传多次，试分析第一次、第二次、第三次重传该报文段的时刻。

4-13 试分析例 4-5 中的零窗口探测报文为什么需要携带 1 字节的数据。

4-14 假设 A 是发送方，B 是接收方。在 TCP 连接建立阶段，A 向 B 发送 ECE=1、CWR=1 且 SYN=1 的报文，B 则向 A 发送 ECE=1、SYN=1 且 ACK=1 的确认报文，试分析该确认报文为什么没设置 CWR=1。

4-15 主机 A（192.168.1.8）向主机 B（192.168.1.1）发送了 SYN=1 的第一次握手，习题图 4-1 给出了抓包结果，试分析主机 A 的 RTO（超时重传时间）。

No.	Time	Source	Destination	Protocol	Info
4	1675478542.356247	192.168.1.8	192.168.1.1	TCP	57993 → 23 [SYN] Seq=0 Win=6553
5	1675478543.359003	192.168.1.8	192.168.1.1	TCP	[TCP Retransmission] [TCP Port
6	1675478544.361521	192.168.1.8	192.168.1.1	TCP	[TCP Retransmission] [TCP Port
7	1675478545.363682	192.168.1.8	192.168.1.1	TCP	[TCP Retransmission] [TCP Port
9	1675478546.364724	192.168.1.8	192.168.1.1	TCP	[TCP Retransmission] [TCP Port
10	1675478547.367178	192.168.1.8	192.168.1.1	TCP	[TCP Retransmission] [TCP Port
13	1675478549.373724	192.168.1.8	192.168.1.1	TCP	[TCP Retransmission] [TCP Port
19	1675478553.381210	192.168.1.8	192.168.1.1	TCP	[TCP Retransmission] [TCP Port
22	1675478561.400600	192.168.1.8	192.168.1.1	TCP	[TCP Retransmission] [TCP Port
32	1675478577.435982	192.168.1.8	192.168.1.1	TCP	[TCP Retransmission] [TCP Port
43	1675478609.502488	192.168.1.8	192.168.1.1	TCP	[TCP Retransmission] [TCP Port

习题图 4-1　第一次握手的抓包结果

4-16 试分析习题图 4-2 给出的一个完整的 TCP 流的抓包结果：连接建立、数据传输、连接释放及 seq 和 ack 的值。

No.	Source	Destination	Protocol	Info
1	192.168.1.21	192.168.1.8	TCP	9968 → 7658 [SYN] Seq=0 Win=8192 Len=0
2	192.168.1.8	192.168.1.21	TCP	7658 → 9968 [SYN, ACK] Seq=0 Ack=1 Win=8192 Len=0
3	192.168.1.21	192.168.1.8	TCP	9968 → 7658 [ACK] Seq=1 Ack=1 Win=8192 Len=0
4	192.168.1.21	192.168.1.8	TCP	9968 → 7658 [PSH, ACK] Seq=1 Ack=1 Win=8192 Len=38
5	192.168.1.8	192.168.1.21	TCP	7658 → 9968 [ACK] Seq=1 Ack=39 Win=8192 Len=0
6	192.168.1.21	192.168.1.8	TCP	9968 → 7658 [FIN, PSH, ACK] Seq=39 Ack=1 Win=8192 Len=0
7	192.168.1.8	192.168.1.21	TCP	7658 → 9968 [PSH, ACK] Seq=1 Ack=40 Win=8192 Len=0
8	192.168.1.8	192.168.1.21	TCP	7658 → 9968 [FIN, PSH, ACK] Seq=1 Ack=40 Win=8192 Len=0
9	192.168.1.21	192.168.1.8	TCP	9968 → 7658 [ACK] Seq=40 Ack=2 Win=8192 Len=0

习题图 4-2　一个完整的 TCP 流的抓包结果

4-17 试分析运行程序 4-3.py 的抓包结果（如习题图 4-3 所示），服务器 192.168.1.1 认为 TCP 连接建立完成了吗？为什么？

No.	Source	Destination	Protocol	Info
1	192.168.1.8	192.168.1.1	TCP	58581 → 80 [SYN] Seq=0 Win=8192 Len=0
2	192.168.1.1	192.168.1.8	TCP	80 → 58581 [SYN, ACK] Seq=0 Ack=1 Win=29200
3	192.168.1.8	192.168.1.1	TCP	58581 → 80 [RST] Seq=1 Win=0 Len=0
4	192.168.1.8	192.168.1.1	TCP	58581 → 80 [ACK] Seq=1 Ack=1 Win=8192 Len=0
5	192.168.1.1	192.168.1.8	TCP	80 → 58581 [RST] Seq=1 Win=0 Len=0

习题图 4-3　运行程序 4-3.py 的抓包结果

4-18 TCP 连接的两个端点中均创建了 TCB，试分析以下的 TCP 的 TCB 中包含的信息：

```
01: R1#show tcp tcb 0
02:
03: tty162, virtual tty from host 2.2.2.2
04: Connection state is ESTAB, I/O status: 1, unread input bytes: 0
05: Connection is ECN Disabled, Mininum incoming TTL 0, Outgoing TTL 255
06: Local host: 2.2.2.1, Local port: 23
07: Foreign host: 2.2.2.2, Foreign port: 50174
08:
09: Enqueued packets for retransmit: 0, input: 0  mis-ordered: 0 (0 bytes)
10:
11: Event Timers (current time is 0x59F2C):
12: Timer          Starts      Wakeups              Next
13: Retrans         16          0                   0x0
14: TimeWait        0           0                   0x0
15: AckHold         21          7                   0x0
16: SendWnd         0           0                   0x0
17: KeepAlive       0           0                   0x0
18: GiveUp          0           0                   0x0
19: PmtuAger        0           0                   0x0
20: DeadWait        0           0                   0x0
21:
22: iss: 3863995531  snduna: 3863996012  sndnxt: 3863996012    sndwnd:   3648
23: irs: 2542300573  rcvnxt: 2542300626  rcvwnd:        4076  delrcvwnd:   52
24:
25: SRTT: 276 ms, RTTO: 624 ms, RTV: 348 ms, KRTT: 0 ms
26: minRTT: 20 ms, maxRTT: 408 ms, ACK hold: 200 ms
27: Flags: passive open, active open, retransmission timeout
```

```
28: IP Precedence value : 6
29:
30: Datagrams (max data segment is 1460 bytes):
31: Rcvd: 40 (out of order: 0), with data: 26, total data bytes: 52
32: Sent: 30 (retransmit: 0, fastretransmit: 0, partialack: 0, Second Congestion:
0), with data: 22, total data bytes: 480
```

4-19 分析在实验环境 Ubuntu 18.04.3 LTS (GNU/Linux 4.15.0-117-generic x86_64)中，TCP 双方同时建立连接的情况。

（1）在终端 1 中执行以下命令，启动抓包，并将抓包结果保存到文件 TCP.cap 中。

sudo tcpdump -i lo -w TCP.cap

（2）在终端 2 中分别执行以下两条命令：

```
sudo tc qdisc add dev lo root handle 1:0 netem delay 5ms
sudo netcat -p 12345 127.0.0.1 54321 & netcat -p 54321 127.0.0.1 12345
```

（3）将 TCP.cap 更名为 TCP.pcap，在 Wireshark 中查看抓包结果。

4-20 假设每个 IP 分组的首部长度都是 20 字节，且每个 TCP 报文段的首部长度也都是 20 字节，试计算图 4-54 的网络层传输效率。假设数据链路层是用以太网 MAC 帧来封装 IP 分组的，试分析数据链路层上的传输效率。

4-21 在"4.5.1 Socket 程序"中，在先后运行了服务器和客户端程序之后，客户端一直不向服务器发送任何数据，试抓包分析 TCP 连接的保活定时器。

4-22 如果将程序 4-4.py 中的第 11 行改为：

```
11:        pkt_udp = IP(dst=dst_ip)/UDP(sport=RandShort(), dport=dst_port)/DNS()
```

请分析执行命令 python 4-4.py 192.168.1.1,192.168.1.8 50 55 的结果。

4-23 假设一个 TCP 报文段中携带了 9092 字节的数据，该报文段被封装到 IP 分组中再经以太网传输，且 IP 分组仅有 20 字节的固定首部。请问：该 IP 分组需要被划分为多少个 IP 分片？每个分片携带多少字节的数据及每个分片的片偏移是多少？

4-24 为什么 UDP 是面向报文的，而 TCP 是面向字节流的？发送 UDP 用户数据报与发送 TCP 报文段有何区别？

4-25 试分析运输层 TCP 和 UDP 伪首部的作用。

4-26 运输层的端口是用来区分端系统中的应用进程的，即标明数据流是属于哪一个应用进程的，但应用程序 ping 却越过运输层而直接使用网络层 ICMP 协议，试分析 ping 进程是如何接收属于自己的数据流的。

4-27 一个 UDP 用户数据报的十六进制形式是：00 35 D9 54 00 62 AF D3，试分析该数据报的源端口、目的端口、数据报总长度及数据的长度。该数据报是服务器发送给客户端的还是客户端发送给服务器的？服务器程序提供了什么服务？

4-28 主机 A 向主机 B 发送一个 UDP 报文，源端口可以为空吗？如果发送 TCP 报文呢？为什么？

4-29 在 4.5.2 节的建立 TCP 连接的程序 4-3.py 中，假设客户端不发送最后一个 ACK 报文（第三次握手），试分析服务器将如何处理？假设发送的 ACK 报文中将窗口设置为了 0，试分析服务器又将如何处理？

4-30 试分析 TCP 为什么不对不带数据的 ACK=1 的报文（确认报文）采取超时重传措施。

4-31 端口的作用是什么？为什么端口被划分为三大类？

4-32 假设主机 A 与主机 B 建立了 TCP 连接，主机 A 收到了主机 B 发来的一个 TCP 报文段，该报文段 seq=1000，ack=28290 且携带了 1000 字节的数据，试分析主机 B 向主机 A 发送的下一个 TCP 报文段中 seq 的值。

4-33 假设主机 A 向主机 B 发送了第一次握手（SYN=1，seq=12000），如果主机 B 同意建立连接，则主机 B 向主机 A 发送的第二次握手中 ack 的值是多少？

4-34 假设主机 A 连续向主机 B 发送了两个 TCP 报文段，其序号分别是 70 和 100，试分析：

（1）第一个报文段携带了多少字节的数据？

（2）主机 B 在收到第一个报文段之后，发送的确认报文中的 ack 是多少？

（3）如果主机 B 在收到第二个报文段之后发送了 ack=180 的确认报文，主机 A 发送的第二个报文段中包含了多少字节的数据？

（4）如果主机 A 发送的第一个报文段丢失了，但第二个报文段正确到达了主机 B，则主机 B 在收到第二个报文段之后向主机 A 发送的确认报文中的 ack 是多少？

4-35 本地的一个套接字可以同时与远程的多个套接字相连接进行通信吗？为什么？

4-36 应用程序不使用运输层协议而直接使用网络层协议是否可行？在可行的情况下如何保证端到端的可靠传输？

4-37 UDP 和 TCP 为什么需要加上伪首部计算检验和？发送的 UDP 报文中可以不指定源端口和不计算检验和吗？

4-38 TCP 使用了哪些定时器？试分析这些定时器的作用。

4-39 TCP 和 UDP 都需要计算 RTT 吗？试分析如何计算 RTT。

4-40 如果同一个 TCP 连接不断地被建立，每次建立 TCP 连接的初始序号可以相同吗？为什么？

4-41 试分析 TCP 协议的流量控制与拥塞控制。

4-42 发送方在收到接收方对上一个报文的确认之后，再发送下一个报文，这种协议被称为停止等待协议。假设 A 采用停止等待协议向 B 发送报文，数据报文与确认报文的长度均是 1000B，数据的传输速率是 10kb/s，单向的传播时延是 200ms，试分析信道的利用率。

4-43 试分析 TCP 是如何使用三次握手建立 TCP 连接的。

4-44 试分析 TCP 协议中 MSS 的作用。

第 5 章　互联网应用层协议

通过第 4 章的介绍，我们已经了解到运输层为应用层提供了两种端到端的通信服务协议，一种是面向连接的可靠的 TCP 协议，另一种是面向非连接的不可靠的 UDP 协议。可以看出，"直连网络"、"网络互连"以及"端到端的通信"中所涉及的协议，已经为互联网内主机的应用进程间的通信做好了准备。程序设计人员可以只专注于互联网应用程序的设计与开发，而不必关心与数据通信有关的细节问题。

当今，互联网的应用是多种多样的，几乎渗透到了社会生活和生产的方方面面，已经成了推动社会发展的强劲动力。本章所要探讨是由 RFC 定义的互联网公共领域使用的标准，即大家都可以使用的标准，也就是说应用层协议是直接面向应用程序开发的网络接口。例如，HTTP 是互联网应用层协议，它定义了 HTTP 服务器与客户（浏览器）间交换数据的规则等，任何人都可以开发浏览器应用程序，也可以开发 HTTP 服务器应用程序，只要这些程序遵守 HTTP，就能够通过浏览器访问 HTTP 服务器提供的资源，这使得各具特色的 HTTP 浏览器和 HTTP 服务器应用程序层出不穷：在 HTTP 客户端，有 IE 浏览器、火狐浏览器、Chrome 浏览器、Safari 浏览器、Edge 浏览器、360 浏览器、QQ 浏览器及搜狗浏览器等；在 HTTP 服务器端，有 IIS、Apache、Nginx、Tomcat 等。

互联网应用层协议基本都是基于客户-服务器（Client/Server，C/S）模式的，服务器被动提供服务，而客户端主动请求服务。与其他网络协议类似，应用层协议也包括语法、语义和同步三个要素。

- 语法：规定了双方交换的报文的格式。
- 语义：规定了双方交换的报文中各字段的含义。
- 同步：规定了双方交换报文的方式，即什么时间以什么方式交换报文，以及响应的规则等。

在"第 3 章　网络互连"中，已经介绍了一个互联网应用层协议 DHCP，本章主要介绍以下几个互联网应用层协议：

（1）DNS。
（2）HTTP。
（3）FTP。
（4）TFTP。
（5）Telnet
（6）电子邮件协议。

本章的最后，给出了 Linux 环境下 DNS 和 WWW 服务配置与管理的实验，通过这两个实验，能够实现单位网络中的域名解析服务和单位官方网站的访问服务。

5.1　DNS

5.1.1　概述

互联网中是通过 IP 地址来标识主机的，固定长度的二进制形式的 IP 地址非常适合计算机、路由器等硬件设备使用，而点分十进制形式的 IP 地址则适合人们理解和阅读，但是人们仍然很难完全记住互联网中需要访问的主机的 IP 地址。为此，人们想到一个办法，用"命名"的方法为互联网中的主机取一个名字，主机的名字与 IP 地址具有对应关系，类似于手机中保存的通信录，人们不需要记住通信者的电话号码，只需要记住通信者的姓名，便可通过姓名来查询对应的电话号码。

在互联网的早期，网络信息中心（Network Information Center，NIC）维护着一个保存了"名字/IP 地址"的文本文件 hosts.txt，当有新的主机加入互联网时，便将该主机的"名字/IP 地址"添加到 hosts.txt 文件中，并定期将最新的 hosts.txt 文件分发给互联网中的主机管理人员，这些主机管理人员再将这个最新的 hosts.txt 文件复制到主机之中，替换掉旧的 hosts.txt 文件。但是随着加入互联网的主机的数量越来越多，这种方法显然不能适应互联网规模的快速增长，于是域名系统（Domain Name System，DNS）开始被使用。DNS 被多个 RFC 所定义，其中 DNS 概念和设施在 RFC 1034 中被定义。

注意，hosts.txt 文件在主机中仍在使用：

在 Windows 系统中，该文件位于 c:/Windows/System32/Drives/etc 目录下；

在 Linux 系统中，该文件位于/etc 目录下。

DNS 的主要功能包括三个方面：第一，提供一个名字空间（Name Space）为需要接入互联网的站点命名；第二，维护"名字到地址"绑定（Binding）的集合，对于给定的名字，就能得到相应的地址；第三，使用解析机制（Resolution Mechanism）完成地址解析工作。一个被称为域名服务器（Domain Name Server）的设备运行解析机制，当用一个名字作为参数向域名服务器查询时，域名服务器便返回该名字绑定的地址（IP 地址）。图 5-1 给出了名字到地址的解析（翻译）过程。

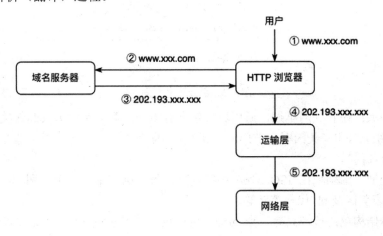

图 5-1　名字到地址的解析过程

5.1.2　域名空间

为互联网中海量的主机进行命名不是一件容易的事情，为解决这一问题，域名系统利用了层次化的名字空间来为主机命名，这与 Linux 文件系统的层次结构类似。域名的层次结构可以看作是一棵树，树的每个节点称为一个域，树的叶子即为主机的域名（也可以是一个公司的名字）。在 Linux 文件系统中，从左至右用斜线分隔来访问一个文件，例如/opt/lampp/apache2/bin/apachectl，而域名则是从右至左用圆点分隔层次，即域名解析是从右至左逐层进行的，但是人们的习惯是以从左至右的顺序来读这些域名，例如 www.tsinghua.edu.cn，其中 cn 的层次最高。

具体来说，域名结构是由标号序列组成的，各标号间用圆点分隔，各标号分别代表不同级别的域（……三级域.二级域.顶级域），每一个标号的长度不能超过 63 个字符，整个域名的长度不超过 255 个字符。

注意，虽然域名是与 IP 地址绑定的，但域名不像 IP 地址一样包含路由的相关信息，它仅仅是一个逻辑概念。类似于某人的姓名与他的通信地址，通信地址隐含了路由信息，例如国家信息、省市信息、街道信息等，而姓名单纯只是一个标识而已。在图 5-2 中，给出了互联网部分的域名空间信息。

顶级域（Top-Level Domain，TLD）分为三大类：第一类是通用域（generic Top-Level Domain，gTLD）；第二类是国别域（country code Top-Level Domain，ccTLD），国别域也被称为 nTLD（national Top-Level Domain）；第三类是基本结构域（infrastructure Top-Level Domain）。

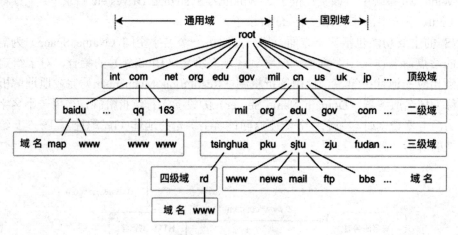

图 5-2   部分域名空间

（1）通用域：在互联网早期，通用域仅包含有 com（商业企业）、edu（美国教育机构）、int（国际性组织）、mil（美国军事部门）、net（网络服务机构）、org（用于非营利性组织）、gov（美国政府部门）。

（2）国别域：国别域在 ISO 3166 中被定义，每个国家都有一个国别域，例如，cn 代表中国、us 代表美国及 uk 代表英国等。

（3）基本结构域：该域只有一个 arpa，用于反向域名解析（由 IP 地址解析主机域名）。

截止到 2023 年 2 月 21 日，全球共有顶级域 1591 个，其中，国别域 316 个，通用域 1246 个，基本结构域 1 个，其他域 28 个。

每个域和域名（一个主机具体的名字）都是从它向上到根节点的路径，各部分用圆点"."分隔。例如，百度搜索引擎主机的域名是 www.baidu.com，其所在的域是 baidu.com，上海交通大学官方网站的域名是 www.sjtu.edu.cn，其所在的域是 sjtu.edu.cn。注意，域和域名不区别分大小写，www.baidu.com 与 WWW.baiDu.coM 是一样的。

每个域可以自由控制和管理它的下级域，例如，顶级域 cn 下注册了 mil.cn、org.cn、edu.cn、gov.cn 等二级域（子域）；而二级域 edu.cn 下又为国内大部分学校注册了三级域，如 tsinghua.edu.cn（清华大学管理的域）、sjtu.edu.cn（上海交通大学管理的域）等；清华大学管理的域中，又注册了四级域 rd.tsinghua.edu.cn，且在该四级域中又注册了一个主机的域名 www.rd.tsinghua.edu.cn，该主机是清华大学科研院官方网站；而上海交通大学的三级域下注册了 www.sjtu.edu.cn、news.sjtu.edu.cn、mail.sjtu.edu.cn 等多台主机，这些主机分别提供了 WWW、文件传输、电子邮件等服务。理论上，百度搜索引擎的域名应该是 www.baidu.com.cn，即中国的公司应该位于顶级域 cn 之下，但是，对于一些规模较大的跨国企业，更愿意在通用域之下注册其使用的域。

通过上述分析可以看出，任何一个域一般都管理了一组下级域（子域）和域名，域名则是域名空间中的叶子节点，代表了某个（某些）具体的主机。若想创建一个新的域，必须经过上级域的许可，例如，新成立了一所学校，学校名称是 Xin Xue Xiao School，该学校可以向二级域 edu.cn 申请注册学校的三级域 xxxs.edu.cn，该域的管理者又可在该域中注册域名 www.xxxs.edu.cn 以提供该学校的官方网站的服务。

注意，域管理的范围是一个组织层面上的逻辑边界，而不是物理网络的边界，处于不同物理网络中的主机可以同属于一个域，同样，处于同一物理网络中的主机也可以分属于不同的域。另外，域不等于域名，域名是具体的，它是一台或一组主机的名称，而域则管理着它的下级域和域名，而域的这些管理工作是由被称为域名服务器的设备负责的（注册子域和域名解析），即在每个域中至少有一台域名服务器。因此，域名空间可被认为是域名服务器空间（如图 5-3 所示），每个域名服务器负责自己管理的那部分域名空间，例如，域 cn 中的域名服务器负责 cn 下的子域和域名的注册与管理，而域 edu.cn 中的域名服务器则负责该域下的子域和域名的注册与管理。可见，整个域名空间采用了分布式管理的方式，具有非常好的扩展能力。

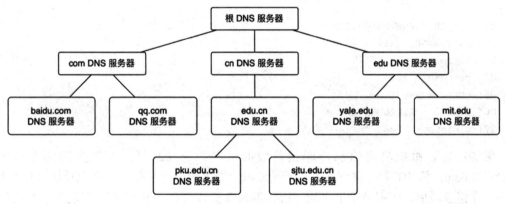

图 5-3　部分域名服务器空间结构

5.1.3　资源记录

域名空间中的每个域或域名都有与之相关的资源记录集（Resource Records，RRs），该集被保存在域中的权威域名服务器中，可以为空。对于主机所在的域而言，最为常见的资源记录就是该主机域名与 IP 地址的信息，除此之外，还有很多其他类型的资源记录。当解析机制中的解析器将一个域（或域名）传递给 DNS 服务器时，它希望得到的是与该域或域名相关的资源记录，故 DNS 的基本功能是通过域或域名获取与此相关的资源记录。

每一个资源记录都是一个五元组：(域或域名,生存期,类,类型,值)。

（1）域或域名：域名解析时的探索关键字，本身包含了属于哪一个域的信息。

（2）生存期：指明了该记录的稳定程度，极稳定的记录信息分配一个较大的值，一般是 86400s（一天），而极不稳定的记录信息则分配一个较小的值，例如 60s。生存期主要用于 DNS 缓存，即该记录可在其他域名服务器中缓存的时间。

（3）类：指明协议簇的类，对于互联网中的记录信息而言，类的值是 IN。

（4）类型：指出是何种类型的资源记录，主要的资源类型如表 5-1 所示。

表 5-1　IPv4 中主要的资源记录类型

类型	含义
SOA	权威 DNS 授权开始，规定本域的全局参数
A	一台主机的 IP 地址
CNAME	别名，可将一个域名指向另一个域名
MX	域中的邮件交换服务器
NS	域中的权威域名服务器
PTR	一个 IP 地址的名字
HINFO	域名服务器系统的信息

- SOA（Start of Authority）记录，该记录是强制性资源记录，且必须是第一个记录，它给出的是域的基本信息，包括名称、域名服务器管理员的邮件地址、唯一的序列号等，这些信息都是本域的全局参数，主要是用来规定主域名服务器与备份域名服务器间同步数据的规则等。

例 5-1　baidu.com 域的 SOA 资源记录如下：

```
01: origin = dns.baidu.com
02: mail addr = sa.baidu.com
03: serial = 2012146175
04: refresh = 300
05: retry = 300
06: expire = 2592000
07: minimum = 7200
```

第 01 行，组织机构信息，即当前域的名字；第 02 行，管理员的邮件地址是 sa@baidu.com；第 03 行，序列号，用于反映域中资源记录的变化，如果记录信息发生变化则序列号相应增加，序列号用于主域名服务器与备份域名服务器之间同步资源记录；第 04 行，备份域名服务器刷新的时间间隔，单位是秒（s），即每隔 300s，备份域名服务器查询主域名服务器的序列号，若序列号增加了，则从主域名服务器中刷新自己的资源记录；第 05 行，重试时间间隔，备份域名服务器与主域名服务器失联后，经多少时间后再重试，单位是秒（s），默认 1800s，该值通常小于或等于刷新时间；第 06 行，过期时长，备份域名服务器与主域名服务器失联后，备份域名服务器的资源记录持续有效的时间，此时间内备份域名服务器可以继续为用户提供域名解析，单位是秒（s），默认 1209600s（14 天）；第 07 行，默认的 TTL（最小生存期），适用于本域内的所有资源记录，该值在域名查询的响应中被提供，用于通知其他服务器可以缓存所获得的资源记录的时间，单位是秒（s），默认 3600s，该时间不能太短，否则会增加域名服务器的负荷，该时间也不能太长，否则更改的域名在其他域名服务器上不能得到及时更新。

- A（Address）记录，地址记录，这是资源记录集中最重要的资源记录，它记录了主机域名的 32 位 IP 地址，当通过域名来查询 IP 地址时，便使用该记录中的 IP 地址进行响应，这种查询也被称为正向查找。

例 5–2 A 记录如下（执行 dig www.baidu.com A 命令[①]）：

```
01: www.baidu.com.     544  IN   CNAME    www.a.shifen.com.
02: www.a.shifen.com. 62  IN   A        14.215.177.38
03: www.a.shifen.com. 62  IN   A        14.215.177.39
```

- CNAME（Canonical NAME）记录，CNAME 常常通俗地被称为别名，该记录用于将一个域名指向另一个域名，例如，当客户向域名服务器请求解析域名 www.baidu.com 时，服务器返回 www.baidu.com 的别名 www.a.shifen.com，客户再向域名服务器请求解析域名 www.a.shifen.com，最终域名服务器返回 A 记录。使用 CNAME 的最大好处是可以将多个不同的主机域名解析成相同的 IP 地址。

例 5–3 CNAME 记录如下：

```
01: mydomain.com             62     IN   A       111.222.222.111
02: www.blog.mydomain.com    544    IN   CNAME   mydomain.com
03: ftp.mydomain.com         544    IN   CNAME   mydomain.com
04: mail.mydomain.com        544    IN   CNAME   mydomain.com
05: bbs.mydomain.com         554    IN   CNAME   mydomain.com
```

上述例子能够非常好地说明 CNAME 记录的优势：多个不同的域名可以指向同一台主机（IP 地址相同的主机），比如第 02～05 行所示的 4 个域名，它们都有相同的别名 mydomain.com，该别名对应的 IP 地址是 111.222.222.111，当提供服务的主机的 IP 地址发生变化时，仅需要修改第 01 行即可。另外，CNAME 常与内容分发网络（Content Distribute Network，CDN）相配合，以实现用户就近访问网络资源；CNAME 还常与负载均衡系统相配合，以实现将大量的访问请求指向多台不同的服务器，从而提高用户访问的响应速度，例如，在例 5-2 中，别名 www.a.shifen.com 分别有两个不同的 A 记录，即通过域名 www.baidu.com 访问网站时，有两台 IP 地址不同的主机可以分别进行响应。

当客户需要解析的某个域名存在别名时，其解析过程分为两个步骤：首先查询域名得到该域名的别名，然后再查询别名，得到别名的 IP 地址（也是查询域名的 IP 地址）。例如，当客户查询域名 www.baidu.com 时，客户得到的是其别名 www.a.shifen.com，然后客户再向服务器查询域名 www.a.shifen.com，得到对应的 IP 地址。即

正常 A 记录的查询过程：域名->IP 地址。

有别名的 A 记录的查询过程：域名->别名->IP 地址。

- MX（Mail Exchanger）记录，该记录的重要性仅次于 A 记录，如果本域中需要提供电子邮件服务，则必须指定电子邮件服务器，MX 记录就是用于指定本域中的电子邮件服务器的。

---

① dig 命令是 Linux 系统中自带的域名解析命令，在 Windows 系统中需要手动安装才能使用该命令。

例 5-4 MX 记录如下（执行 dig baidu.com mx 命令）：

```
01: qq.com.  6668      IN  MX  20 mx2.qq.com.
02: qq.com.  6668      IN  MX  30 mx1.qq.com.
03: qq.com.  6668      IN  MX  10 mx3.qq.com.
```

注意，命令 dig 查询的是某个域的 MX 记录，例如 baidu.com，而不是例 5-2 中的域名www.baidu.com。

- NS（Name Server）记录，指定了本域中的权威域名服务器，用于提供域名解析服务。

例 5-5 NS 记录如下（执行 dig baidu.com ns 命令）：

```
01: baidu.com.        21181    IN  NS  ns2.baidu.com.
02: baidu.com.        21181    IN  NS  ns4.baidu.com.
03: baidu.com.        21181    IN  NS  dns.baidu.com.
04: baidu.com.        21181    IN  NS  ns3.baidu.com.
05: baidu.com.        21181    IN  NS  ns7.baidu.com.
```

同样，命令 dig 查询的是某个域的 NS 记录。

- PTR（PoinTer Record）记录，记录 IP 地址关联的名字，也被称为反向解析（Reverse Lookups）。

例 5-6 反向解析如下（分别执行 dig -x 8.8.4.4 和 dig -x 18.4.60.73 命令）：

```
01: dig -x 8.8.4.4
02: ...
03: 4.4.8.8.in-addr.arpa. 21301     IN  PTR dns.google.
04: ...
05:
06: dig -x 18.4.60.73
07: ...
08: 73.60.4.18.in-addr.arpa. 1800 IN  PTR multics.mit.edu.
09: ...
```

注意，在上述反向解析的结果中，IP 地址的顺序是反向的。反向解析常用于防止邮件服务器接收垃圾邮件。例如，邮件用户 xx@test.domain 向域 qq.com 中的邮件服务器中的用户 xxx@qq.com 发送邮件，域 qq.com 中的邮件服务器可以根据邮件地址的来源（哪个 IP 地址发过来的）进行反向解析，若结果是 test.domain 则接收该邮件，否则丢弃该邮件。

- HINFO（Host INFOrmation）记录，记录域名服务器的系统信息，例如 CPU、操作系统等。出于安全的考虑，一般情况下 RRs 中不会添加这类记录。

例 5-7 域名服务器的系统信息如下（192.168.1.10 是一台本地域名服务器）：

```
01: dig mynet.com @192.168.1.10 hinfo
02:
03: ...
04:
05: ;; ANSWER SECTION:
06: mynet.com.        10800    IN   HINFO   "6-core Intel Core i6" "macOS Catalina"
```

（5）值：取决于类型，可以是 IP 地址、域名或 ASCII 字符。

5.1.4 域名服务器

域名服务器也被称为名字服务器或名称服务器。理论上，一台域名服务器就可以包含所有的域名信息，但这种集中的管理方式很难满足大量的域名解析工作的需求，因此，域名服务器按照其管辖范围被组织成了图 5-3 所示的层次结构。

实际上，整个域名空间被划分成了一个个不会重叠的区域（Zone），在每个区域中至少有一台以上的域名服务器，一般情况下包含一台主域名服务器和一台备份域名服务器，备份域名服务器定期从主域名服务器中刷新自己的 RRs。

1．权威域名服务器

负责某一个区域的域名解析的服务器被称为权威域名服务器（或权限域名服务器）。例如，域 sjtu.edu.cn 中有一台域名服务器 dns.sjtu.edu.cn，它负责域 sjtu.edu.cn 中主机域名的解析，该域名服务器中的记录被称为"权威记录"（Authoritative Record），从"权威记录"得到的回答被称为"权威回答"，即从域名服务器的数据记录中得到的回答，该回答具有权威性。注意权威记录与缓存记录的区别：缓存记录是本域中的域名服务器向其他域中的域名服务器查询得到的，有时间限制，会过期。例如，域名服务器 dns.sjtu.edu.cn 直接解析主机域名 www.sjtu.edu.cn 给出权威回答（权威记录中的答案），如图 5-4 所示。

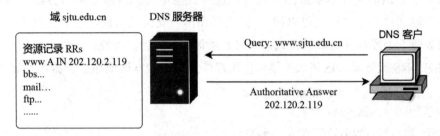

图 5-4　直接请求域名服务器管辖区域内的主机域名

如果客户向域名服务器 dns.sjtu.edu.cn 查询域名 www.baidu.com 的 IP 地址，而该域名服务器恰好缓存了域名 www.baidu.com 的资源记录，便可用缓存的资源记录进行"非权威回答"。

类似于生活中的一个询问电话号码的例子：直接向张三询问其电话号码，张三的直接回答被称为"权威回答"，如果是向第三方询问得到了张三的电话号码，则第三方的回答被称为"非权威回答"。

读者可以用以下命令来查询域中的权威域名服务器（注意，查询参数是一个域）：

```
nic@ubuntu1604:~$ dig sjtu.edu.cn ns
...
;sjtu.edu.cn.                    IN        NS

;; ANSWER SECTION:
sjtu.edu.cn.          3600    IN        NS      dns.sjtu.edu.cn.
```

```
sjtu.edu.cn.                 3600    IN      NS      apple.sjtu.edu.cn.
```

上述结果表明，域 sjtu.edu.cn 中的权威域名服务器是 dns.sjtu.edu.cn 和 apple.sjtu.edu.cn。进一步执行 A 记录查询便可得到这两个权威域名服务器的 IP 地址：

```
nic@ubuntu1604:~$ dig dns.sjtu.edu.cn a
...
dns.sjtu.edu.cn.             1713    IN      A       202.120.2.119
```

2. 本地域名服务器

对于一般的普通用户而言，其需要连入互联网的主机，需要指定一个 DNS 服务器用来解析域名，该服务器被称为本地域名服务器。当主机需要解析域名时，解析程序将域名作为参数，向本地域名服务器发起 DNS 查询：若查询的域名刚好属于本地域名服务器所管辖的域，则本地域名服务器给出权威回答（如图 5-4 所示）；若查询的域名不属于本地域名服务器所管辖的域，且本地域名服务器从未解析过该域名（即没有待查询域名的缓存记录），则本地域名服务器需要向其他域名服务器发起域名查询。一般情况下，学校、公司及企业等，都有自己的域名和权威域名服务器，这些单位内的主机都会选用本单位的权威域名服务器作为本地域名服务器，对于普通家庭接入互联网和移动互联网的情况，一般都会选用 ISP 提供的域名服务器作为本地域名服务器。

读者需要知道的是，本单位的主机可以选择其他单位的权威域名服务器作为自己的本地域名服务器（这在早些年是可以的），但是现在出于安全的考虑，一般情况下，单位的权威域名服务器不处理外域域名的查询请求（参考习题 4-03）。现在，一些互联网公司提供了很多公共的 DNS 服务器，这些服务器可供用户作为自己的本地域名服务器，例如：

```
Google Public DNS: 8.8.8.8、8.8.4.4
AliDNS: 223.5.5.5、223.6.6.6
114DNS: 114.114.114.114、114.114.115.115
CnnicDNS: 210.2.4.8
BaiduDNS: 180.76.76.76
```

3. 根域名服务器

当某个域名服务器不能解析请求的域名时（该域名服务器不能给出权威回答，也不能给出非权威回答），域名服务器会向根域名服务器发起域名查询，根域名服务器会告知该域名服务器，下一步应该向哪个顶级域名服务器发起查询（即告知顶级域名服务器的 IP 地址）。整个互联网共有 13 个根域名服务器（标号从 A 到 M），其中 1 个是主根域名服务器（位于美国），其余是辅根域名服务器。注意，每个根域名服务器是由若干个域名服务器组成的一个域名服务器网络，即每个根域名服务器都有若干个实例。

截止到 2023 年 2 月 20 日，互联网中共有 1409 个根域名服务器的镜像服务器，我国共有 37 个根域名服务器的镜像服务器。表 5-2 给出了这 13 个根域名服务器的相关信息，这 13 个根域名服务器分别由 12 个管理机构负责管理与维护。

表 5-2　根域名服务器的分布

标号	管理机构	IP 地址	所处国家	镜像数
A	Verisign, Inc.	198.41.0.4	美国	58
B	Information Sciences Institute	199.9.14.201	美国	6
C	Cogent Communications	192.33.4.12	美国	12
D	University of Maryland	199.7.91.13	美国	189
E	NASA Ames Research Center	192.203.230.10	美国	254
F	Internet Systems Consortium, Inc.	192.5.5.241	美国	333
G	Defense Information Systems Agency	192.112.36.4	美国	6
H	U.S. Army DEVCOM Army Research Lab	198.97.190.53	美国	12
I	Netnod	192.36.148.17	瑞典	76
J	Verisign, Inc.	192.58.128.30	美国	163
K	RIPE NCC	193.0.14.129	荷兰/迪拜	97
L	ICANN	199.7.83.42	美国	192
M	WIDE Project	202.12.27.33	日本	11

　　如前所述，当本地域名服务器不能解析域名时，便会向根域名服务器发起查询，可见互联网中的根域名服务器的作用相当重要，其访问量也是十分巨大的，图 5-5 给出了根域名服务器某个时段收到的查询数量和发出的响应数量的统计结果。

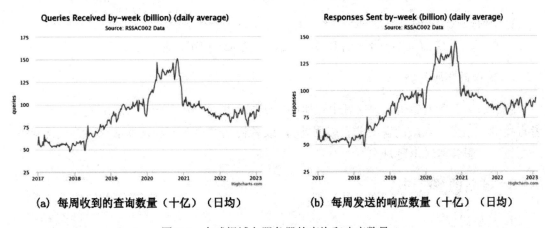

(a) 每周收到的查询数量（十亿）（日均）　　　　(b) 每周发送的响应数量（十亿）（日均）

图 5-5　全球根域名服务器的查询和响应数量

　　为什么只有 13 个根域名服务器呢？这是因为早期互连在一起的那些网络（直连的网络），它们的 MTU 最小是 576 字节，因此只要 IP 分组不超过 576 字节，在转发过程中就不会出现 IP 分片的情况。另一方面，RFC 791 要求互联网上的主机必须做好接收长度是 576 字节的 IP 分组的准备。早期的 DNS 查询，在运输层上默认使用 UDP，并且希望封装了 DNS 响应的 UDP 报文在转发过程中不要产生分片，即用唯一的一个 UDP 报文来传输 DNS 响应。因此，IETF 决定将 DNS 报文限制在 512 字节：每一个根域名服务器占用 32 字节（包括根域名的名称、IP 地址和 TTL 等参数），13 个根域名服务器一共占用 416 字节，其余的 96 字节用于 DNS 报文首部和其他协议参数。事实上，DNS 响应报文的长度可以超过 512 字节，只要在加上 UDP 首部和 IP 首部（共 28 字节）之后，总长度不超过 576 字节即可。

例 5-8 一个 DNS 响应报文。

```
01: Internet Protocol Version 4, Src: 8.8.8.8, Dst: 192.168.1.9
02:     0100 .... = Version: 4
03:     .... 0101 = Header Length: 20 bytes (5)
04:     Differentiated Services Field: 0x00
05:     Total Length: 553
06:     Identification: 0x54b5
07:     000. .... = Flags: 0x0
08:     ...0 0000 0000 0000 = Fragment Offset: 0
09:     Time to Live: 108
10:     Protocol: UDP (17)
11:     Header Checksum: 0x264e
12:     Source Address: 8.8.8.8
13:     Destination Address: 192.168.1.9
14: User Datagram Protocol, Src Port: 53, Dst Port: 64490
15:     Source Port: 53
16:     Destination Port: 64490
17:     Length: 533
18:     Checksum: 0xf51f
19:     UDP payload (525 bytes)
20: Domain Name System (response)
```

第 19 行，UDP 的负载是 525 字节，而这些负载是一个完整的 DNS 响应报文。

第 05 行，封装了 UDP 报文的 IP 分组的总长是 553 字节，没有超过 576 字节。

4. 顶级域名服务器

顶级域名服务器负责本顶级域中注册的二级域和域名，当其收到 DNS 查询请求时，或者直接给出结果（权威回答或非权威回答），或者告知客户下一步查询请求应该发送给哪一个二级域名服务器（IP 地址）。

5.1.5 域名的解析过程

1. 解析过程

DNS 域名解析的过程较为复杂，解析过程随客户机所处的网络环境的不同而不同。对一般的普通用户而言，客户机不会向互联网提供任何服务，也就不会有域名，因此普通的客户机并不知道自己处于什么域中，无论它使用什么域名服务器作为本地域名服务器，对于客户机来说都是域外域名服务器。当客户机需要 DNS 解析时，都是由客户机的解析程序主动向合适的域名服务器发起迭代查询，所谓迭代查询，是指域名服务器要么返回查询结果，要么告诉客户下一步向哪一个服务器发超查询。解析程序执行域名解析的过程如图 5-6 所示。

① 由于主机 A 的 DNS 缓存中没有 www.buaa.edu.cn 的资源记录，主机 A 的解析程序（以下简称主机 A）便向本地域名服务器请求查询根域名服务器的 IP 地址。

② 本地域名服务器 192.168.1.1 返回 13 个根域名服务器的资源记录（IP 地址，以下同）。

③ 主机 A 选择了根域名服务器 a.root-servers.net 来查询域名 www.buaa.edu.cn 的 IP 地址。

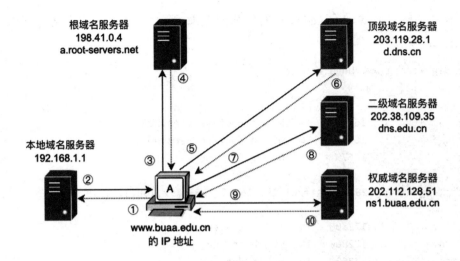

图 5-6　解析程序执行域名解析的过程

④ 根域名服务器 a.root-servers.net 将负责域 cn 的 8 个顶级域名服务器的资源记录返回给主机 A。

⑤ 主机 A 选择了顶级域名服务器 d.dns.cn 来查询域名 www.buaa.edu.cn 的 IP 地址。

⑥ 顶级域名服务器 d.dns.cn 将负责域 edu.cn 的 5 个二级域名服务器的资源记录返回给主机 A。

⑦ 主机 A 选择了二级域名服务器 dns.edu.cn 来查询域名 www.buaa.edu.cn 的 IP 地址。

⑧ 二级域名服务器 dns.edu.cn 将负责域 buaa.edu.cn 的 3 个权威域名服务器的资源记录返回给主机 A。

⑨ 主机 A 选择了域名服务器 ns1.buaa.edu.cn 来查询域名 www.buaa.edu.cn 的 IP 地址。

⑩ 域名服务器 ns1.buaa.edu.cn 将它所管辖的域名 www.buaa.edu.cn 的资源记录返回给主机 A（得到了域名 www.buaa.edu.cn 的 IP 地址），主机 A 缓存该资源记录。

注意，上述查询过程被称为迭代查询，另一种服务器间的递归查询本书不做介绍（一般不用）。上述查询过程的实验抓包结果如图 5-7 所示。

No.	Source	Destination	Protocol	Info
1	192.168.1.9	192.168.1.1	DNS	Standard query 0x7a8f NS <Root> OPT
2	192.168.1.1	192.168.1.9	DNS	Standard query response 0x7a8f NS <Root> NS e.root-servers.net NS f.root
3	192.168.1.9	198.41.0.4	DNS	Standard query 0x4a51 A www.buaa.edu.cn OPT
4	198.41.0.4	192.168.1.9	DNS	Standard query response 0x4a51 A www.buaa.edu.cn NS a.dns.cn NS b.dns.cn
5	192.168.1.9	203.119.28.1	DNS	Standard query 0x49c4 A www.buaa.edu.cn OPT
6	203.119.28.1	192.168.1.9	DNS	Standard query response 0x49c4 A www.buaa.edu.cn NS dns.edu.cn NS ns2.cu
7	192.168.1.9	202.38.109.35	DNS	Standard query 0xacb4 A www.buaa.edu.cn OPT
8	202.38.109.35	192.168.1.9	DNS	Standard query response 0xacb4 A www.buaa.edu.cn NS ns3.buaa.edu.cn NS n
9	192.168.1.9	202.112.128.51	DNS	Standard query 0x6562 A www.buaa.edu.cn OPT
10	202.112.128.51	192.168.1.9	DNS	Standard query response 0x6562 A www.buaa.edu.cn A 106.39.41.16 OPT

图 5-7　解析程序执行域名解析的过程的抓包结果

在图 5-7 中，192.168.1.9 是主机 A 的 IP 地址，192.168.1.1 是主机 A 的本地域名服务器的 IP 地址。图中显示的 10 个包，对应了图 5-6 的解析过程，主机 A 一共发起了 5 轮查询。注意，主机 A 发起第 1 轮查询时，并不是查询域名的 IP 地址（A 记录），而是查询根域中的根域名服务器，其查询类型是 NS，这轮查询的返回结果也是 NS 类型的资源记录。在其余的 4 轮查询中，查询类型都是 A（即查询域名 www.buaa.edu.cn 的 IP 地址），前三轮返回的都是 NS 类型的资源记录，只有最后一轮返回的是 A 类型的资源记录（得到了结果）。

例 5-9 域名 www.buaa.edu.cn 的解析过程如下（本地域名服务器的 IP 地址是192.168.1.1）：

```
01: dig +trace www.buaa.edu.cn
02:
03: ...
04: .              16779    IN   NS  b.root-servers.net.
05: .              16779    IN   NS  a.root-servers.net.
06: .              16779    IN   NS  g.root-servers.net.
07: ...
08: ;; Received 228 bytes from 192.168.1.1#53(192.168.1.1) in 12 ms
09:
10: cn.            172800   IN   NS  a.dns.cn.
11: cn.            172800   IN   NS  b.dns.cn.
12: cn.            172800   IN   NS  c.dns.cn.
13: cn.            172800   IN   NS  d.dns.cn.
14: ...
15: ;; Received 706 bytes from 198.41.0.4#53(a.root-servers.net) in 20 ms
16:
17: edu.cn.        172800   IN   NS  dns.edu.cn.
18: edu.cn.        172800   IN   NS  ns2.cuhk.hk.
19: ...
20: ;; Received 506 bytes from 203.119.28.1#53(d.dns.cn) in 40 ms
21:
22: buaa.edu.cn.   172800   IN   NS  ns3.buaa.edu.cn.
23: buaa.edu.cn.   172800   IN   NS  ns2.buaa.edu.cn.
24: buaa.edu.cn.   172800   IN   NS  ns1.buaa.edu.cn.
25: ...
26: ;; Received 394 bytes from 202.38.109.35#53(dns.edu.cn) in 47 ms
27:
28: www.buaa.edu.cn. 10800  IN   A   106.39.41.16
29: ;; Received 60 bytes from 202.112.128.51#53(ns1.buaa.edu.cn) in 58 ms
```

第 03～07 行是第 1 轮查询得到的 13 个根域名服务器（部分被省略）。

第 09～14 行是第 2 轮查询得到的 8 个顶级域名服务器（部分被省略）。

第 16～19 行是第 3 轮查询得到的 5 个二级域名服务器（部分被省略）。

第 21～25 行是第 4 轮查询得到的 3 个权威域名服务器。

第 28 行是第 5 轮查询得到的最终结果：域名 www.buaa.edu.cn 的 IP 地址。

在一些主流的计算机网络教材中，域名的解析过程如图 5-8 所示。当查询的域名不属于本地域名服务器所管辖的域时，本地域名服务器向根域名服务器发起迭代查询，最终向请求查询的主机返回结果。本书暂未得到这种查询方式的抓包结果。

对比这两种查询方式，其主要差别是由谁主动向各级域名服务器发起迭代查询请求，是客户机还是客户机的本地域名服务器？本书认为，由客户机主动发起所有的查询更为合理，这将大大减轻本地域名服务器的负荷，对于那些提供公共域名服务的服务器来说更为有利；另外，由客户机主动发起 DNS 查询的方式，也有效地防止了对 DNS 服务器的 Flood 攻击。

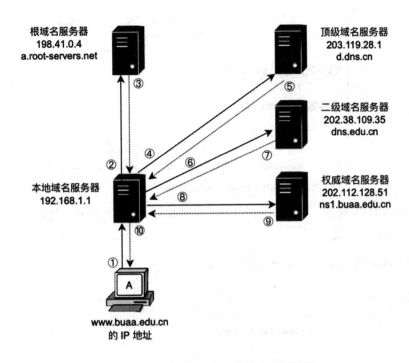

图 5-8　另一种域名服务器的域名解析过程

2. DNS 缓存

与主机的 ARP 缓存类似，DNS 也有缓存机制。显而易见，DNS 缓存（DNS Caching）减少了域名解析的时延，也减少了互联网中 DNS 查询报文的数量。域名服务器或客户机会将本次的域名查询结果保存在缓存中，缓存的时间不能太长，也不能太短，太长则导致缓存中的记录长期得不到更新，太短则可能在短时间内多次发起重复域名的查询（短时间内重复使用同一域名访问某主机）。在 Windows 中，命令 ipconfig/displaydns 可以查看主机中的 DNS 缓存记录。

DNS 缓存除了能够改善 DNS 性能以外，对于防止对 DNS 服务器的 Flood 攻击也有一定的帮助，例如，当主机重复发起对假冒域名的查询时，由于主机的 DNS 缓存已经缓存了假冒域名的信息（该域名不存在），故主机不会向域名服务器发起该假冒域名的查询（当然，Flood 用重复的假冒域名进行攻击的概率很低）。

另外需要注意的是，hosts 文件仍然有意义：管理者可以将经常访问的域名及 IP 地址保存在该文件中，操作系统会将这些记录直接写入主机的 DNS 缓存中，以达到绕开 DNS 查询的目的；也可以将不希望被访问的域名的 IP 地址设置为 127.0.0.1（本机），以达到域名不可访问的目的（当然，本机也可以提供一个假的网站）。

例 5-10　在 C:\Windows\System32\drivers\etc\hosts 文件中添加如下行：

```
127.0.0.1              www.baidu.com
```

由于本机也提供了 WWW 服务，所以在本机上通过浏览器访问 www.baidu.com 时，其实访问的是本机提供的 WWW 服务，结果如图 5-9 所示。

图 5-9　www.baidu.com 指向本机提供的页面

查询本机的 DNS 缓存，可以看到有一条 www.baidu.com 的记录，其 IP 地址是 127.0.0.1，生存时间是 86400s（1 天）：

```
C:\Users\Administrator>ipconfig/displaydns
...
www.baidu.com
----------------------------------------
记录名称. . . . . . . : www.baidu.com
记录类型. . . . . . . : 1
生存时间. . . . . . . : 86400
数据长度. . . . . . : 4
部分. . . . . . . . . : 答案
A (主机)记录 . . . . : 127.0.0.1
...
```

通过以上分析可以知道，DNS 系统首先在 DNS 缓存中查询记录，如果没有得到查询结果，再向本地域名服务器发起 DNS 查询，最终将得到的结果（正确解析的结果或不能解析域名的结果）保存到 DNS 缓存中。

5.1.6　DNS 报文的格式

1. 报文格式

DNS 报文的格式如图 5-10 所示。

0	16	31
Transaction ID		Flags
Questions		Answer RRs
Authority RRs		Additional RRs
Queries (variable)		
Answers (variable)		
Authoritative Namesevers (variable)		
Additional (variable)		

图 5-10　DNS 报文的格式

有两种类型的 DNS 报文：一种是 DNS 请求（查询）报文，一种是 DNS 响应（回答）

报文。请求报文由首部和查询问题两部分组成，而响应报文由首部、查询问题和资源记录三部分组成，资源记录就是返回的查询结果。首部中，除 Transaction ID 和 Flags 之外的剩余 4 个字段，被称为首部数量区域。

注意，域名解析时 DNS 在运输层上使用 UDP 协议（客户与服务器之间），而在域名服务器与备份域名服务器间进行数据同步（区域传送）时使用 TCP 协议，且都使用端口 53。

（1）Transaction ID：传输 ID，占 16 位。该标识由发起 DNS 查询的程序产生，且被复制到 DNS 回答报文中，用以标识一对 DNS 查询与回答报文。

（2）Flags：标志，占 16 位。一共分为 8 个字段，如图 5-11 所示。

图 5-11　标志位

- QR：占 1 位，用来指明是哪一类的 DNS 报文。0 表示是 DNS 查询报文，1 表示是 DNS 回答报文。
- OPCODE：占 4 位，由请求发起者设置并被服务器复制到回答报文中。该字段的值为 0 表示标准查询；值为 1 表示反向查询（在 RFC 3245 中被宣布过时，现已被查询类型 PRT 所取代）；值为 2 表示服务器状态请求；3 未被使用；值为 4 表示通知，当主域名服务器的资源记录发生变化时，通知备份域名服务器发起查询并更新资源记录；值为 5 表示更新，增加或删除区域资源记录；6～15 保留将来使用。
- AA：权威回答（Authoritative Answer），占 1 位。0 表示非权威回答，1 表示权威回答。
- TC：截断（TrunCation），占 1 位。0 表示未被截断，1 表示 DNS 报文太长被截断了，只保留 512 字节。
- RD：递归查询（Recursion Desired），占 1 位。该位在查询报文中被设置且被服务器复制到回答报文中，0 表示不期望服务器执行递归查询，1 表示期望服务器执行递归查询。
- RA：递归可用（Recursion Available），占 1 位。在回答报文被设置，0 表示服务器不提供递归查询，1 表示服务器可提供递归查询。
- ZERO：保留位，占 3 位。
- RECODE：响应码（REsponse CODE），占 4 位。在回答报文被设置，0 表示没有错误；1 表示由于格式错误服务器无法解析；2 表示由于服务器错误而无法进行查询；3 表示域名错误，该错误来源于权威域名服务器，表明本域中没有待查询的域名；4 表示查询类型未实现；5 表示服务器拒绝查询，例如服务器拒绝为特定的用户提供查询，或拒绝查询非本域的域名（参考习题 4-08）；6～15 保留未被使用。

（3）Questions：占 16 位，表示查询域名的数量，即查询多少个域名。一般情况下，一个 DNS 查询报文只查询一个域名。

（4）Answers RRs：占 16 位，表示 DNS 回答报文中包含的资源记录的数量。

（5）Authority RRs：占 16 位，表示权威域名服务器的数量。

（6）Additional RRs：占 16 位，表示附加信息资源记录的数量（即权威域名服务器对应的 IP 地址的数量）。

（7）Queries：查询的问题。一般通过一个 DNS 查询报文只查询一个域或域名，其基本格式如图 5-12 所示。

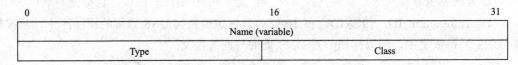

图 5-12　查询的问题的基本格式

- Name：查询的域或域名，长度可变。
- Type：查询类型，占 16 位。每个问题有一个查询类型，取值可以是任何可用的类型（即可用的资源记录类型，例如 A 记录、MX 记录、NS 记录等）。
- Class：查询类，占 16 位。通常是 1，表明是 Internet 数据。

（8）资源记录（返回的查询结果）：三种类型的资源记录——Answers（回答）、Authoritative Nameservers（权威域名服务器）和 Additional（附加信息）的格式是一样的，且只有回答报文中才有这部分内容，其格式如图 5-13 所示。

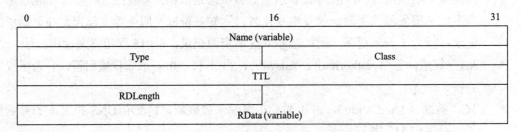

图 5-13　资源记录的格式

- Name：域名，长度可变。表示此资源记录所属的域或域名，注意同一个域或域名可能有多个资源记录。
- Type：类型，占 16 位。表示该资源记录的类型。
- Class：类，占 16 位。表示该资源记录的类，1 表明是 Internet 数据（IN）。
- TTL：生存期，占 32 位。指明该资源记录在失效之前可以缓存的时间。
- RDLength：资源记录长度，占 16 位。指明该资源记录的长度。
- RData：查询结果数据（资源记录），长度可变。其格式与 Type 和 Class 相关，例如，如果 Type 是 A，Class 是 IN，则 RData 是一个 4 字节的 IP 地址。

2. 抓包实例

例 5-11　DNS 域名解析（查询类型是 NS，即获取域名所属域的权威域名服务器）：执行命令"dig www.qq.com ns @183.36.112.46"，向 qq.com 域中的域名服务器（183.36.112.46）查询域名 www.qq.com 所属域的权威域名服务器（注意与例 5-5 的区别：当指明用所在域的域名服务器查询 NS 记录时，可以通过具体的域名来查询）。

（1）DNS 查询报文

```
01: Internet Protocol Version 4, Src: 192.168.1.8, Dst: 183.36.112.46
02: User Datagram Protocol, Src Port: 57231, Dst Port: 53
03: Domain Name System (query)
04:     Transaction ID: 0x21f2
05:     Flags: 0x0100 Standard query
06:         0... .... .... .... = Response: Message is a query
07:         .000 0... .... .... = Opcode: Standard query (0)
08:         .... ..0. .... .... = Truncated: Message is not truncated
09:         .... ...1 .... .... = Recursion desired: Do query recursively
10:         .... .... .0.. .... = Z: reserved (0)
11:         .... .... ...0 .... = Non-authenticated data: Unacceptable
12:     Questions: 1
13:     Answer RRs: 0
14:     Authority RRs: 0
15:     Additional RRs: 0
16:     Queries
17:         www.qq.com: type NS, class IN
18:             Name: www.qq.com
19:             Type: NS (authoritative Name Server) (2)
20:             Class: IN (0x0001)
```

第 04～15 行，DNS 查询报文的首部：第 04 行是传输 ID，回答报文中该字段的值与其一致；第 06 行表示是一个查询报文；第 09 行表示期望递归查询；第 12 行是查询的问题数（只查询一个域名）；第 13～15 行是资源记录数量，对于 DNS 查询报文而言，这些字段没有意义，全部是 0。

第 16～20 行，DNS 查询报文中的查询的问题：查询的域名是 www.qq.com，查询类型是 NS（即域名所属域的权威域名服务器），查询类是 IN（即 Internet 数据）。

第 11 行，在前面的报文格式中没有介绍，代表不接受未经认证的数据。

（2）DNS 回答报文

```
01: Internet Protocol Version 4, Src: 183.36.112.46, Dst: 192.168.1.8
02: User Datagram Protocol, Src Port: 53, Dst Port: 57231
03: Domain Name System (response)
04:     Transaction ID: 0x21f2
05:     Flags: 0x8500 Standard query response, No error
06:         1... .... .... .... = Response: Message is a response
07:         .000 0... .... .... = Opcode: Standard query (0)
08:         .... .1.. .... .... = Authoritative: Server is an authority for domain
09:         .... ..0. .... .... = Truncated: Message is not truncated
10:         .... ...1 .... .... = Recursion desired: Do query recursively
11:         .... .... 0... .... = Recursion available: Server can't do recursive queries
12:         .... .... .0.. .... = Z: reserved (0)
13:         .... .... ..0. .... = Answer authenticated: ……
14:         .... .... ...0 .... = Non-authenticated data: Unacceptable
15:         .... .... .... 0000 = Reply code: No error (0)
16:     Questions: 1
```

```
17:     Answer RRs: 4
18:     Authority RRs: 4
19:     Additional RRs: 0
20:     Queries
21:         www.qq.com: type NS, class IN
22:     Answers
23:         www.qq.com: type NS, class IN, ns ns-cnc1.qq.com
24:             Name: www.qq.com
25:             Type: NS (authoritative Name Server) (2)
26:             Class: IN (0x0001)
27:             Time to live: 86400 (1 day)
28:             Data length: 10
29:             Name Server: ns-cnc1.qq.com
30:         www.qq.com: type NS, class IN, ns ns-os1.qq.com
31:         www.qq.com: type NS, class IN, ns ns-cmn1.qq.com
32:         www.qq.com: type NS, class IN, ns ns-tel1.qq.com
33:     Authoritative nameservers
34:         qq.com: type NS, class IN, ns ns1.qq.com
35:         qq.com: type NS, class IN, ns ns2.qq.com
36:         qq.com: type NS, class IN, ns ns3.qq.com
37:         qq.com: type NS, class IN, ns ns4.qq.com
```

第 04～19 行，DNS 回答报文的首部：第 04 行的传输 ID 与 DNS 查询报文中的传输 ID 一致；第 06 行表示是 DNS 回答报文；第 08 行表示这是一个权威回答；第 10 行是复制 DNS 请求报文的值，表示客户期望递归查询；第 11 行表示 DNS 服务器递归查询不可用；第 16～19 行是首部中的数量区域：查询的问题 1 个，回答数量 4 个，权威域名服务器 4 个，没有附加信息。第 13～14 行，在前面的报文格式中没有介绍，其中，第 13 行代表 DNS 服务器对 DNS 应答进行了 DNSSEC 数字签名身份验证，第 14 行代表不接受未经认证的数据。

第 21 行是查询的问题，与 DNS 查询报文中的查询的问题一致。

第 22～32 行是一组资源记录（最终结果），一共获得了 4 个回答。其中第 23～29 行是展开的一条资源记录，分别包含 Name、Type、Class、TTL（第 27 行的 Time to live）、RDLength（第 28 行的 Data length）和 RData（第 29 行的 Name Server）字段。

第 33～37 行是另一组资源记录，给出了权威回答的一组服务器，即域中的权威域名服务器。

例 5-12 DNS 域名解析（查询类型是 A，即获取域名对应的 IP 地址），域名服务器的 IP 地址是 8.8.8.8。

（1）DNS 查询报文

```
01: Internet Protocol Version 4, Src: 192.168.1.8, Dst: 8.8.8.8
02: User Datagram Protocol, Src Port: 62197, Dst Port: 53
03: Domain Name System (query)
04:     Transaction ID: 0x8272
05:     Flags: 0x0100 Standard query
06:     Questions: 1
07:     Answer RRs: 0
08:     Authority RRs: 0
```

```
09:       Additional RRs: 0
10:       Queries
11:           www.qq.com: type A, class IN
```

（2）DNS 回答报文

```
01: Internet Protocol Version 4, Src: 8.8.8.8, Dst: 192.168.1.8
02: User Datagram Protocol, Src Port: 53, Dst Port: 62197
03: Domain Name System (response)
04:       Transaction ID: 0x8272
05:       Flags: 0x8180 Standard query response, No error
06:       Questions: 1
07:       Answer RRs: 3
08:       Authority RRs: 0
09:       Additional RRs: 0
10:       Queries
11:           www.qq.com: type A, class IN
12:       Answers
13:           www.qq.com: type CNAME, class IN, cname news.qq.com.edgekey.net
14:           news.qq.com.edgekey.net: type CNAME, class IN,
                   cname e6156.dscf.akamaiedge.net
15:           e6156.dscf.akamaiedge.net: type A, class IN, addr 184.31.4.207
```

5.2 Web 与 HTTP

在互联网早期，互联网的使用者主要是研究人员和大学生，他们采用命令行界面（Command Line Interface，CLI）的远程登录方式，实现本地主机与远程主机间的数据传输，或使用远程电子邮件系统发送和接收电子邮件。例如，早期的微软个人操作系统 MS DOS（Disk Operating System，磁盘操作系统）及未使用图形用户界面（Graphical User Interface，GUI）的 Linux 操作系统等使用的都是 CLI 操作模式。CLI 对使用者要求较高，需要掌握大量的操作命令和参数，这对一般的普通用户非常不友好，因此互联网的先驱者们认为只有"少数人"才能够使用互联网。

在"第 1 章 概述"中，我们已经了解到，万维网 WWW（World Wide Web，简称Web）应用的出现及图形化浏览器 Mosaic 的问世，使得一般的普通用户也能够方便快捷地使用互联网，从此互联网受到了人们的普遍欢迎，也使得互联网得到了蓬勃发展。

Web 服务在运输层上使用 TCP 协议，默认使用端口 80，它由 4 个部分组成：

（1）一个文本格式，用来表示超文本文档，即超文本标记语言（HTML）。

（2）一个简单协议，用来交换超文本文档，即超文本传输协议（HTTP）。

（3）一个客户程序，用来显示超文本文档，即网络浏览器（Browser）。

（4）一个服务器程序，用来给客户提供可访问的文档。

5.2.1 HTTP 协议

1. 概述

Web 应用使用的是超文本传输协议（HyperText Transfer Protocol，HTTP），它基于分布

式、协作的超媒体信息系统，规定了客户与服务器间交换文档的规则，例如，采用什么语言，是否支持数据压缩及传输的文档类型等。HTTP 有多种版本，其中 HTTP 1.0 由 RFC 1945 定义，HTTP 1.1 由 RFC 2616 定义，HTTP 2.0 由 RFC 7540 定义。

HTTP 采用 C/S 工作模式，由客户程序和服务器程序组成。目前，人们普遍使用的客户程序就是各种不同的浏览器（Browser），例如 Chrome、Firefox、Safari、Edge、Opera 等，常用的 HTTP 服务器程序有 Apache、Nginx、Tomcat、IIS 等。在理解 HTTP 之前，首先要理解 HTTP 中的以下几个概念。

（1）Web 页面（Web Page）

页面是由一系列各种类型的对象所组成的，而一个对象（Object）就是某种类型的文件（资源），例如 jpeg 格式的图片文件、avi 格式的视频文件、mp3 格式的音频文件、txt 格式的文本文件或一个 java 小程序等，且这些对象是可以寻址的（即通过某种途径可以找到它）。通常情况下，一个页面有一个 HTML 的基本文件（Base HTML File）和若干个引用对象，该基本文件可被看作是一个 HTML 容器，该容器包含了很多对象。例如，一个基本文件 index.html（index.html 通常是访问一个 Web 服务器站点的第一个文件，即站点的首页面）往往包含文本、图片等多个对象，比如，百度的首页面包含了一张百度的图片、一个输入框、一个可点击的按键及若干文本等对象。

（2）超媒体

在理解超媒体之前，首先需要理解超文本（HyperText）的概念：传统的普通文本是以线性方式组织的，而超文本是以非线性方式、通过链接来组织的；超文本是包含了一些链接关系的文本，这些链接一般带有下划线并以不同颜色加以区分，通过鼠标点击这些链接，可以跳转阅读链接所指向的其他文本。注意，相互链接的文件不受空间位置的限制，可以是同一个文件的某一个位置，也可以是不同的文件，还可以是互联网中任意一台联网主机（Web 服务器）上的文件。所谓超媒体（HyperMedia），是指建立链接关系的对象不仅仅是文本，还可以是图形、图像、声音、动画或影视片段等。超媒体、超文本之间的链接被称为超链接（HyperLink）。

（3）URL

URL（Uniform Resource Locator，统一资源定位符）是互联网中资源的地址，定义了在互联网中标识本地文件的一种方法。在本地计算机系统中，通过路径加文件名的方式来访问本地系统中的文件。

例如，在 Windows 系统中，more 命令访问文件 hosts 的方法如下（绝对路径）：

more C:\Windows\System32\drivers\etc\hosts

而在 Linux 系统中，more 命令访问 hosts 文件的方法如下（绝对路径）：

more /etc/hosts

在互联网中，URL 包含两大部分：存放文件（对象）的服务器域名或 IP 地址和对象的路径名，URL 的格式是：<协议>://<主机>:<端口>/<路径>/<对象>。

- 协议：指明采用何种协议来获取对象。对于 Web 应用，采用的协议是 HTTP 或安全的超文本传输协议（HyperText Transfer Protocol Secure，HTTPS），另一种常用的协议是文件传输协议（File Transfer Protocol，FTP）。当在浏览器中输入 URL 时，如果不指明协议，则默认使用 HTTP 或 HTTPS。

- 主机：可以是域名，也可以是 IP 地址，指明对象存放在互联网的哪台主机上。在大多数情况下都是使用域名，此时需要使用 DNS 对域名进行解析以获取主机的 IP 地址。
- 端口：指明是主机中的什么进程提供了对象资源。如果省略端口，则默认访问主机的 80 端口或 443 端口。
- 路径：主机中服务进程存放对象的路径。如果省略路径，则表示访问服务进程存放对象的根路径。
- 对象：客户请求的资源文件。如果省略对象，对于 Web 应用而言，则是请求 Web 服务器程序指定的、存放于根路径下的特定文件，例如 index.htm、index.html、index.jsp、index.php、default.htm、default.jsp 等。

URL 的例子如图 5-14 所示。

图 5-14　URL 的例子

图 5-14 中的三个 URL 访问的都是资源 101441.htm。注意，在浏览器的地址栏（URL）中，如果仅输入域的名称，浏览器会自动加上"www"而变成一个主机的域名，例如，在浏览器的 URL 中输入 tsinghua.edu.cn，表明浏览器访问域名 www.tsinghua.edu.cn 的默认的页面。另外，现在大部分的 Web 服务器都采用了 HTTPS，当客户用 HTTP 请求资源时，将自动转变为使用 HTTPS 来请求资源。

上述例子从一个侧面说明，在一个单位所管辖的域中，一般都有一台主机提供 Web 服务来作为该单位的官方站点，通常该主机在单位域中的名称为"www"。

2. HTTP 工作过程

HTTP 在运输层上使用 TCP，服务器默认使用 80 端口。当 HTTP 客户（浏览器）向服务器请求一个页面时（输入 URL 获取页面或点击超链接），客户首先与服务器建立 TCP 连接，然后再向服务器发送 HTTP 请求，最后服务器向客户发送 HTTP 响应且释放 TCP 连接，如图 5-15 所示。

HTTP 服务器程序持续运行（监听 80 端口），等待 HTTP 客户主动与其建立 TCP 连接，这需要消耗一个 RTT 的时间。在客户与服务器之间的 TCP 连接建立完成之后，客户向服务器发送 HTTP 请求（Request），以获取相关页面，服务器向客户发送 HTTP 响应（Response），将页面发送给客户，这一过程又需要消耗一个 RTT 的时间。最后客户与服务器之间释放 TCP 连接，这也需要消耗多于一个的 RTT 时间（如果 4 次挥手，则需要消耗 2 个 RTT 的时间）。

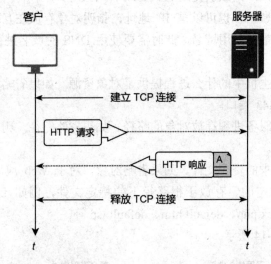

图 5-15　HTTP 的请求与响应

HTTP 是无状态的协议（Stateless Protocol），服务器在通过 HTTP 响应报文将客户请求的页面发送给客户之后，并不会保存客户的任何状态信息，当客户短时间内再次向服务器请求同一页面时，服务器会将这一请求页面重新发送给客户，即上述过程又被重复一遍。

注意，HTTP 本身是无连接的，但是，HTTP 在 TCP 的控制之下，能够确保 HTTP 请求正确无误地被服务器接收，也能保证服务器发送的 HTTP 响应被客户正确无误地接收。可见 HTTP 是面向事务的，即对于一次 HTTP 请求/响应，或者正确无误地完成，或者无法完成，没有中间状态。如果不考虑传输 HTTP 请求和 HTTP 响应报文的时间，客户获得一个页面大约需要 2 个 RTT 的时间，而一个完整的 HTTP 事务至少需要消耗约 3 个 RTT 的时间。

3. 持续连接与非持续连接

（1）非持续连接

如前所述，在一个 Web 页面中，可能包含很多对象，在非持续连接（Non-persistent Connection）的情况下，每个对象都需要使用一个单独的 TCP 连接来进行传输，故非持续连接将消耗更多的时间与网络资源。假设某网站的首页中包含了图片、动画等 5 个不同的对象，那么客户与服务器之间的工作过程如下：

①客户与服务器建立 TCP 连接。

②客户向服务器发送 HTTP 请求，请求中包含了对象的路径和名称，例如/index.htm。

③服务器收到请求报文，将请求对象发送给客户。

④客户与服务器间释放 TCP 连接。

⑤客户浏览器解析 index.htm 文件，发现需要继续请求其他的 5 个对象。

⑥客户重复步骤①～④以获取另外的 5 个对象。

可以看出，由于每一个 TCP 连接仅获取了一个对象，客户为了在浏览器上显示全部的页面内容（包括 5 个对象），客户需要与服务器建立 6 次 TCP 连接。

这种非持续连接的方式，适合早期的 Web 服务，因为早期服务器与客户间数据交换的间歇性较长，即数据传输具有突发性和瞬时性的特点，而且页面间的关联性也很低。在这种情况下，如果采用持续连接则会导致 TCP 连接很空闲，从而浪费了网络资源。

（2）持续连接

现在的页面内容十分复杂，包含了更多的对象，如果采用非持续连接，则需要多次建立 TCP 连接，才能完成这些对象的请求，显然，这种方式的传输效率非常低。

在持续连接（Persistent Connection）的情况下，某段时间内的客户与服务器间的所有请求与响应，是在同一个 TCP 连接下完成的，即服务器在向客户发送响应之后，不是立即释放 TCP 连接，而是继续保持该 TCP 连接一段时间，以便客户可以继续向服务器发送多个请求并得到多个响应。一般情况下，服务器默认使用持续连接。持续连接又被分为非流水线（Without Pipelining）和流水线（With Pipelining）两种方式。

所谓非流水线方式，是指客户在收到上一个请求的响应之后才能发送下一个请求，即每请求一个对象就要消耗一个 RTT 的时间，这也使得服务器在发送完一个响应之后，需要等待一段时间才能收到客户的下一个请求。采用这种方式，使得 TCP 连接处于空闲状态。

所谓流水线方式，是指客户在收到服务器的响应之前，便可以连续地向服务器发送新的请求，于是服务器也连接不断地向客户发送响应。在这种情况下，大约一个 RTT 的时间内，客户便得到了所有的对象。采用这种方式，明显地减少了 TCP 连接的空闲时间，也提高了客户页面的呈现速度。

在持续连接的情况下，当客户发送完了所有请求且服务器发送完了所有响应之后，如果服务器没有释放 TCP 连接（一个糟糕的服务器程序），则客户无法知道服务器是否完成了全部数据的传输，客户便一直等待，如图 5-16 所示。只有当服务器程序释放了 TCP 连接之后，客户浏览器才能呈现页面内容。

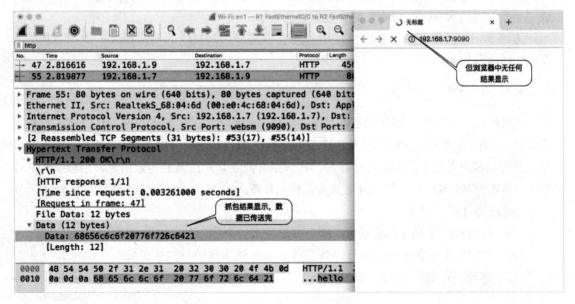

图 5-16　HTTP 持续连接的问题

例 5–13 一个糟糕的 Web 服务器程序（持续连接）如下：

```
01: // 5-1_WebServer.js 一个糟糕的 Web 服务器程序
02:
03: require('net').createServer(function(sock) {
04:     sock.on('data', function(data) {
05:         sock.write('HTTP/1.1 200 OK\r\n');
06:         sock.write('\r\n');
07:         sock.write('Hello World!');
08:         //sock.destroy();
09:     });
10: }).listen(9090, '192.168.1.7');
```

第 08 行，将释放 TCP 连接的代码行注释掉。

第 10 行，Web 服务器 192.168.1.7 监听 9090 端口（即不再监听默认的 80 端口）。

首先在服务器上运行 Web 服务器程序：

```
node webserver.js
```

然后在浏览器的地址栏中输入：

```
"http://192.168.1.7:9090"
```

在客户向服务器请求对象之后，服务器将"Hello World!"封装到响应中发送给客户，但是服务器没有释放它与客户间的 TCP 连接，因此，虽然数据已经传输完毕，但由于 TCP 连接一直保持着，客户并不知道请求的对象数据是否全部传输完毕，故客户浏览器中始终不会显示"Hello World!"。在服务器程序退出（意味着服务器释放了 TCP 连接）之后，客户知道服务器已经没有后续数据传输了，便在浏览器中呈现"Hello World!"。

HTTP 采用了两种方法来解决上述持续连接可能出现的问题：

方法一，分块传输编码（Chunked Transfer Encoding），即服务器在响应报文中将数据分成若干块发送给客户，且指明了每个数据块的大小。

方法二，服务器在响应报文中，明确地告诉客户，其发送的响应报文中返回数据的长度（Content-Length）。

4. HTTP 记忆：cookie

HTTP 是无状态的，服务器不能识别并记住曾经服务过的客户的信息，HTTP 的这种设计减轻了 Web 服务器的负荷。但是现今商业用途的 HTTP 服务（例如网络购物），Web 服务器必须跟踪客户在服务器上的访问行为，即识别客户及客户访问的内容信息，所以 HTTP 需要实现状态管理。HTTP 采用 cookie 来实现状态管理，cookie 在 RFC 6265 中被定义。

cookie 由 4 部分组成：

（1）HTTP 响应中的 cookie 行，即为客户生成一个唯一的 cookie 识别码。

（2）HTTP 请求中的 cookie 行，即带有 cookie 识别码的 HTTP 请求。

（3）客户浏览器管理的一个 cookie 文件，即保存特定服务器分配的 cookie 识别码等信息。

（4）Web 服务器中的一个后台数据库文件，即保存客户身份及访问数据的行为。

图 5-17 给出了 cookie 跟踪用户状态的例子。

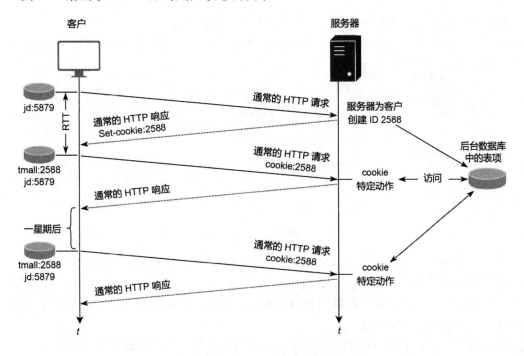

图 5-17　cookie 跟踪用户

客户本地保存了一个 cookie 文件，其中 jd:5879 表示该客户曾经访问过 jd。假设客户第一次访问 tmall，它向 tmall 服务器发送了一个 HTTP 请求。tmall 服务器在收到客户请求之后，为客户产生一个唯一的 cookie 识别码 2588，并将该 cookie 识别码作为索引保存到服务器的后台数据库文件中，同时服务器向客户发送一个包含了 cookie 识别码为 2588 的 cookie 行的 HTTP 响应。这个 cookie 行可能是：

Set-cookie: SSID=2588; domain=tmall.com; path=/; max-age=800 \r\n

客户浏览器在收到服务器的 HTTP 响应之后，将服务器设置的 cookie 信息作为一条记录写入本地的 cookie 文件中。

当客户浏览器再次向 tmall 服务器发送 HTTP 请求时，浏览器将发送一个包含了 cookie 识别码为 2588 的 cookie 行的 HTTP 请求。

tmall 服务器依据 HTTP 请求中的 cookie 识别码，记录该 cookie 识别码在服务器中的访问行为：什么时间、何种顺序访问了什么内容。

当然，如果客户在 tmall 服务器中注册了账户，且正常登录 tmall，则这些账户信息也会与客户的 cookie 识别码被关联起来。一个星期以后，当客户再次访问 tmall 时，浏览器会用与 cookie 识别码关联的账户信息，自动完成登录工作。可以看出，cookie 具有一定的安全隐患，即客户的账户在不知情的情况下很容易被他人盗用。

5.2.2　HTTP 报文的格式

HTTP 报文有两种，分别是 HTTP 请求报文和 HTTP 响应报文。

1. HTTP 请求报文

HTTP 请求报文由 4 部分构成，分别是请求行、请求首部、空行和实体主体。这 4 部分的内容都是可阅读的 ASCII 字符串，且长度不固定。HTTP 请求报文的格式如图 5-18 所示。

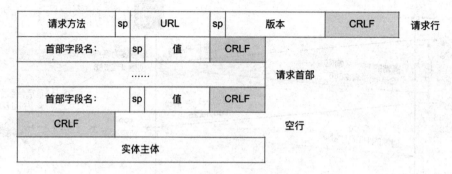

图 5-18　HTTP 请求报文的格式

（1）请求行：该行包含了请求方法、URL 和版本 3 个字段，字段间以 sp（space，空格）进行分隔，最后以回车换行结束（注意是两个字符）。字段 URL 用来指明请求的资源，版本则用来指明采用何种版本的 HTTP 协议来请求资源。常用的请求方法包括 GET、POST、HEAD、PUT 和 DELETE 方法。

- GET 方法：大部分的 HTTP 请求报文使用该方法，用来请求 URL 中指明的对象。在使用 GET 方法的 HTTP 请求报文中，不使用实体主体部分，且请求的资源将在 HTTP 响应报文的实体主体中被返回。
- POST 方法：使用 POST 方法时，客户可以向服务器提交一个表单资源，该资源包含在 HTTP 请求报文的实体主体中。例如，输入用户名和密码来登录某一个网站或提交一个调查表格等，因此，POST 方法的 HTTP 请求报文可能会在服务器上新建资源或修改已有的资源。
- HEAD 方法：该方法与 GET 方法类似，服务器收到该方法的 HTTP 请求报文后，也会发送 HTTP 响应报文，但不会返回具体的请求对象，该方法主要用于调试和跟踪。
- PUT 方法：该方法可以让客户上传对象到 Web 服务器中指定的路径，例如，上传一张图片文件。
- DELETE 方法：该方法允许客户删除 Web 服务器中指定的对象，例如，删除购物车中的待购物品或注销一个账户等。

（2）请求首部（首部）：首部中的每一行均由首部字段名和值构成（以空格分隔），例如 Host: 192.168.1.9:80，注意冒号后面必须跟上一个空格。首部字段的数量及各首部字段的长度是不固定的，不同的浏览器和不同的 Web 服务器能够支持的首部字段各不相同，但它们都支持一些通用的请求首部字段。下面列出的是 HTTP/1.1 中支持的部分通用的请求首部字段。

- Accept：客户告知服务器可支持的资源类型。
- Accept-Charset：可支持的字符集。
- Accept-Encoding：可支持的编码格式，例如 gzip、chunked 等。
- Accept-Language：可支持的语言。
- Host：Web 服务器的名称及端口。

- User-Agent：客户所使用的浏览器的版本信息。

（3）空行：请求首部之后必须有由回车换行形成的一个空行。

（4）实体主体：对于 GET 方法的 HTTP 请求报文，该部分为空；对于 POST 方法的 HTTP 请求报文，该部分是表单中输入的值。

例 5-14 一个 HTTP 请求报文的例子。

```
01: Transmission Control Protocol, Src Port: 58592, Dst Port: 80
02: Hypertext Transfer Protocol
03:     GET / HTTP/1.1\r\n
04:     Host: 192.168.1.9:80\r\n
05:     Upgrade-Insecure-Requests: 1\r\n
06:     Accept: text/html,application/xhtml+xml,…\r\n
07:     User-Agent: Mozilla/5.0 ... Safari/605.1.15\r\n
08:     Accept-Language: zh-cn\r\n
09:     Accept-Encoding: gzip, deflatc\r\n
10:     Connection: keep-alive\r\n
11:     \r\n
```

第 03 行是请求行，请求方法是 GET 方法，请求的对象是 Web 服务器设置的根路径下的默认对象，例如 index.html、default.js 等，版本是 HTTP/1.1。

第 04～10 行是请求首部（包含 7 个请求首部字段），其中第 10 行表示连接方式是持续连接。

第 11 行是空行。

由于这是一个 GET 方法的 HTTP 请求报文，故该 HTTP 请求报文中没有实体主体部分。

2. HTTP 响应报文

HTTP 响应报文的格式如图 5-19 所示。HTTP 响应报文与 HTTP 请求报文类似，也由 4 部分构成，分别是状态行、响应首部、空行和实体主体。

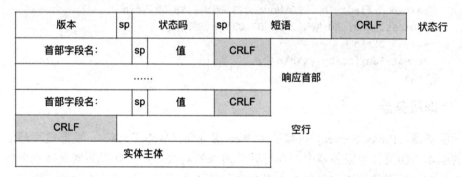

图 5-19　HTTP 响应报文的格式

（1）状态行：该行包含了版本、状态码和短语 3 个字段，字段间以 sp（space，空格）分隔，最后以回车换行结束（注意是两个字符）。状态码和对应的短语指明了请求得到的是何种结果。

状态码由三位数字组成，其中第一位数字规定了响应的类型，一共有以下的 5 种类型。

- 1xx：指示信息，表示服务器已经收到请求，继续处理当中。
- 2xx：表示服务器已经收到请求并且能够理解和接受请求。
- 3xx：重定向，表示请求的对象被转移了。
- 4xx：客户端错误，表示请求中有语法错误或请求无法实现。
- 5xx：服务器端错误，表示服务器未能实现合法的请求，例如不支持请求报文的版本等。

下面是几个常见的状态码。

- 200 OK：请求成功，请求的对象在响应报文的实体主体中。
- 301 Moved Permanently：客户请求的对象被永久转移了，请求对象的新的 URL 在响应报文的响应首部 Location 字段中给出，客户需向该 URL 重新发送 HTTP 请求报文。
- 400 Bad Request：通用的错误代码，表示该请求不被服务器所理解。
- 404 Not Found：服务器中没有客户请求的对象。

（2）响应首部：与请求首部类似，响应首部中也有一些通用的响应首部字段。下面列出的是 HTTP/1.1 中支持的部分通用的响应首部字段。

- Age：服务器产生响应以来的时间。
- ETag：资源的匹配信息。
- Location：告知客户重定向的 URL。
- Server HTTP：服务器的信息。

例 5-15 一个 HTTP 响应报文的例子。

```
01: Hypertext Transfer Protocol
02:    HTTP/1.1 200 OK\r\n
03:    Content-Type: application/ocsp-response\r\n
04:    Content-Length: 2515\r\n
05:    Connection: keep-alive\r\n
06:    Server: nginx\r\n
07:    ETag: "49db0ca6b7acc6ea229ce985a444485feeefc127"\r\n
08:    Date: Thu, 30 Nov 2023 06:48:50 GMT\r\n
09:    Last-Modified: Thu, 30 Nov 2023 06:48:50 GMT\r\n
10:    Expires: Thu, 30 Nov 2023 07:03:50 GMT\r\n
11:    Age: 558\r\n
12:    Accept-Ranges: bytes\r\n
13:    \r\n
```

5.2.3 代理服务器

代理服务器（Proxy Server）也被称为 Web 缓存器（Web Cache），能够缓存最近请求过的对象的副本。如果代理服务器中保存有客户请求的对象，则代理服务器直接响应客户的请求，而不会向原始服务器请求对象；如果代理服务器中没有客户请求的对象，则代理服务器会向原始服务器请求该对象，并保存原始服务器返回的对象，同时将该对象返回给请求客户。可见，代理服务器既是服务器又是客户，当它向原始服务器请求对象时，它是客户，当它向客户发送响应时，它又是服务器。

代理服务器的优点是显然易见的：一方面大大减少了客户请求的响应时间，当客户与代理服务器间的带宽远远高于客户与原始服务器间的带宽时更是如此；另一方面，代理服务器可以减少单位网络与互联网间的通信流量，从而减少租用通信链路的费用。图 5-20 给出了代理服务器的一个使用场景。

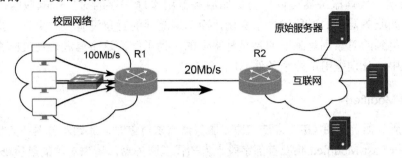

图 5-20　校园网络与互联网间的瓶颈

在图 5-20 中，一个校园网络经路由器 R1 接入互联网，R1 与 R2 之间的带宽是 20Mb/s，即 R1 能以 20Mb/s 的速率向互联网注入比特流。校园网络的带宽是 100Mb/s，假设校园网络每秒产生 40 个请求报文，且每个请求报文的大小都是 0.5Mb，则全部的请求报文将以 20Mb/s 速率进入 R1。由于 R1 存在处理时延等原因，致使 R1 不可能线性转发（数据流以多快的速度进入，便能以多快的速度转发出去），即使是非常短的处理时延，也会导致待转发的分组需要在 R1 中排队等待转发，且该队列的长度不断增加。在这种情况下，校园网络中的客户请求将需要等待较长的时间才能得到响应。

在图 5-21 中，校园网络中增加了一台代理服务器，校园网络中的主机的所有请求均发送给代理服务器，如果代理服务器中缓存的对象能够满足 40% 的客户请求，则发往 R1 的请求报文的流量将减少到 12Mb/s，R1 便能够将这些请求报文很快地转发出去。

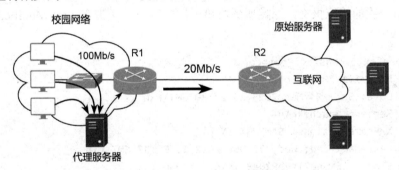

图 5-21　校园网络中的代理服务器

假设在校园网络中，从主机发送请求开始到收到互联网中的原始服务器的响应为止，共耗时 2s（不考虑排队时延），而在校园网络内，主机间的往返时延是 10ms（0.01s）。则在使用代理服务器的情况下，请求、响应的平均往返时延为

$$0.4 \times 0.01 + 0.6 \times (2 + 0.01) \approx 1.22s$$

可见，如果请求的对象在代理服务器中的命中率越高，则响应时间越短。

以代理服务器构建的内容分发网络（Content Delivery Network，CDN），已成为当今互联网一种重要的优化技术，该技术采用一组分布在不同物理地点的服务器，将内容缓存在离用户更近的服务器之中，这使得大量的网络流量实现了本地化，用户也就能够更快捷地访问网络资源，从而提高了网站的性能，也提高了用户的满意度。

5.2.4　数据同步

如前所述，代理服务器可以代替原始服务器用本地缓存的对象来响应客户的请求。但是，如果原始服务器中的对象发生了变化，而本地缓存的对象没有及时更新，那么客户从代理服务器中得到的对象则是陈旧的甚至是错误的。为了解决这个问题，HTTP 在 GET 方法的请求报文中，分别采用了两个条件 GET 方法。

1. Last-Modified

当代理服务器首次用 GET 方法向原始服务器请求对象时，原始服务器在其响应报文的响应首部中，以 Last-Modified 响应首部字段来告知代理服务器，请求对象的最后修改时间。

例 5–16　响应首部中带有 Last-Modified 响应首部字段的响应报文。

（1）第一次的请求报文，代理服务器首次向原始服务器发送的请求报文：

```
01: Hypertext Transfer Protocol
02:    GET / HTTP/1.1\r\n
03:    Host: 10.1.21.247\r\n
04:    Connection: keep-alive\r\n
05:    Upgrade-Insecure-Requests: 1\r\n
06:    User-Agent: Mozilla/5.0 ... Chrome/110.0.0.0 Safari/537.36\r\n
07:    Accept: text/html,application/xhtml+xml,...\r\n
08:    Accept-Encoding: gzip, deflate\r\n
09:    Accept-Language: zh-CN,zh;q=0.9\r\n
10:    \r\n
```

（2）第一次的响应报文，原始服务器第一次向客户发送带有 Last-Modified 响应首部字段的响应报文：

```
01: Hypertext Transfer Protocol
02:    HTTP/1.1 200 OK\r\n
03:    Date: Sat, 04 Mar 2023 13:27:30 GMT\r\n
04:    Server: Apache\r\n
05:    X-Frame-Options: SAMEORIGIN\r\n
06:    Last-Modified: Wed, 23 Nov 2022 11:05:37 GMT\r\n
07:    ETag: "15-5ee2144b920c8"\r\n
08:    Accept-Ranges: bytes\r\n
09:    Content-Length: 21\r\n
10:    Keep-Alive: timeout=5, max=100\r\n
11:    Connection: keep-alive\r\n
12:    Content-Type: text/html\r\n
13:    \r\n
14:    File Data: 21 bytes
15: Line-based text data: text/html (1 lines)
16:    This is my first web.
```

第 06 行：原始服务器在响应报文的响应首部中，通过 Last-Modified 响应首部字段给出了代理服务器请求的对象的最后修改时间，代理服务器则缓存请求得到的对象及该对象的最后修改时间等信息。

在间隔了一段时间之后，如果代理服务器再次向原始服务器请求同一对象，则它会在其请求报文的请求首部中以 If-Modified-Since 请求首部字段来告诉原始服务器：请求的对象包含在自己的缓存中，其最后修改时间是什么。

（3）第二次的请求报文，代理服务器第二次发送带有 If-Modified-Since 请求首部字段的请求报文：

```
01: Hypertext Transfer Protocol
02:    GET / HTTP/1.1\r\n
03:    Host: 10.1.21.247\r\n
04:    Connection: keep-alive\r\n
05:    Cache-Control: max-age=0\r\n
06:    Upgrade-Insecure-Requests: 1\r\n
07:    User-Agent: Mozilla/5.0 ...Chrome/110.0.0.0 Safari/537.36\r\n
08:    Accept: text/html,application/xhtml+xml,...\r\n
09:    Accept-Encoding: gzip, deflate\r\n
10:    Accept-Language: zh-CN,zh;q=0.9\r\n
11:    If-None-Match: "15-5ee2144b920c8"\r\n
12:    If-Modified-Since: Wed, 23 Nov 2022 11:05:37 GMT\r\n
13:    \r\n
```

仔细对比代理服务器的两次的请求报文，在第二次的请求报文中，请求首部多了三个请求首部字段：

第 05 行，当 Cache-Control 的值是 no-cache 时，则强制代理服务器将每次的请求直接发送给原始服务器，不会实施请求对象的缓存版本与服务器版本的检验；当 Cache-Control 的值是 max-age=N(N>0)时，则直接以缓存的对象来响应客户的请求；当 Cache-Control 的值是 max-age=N(N≤0)时，则需要向原始服务器发送请求，以确认缓存的请求对象是否被修改，即实施请求对象的缓存版本与服务器版本的检验。

第 11 行，也是与缓存版本检验的相关内容。

第 12 行，给出了请求对象在缓存中的最后修改时间，注意该时间与原始服务器发送的第一次的响应报文中的响应首部字段 Last-Modified 的值是一致的。

原始服务器收到代理服务器的请求后，查询存储的被请求对象的最后修改时间：如果与请求报文中的 If-Modified-Since 请求首部字段给出的时间一致，则说明被请求的对象没有被修改，代理服务器中缓存的对象与自己保存的对象是一致的，此时原始服务器发送一个状态码是 304 Not Modified 的响应报文给代理服务器，告诉代理服务器，自上次请求该对象以来，该对象并没有被修改，且该响应报文没有实体主体；如果时间不一致，则发送状态码是 200 OK 的响应报文，且将修改后的对象放在该响应报文的实体主体中。

（4）第二次的响应报文，由于请求对象在服务器中没有发生改变，故原始服务器发送的第二次的响应报文的状态码是 304：

```
01: Hypertext Transfer Protocol
02:    HTTP/1.1 304 Not Modified\r\n
03:    Date: Sat, 04 Mar 2023 13:29:57 GMT\r\n
04:    Server: Apache\r\n
05:    Connection: keep-alive\r\n
06:    Keep-Alive: timeout=5, max=100\r\n
```

```
07:      ETag: "15-5ee2144b920c8"\r\n
08:      \r\n
```

当代理服务器收到原始服务器返回的上述响应报文时，它便知道自己缓存的对象与原始服务器中的对象是一致的，于是代理服务器就会用缓存的对象来响应客户的请求。通过 Last-Modified 和 If-Modified-Since 进行缓存版本的检验的过程如图 5-22 所示。

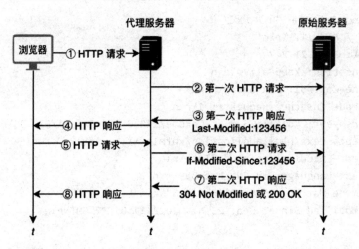

图 5-22　通过 Last-Modified 和 If-Modified-Since 进行缓存版本的检验

2. ETag

ETag（Entity-Tag）是原始服务器为对象生成的唯一标识符，也是另一种缓存版本的检验方式，它解决了通过 Last-Modified 和 If-Modified-Since 进行缓存版本检验中存在的一些问题：

第一个问题，原始服务器中的某些对象，会随时间推移而发生变化，但在某段时间内，对象仅仅是改变了修改时间，而对象的内容并没有发生变化，在这种情况下，原始服务器并不希望代理服务器认为该对象发生了变化。

第二个问题，Last-Modified 检查的粒度是秒级的，而现代网站上的很多资源，其变化速度很快，在 1s 内可能发生多次变化（例如股票交易数据等），这种变化通过 Last-Modified 就很难判断。

ETag 也是由原始服务器在第一次响应时生成的，并通过响应报文中的 ETag 响应首部字段返回给代理服务器，代理服务器缓存对象及其 ETag 的值，例如，例 5-16 的原始服务器发送的第一次的响应报文的第 07 行"ETag: "15-5ee2144b920c8"\r\n"。当代理服务器第二次请求同一对象时，在请求首部中以 If-None-Match 请求首部字段将 ETag 的值返回给服务器，例如，例 5-16 的代理服务器发送的第二次的请求报文的第 11 行"If-None-Match: "15-5ee2144b920c8"\r\n"。原始服务器对代理服务器发送的请求对象重新计算 ETag，如果得到的结果与代理服务器发送的请求报文中的请求首部字段 If-None-Match 的值一致，则发送状态码是"304 Not Modified"的响应报文，否则发送状态码是"200 OK"的响应报文，并将发生了变化的对象存入实体主体返回给代理服务器。ETag 的生成方法是多种多样的，散列函数就是常用的方法之一。通过 ETag 和 If-None-Match 进行缓存版本的检验的过程如图 5-23 所示。

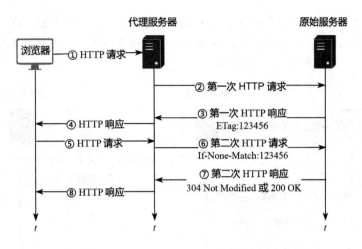

图 5-23 通过 ETag 和 If-None-Match 进行缓存版本的检验

从以上分析可以看出，原始服务器会对采用条件 GET 方法的请求报文做出响应，如果响应报文的状态码是 304 Not Modified，则告诉代理服务器可以用缓存的对象来响应客户的请求，该响应报文中不包含请求对象，由此可见，请求的对象越大，越能节省网络带宽资源。图 5-24 说明了缓存版本的检验过程。

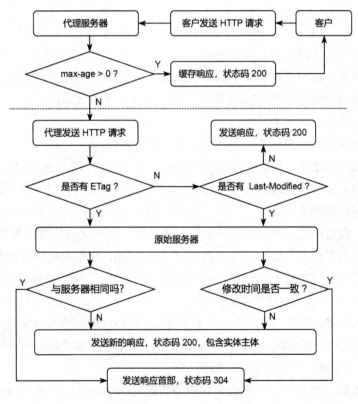

图 5-24 代理服务器缓存版本的检验过程

图 5-24 给出的是代理服务器缓存有客户请求的对象的情况，虚线以上部分是代理服务器和客户间的请求/响应过程，虚线以下是原始服务器的响应过程。max-age=N 是 Cache-Control 响应首部字段的值，当代理服务器第一次向原始服务器请求对象时，如果原始服务

器的响应报文中包含了 Cache-Control: max-age=N，则通告代理服务器：在 N(s)之内，不需要向原始服务器再次请求该对象，代理服务器可以直接使用缓存的对象来响应客户的请求，如图 5-25 所示。

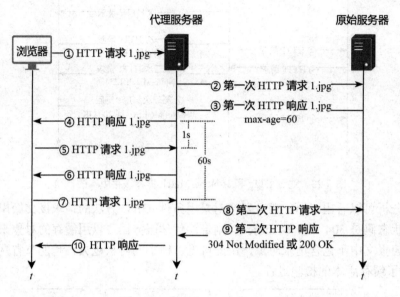

图 5-25　max-age 的作用

① 客户向代理服务器请求对象 1.jpg。

② 代理服务器中没有缓存对象 1.jpg，代理服务器向原始服务器请求 1.jpg。

③ 原始服务器发送响应报文回送请求对象，并且设置了 Cache-Control: max-age=60、Last-Modified 和 ETag 等响应首部字段。

④ 代理服务器响应客户请求，将请求对象发送给客户。

⑤ 间隔一段时间之后（例如图 5-25 中的 1s），客户再次向代理服务器请求对象 1.jpg。

⑥ 代理服务器发现自己缓存有客户请求的对象 1.jpg，且缓存时间未过期，便用缓存的对象 1.jpg 来响应客户的请求。

⑦ 再间隔一段时间之后（例如图 5-25 中的 60s），客户又向代理服务器请求对象 1.jpg。

⑧ 代理服务器发现自己缓存有客户请求的对象 1.jpg，但缓存时间已过期，故代理服务器再次向原始服务器请求对象 1.jpg，该请求报文中包含了 If-Modified-Since 和 If-None-Match 请求首部字段（请求缓存版本的检验）。

⑨ 原始服务器发送响应报文，该报文的状态码是 200 OK（请求对象发生了变化，在实体主体中返回更新的请求对象，并重新设置 max-age 等响应首部字段）或 304 Not Modified（请求对象未发生变化，不包含实体主体）。

⑩ 代理服务器以缓存中的对象或原始服务器返回的更新后的对象（同时更新缓存中的对象 1.jpg）来响应客户请求。

最后要强调的是，代理服务器的缓存机制是多种多样的，本书仅仅介绍了最为基本的一些机制。另外，想象一下将代理服务器的缓存迁移到本地主机中，那么本地主机也实现了类似的缓存机制，事实上，本地主机也有 Web 缓存，其工作机制与代理服务器类似，当客户在浏览器中不断刷新同一页面时，其实就是从 Web 缓存中不断请求该页面，本节中的实例内容就来自本地 Web 缓存机制。读者可以通过抓包、首次访问某页面和通过刷新再次访问该页面的方式来获取类似的示例结果（参考习题 5-11）。

5.3 FTP

5.3.1 概述

在单机环境下，文件共享只能依赖于存储介质，例如早期的软盘，现代的移动硬盘、U 盘和光盘等，这些可移动的存储介质作为"中介"，人们将需要共享的文件从一台主机中复制到另一台主机中。在互联网环境下，可以通过网络这个"中介"来实现异构系统间文件的复制，这种文件复制工作所采用的协议被称为文件传输协议（File Transfer protocol，FTP）。确切地说，FTP 是互联网中主机间传输文件的协议，在该协议的控制之下，被授权的用户（支持匿名的服务器除外）可以向文件服务器上传文件，或从文件服务器下载文件，即通过互联网，最终实现文件的远程管理，例如远程文件的查看、复制、删除、更名等文件操作，它屏蔽了计算机系统的细节，实现了异构网络中的任意计算机系统之间的文件传输。FTP 支持两种传输模式：ASCII 模式（文本序列传输）和 Binary 模式（二进制序列传输）。FTP 在 RFC 959 中被定义。

与 Telnet、E-mail 一样，FTP 是一个非常古老的互联网应用，当今普通用户很少通过 FTP 来实现主机间的文件上传或下载，基本上都是通过 HTTP 来上传或下载文件的。但是 FTP 在网络管理中是一个非常有意义的应用，例如，网络管理人员可以将网络设备的配置文件备份到 FTP 服务器中，当网络设备的配置文件出现错误或问题时，无须重新配置网络设备便可以直接从 FTP 服务器将配置文件安装到网络设备中。

5.3.2 FTP 的工作方式

FTP 与 HTTP 一样，采用客户-服务器的工作模式，并且在运输层上也采用 TCP，但 FTP 使用了两条 TCP 连接，一条 TCP 连接用来传输控制信息（控制连接），另一条 TCP 连接用来传输数据（数据连接）。控制连接用于传输控制信息，实现客户与服务器间的交互式访问，例如传输用户名称、用户口令、切换远程服务器目录命令、上传文件/下载文件命令、删除文件命令及更改传输模式命令等。数据连接仅用于客户与服务器间的数据传输。正是因为 FTP 使用了单独的一条控制连接来传输控制信息，因此称 FTP 的控制信息为带外（Out-of-Band）传输的信息，而在 HTTP 中，数据与控制信息是在同一个 TCP 连接上传输的，因此称 HTTP 的控制信息是带内（In-Band）传输的信息。

如图 5-26 所示，当 FTP 客户需要与服务器建立会话时，首先客户用一个临时端口（例如 5505）与服务器端口 21 建立用于传输控制信息的 TCP 连接，然后客户在这条连接上向服务器传输用户名和密码，并且切换到远程文件系统的工作目录。当需要将本地文件上传到远程文件系统的工作目录中或从远程文件系统的工作目录中下载文件到本地文件系统时，客户再用一个临时端口（例如 5506）与服务器端口 20 建立用于传输数据的另一条 TCP 连接，客户在这条连接上完成文件的上传或下载。当文件传输完成后，这条数据连接被关闭。

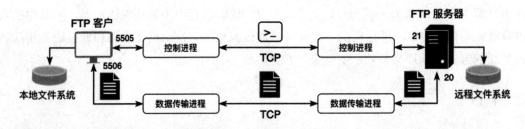

图 5-26 FTP 的两条 TCP 连接

当客户再次需要上传或下载另一个文件时，客户又用一个新的临时端口（例如 5507）与服务器端口 20 建立 TCP 连接，以完成文件的上传或下载。由此可见，控制连接始终维持着直到 FTP 会话被关闭。FTP 会话的过程如图 5-27 所示。

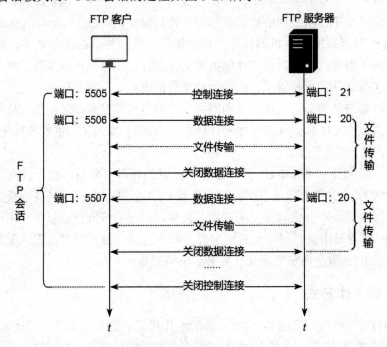

图 5-27 FTP 会话的过程

图 5-27 中，客户端口 5505 与服务器端口 21 建立了一条 TCP 控制连接，在该控制连接下，又分别建立了两次数据连接来完成两次数据传输，每一次数据传输完成后，该数据连接即被关闭。当客户与服务器间不再需要传输文件时，客户便关闭控制连接退出 FTP 会话。

显然，控制连接的建立一定是由客户端主动发起的，那么数据连接的建立是由谁主动发起的呢？根据数据连接的建立过程，FTP 的工作方式被分为主动方式和被动方式。

1. 主动方式

当客户需要与服务器建立 FTP 会话时，客户首先用一个临时端口 N（$N>1023$）与服务器端口 21 建立控制连接，然后客户监听端口 P（$P>1023$），并向服务器发送 PORT P 命令，服务器用端口 20 主动与客户端口 P 建立数据连接。当客户需要另一个数据连接时，则用一个新的端口重复上述过程。FTP 的这种工作方式被称为主动方式。这种服务器主动向客户建立连接的工作方式带来了一定的安全隐患，另外，组织中的客户主机往往都是置于防火墙之后的，防火墙会阻止外界主机与客户主机主动建立 TCP 连接，这会导致 FTP 的主动工作方式无法完成。图 5-28 是主动工作方式的一个实例。

	Source	Destination	Protocol	Info
1	172.16.25.1	172.16.25.134	TCP	53650 → 21 [SYN, ECE, CWR] Seq=0 Win=65535 Len=0 MSS
2	172.16.25.134	172.16.25.1	TCP	21 → 53650 [SYN, ACK] Seq=0 Ack=1 Win=8192 Len=0 MSS
3	172.16.25.1	172.16.25.134	TCP	53650 → 21 [ACK] Seq=1 Ack=1 Win=131712 Len=0
4	172.16.25.134	172.16.25.1	FTP	Response: 220-FileZilla Server 0.9.60 beta
5	172.16.25.1	172.16.25.134	TCP	53650 → 21 [ACK] Seq=1 Ack=144 Win=131584 Len=0
6	172.16.25.1	172.16.25.134	FTP	Request: USER stu1
7	172.16.25.134	172.16.25.1	FTP	Response: 331 Password required for stu1
8	172.16.25.1	172.16.25.134	TCP	53650 → 21 [ACK] Seq=12 Ack=176 Win=131584 Len=0
9	172.16.25.1	172.16.25.134	FTP	Request: PASS 111111
10	172.16.25.134	172.16.25.1	FTP	Response: 230 Logged on
11	172.16.25.1	172.16.25.134	TCP	53650 → 21 [ACK] Seq=25 Ack=191 Win=131520 Len=0
12	172.16.25.1	172.16.25.134	FTP	Request: PORT 172,16,25,1,209,228
13	172.16.25.134	172.16.25.1	FTP	Response: 200 Port command successful
14	172.16.25.1	172.16.25.134	TCP	53650 → 21 [ACK] Seq=51 Ack=220 Win=131520 Len=0
15	172.16.25.1	172.16.25.134	FTP	Request: LIST

图 5-28　FTP 的主动工作方式：客户与服务器建立控制连接

图 5-28 中，172.16.25.134 是 FTP 服务器，172.16.25.1 是 FTP 客户；序号 1～3 的包是客户与服务器通过三次握手建立 TCP 控制连接的过程；序号 4～11 的包是服务器的响应信息及用户身份认证的过程（用户名 stu1，密码 111111，全部都是明文！）；序号 12 的包是客户向服务器发送的 PORT 53732 命令；序号 15 的包表示客户发送了 LIST 命令，请求服务器列出当前目录下的文件（请求传输数据）。

读者或许已经发现，图 5-28 中序号 12 的 PORT 命令有些奇怪，显示的并不是"PORT 53732"，将该包展开：

```
01: File Transfer Protocol (FTP)
02:     PORT 172,16,25,1,209,228\r\n
03:        Request command: PORT
04:        Request arg: 172,16,25,1,209,228
05:        Active IP address: 172.16.25.1
06:        Active port: 53732
```

第 02～06 行是 PORT 命令的格式，第 04 行，给出了客户的 IP 地址及用于计算端口的参数"209,228"，第 06 行的端口 53732 就是依据参数"209,228"计算得到的，具体计算方法是这样的：$209 \times 256 + 228 = 53732$。

服务器收到客户发来的 PORT 53732 命令，便用端口 20 主动与客户端口 53732 建立 TCP 数据连接，然后用这条数据连接向客户传输数据。图 5-29 给出了主动方式下建立数据连接、数据传输及关闭数据连接的过程。

	Source	Destination	Protocol	Info
16	172.16.25.134	172.16.25.1	TCP	20 → 53732 [SYN] Seq=0 Win=8192 Len=0 MSS=1460 WS=256
18	172.16.25.1	172.16.25.134	TCP	53732 → 20 [SYN, ACK] Seq=0 Ack=1 Win=65535 Len=0 MSS
20	172.16.25.134	172.16.25.1	TCP	20 → 53732 [ACK] Seq=1 Ack=1 Win=65536 Len=0
21	172.16.25.1	172.16.25.134	TCP	[TCP Window Update] 53732 → 20 [ACK] Seq=1 Ack=1 Win=
22	172.16.25.134	172.16.25.1	FTP-DATA	FTP Data: 116 bytes (PORT) (LIST)
23	172.16.25.1	172.16.25.134	TCP	53732 → 20 [ACK] Seq=1 Ack=117 Win=262016 Len=0
24	172.16.25.134	172.16.25.1	TCP	20 → 53732 [FIN, ACK] Seq=117 Ack=1 Win=65536 Len=0
25	172.16.25.1	172.16.25.134	TCP	53732 → 20 [ACK] Seq=1 Ack=118 Win=262144 Len=0
28	172.16.25.1	172.16.25.134	TCP	53732 → 20 [FIN, ACK] Seq=1 Ack=118 Win=262144 Len=0
29	172.16.25.134	172.16.25.1	TCP	20 → 53732 [ACK] Seq=118 Ack=2 Win=65536 Len=0

图 5-29　FTP 的主动工作方式：服务器主动建立数据连接和主动关闭数据连接

图 5-29 中，序号 16、18 和 20 的包，是服务器主动用端口 20 与客户端口 53732 三次握手建立 TCP 数据连接的过程；序号 22 的包是服务器向客户传输的数据信息；序号 24~29 的包是关闭 TCP 数据连接的过程。当客户需要继续向服务器请求传输数据时，客户需要重新向服务器发送 PORT 命令，例如 PORT 53887 命令。

2. 被动方式

客户在用临时端口 N（$N>1023$）与服务器端口 21 建立控制连接之后，向服务器发送 PASV 命令，服务器在收到该命令之后，便监听端口 P（$P>1023$）并向客户发送 PORT 命令，随后，客户便用另一个临时端口 M 主动与服务器端口 P 建立数据连接，这种服务器被动等待客户与之建立数据连接的工作方式被称为被动方式。可见，在 FTP 的被动工作方式中，服务器并不是用端口 20 来传输数据的。图 5-30 是被动工作方式的一个实例。

	Source	Destination	Protocol	Info
				tcp.stream eq 0
18	172.16.25.1	172.16.25.134	FTP	Request: PASV
19	172.16.25.134	172.16.25.1	FTP	Response: 227 Entering Passive Mode (172,16,25,134,162,225)
20	172.16.25.1	172.16.25.134	TCP	61322 → 21 [ACK] Seq=53 Ack=316 Win=131392 Len=0
24	172.16.25.1	172.16.25.134	FTP	Request: RETR imailec.exe

图 5-30　FTP 的被动工作方式：客户发送 PASV 命令

客户与服务器建立控制连接、用户认证的过程与主动工作方式的实例类似（参考图 5-28）。从图 5-30 可以看到，客户用端口 61322 与服务器端口 21 建立了控制连接。序号 18 的包是客户向服务器发送的 PASV 命令，而序号 19 的包是服务器向客户发送的 Passive port 命令，告知客户服务器用来建立数据连接的临时端口是 41697，序号 19 的包展开如下：

```
01: File Transfer Protocol (FTP)
02:     227 Entering Passive Mode (172,16,25,134,162,225)\r\n
03:         Response code: Entering Passive Mode (227)
04:         Response arg: Entering Passive Mode (172,16,25,134,162,225)
05:         Passive IP address: 172.16.25.134
06:         Passive port: 41697
```

服务器的端口 41697 也是这样计算得到的：$162\times256+225=41697$。图 5-31 给出了被动方式下客户用端口 61416 主动与服务器端口 41697 建立数据连接的过程（注意，是客户主动向服务器请求建立数据连接的）。而图 5-32 给出了被动方式下数据传输完成和关闭数据连接的过程。

	Source	Destination	Protocol	Info
				tcp.stream eq 1
21	172.16.25.1	172.16.25.134	TCP	61436 → 41697 [SYN, ECE, CWR] Seq=0 Win=65535 Len=
22	172.16.25.134	172.16.25.1	TCP	41697 → 61436 [SYN, ACK] Seq=0 Ack=1 Win=8192 Len=
23	172.16.25.1	172.16.25.134	TCP	61436 → 41697 [ACK] Seq=1 Ack=1 Win=131712 Len=0

图 5-31　FTP 的被动工作方式：服务器被动建立数据连接

6893	172.16.25.134	172.16.25.1	FTP-DATA	FTP Data: 863 bytes (PASV) (RETR imailec.exe)
6894	172.16.25.1	172.16.25.134	TCP	61436 → 41697 [ACK] Seq=1 Ack=8261296 Win=128704 Len=0
6895	172.16.25.134	172.16.25.1	TCP	41697 → 61436 [FIN, ACK] Seq=8261296 Ack=1 Win=66560 Len=0
6897	172.16.25.1	172.16.25.134	TCP	61436 → 41697 [ACK] Seq=1 Ack=8261297 Win=131072 Len=0
6899	172.16.25.1	172.16.25.134	TCP	61436 → 41697 [FIN, ACK] Seq=1 Ack=8261297 Win=131072 Len=0
6900	172.16.25.134	172.16.25.1	TCP	41697 → 61436 [ACK] Seq=8261297 Ack=2 Win=66560 Len=0

图 5-32　FTP 的被动工作方式：服务器主动关闭数据连接

不管是主动方式还是被动方式，当客户与服务器间的 FTP 会话结束时，都需要关闭客户与服务器间的控制连接。图 5-33 给出了上述被动工作方式的实例中关闭控制连接的过程。

```
6904 172.16.25.134    172.16.25.1      TCP    21 → 61322 [FIN, ACK] Seq=466 Ack=77 Win=66304 Len=0
6905 172.16.25.1      172.16.25.134    TCP    61322 → 21 [ACK] Seq=77 Ack=467 Win=131264 Len=0
6906 172.16.25.1      172.16.25.134    TCP    61322 → 21 [FIN, ACK] Seq=77 Ack=467 Win=131264 Len=0
6907 172.16.25.134    172.16.25.1      TCP    21 → 61322 [ACK] Seq=467 Ack=78 Win=66304 Len=0
```

图 5-33 服务器主动关闭控制连接

5.3.3 FTP 会话

FTP 客户与服务器的控制信息，都是在控制连接上传输的，即客户向服务器发送命令，服务器向客户发送响应。这些命令与响应都是 7 比特的 ASCII 码且采用明文传输，命令由不超过 4 个的字母组合而成，而且每个命令行的最后需要加上回车与换行。一些常用的命令如下。

（1）USER username：客户向服务器发送用户名。

（2）PASS password：客户向服务器发送用户密码。

（3）LIST：请求服务器列出当前工作目录下的文件列表，文件列表信息由数据连接传输，故需要新建一个数据连接，信息传输完毕后关闭该数据连接。

（4）CWD directory：改变服务器的当前工作目录。

（5）RETR filename：响应客户下载文件（即 get 文件名）的请求，需要新建一个数据连接，并经该数据连接向客户传输文件。

（6）STORE filename：响应客户上传文件（即 put 文件名）的请求，需要新建一个数据连接，客户经该数据连接向服务器传输文件。

（7）QUIT：客户请求结束 FTP 会话。

当然，服务器收到客户的命令后，都会返回对该命令的回答（响应）。每一个命令都有一个对应的回答，回答的格式与 HTTP 响应报文的状态码非常类似，也由一个 3 位数字和可选信息构成。

（1）331 Password required for stu1：用户名正确，需要该用户的密码。

（2）230 Logged on：用户认证成功（即用户成功登录服务器）。

（3）250 CWD successful. "/download" is current directory：工作目录切换成功，当前工作目录是"/download"。

（4）150 Opening data channel for file download from server of filename：从服务器下载文件 filename 的数据连接已经打开。

（5）226 Successfully transferred filename：文件 filename 成功传输完毕。

（6）221 Goodbye：服务器关闭控制连接。

在 FTP 客户端，有两种与服务器进行 FTP 会话的方式，一种方式被称为命令行界面（Command Line Interface，CLI），另一种方式被称为图形用户界面（Graphics User Interface，GUI）。以下给出了 CLI 的 FTP 交互式命令的示例，其中"ftp>"之后的内容是客户向服务器发送的命令，而带有 3 位数字的信息是服务器对客户命令的响应信息。

```
01: Mac-mini:~ $ ftp 172.16.25.134
02: Connected to 172.16.25.134.
03: 220-FileZilla Server 0.9.60 beta
```

```
04: 220-written by Tim Kosse (tim.kosse@filezilla-project.org)
05: 220 Please visit https://filezilla-project.org/
06: Name (172.16.25.134:xxxx): stu1
07: 331 Password required for stu1
08: Password:
09: 230 Logged on
10: ftp> cd download
11: 250 CWD successful. "/download" is current directory.
12: ftp> binary
13: 200 Type set to I
14: ftp> passive
15: Passive mode on.
16: ftp> get imailec.exe
17: 227 Entering Passive Mode (172,16,25,134,162,225)
18: 150 Opening data channel for file download from server of "/download/imailec.exe"
19: 226 Successfully transferred "/download/imailec.exe"
20: 8261295 bytes received in 0.208 seconds (38 Mbytes/s)
21: ftp> bye
22: 221 Goodbye
```

从上述分析可以看出，在整个 FTP 会话期间，每一个客户都与服务器有一个特定的控制连接，并在这条连接上跟踪客户的当前工作目录，也就是说 FTP 是有状态的，服务器必须对每个客户的 FTP 会话状态进行跟踪。FTP 的这一特性，大大限制了 FTP 会话的数量。

图形化的 FTP 客户端工具非常多，常用的有 LeapFTP、FlashFXP、CuteFTP、FileZilla 和 SecureFX 等。图形化的 FTP 客户端工具，其操作界面更加友好，用户无须记忆 FTP 交互式命令，便可以完成文件的上传或下载。

FTP 客户与服务器间的命令与响应消息非常多，且都由简单且易于理解的 ASCII 字符所组成，故本书不再详细介绍 FTP 的命令与响应消息的格式。

5.4 TFTP

5.4.1 概述

简单文件传输协议（Trivial File Transfer Protocol，TFTP）是一个比 FTP 更为小巧、简单的文件传输协议，它没有庞大的交互式命令集，也没有身份认证，因此它没有办法列出服务器中的文件目录，它唯一能做的就是从远程服务器上读写文件。TFTP 在运输层上使用 UDP 协议（服务器默认监听端口 69），因此，TFTP 自身必须实现可靠传输（FTP 是由 TCP 负责可靠传输的）。TFTP 在 RFC 1350 中被定义。

TFTP 也采用客户-服务器模式，客户与服务器间的数据传输，都以读请求或写请求（RRQ/WRQ）开始，如果服务器同意了客户的读请求或写请求，则可以看作客户与服务器间建立了"TFTP 连接"（二次握手建立连接），随后客户与服务器间开始传输 TFTP 分组[①]。

---

① 本书将 TFTP 的 PDU 定义为 TFTP 分组。

每个 TFTP 数据分组最多包含 512 字节的数据（不含 TFTP 首部），发送方只有在收到对上一个 TFTP 数据分组的确认之后，才能发送下一个数据分组，如果数据分组中的数据小于 512 字节，则说明文件传输结束。如果最后一个数据分组刚好包含 512 字节的数据（即传输文件的长度是 512 字节的整数倍），则还需发送一个只有 TFTP 首部的数据分组。如果某一数据分组在传输过程中丢失了，则需要超时重传。由此可见，TFTP 类似一个停止等待协议，且将文件分割成 512 字节的数据块，最后一块可以小于 512 字节。

为了实现可靠传输，TFTP 为每一个分组进行编号，且编号是连续的。服务器响应客户读请求或写请求的分组的块编号是 0，之后传输数据的数据分组的起始块编号是 1。

为了建立 TFTP 连接，客户与服务器需要各自选择一个 TID（Transfer IDentifiers），这两个 TID 被传递到 UDP 协议中作为源端口和目的端口。初始情况下，服务器的 TID 是 69，当服务器收到客户的读请求或写请求时，服务器在 0～65535 之间随机选择一个整数作为 TID，来向客户发送确认分组，在随后的数据分组的传输过程中，服务器始终使用该 TID。

图 5-34 给出了 TFTP 的正常工作过程，对于超时重传和其他错误情况本书不做详细分析。初始情况下，客户选择 TID:59402 向服务器的 TID:69 发送写请求分组，服务器选择 TID:56533 向客户发送确认分组，确认分组的块编号是 0。随后客户向服务器发送数据分组，第一个数据分组的块编号是 1，服务器收到数据分组后向客户发送确认分组。

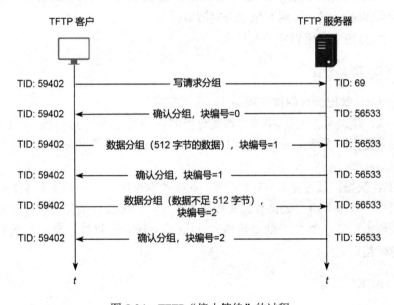

图 5-34　TFTP "停止等待" 的过程

5.4.2　TFTP 分组的格式

TFTP 支持 4 种类型的分组，这些分组以操作码进行区分且被封装到了 UDP 用户数据报中，如图 5-35 所示。

1. 读/写请求（RRQ/WRQ）分组

（1）Opcode：操作码，占 2 字节。操作码是 1 时表示是读请求分组，操作码是 2 时表示是写请求分组。

	2 Bytes	variable	1 Byte	variable	1 Byte
RRQ/WRQ	Opcode=1/2	Filename	0	Mode	0
DATA	2 Bytes	2 Bytes	0~512 Bytes		
	Opcode=3	Block	Data		
ACK	2 Bytes	2 Bytes			
	Opcode=4	Block			
ERROR	2 Bytes	2 Bytes	variable		1 Byte
	Opcode=5	ErrorCode	ErrorMessage		0

图 5-35   TFTP 4 种类型分组的格式

（2）Filename：文件名，字符串类型，长度可变。客户上传或下载的文件名称，以字节 0 结束。

（3）Mode：传输模式，字符串类型，长度可变。TFTP 支持三种传输模式：netascii、octet 和 mail（不再使用）。使用 netascii 模式时，主机必须将其转换成自己使用的编码格式；octet 是指 8 位源数据类型（即用 8 位来分割源数据）。

（4）0：读/写请求分组以字节 0 结束。

2. 数据（DATA）分组

（1）Opcode：数据分组的操作码是 3，占 2 字节。

（2）Block：块编号，占 2 字节。数据分组的块编号起始于 1，且依次递增 1，即本数据分组的块编号是上一个数据分组的块编号加 1。块编号可用于区分新数据分组和重复数据分组。

（3）Data：数据，长度是 0～512 字节。如果数据长度大于 0 且小于 512 字节，则该数据分组是最后一个数据分组，如果数据长度是 512 字节，即使该数据分组是最后一个数据分组（即文件长度刚好是 512 字节的整数倍），也必须发送一个数据长度是 0 的数据分组，用以说明文件传输结束。

3. 确认（ACK）分组

（1）Opcode：确认分组的操作码是 4，占 2 字节。

（2）Block：块编号，占 2 字节。对收到的数据分组进行确认时，块编号是已收到的数据分组中的块编号，对于读/写请求的确认分组，块编号是 0。

4. 错误（ERROR）分组

（1）Opcode：错误分组的操作码是 5，占 2 字节。

（2）ErrorCode：错误代码，占 2 字节。错误代码是一个整数，用来区分是什么类型的错误。错误代码及其所代表的含义如下。

- 0 未定义。

- 1 文件未找到。
- 2 访问发生冲突。
- 3 磁盘满或分配空间不足。
- 4 非法的 TFTP 操作。
- 5 TID 未知。
- 6 文件已经存在。
- 7 用户不存在。

（3）ErrorMessage：错误信息，是一个可阅读的字符串，用来展示具体的错误信息，长度可变。

（4）0：错误分组以字节 0 结束。

5.4.3 TFTP 实例分析

一个 TFTP 的实例如图 5-36 所示。

	Source	Destination	Protocol	Info
1	192.168.1.20	192.168.1.10	TFTP	Write Request, File: r1-confg, Transfer type: octet
2	192.168.1.10	192.168.1.20	TFTP	Acknowledgement, Block: 0
3	192.168.1.20	192.168.1.10	TFTP	Data Packet, Block: 1
4	192.168.1.10	192.168.1.20	TFTP	Acknowledgement, Block: 1
5	192.168.1.20	192.168.1.10	TFTP	Data Packet, Block: 2 (last)
6	192.168.1.10	192.168.1.20	TFTP	Acknowledgement, Block: 2

图 5-36　TFTP 上传文件（写操作）

（1）序号 1 的包：客户发送的写请求分组。该包展开如下：

```
01: User Datagram Protocol, Src Port: 59402, Dst Port: 69
02:      Source Port: 59402
03:      Destination Port: 69
04:      Length: 25
05:      Checksum: 0x5539 [correct]
06:      UDP payload (17 bytes)
07: Trivial File Transfer Protocol
08:      Opcode: Write Request (2)
09:      Destination File: r1-config
10:      Type: octet
```

第 02～03 行，客户的 TID = 59402，服务器的初始 TID = 69，分别传递到 UDP 报文的源端口和目的端口。

第 08～10 行，TFTP 写请求分组的具体内容，操作码是 2，表示写请求，文件名是 r1-config，传输模式是 octet。

（2）序号 2 的包：服务器发送的初始确认分组。该包展开如下：

```
01: User Datagram Protocol, Src Port: 56533, Dst Port: 59402
02:      Source Port: 56533
03:      Destination Port: 59402
04:      Length: 12
05:      Checksum: 0xb782 [correct]
06:      UDP payload (4 bytes)
```

```
07: Trivial File Transfer Protocol
08:    Opcode: Acknowledgement (4)
09:    Block: 0
```

第 02 行，服务器重新选择了 TID = 56533，并传递到 UDP 报文中作为源端口。

第 08~09 行，服务器发送的初始确认分组的具体内容，操作码是 4，表示是确认分组，块编号是 0。

（3）序号 3 的包：客户发送的第 1 个数据分组，该数据分组中包含了第 1 块数据（512 字节），因此块编号是 1。该包展开如下：

```
01: User Datagram Protocol, Src Port: 59402, Dst Port: 56533
02:    Source Port: 59402
03:    Destination Port: 56533
04:    Length: 524
05:    Checksum: 0x5ff4 [correct]
06:    UDP payload (516 bytes)
07: Trivial File Transfer Protocol
08:    Opcode: Data Packet (3)
09:    Block: 1
10:
11: Data (512 bytes)
12:    Data: 0a210a76657273696f6e2031322e...
```

（4）序号 4 的包：服务器发送的确认分组，是对收到的第 1 个数据分组的确认，因此块编号是 1。该包展开如下：

```
01: User Datagram Protocol, Src Port: 56533, Dst Port: 59402
02:    Source Port: 56533
03:    Destination Port: 59402
04:    Length: 12
05:    Checksum: 0xb781 [correct]
06:    UDP payload (4 bytes)
07: Trivial File Transfer Protocol
08:    Opcode: Acknowledgement (4)
09:    Block: 1
```

（5）序号 5 的包：客户发送的第 2 个数据分组，该分组中包含了第 2 块数据（384 字节），由于包含的数据不足 512 字节，因此这是最后一个数据分组，即文件已经传输完毕。

（6）序号 6 的包：服务器发送的确认分组，这是对收到的第 2 个数据分组的确认，因此块编号是 2。

表 5-3 总结了 TFTP 的上述工作过程。

表 5-3　TFTP 工作过程

包序号	源 IP	源 TID	目的 IP	目的 TID	操作码	动作
1	192.168.1.20	59402	192.168.1.10	69	2	客户向服务器请求写操作
2	192.168.1.10	56533	192.168.1.20	59402	4	服务器确认写操作，块编号是 0
3	192.168.1.20	59402	192.168.1.10	56533	3	客户向服务器写第 1 块 512 字节的数据
4	192.168.1.10	56533	192.168.1.20	59402	4	服务器确认第 1 块 512 字节的数据

包序号	源 IP	源 TID	目的 IP	目的 TID	操作码	动作
5	192.168.1.20	59402	192.168.1.10	56533	3	客户向服务器写第 2 块 384 字节的数据
6	192.168.1.10	56533	192.168.1.20	59402	4	服务器确认第 2 块 384 字节的数据

5.5 Telnet

Telnet 也是互联网最为古老的应用程序之一，起源于 1969 年的 ARPANET。Telnet 是电信网络协议（Telecommunication network protocol）的缩写，在 RFC 854 中被定义。Telnet 是通用的、双向的和面向字节的，可以在任何主机（例如安装不同操作系统的主机）上工作，它允许客户从一台主机登录网络中的其他任何一台主机（需要用户名和密码），从而实现在本地主机上对远程主机的操作，即 Telnet 将用户在本地主机上的操作传递给远程主机，并将远程主机的输出通过网络返回到本地主机的屏幕上。这种服务是透明的，因为用户感觉就好像键盘和显示器是直接连在远程主机上的。

Telnet 解决了如何通过互联网从本地主机操作远程主机的问题，同时也是访问互联网资源的一种手段。因此，Telnet 常被用于远程登录服务器、路由器、交换机或其他网络设备，来调试和测试这些网络设备和网络服务。例如，在本地主机上，通过 Telnet 远程登录自己购买的华为云、阿里云等主机（Telnet 不安全，已被 SSH 所取代），来远程管理这些云主机、安装各类网络服务（Web 服务、FTP 服务）等。虽然 Telnet 已经很少被人们使用，但作为最为古老的访问互联网资源的工具之一，还是有很多值得学习之处。

5.5.1 网络虚拟终端

Telnet 在运输层上采用 TCP 协议，且以客户-服务器模式工作，服务器默认监听端口 23，服务器中必须为客户建立账户和密码。为了解决异构计算机采用不同编码的问题，Telnet 定义了一种通用的字符终端，被称为网络虚拟终端（Network Virtual Terminal，NVT），它提供了一种标准的、网络范围的客户与服务器间字符的中间表示（类似翻译间使用的中间语言），用来实现异构主机间字符的转换，从而实现客户与服务器间数据表示和解释的一致性，如图 5-37 所示。

- 客户软件把用户的击键和命令的编码转换成 NVT 格式，并通过网络传送给服务器。
- 服务器软件把收到的数据和命令，从 NVT 格式转换成服务器系统所需的编码格式。
- 服务器向客户回送信息时，也将本地信息的编码转换成 NVT 格式，本地客户将收到的 NVT 格式的信息，再转换成本地系统的编码格式。

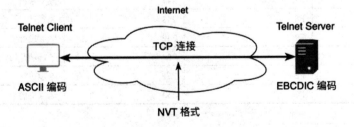

图 5-37　TELNET 使用 TCP 协议及 NVT

NVT 上传输的是 8 比特字节数据，其中最高比特位为 0 时用于传输普通的字符，为 1 时用于传输 NVT 命令。在 NVT 中，以回车换行（CR LF）序列来表示行结束，表示为\r\n，即当用户输入回车键时，Telnet 客户将其转换为 CR LF 后再传输。单独的 CR 则以 CR 和 NULL 两个字符序列来表示，即\r\0。读者可能已经猜测到，在 FTP 等协议中，客户发送的命令以及服务器回送的响应，也是以 NVT 格式在网络中进行传输的。

在最高比特位是 0 的 8 比特的 ASCII 中，一共定义了 128 个字符的编码，其中可打印的字符有 95 个（字母、数字和标点符号），控制字符有 33 个。在 NVT 中，使用了全部可打印的 ASCII 字符，但仅使用了部分控制字符。

NVT 由两部分组成。

- 输出设备：用于显示远程服务器数据，通常是本地显示器。
- 输入设备：用于向远程服务器输入数据，通常是本地键盘。

注意，这两个设备可被认为是远程服务器的输出、输入设备的本地化，即这两个设备是属于远程服务器的。

5.5.2 Telnet 控制命令

FTP 是带外传输控制命令的，而 Telnet 是带内传输控制命令的，即数据与命令在同一个 TCP 连接上进行传输。当客户键入普通可打印的字符时，NVT 按原始含义进行传输，当客户键入快捷键（命令）时，例如 Ctrl+C，NVT 将其转换为特殊的 ASCII 字符进行传输。

Telnet 命令以 FF（十六进制）开始，被称为 IAC（Interpret As Command），即告诉对方："其后面的内容当作命令进行解释"，FF 之后的第 1 字节才是命令，后续的第 2 字节是命令参数。例如，命令 FF FD 03 中，FF 表示传输一条命令，FD 表示 Telnet 使用"DO"命令来进行选项协商，03 表示命令参数。Telnet 部分命令集如表 5-4 所示。

表 5-4 Telnet 部分命令集

命令	代码（十六进制）	代码（十进制）	描述
SE	F0	240	子选项结束
NOP	F1	241	无操作
Data Mark	F2	242	数据标记
Break	F3	243	中断
Interrupt Process	F4	244	中断进程
Abort Output	F5	245	异常中止输出
Are You There	F6	246	对方是否还在运行
Erase Character	F7	247	删除字符
Erase Line	F8	248	删除行
Go Ahead	F9	249	继续进行
SB	FA	250	子选项开始
WILL	FB	251	选项协商
WONT[①]	FC	252	选项协商

---

① Telnet 中的 WONT 和 DONT 分别与 WON'T 和 DON'T 等价。

命令	代码（十六进制）	代码（十进制）	描述
DO	FD	253	选项协商
DONT	FE	254	选项协商
IAC	FF	255	字符 0xFF

5.5.3　选项协商

客户与服务器还可以通过选项协商机制来确定双方可提供的功能特性，这些都是 NVT 之外的一些特性。客户与服务器在三次握手建立 TCP 连接之后，并不立即开始 NVT 的数据传输，而是双方交互信息进行选项协商。选项协商是对等的，即客户与服务器都可以发起选项协商请求。一共有 4 种类型的选项，包括 2 个生效请求选项和 2 个失效请求选项。

（1）WILL：发送方激活（Enable）某个选项。

（2）DO：发送方想让接收方激活某个选项。

（3）WONT：发送方要禁止某个选项。

（4）DONT：发送方要接收方禁止某个选项。

对于生效请求选项（1）和（2），接收方可以选择同意或不同意，而对于失效请求选项，接收方则必须同意。选项协商的六种情况如表 5-5 所示。

表 5-5　选项协商的 6 种情况

序号	发送方		接收方	描述
1	WILL X	→		发送方想激活选项 X
		←	DO X	接收方同意
2	WILL X	→		发送方想激活选项 X
		←	DONT X	接收方不同意
3	DO X	→		发送方想让接收方激活选项 X
		←	WILL X	接收方同意
4	DO X	→		发送方想让接收方激活选项 X
		←	WONT X	接收方不同意
5	WONT X	→		发送方要禁止选项 X
		←	DONT X	接收方只能同意
6	DONT X	→		发送方要接收方禁止选项 X
		←	WONT X	接收方只能同意

选项协商是通过 Telnet 选项协商命令实现的，这些命令由 3 字节组成：第 1 字节是 IAC（十六进制代码 FF）；第 2 字节是 WILL、DO、WONT 和 DONT 之一；最后 1 字节是选项 ID，用来指明激活或禁止的选项。注意，由于客户与服务器的功能不同，所以，某些选项只能适用于客户端，而某些选项只能适用于服务器端。Telnet 部分可用的选项如表 5-6 所示。

表 5-6　Telnet 部分可用的选项

选项 ID（十六进制）	选项 ID（十进制）	名称	RFC
1	1	回显（Echo）	857
3	3	抑制继续进行（Suppress Go Ahead）	858

选项 ID（十六进制）	选项 ID（十进制）	名称	RFC
5	5	状态（Status）	859
6	6	定时标记（Timing Mark）	860
18	24	终端类型（Terminal Type）	1091
1F	31	窗口大小（Negotiate About Window Size）	1073
20	32	终端速率（Terminal Speed）	1079
21	33	远程流量控制（Remote Flow Control）	1372
22	34	行方式（Linemode）	1184
24	36	环境选项（Environment Option）	1408

注意，Telnet 有一些选项不是简单地激活或者禁用就能够表达清晰的，例如，当客户通告服务器自己使用的窗口尺寸时，就必须将窗口的宽度和高度一并告诉服务器，对于这一类的选项协商，需要使用子选项协商才能够完成。

子选项协商之前首先要激活该选项，然后再进行子选项协商，以下用窗口大小协商的例子来说明选项协商和子选项协商，客户的 IP 地址是 1.1.1.1，服务器的 IP 地址是 1.1.1.2，服务器默认使用端口 23。

1. 选项协商

（1）客户希望激活窗口大小选项[①]

```
01: Internet Protocol Version 4, Src: 1.1.1.1, Dst: 1.1.1.2
02: Transmission Control Protocol, Src Port: 23351, Dst Port: 23, ...
03: Telnet
04:     Do Suppress Go Ahead
05:     Will Negotiate About Window Size
06:         Command: Will (251)
07:         Subcommand: Negotiate About Window Size
08:     Will Remote Flow Control
```

第 05～07 行，客户向服务器发送希望激活窗口大小的选项协商，其命令格式是：IAC FB 1F，该命令解码的结果为：FF FB 1F，其中 FF 表示接下来是 Telnet 命令，即 IAC；FB 表示 WILL 命令（第 06 行，参考表 5-4）；1F 是命令参数，表示协商窗口大小（第 07 行，参考表 5-6）。

（2）服务器同意客户激活窗口大小选项

```
01: Internet Protocol Version 4, Src: 1.1.1.2, Dst: 1.1.1.1
02: Transmission Control Protocol, Src Port: 23, Dst Port: 23351, ...
03: Telnet
04:     Will Echo
05:     Will Suppress Go Ahead
06:     Do Terminal Type
```

---

① 由于本书涉及多种软件（工具），有的软件（工具）中选项名称为全大写，有的软件（工具）中选项名称为首字母大写，而且有的选项名称采用简写，因此本书对此不做统一。

```
07:     Do Negotiate About Window Size
08:         Command: Do (253)
09:         Subcommand: Negotiate About Window Size
```

第 07~08 行，服务器向客户发送命令 IAC FD 1F，即 FF FD 1F，表示同意客户激活窗口大小选项，其中 FD 表示 DO 命令。

2. 子选项协商

在上述的选项协商过程中，客户并没有告知服务器自己的窗口究竟设置为多大，为完成这一协商过程，还需要继续使用子选项协商来告知服务器自己窗口的宽度与高度。

客户向服务器发送子选项协商如下：

```
01: Internet Protocol Version 4, Src: 1.1.1.1, Dst: 1.1.1.2
02: Transmission Control Protocol, Src Port: 23351, Dst Port: 23, ...
03: Telnet
04:     Suboption Negotiate About Window Size
05:         Command: Suboption (250)
06:         Subcommand: Negotiate About Window Size
07:             Width: 80
08:             Height: 24
09:     Suboption End
10:         Command: Suboption End (240)
```

第 04~10 行，客户向服务器发送子选项协商，其命令格式为：IAC SB 1F<Width Height> IAC SE，其中，IAC（FF）表示接下来是 Telnet 命令，SB 表示子选项开始，1F<Width Height>给出了窗口的宽度和高度（各占 16 比特），SE 表示子选项结束。参考表 5-4，该命令可解码为 FF FA 1F<80 24> FF F0，其中 FA 对应第 05 行，1F 对应第 06 行（子选项协商，协商窗口宽度与高度两个参数），F0 对应第 10 行。

3. 一个完整的选项协商的例子

```
01: SENT DO SUPPRESS GO AHEAD
02: SENT WILL TERMINAL TYPE
03: SENT WILL NAWS
04: SENT WILL TSPEED
05: SENT WILL LFLOW
06: SENT WILL LINEMODE
07: SENT WILL NEW-ENVIRON
08: SENT DO STATUS
09: RCVD DO TERMINAL TYPE
10: RCVD DO TSPEED
11: RCVD DO XDISPLOC
12: SENT WONT XDISPLOC
13: RCVD DO NEW-ENVIRON
14: RCVD WILL SUPPRESS GO AHEAD
15: RCVD DO NAWS
16: SENT IAC SB NAWS 0 82 (82) 0 21 (21)
17: RCVD DO LFLOW
```

```
18: RCVD DONT LINEMODE
19: RCVD WILL STATUS
20: RCVD IAC SB TERMINAL-SPEED SEND
21: SENT IAC SB TERMINAL-SPEED IS 38400,38400
22: RCVD IAC SB ENVIRON SEND
23: SENT IAC SB ENVIRON IS
24: RCVD IAC SB TERMINAL-TYPE SEND
25: SENT IAC SB TERMINAL-TYPE IS "xterm"
26: RCVD DO ECHO
27: SENT WONT ECHO
28: RCVD WILL ECHO
29: SENT DO ECHO
```

读者可以查找相关资料，参考表 5-4、表 5-5 和表 5-6 来理解上述客户与服务器选项协商的过程。

5.5.4 Telnet 的使用

在互联网的早期，如果要使用互联网提供的一些应用，很多都是通过 Telnet 来实现的，即 Telnet 可以连接任意的 TCP 端口。例如，使用命令 telnet www.xxx.xxx 80 可以访问一个 Web 站点，以下是使用该命令访问一个 Web 站点的实例：

```
01: (base) Mac-mini:~ $ telnet www.baidu.com 80
02: Trying 14.119.104.189...
03: Connected to www.baidu.com.
04: Escape character is '^]'.
05: GET / HTTP/1.1
06:
07: HTTP/1.1 200 OK
08: Accept-Ranges: bytes
09: Cache-Control: no-cache
10: Connection: keep-alive
11: Content-Length: 9508
12: Content-Type: text/html
13: Date: Tue, 14 Mar 2023 14:10:07 GMT
    ...
```

第 05 行是从键盘输入的内容，该行输入完成之后，需要键入两次回车键，一次是该行的\r\n，另一次是第 06 行的\r\n。该行是向 www.baidu.com 发送 GET 方法的 HTTP 请求报文，请求服务器根目录下默认的对象。

从第 07 行开始，是服务器回送的 HTTP 响应报文，该响应报文包含状态行、响应首部、空行和实体主体，上述的例子中只给出了响应报文的状态行和部分响应首部。

需要注意的是，当今互联网上的大多数 Web 站点，并不支持 Telnet 的访问。

另外，早期收发电子邮件也是使用 telnet 命令，例如，发邮件使用命令 telnet mail.xxx.xxx 25，收邮件使用命令 telnet mail.qq.com 110。当然 Telnet 也能够远程登录那些提供字符模式游戏（例如 Multiple User Domain，MUD，多用户虚拟空间游戏）或字符电影等的服务器。例如，如果计算机支持 IPv6，则可以使用命令 telnet towel.blinkenlights.nl 观看字符版电影《星球大战》。

对于普通用户而言，几乎不会用到 Telnet，但是，在一个安全可控的网络环境内，网络管理人员可以用 Telnet 来对交换机、路由器、服务器等网络设备进行管理和配置（其实已被 SSH 所取代）。以下给出了 Telnet 远程登录一台 Linux 主机的抓包结果（等待输入用户名），Telnet 服务器的 IP 地址是 10.1.21.247。

```
01: Internet Protocol Version 4, Src: 10.1.21.247, Dst: 2.0.1.2
02: Transmission Control Protocol, Src Port: 23, Dst Port: 62576, ...
03: Telnet
04:     Data: Ubuntu 16.04.7 LTS\r\n
05:     Data: ubuntu1604 login:
```

第 02 行，Telnet 服务器默认使用端口 23。

第 04～05 行，服务器发送登录信息给客户。

Telnet 提供了一些常用的交互式命令，以下显示了 Linux 系统中 Telnet 常用的一些命令：

```
kwn@ubuntu1604:~$ telnet
telnet> ?
Commands may be abbreviated.  Commands are:

close           close current connection
logout          forcibly logout remote user and close the connection
display         display operating parameters
mode            try to enter line or character mode ('mode ?' for more)
open            connect to a site
quit            exit telnet
send            transmit special characters ('send ?' for more)
set             set operating parameters ('set ?' for more)
unset           unset operating parameters ('unset ?' for more)
status          print status information
toggle          toggle operating parameters ('toggle ?' for more)
slc             set treatment of special characters

z               suspend telnet
environ         change environment variables ('environ ?' for more)
```

注意，如果要进行 Telnet 操作，首先必须在服务器上安装 Telnet 服务软件，例如，在 Ubuntu 16.04.7 LTS（GNU/Linux 4.4.0-210-generic x86_64）中，需要安装 xinetd 和 telnetd 守护进程（大部分操作系统不再提供 Telnet 服务）：

```
sudo apt-get install telnetd
sudo apt-get install xinetd
```

然后启动/关闭 Telnet 服务，最简单的启动/关闭方法如下：

```
sudo /etc/init.d/xinetd start/stop
```

当服务器安装并启动了 Telnet 服务之后，客户端就可以直接使用 telnet 命令或远程登录软件来连接 Telnet 服务器了。在 Windows 系统中需要在"启用 Windows 功能"中开启 Telnet 客户端。

5.5.5 Telnet 传输效率

在 Telnet 中，客户键入的每一个字符都要通过网络发送给远程服务器（每个字符单独发送给服务器），为了能够在客户端显示这些字符，服务器必须将收到的字符回送给客户，即客户终端的显示器和键盘其实是远程服务器的输出和输入设备，服务器必须将字符回送给远程的输出设备（客户的显示器）。因此，当客户键入一个字符后，该字符在网络中被传输了两次，一次是客户到服务器，另一次是服务器到客户，如图 5-38 所示。

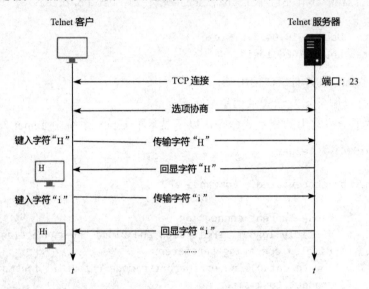

图 5-38　Telnet 服务器回送字符

从图 5-38 可以再一次认识到，Telnet 客户需要完成两项工作：

第一，读取客户在键盘上输入的字符并通过 TCP 连接传输到远程服务器中。

第二，从 TCP 连接上读取字符并在客户的显示器上显示该字符。

这种一次一字符的双向传输，是 Telnet 默认的工作方式，它是通过激活服务器的 Suppress Go Ahead（抑制继续进行）选项实现的。该选项可以由客户发送 DO 命令来协商，也可以由服务器发送 WILL 命令来协商。当客户发送 DO 命令协商该选项时，服务器常以 WILL Echo 和 WILL Suppress Go Ahead 命令响应。

（1）客户发送 DO 命令

```
01: Internet Protocol Version 4, Src: 1.1.1.1, Dst: 1.1.1.2
02: Transmission Control Protocol, Src Port: 23351, Dst Port: 23, ...
03: Telnet
04:     Do Suppress Go Ahead
05:     Will Negotiate About Window Size
06:     Will Remote Flow Control
```

第 04 行，客户发送 Do Suppress Go Ahead 命令，希望服务器激活抑制继续进行。

（2）服务器响应客户命令

```
01: Internet Protocol Version 4, Src: 1.1.1.2, Dst: 1.1.1.1
02: Transmission Control Protocol, Src Port: 23, Dst Port: 23351, ...
```

```
03: Telnet
04:     Will Echo
05:     Will Suppress Go Ahead
06:     Do Terminal Type
07:     Do Negotiate About Window Size
```

第 04~05 行，服务器发送 Will Echo 和 Will Suppress Go Ahead 命令表示支持回显，即服务器回显功能有效。

Telnet 的这种工作方式的缺点非常明显：第一，当网络负荷较大时，回显速度相对较慢，客户键入一个字符后，需要等待一段时间后才能显示该字符；第二，Telnet 在运输层上采用的是 TCP 协议，Telnet 的这种一次一字符的传输方式，导致每一个 TCP 报文段仅能够携带 1 字节的数据。为了解决这些问题，较新的 Telnet 支持行方式，该方式在 RFC 1184 中被定义。

5.5.6 NVT 的安全性

通过前面的抓包分析可以看到，在网络中 Telnet 是以明码的方式传输命令及数据的（FTP 的控制命令也是如此），因此 Telnet 的 Shell 是不安全的，当客户远程登录一台服务器（连接到远程服务器的 Shell）时，客户从键盘键入的用户名及密码等各种字符，都能够被网络嗅探者轻易获得。为了解决这一问题，一种用于在不安全的网络上实现安全远程登录和其他安全网络服务的安全外壳协议（Secure SHell，SSH）被提了出来。SSH 在 RFC 4253 中被定义，SSH 服务器默认监听端口 22。

SSH 协议主要实现了三大功能：

● 提供了用户身份的合法性验证，用以确保数据发送到正确的客户与服务器。
● 提供了强大的数据加密手段，保护了数据的安全性和私密性。
● 利用 Hash 函数，保护了数据的完整性。

由于 SSH 涉及的是计算机网络安全方面的内容，所以以本书不做介绍。需要注意的是，出于安全性考虑，现在不会使用 Telnet 远程登录网络设备或服务器进行配置与管理，因此，需要将网络设备或服务器中的 Telnet 服务关闭，并启用 SSH 服务。客户端需要使用支持 SSH 远程登录的工具（或使用 SSH 命令）来连接 SSH 服务器，例如 PuTTY、SecureCRT 等远程登录客户软件，它们支持 Telnet 和 SSH 等多种协议的远程登录。图 5-39 给出了 SecureCRT 运行时的界面。

图 5-39 SecureCRT 的运行界面

5.6 电子邮件协议

5.6.1 概述

作为早期的互联网应用的三剑客（远程登录、FTP、电子邮件）之一，电子邮件现今仍被广泛使用。电子邮件采用的也是客户-服务器模式，但与远程登录和 FTP 不同，客户不需要时时连接到服务器便能够实现邮件交换，通俗地说，客户可以向另一个不在线的目标客户发送邮件（其实也是传输数据），当目标客户连线后再来接收邮件。也就是说，电子邮件采用的是异步通信方式，通信时不需要双方同时在场，这种特性非常类似现今的社交软件，例如 QQ 等。

通过上述分析可以知道，电子邮件解决了远程登录和 FTP 中客户与服务器必须时时在线才能交换信息，且服务器必须时时等待客户与之建立连接的问题。用现实生活中的例子也能解释电子邮件应用的必要性：例如，当 A 正在一个重要的学术会议上发言时，他的一个朋友 B 打电话给他，此时 A 不方便接听电话，在这种情况下，A 与 B 的会话是无法实现的，更好的做法是 B 给 A 发一个短信或在 QQ 上留言，当 A 空闲下来后再去处理这些信息。

早期电子邮件的工作方式类似于在同一间办公室的 A 的办公桌上留一张纸条，即在终端-主机的网络中，主机就是办公室，主机中的每一个用户都有一个自己的目录，类似于办公桌，用户可以从任意终端登录主机，查看其他用户给自己的留言。这就是电子邮件的雏形——仅能给同一台主机中的用户留言。1965 年，麻省理工学院使用了这种单一主机上的邮件系统，该系统被称为 MAILBOX，而发送消息的程序被称为 SNDMSG。

随着主机的相互连通，主机间消息的传递也得以实现，但是，要实现位于不同主机中的用户之间的相互留言，是一件较为复杂的工作，首先需要解决如何定位主机中的用户的问题。1972 年，雷·汤姆林森（Ray Tomlinson）发明了现代电子邮件系统，他采用"@"来表示从一台主机中的用户向另一台主机中的用户发送消息。

1996 年 7 月，Jack Smith 和 Sabeer Bhatia 推出了基于 Web 的被称为 Hotmail 的电子邮件系统，任何人都可以在该电子邮件系统中申请一个免费的电子邮件账户，并且这些账户可以在 Web 上使用。1997 年，Hotmail 被微软以 4 亿美元的价格收购，从此开启了电子邮件被大规模使用的时代，并且推动了 Windows 操作系统的变革，使其推出了提供互联网服务的服务器操作系统 Windows Server。

在传统的电子邮件系统中，只能传输一些简单的 ASCII 文本，无法发送图片、文件等内容，随着技术的发展，电子邮件已经能够传输任何类型且较大的文件了，现在电子邮件已经成为互联网中一个非常重要的通信方式，而且拥有多个电子邮件地址的用户也越来越多了。

电子邮件系统由三部分组成：用户代理（User Agent）、邮件服务器（Mail Server）和简单邮件传输协议（Simple Mail Transfer Protocol，SMTP），如图 5-40 所示。

图 5-40 给出了互联网的部分电子邮件系统的示意图，图中一共包含了三个邮件服务器，分别是 mail.163.com、mail.qq.com 和 mail.sohu.com。当 mail.qq.com 服务器中的用户 usr1@qq.com 通过用户代理发送一份邮件给同一邮件服务器中的用户 usr2@qq.com 时，邮件服务器直接将该邮件存入 usr2@qq.com 用户的邮箱中。当 usr1@qq.com 需要发送邮件给另一个邮件服务器中的用户时，例如 usr1@163.com，该邮件将被存入待转发的邮件队列中，等待 mail.qq.com 服务器将该邮件通过 SMTP 协议转发至 mail.163.com 服务器。当

mail.163.com 服务器收到 mail.qq.com 服务器发来的给用户 usr1@163.com 的邮件时，将该邮件存入 usr1@163.com 用户的邮箱中。如果 mail.qq.com 服务器不能将邮件交付给 mail.163.com 服务器，则邮件将被保存在 mail.qq.com 服务器的邮件队列中并尝试再次发送，通常 30 分钟尝试发送一次。若经过一段时间尝试后仍不能成功转发，服务器将删除该邮件并以邮件的形式通知发送该邮件的用户。

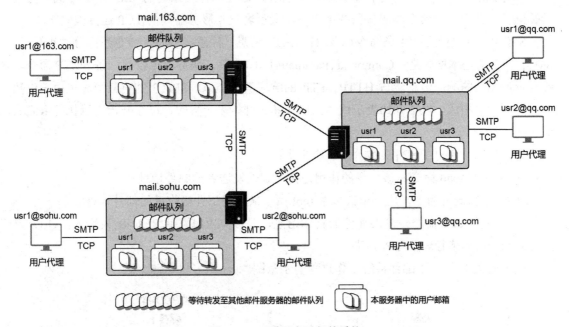

图 5-40 互联网电子邮件系统

注意，邮件服务器间的邮件转发是相互间的直接转发，不会经由第三方邮件服务器。邮件服务器间是通过 SMTP 协议进行邮件转发的，SMTP 在运输层上采用 TCP 协议，默认使用端口 25。邮件服务器既是客户又是服务器，当它将邮件转发到其他邮件服务器时，它是客户，当它接收其他邮件服务器发来的邮件时，它又是服务器。用户代理也是通过 SMTP 协议将邮件发送给邮件服务器的。

在邮件系统中，用户代理是用户与邮件系统的接口，它为用户提供了一个较为友好的界面，以方便用户发送和接收邮件。常用的图形界面的用户代理有 Foxmail、Outlook、网易邮箱大师及 Thunderbird 等，还有一些命令式的用户代理，例如 Mail、Telnet 等。使用电子邮件的客户需要一个电子邮件地址，电子邮件地址的格式为

用户名@邮件服务器所在域的域名

例如，usr1@mynet.com 就是一个电子邮件地址。在互联网中，域名具有唯一性，只要保证在邮件服务器中注册的用户名是唯一的，则任何一个电子邮件地址在互联网中都是唯一的。

5.6.2 SMTP

1. SMTP 简介

SMTP 是电子邮件系统的核心协议，它是发送方邮件服务器向接收方邮件服务器发送邮

件的协议，也是用户代理将邮件发送给邮件服务器使用的协议，它只能传输 7 位 ASCII 格式的电子邮件，如果需要传输包含非 ASCII 字符的邮件，则在使用 SMTP 转发该邮件之前，需要将这些非 ASCII 字符转换为 7 位 ASCII 格式（参考 MIME）。

在发送邮件之前，客户首先需要与服务器建立 TCP 连接，然后客户通过发送 helo 命令与服务器握手以建立一个邮件传输通道，接着客户通过执行一系列的 SMTP 命令向服务器传输邮件，并用 quit 命令与服务器挥手再见，最后客户与服务器间的 TCP 连接被关闭。

SMTP 一共规定了 14 条命令以及 21 条响应消息（注意，SMTP 命令不区分大小写）。SMTP 命令的基本格式是：Command [Parameter] <CRLF>，服务器每收到一条 SMTP 命令，都会返回相应的响应消息。与 HTTP、FTP 的响应消息类似，SMTP 的响应消息也由三位数字和解析短语构成，以 2 开始表示成功，以 4 和 5 开始表示失败，以 3 开始表示执行未完成，即正在进行中。

客户传输一份电子邮件又被分为三个步骤：

（1）执行 mail 命令，该命令的作用是指明邮件发送者的邮件地址。

（2）执行 rcpt 命令，用一个或多个 rcpt 命令来指明邮件接收者的邮件地址。

（3）执行 data 命令，输入邮件的具体信息，且以<CRLF>.<CRLF>结束输入，即以点隔开的两个回车换行表示输入完毕。

图 5-41 给出了电子邮件系统工作过程的示意图。

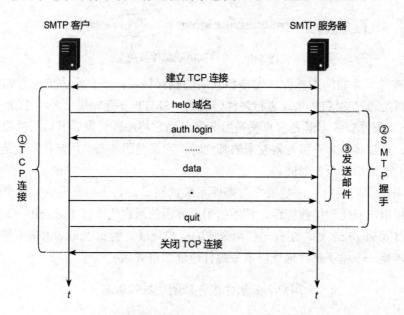

图 5-41　电子邮件系统工作过程的示意图

从客户的角度观察 SMTP 与 HTTP 协议，两者有着明显的区别：SMTP 是客户主动将邮件推送给邮件服务器，即 SMTP 是一个推协议（Push Protocol），而 HTTP 是客户向服务器请求对象，服务器被动将对象推送给客户，感觉像是客户将请求对象从服务器中拉回到自己一方，因此 HTTP 是一个拉协议（Pull Protocol）。

2. 发送电子邮件的实例

我们用发送电子邮件的实例来说明电子邮件的发送过程，这里使用的用户代理是 Telnet，以人为输入 SMTP 命令的方式来发送一份电子邮件，以便更好地理解邮件的发送过程。

```
01: (base) Mac-mini:~ $ telnet smtp.163.com 25
02: Trying 220.181.15.161...
03: Connected to smtp.163.com.
04: Escape character is '^]'.
05: S: 220 163.com Anti-spam GT for Coremail System (163com[20141201])
06: C: helo 163.com
07: S: 250 OK
08: C: auth login
09: S: 334 dXNlcm5hbWU6
10: C: enl1xxxxxx
11: S: 334 UGFzc3dvcmQ6
12: C: THp5xxxxxx
13: S: 235 Authentication successful
14: C: mail from:<xxxxxx@163.com>
15: S: 250 Mail OK
16: C: rcpt to:<xxxxxx6@qq.com>
17: S: 250 Mail OK
18: C: data
19: S: 354 End data with <CR><LF>.<CR><LF>
20: C: This is a test mail from 163.com
21: C: .
22: S: 250 Mail OK queued as zwqz-smtp-mta-g5-0,……
23: C: quit
24: S: 221 Bye
25: Connection closed by foreign host.
```

在上述发送邮件的过程中，标注有"C:"的行是客户输入的 SMTP 命令和参数，而标注有"S:"的行是 SMTP 服务器返回的响应消息。

第 01 行，客户远程登录邮件服务器 smtp.163.com，服务器默认监听端口 25。

第 03 行，客户与邮件服务器建立了 TCP 连接。

第 05 行，邮件服务器返回的有关服务器的一些基本信息。Coremail 是我国自行研发的免费电子邮件系统，诞生于 1998 年，由丁磊和陈磊华开发，并提供给了 163.net 和 263.net 使用。

第 06～07 行，客户向服务器发送 helo 命令，服务器返回 250 OK，SMTP 客户与服务器间的握手已经完成。

第 08～13 行，用户认证过程，其中，第 10 行输入的是客户邮件地址的 Base64 编码，这个邮件地址必须属于该邮件服务器的域（即 163.com 域中的邮件用户）；第 12 行输入的是 Base64 形式的客户邮件地址的密码；第 13 行则表示服务器认证成功。

第 14 行，客户用 mail from 命令指明邮件发送者的邮件地址（ASCII 形式），注意这个地址必须与第 10 行的邮件地址一致。

第 16 行，客户用 rcpt to 命令指明邮件接收者的邮件地址（可以是本服务器上的用户）。

第 18 行，客户用 data 命令表示开始输入邮件信息。注意，data 下还可以输入一些其他的信息，例如：

From：发件人名称，可以任意填写，这些信息将显示在收件箱的"发件人"中。

To：收件人名称，也可以任意填写，这些信息将显示在收件箱的"收件人"中。

Subject：信件主题，这些信息将显示在收件箱的"主题"中。

在以上内容全部输入完毕之后，必须输入一个空行，表示邮件正文开始。

第 20 行，客户输入的邮件正文内容"This is a test mail from 163.com"。

第 21 行，圆点"."表示邮件内容输入完毕（其后还需输入回车换行）。

第 22 行，服务器返回消息告知邮件在邮件队列中的信息。

第 23 行，客户用 quit 命令关闭与服务器建立的 SMTP 握手（挥手说再见了）。

第 24～55 行，服务器返回"221 Bye"并关闭邮件服务器与客户间的 TCP 连接。

以上命令运行的抓包结果如图 5-42 所示，显然，抓包的结果与 SMTP 交互命令发送邮件的过程完全一致（注意，这里过滤了建立 TCP 连接和关闭 TCP 连接的过程的抓包结果）。

图 5-42　发送电子邮件的抓包结果

现今用户采用的是图形化界面的用户代理（例如 Foxmail 等），上述发送邮件的命令过程全部被图形化用户代理屏蔽了，即这些命令对于用户来说是透明的。

5.6.3　电子邮件的基本格式

前面我们分析了发送一份电子邮件的过程，从这些过程能够大致了解到电子邮件的基本格式。电子邮件与日常的普通信件非常类似，由信封（在 RFC 821 中被定义）和消息组成，消息则由消息头部、空行和消息体组成。消息头部最早由 RFC 822（已被 RFC 5322 废弃）定义，而消息体则由用户自由撰写。信封中包含了完成邮件传输所需要的一些信息，这些信息由电子邮件系统从消息头部中抽取并自动填充。

消息头部由<CRLF>分隔的行所组成，每行中包含头部字段名称、冒号和值，头部字段名称由可打印的 ASCII 字符组成（冒号除外，不区分大小写）。消息体则由空格、可打印的 ASCII 字符及水平制表符组成。部分消息头部如表 5-7 所示，其中深色背景部分的消息头部是与邮件传输相关的内容（信封中的内容）。在发送电子邮件的实例中，最简单的信封仅由两条 SMTP 命令指明：mail from 和 rcpt to。

表 5-7　常见的消息头部

头部字段	含义
To	主收件人的电子邮件地址
Cc	次收件人的电子邮件地址
Bcc	密件抄送的电子邮件地址
From	电子邮件创建者
Sender	实际发件人的电子邮件地址
Return-Path	指出回送邮件给发件人的路径
Date	电子邮件发送的日期和时间
Reply-To	回复邮件时的电子邮件地址
Message-ID	邮件唯一标识
In-Reply-To	当前邮件是对哪一封邮件的回复（用 Message-Id 进行区分）
Subject	邮件主题

一封电子邮件的例子（来源于 RFC 2822）：

```
From: John Doe <jdoe@machine.example>
To: Mary Smith <mary@example.net>
Subject: Saying Hello
Date: Fri, 21 Nov 1997 09:55:06 -0600
Message-ID: <1234@local.machine.example>

This is a message just to say hello.
So, "Hello".
```

5.6.4　POP3

SMTP 是一个推协议，解决了用户发送邮件的问题，但 SMTP 没有解决用户从邮件服务器的邮箱中读取邮件到本地主机的问题。电子邮件系统使用另外的协议来解决用户读取邮件的问题，例如邮局协议第 3 版（Post Office Protocol Version 3，POP3）。POP3 允许用户从邮件服务器的邮箱中将邮件下载到本地主机中，在 RFC 1939 中被定义。

SMTP 和 POP3 协议在电子邮件系统中的作用如图 5-43 所示，SMTP 用于用户通过用户代理发送邮件到发送方所在的邮件服务器，也用于从发送方邮件服务器转发邮件到接收方邮件服务器；而 POP 3 用于接收邮件的用户通过用户代理从其邮件服务器的邮箱中读取（拉）邮件到本地主机。

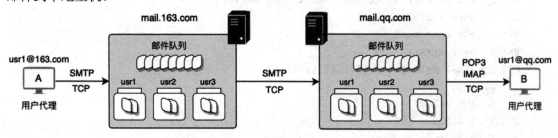

图 5-43　电子邮件系统中 SMTP 和 POP3 协议的作用

1. POP3

POP3 在运输层上使用 TCP 协议,默认使用端口 110。POP3 较为简单,与 SMTP 类似,客户与服务器建立 TCP 连接之后,便通过命令与响应消息的方式开始工作。其工作过程分为认证、操作和更新三个阶段,如图 5-44 所示。

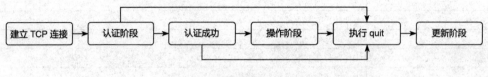

图 5-44 POP3 的工作过程

(1)认证阶段:这一阶段用于确认客户是邮件服务器中的注册用户。首先用 user 命令向服务器发送客户的用户名,然后通过 pass 命令向服务器发送用户密码。

(2)操作阶段:当客户通过了服务器的认证后,服务器将打开客户的邮箱,客户可以通过一些操作命令对邮箱中的邮件进行操作,例如列出邮件、删除邮件等。

(3)更新阶段:当客户使用 quit 命令退出时,邮件服务器执行更新操作,例如,将客户在操作阶段打上删除标记的邮件从邮箱中删除。

POP3 的命令由客户发送,由关键字和若干参数构成,所有的命令均以<CRLF>作为结束标志。关键字和参数均由可打印的 ASCII 字符组成,它们之间由空格间隔。命令一般由三到四个字母组成,而每个参数的长度可达 40 个字符。

POP3 服务器对客户命令的响应消息分为两种,且均以<CRLF>结束:+OK(短语),表示客户命令正常执行;-ERR(短语),表示客户命令出现了错误。

POP3 有两种工作方式:一种是下载并删除,另一种是下载并保留。如果用户代理的 POP3 被设置成了下载并删除的方式,那么用户代理将客户邮件下载到本地后,便会将服务器中的邮件删除。这种工作方式的缺点是显而易见的:如果客户在某台主机上查看了邮件但未来得及处理邮件(例如回复邮件)便关闭了主机,那么之后客户使用其他主机登录 POP3 服务器时,未处理的邮件已不复存在。

我们用下面的例子来解释客户与 POP3 服务器之间的会话,其中,标注有 "C:" 的行是客户输入的 POP3 命令,而标注有 "S:" 的行是 POP3 服务器的响应消息。

```
01:(base) Mac-mini:~ $ telnet pop3.163.com 110
02: Trying 220.181.12.110...
03: Connected to pop3.163.com.
04: Escape character is '^]'.
05: S: +OK Welcome to coremail Mail Pop3 Server...
06: C: user xxxxxx
07: S: +OK core mail
08: C: pass xxxxxx
09: S: +OK 7 message(s) [102717 byte(s)]
10: C: list
11: S: +OK 7 102717
12: S: 1 21023
13: S: 2 3424
14: S: 3 33162
```

```
15: S: 4 17447
16: S: 5 4699
17: S: 6 5021
18: S: 7 17941
19: S: .
20: C: retr 2
21: S: +OK 3424 octets
22: S: Received: from ...
23: S: From: ...
24: S: To: xxxxxx@163.comde
25: S: ...
26: C: dele 2
27: S: +OK core mail
28: C: list
29: S: +OK 6 99293
30: S: 1 21023
31: S: 3 33162
32: S: 4 17447
33: S: 5 4699
34: S: 6 5021
35: S: 7 17941
36: S: .
37: C: quit
38: S: +OK core mail
39: Connection closed by foreign host.
```

在上述会话中，客户分别使用了 user、pass、list、retr、dele 和 quit 命令。第 05～09 行是认证阶段；第 10～36 行是操作阶段，该阶段客户执行了 list、retr 和 dele 命令，分别列出了邮箱中的邮件，接收了序号是 2 的邮件并为该邮件打上了删除标记；第 37～38 行是更新阶段，即客户执行 quit 命令后，服务器将邮箱中序号是 2 的邮件删除。

2. IMAP

（1）基本概念

使用 POP3 协议的用户代理会将客户的邮件下载到本地，当客户在多台不同的主机上使用用户代理读取邮件时，这些邮件将被保存到不同的主机，这显然是不安全的。另外，人们希望能够像管理本地文件一样管理远程 POP3 服务器中的邮件，例如，将邮件进行分类且保存到不同的目录中，但是由于 POP3 太简单了，它并不能提供这方面的功能。默认情况下，POP3 以下载并删除的方式进行工作，当本地邮件丢失后，邮件将无法从邮件服务器上重新下载到本地。

为了解决这些问题，RFC 9051 定义了网际报文存取协议（Internet Message Access Protocol，IMAP）。IMAP 在运输层上使用 TCP 协议，默认使用端口 143。IMAP 以联机方式进行工作，客户在本地对邮件的操作，例如删除邮件或发送新邮件，都会同步到服务器中。因此，当客户从不同的主机登录邮件服务器时，看到的都是相同的以目录结构组织的电子邮件。IMAP 也支持离线工作，并在重新联机后与服务器进行同步。由于服务器需要长期保存客户的邮件，这对邮件服务器的存储空间提出了较高的要求，所以客户必须经常清理那些已经处理且无用的电子邮件才能够腾出空间来接收新的邮件（每个客户的空间是有限的）。邮件服务器的这种存储邮件的方式，给网络攻击者提供了一个非常好的攻击手段：在短时间内，攻击者向某一邮件地址连续不断地发送大容量的电子邮件，最终导致该邮件地址的邮箱"爆炸身亡"，这种攻击手段被称为电子邮件炸弹。

表 5-8 给出了 POP3 与 IMAP 的区别。

表 5-8　POP3 与 IMAP 的比较

比较内容	POP3	IMAP
运输层端口	110	143
邮件位置	下载到本地	服务器中
阅读邮件	将邮件下载到本地主机上阅读，即脱机阅读	联机阅读，不用将邮件下载到本地就可以预览邮件内容
邮件分类	将邮件全部存入一个邮箱	可以以目录的方式分类管理邮件，即将邮件归类到不同的文件夹中
邮件操作	在服务器上不能创建邮箱、删除和重命名邮件	在服务器上可以创建邮箱、删除和重命名邮件
邮件同步	单向的，本地进行的更改不会同步更新服务器中的内容	双向的，一方进行的更改另一方也会同步更新
内容搜索	下载之前，不能按内容搜索	下载之前，可以搜索包含特定字符串内容的邮件
工作方式	两种：下载并删除和下载并保留，下载并删除的方式时，邮件被下载后服务器删除该邮件	服务器可以根据客户的设定来保留邮件的多个副本，即使本地邮件丢失，仍可在服务器上检索邮件
邮件下载	立即下载所有邮件信息到本地	下载之前，可以浏览邮件的消息头部信息
方便移动用户	不方便	方便

（2）IMAP 的工作状态

如图 5-45 所示，初始状态是服务器问候状态（Server Greeting State），当客户与服务器建立 TCP 连接之后，IMAP 会话就进入未认证状态（Not Authenticated State）、认证状态（Authenticated State）、选定状态（Selected State）和注销状态（Logout State）之一。

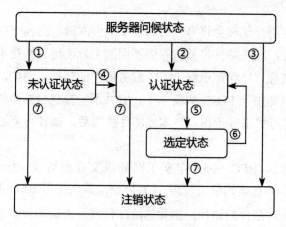

图 5-45　IMAP 的几个状态

① 在没有预认证的情况下，当客户与服务器建立 TCP 连接之后，IMAP 会话便进入未认证状态，服务器返回"OK 欢迎消息"。

② 因为有预认证，所以当客户与服务器建立 TCP 连接之后，IMAP 会话便进入认证状态，服务器返回"PREAUTH 欢迎消息"。

③ 连接被拒绝，IMAP 会话进入注销状态，服务器返回"BYE 欢迎消息"。

④ 在未认证状态下登录或认证成功，IMAP 会话便进入认证状态。

⑤ 在认证状态下执行 select 命令成功，IMAP 会话便进入选定状态，所谓选定状态是指客户成功选择了某一个邮箱（定位到某一个邮箱），可以对该邮箱中的邮件进行操作。

⑥ 在选定状态下执行 close、unselect 命令或者执行 select 命令失败，IMAP 会话便返回认证状态。

⑦ 执行 logout 命令，服务器关闭会话并关闭 TCP 连接，IMAP 会话进入注销状态。

（3）IMAP 命令方式的邮件操作

与 POP3 类似，IMAP 也是通过命令与响应消息来对服务器中的邮件进行操作的，每个命令均以一个标识作为前缀（最为典型的是由字母和数字组成的字符串）。IMAP 提供的命令较多，我们通过一个例子来了解 IMAP 常用的一些命令。

```
telnet xxx.xxx.xxx 143
01: * OK IMAP4 Server (IMail 7.13)
02: a001 login stu2 111111
03: a001 OK LOGIN completed
04: a002 list "" *
05: * LIST (\Unmarked) "/" INBOX
06: a002 OK LIST completed
07: a003 select INBOX
08: * FLAGS (\Answered \Flagged \Deleted \Seen \Draft)
09: * 2 EXISTS
10: * 0 RECENT
11: * OK [UNSEEN 1] 2 Messages unseen
12: * OK [UIDVALIDITY 1679369442] UIDs valid
13: a003 OK [READ-WRITE] SELECT completed
14: a004 fetch 2 full
15: * 2 FETCH (FLAGS () INTERNALDATE "21-Mar-2023 11:30:42...
16: a004 OK FETCH completed
17: a005 fetch 2 body
18: * 2 FETCH (BODY ("text" "plain" ("charset" "us-ascii") NIL NIL "7bit" 28 1))
19: * 2 FETCH (FLAGS (\SEEN))
20: a005 OK FETCH completed
21: a008 close
22: a008 OK Close completed, now in authenticated state
23: a009 create mybox
24: a009 OK CREATE completed
25: a002 list "" *
```

```
26: * LIST (\Unmarked) "/" INBOX
27: * LIST (\Unmarked) "/" mybox
28: a002 OK LIST completed
29: a011 delete mybox
30: a011 OK DELETE completed
31: a002 list "" *
32: * LIST (\Marked) "/" INBOX
33: a002 OK LIST completed
34: a012 logout
35: * BYE IMAP4 Server logging out
36: a012 OK LOGOUT completed
37:
38:
39: 遗失对主机的连接。
40:
41: C:\Users\Administrator>
```

以上是客户通过 telnet 命令远程登录 IMAP 服务器之后的会话，以字母"a"开始的行是客户输入的命令，服务器对该命令的响应消息也以客户输入的命令开始，后面跟着服务器执行该命令的情况，以"*"开始的行则是服务器返回给客户的执行命令后的提示信息。

第 01 行，未认证状态。

第 02～03 行，客户通过 login 命令向服务器发送用户名和密码，服务器返回认证成功从而进入认证状态。

第 04 行，客户通过 list 命令显示邮箱情况。

第 07 行，客户通过 select INBOX 命令进入选定状态，可以对 INBOX 中的邮件进行操作。

第 14 行，客户通过 fetch 命令获取序号是 2 的邮件的所有信息。

第 21 行，客户通过 close 命令返回认证状态。

第 23 行，客户通过 create mybox 命令在服务器上创建一个新的邮箱 mybox。

第 25 行，客户通过 list 命令列出邮箱信息，注意该命令的标识与上一次的一致。

第 29 行，客户通过 delete mybox 命令删除服务器上的 mybox 邮箱。

第 31 行，客户通过 list 命令再次查看邮箱信息，mybox 邮箱已被删除。

第 34 行，客户通过 logout 命令退出与服务器的会话。

有关 IMAP 的其他命令，请参考 RFC 9051。

现在用户不需要使用 POP3 或 IMAP 命令去获取邮件了，这些命令已经被图形界面的用户代理所屏蔽，即与 SMTP 的命令类似，这些命令对于普通用户来说是透明的，一个用户代理操作界面如图 5-46 所示。

在图 5-46 中，用户代理一共有两个分属于 qq.com 和 163.com 的邮件账户，图中已展开了 QQ 邮件账户的收件箱，中间列出了该邮箱中的部分邮件，而右侧则显示了该邮箱中某个邮件的详细内容。

用户代理中邮件账户的信息如图 5-47 所示。注意，在用户代理中添加邮件账户时，需要使用在邮件服务器中开启 POP3 或 IMAP 时的授权码，而不是邮件账户的登录密码。

图 5-46 图形化界面的用户代理（Foxmail）

图 5-47 用户代理中邮件账户的详细信息

从图 5-47 中可以看出，采用安全连接的 IMAP 使用的端口是 993 而不是 143，而采用安全连接的 SMTP 使用的端口是 465 而不是 25。

5.6.5 基于 Web 的电子邮件

1996 年 7 月，Hotmail 推出了基于 Web 的电子邮件系统，使得人们广泛使用的浏览器也成了电子邮件系统的用户代理，这也使得普通人群能够更加方便地使用电子邮件。现今几乎所有的单位或公司都提供了基于 Web 的电子邮件系统。注意，当将浏览器作为电子邮件系统的用户代理时，用户将邮件发送到邮件服务器不再采用 SMTP 协议，从邮件服务器上获取邮件也不再采用 POP3 或 IMAP 协议，而是都采用 HTTP 协议；但是邮件服务器间仍采用 SMTP 协议来进行邮件的转发，如图 5-48 所示。

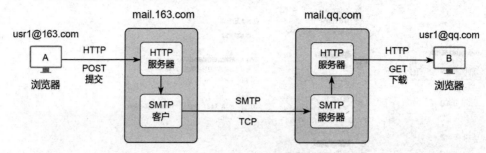

图 5-48　基于 Web 的用户代理

5.6.6　通用互联网邮件扩充

SMTP 的最大缺点是只能传输 7 位 ASCII 字符，不能传输非 ASCII 字符，例如中文或拉丁字符集；另外，SMTP 传输邮件的长度也受到限制，这些缺点对于现代互联网的用户来说是不可忍受的。为了解决这一问题，1992 年，RFC 1342 定义了消息头部中非 ASCII 字符的表示方法，并于 1993 年被 RFC 1522 定义的通用互联网邮件扩充（Multipurpose Internet Mail Extensions，MIME）所更新，并且持续地被更新，目前最新的 MIME 在 RFC 8551 中被定义。

MIME 允许邮件消息中携带各种类型的数据，例如音频、视频、图像、Word 文档及电子表格等。MIME 并没有改变 SMTP 也没有取代 SMTP，它只是对 SMTP 的扩充。MIME 在以下三部分内容中对 SMTP 进行了扩充。

1. 第一部分

扩充了消息头部字段的集合，这些消息头部字段以多种方式描述了消息体中的内容：

（1）MIME 版本（MIME-Version）。

（2）消息内容的描述（Content-Description）。

（3）消息内容的类型（Content-Type）。

（4）消息内容的编码方式（Content-Transfer-Encoding）。

（5）消息内容的唯一标识符（Content-Id）。

2. 第二部分

定义了消息内容的类型（和子类型）的集合，例如，定义了两种图像的类型 image/gif 和 image/jpeg。另外，MIME 允许双方自己定义专用的类型，这种类型必须以"X-"开始的字符串命名，以防止出现类型名称的冲突。表 5-9 给出了一些基本的类型和子类型。

表 5-9　消息内容的类型和子类型

类型	子类型举例	说明
text（文本）	plain, html, xml, css	不同格式的文本
image（图像）	gif, jpeg, tiff	不同格式的静止图像
audio（音频）	basic, mpeg, mp4	不同格式的音频
video（视频）	mpeg, mp4, quicktime	不同格式的视频

类型	子类型举例	说明
application（应用）	octet-stream, pdf, javascript, zip	不同应用程序产生的数据
message（报文）	http, rfc822	封装的报文
multipart（组合）	mixed, alternative, parallel, digest	多种类型的组合

注意，multipart 类型说明消息内容是由多种类型的数据组成的，类似于 C 语言中的结构体类型，multipart 有四个子类型。

（1）mixed：消息由多个独立的子消息组成，每个子消息都有自己独立的类型和编码，子消息间以关键字 boundary 定义的字符串进行分隔，并以串行的方式处理每个子消息。

（2）parallel：消息由多个独立的子消息组成，但所有子消息能够被无序地并行处理，例如，一幅带有背景音乐的图像，图像子消息和背景音乐子消息可以同时呈现。但在早期，很多的用户代理没有足够的能力来并行处理这些子消息，只能串行处理。

（3）digest：消息中包含其他消息的摘要，用于讨论时收集其他消息的摘要，例如（来源于 RFC 1521）：

```
01: From: Moderator-Address
02: To: Recipient-List
03: MIME-Version: 1.0
04: Subject:  Internet Digest, volume 42
05: Content-Type: multipart/digest; boundary="---- next message ----"
06:
07: ------ next message ----
08:
09: From: someone-else
10: Subject: my opinion
11:
12:    ... body goes here ...
13:
14: ------ next message ----
15:
16: From: someone-else-again
17: Subject: my different opinion
18:
19:    ... another body goes here ...
20:
21: ------ next message ------
```

（4）alternative：同一消息的多个不同形式的"副本"，类似于用不同的语言表示同一消息，例如，汉语"早上好"和英语"Good morning"是同一消息的两种不同的表现形式。这些"副本"也需要以关键字 boundary 定义的字符串进行分隔。例如（来源于 RFC 1521），同一内容的三种不同类型的表现形式的消息：

```
01: From:  Nathaniel Borenstein <nsb@bellcore.com>
02: To: Ned Freed <ned@innosoft.com>
03: Subject: Formatted text mail
```

```
04: MIME-Version: 1.0
05: Content-Type: multipart/alternative; boundary=boundary42
06:
07: --boundary42
08:
09: Content-Type: text/plain; charset=us-ascii
10:
11:    ... plain text version of message goes here ...
12: --boundary42
13: Content-Type: text/richtext
14:
15:    ... RFC 1341 richtext version of same message goes here ...
16: --boundary42
17: Content-Type: text/x-whatever
18:
19:    ... fanciest formatted version of same  message  goes  here ...
20: --boundary42-
```

上述例子中，同一消息分别以三种不同的类型来表示：第一种是以无格式的文本来表示的；第二种是以富文本来表示的；第三种是以双方自己定义的类型来表示的。这种邮件消息可以被不同的系统以不同的形式呈现。

3. 第三部分

定义了几种类型的内容的传输编码，通过编码可以将任意类型的消息内容转换为 7 位 ASCII 的格式，即通过编码任何数据都能以 7 位 ASCII 的格式传输，如图 5-49 所示。

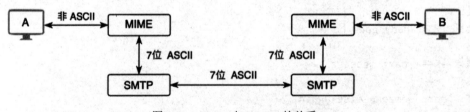

图 5-49　SMTP 与 MIME 的关系

对于包含非 ASCII 字符的文本消息，RFC 1521 推荐使用可打印字符引用编码（Quoted-Printable，QP），而对于 image、audio 和 video 等类型的消息，则使用 Base64 编码。

（1）QP 编码

QP 编码的规则如下。

- 规则 1：除 "="（十进制的 ASCII 值是 61）外，所有可打印的 ASCII 字符（十进制的 ASCII 码值的范围是 33～60 和 62～126）直接用 ASCII 表示。对于不可打印的 ASCII 字符，编码成 3 个字符："=" 和两个十六进制数码（字母必须大写），即将 8 位不可打印的字符拆分成两个 4 位的组合，且在最前面加上字符 "="。下面给出了一个 QP 编码的实例。

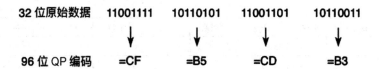

32 位原始数据（汉字"系统"的二进制表示）被编码成了可打印的 12 字节（96 位）的 ASCII 串"=CF=B5=CD=B3"，开销达 200%。注意，原文中的字符"="也需要进行编码，其 ASCII 值的二进制形式是 00111101，因此字符"="的 QP 编码是"=3D"。

- 规则 2：如果 TAB（制表符，十进制的 ASCII 值是 9）和 SPACE（空格，十进制的 ASCII 值是 32）出现在行尾，则必须按 QP 进行编码，分别编码成"=09"和"=20"，否则直接用其原 ASCII 表示。

- 规则 3：消息中的行结束标志必须转换为<CRLF>，如果 CR（十进制的 ASCII 值是 13）或 LF（十进制的 ASCII 值是 10）不是表示行结束，则 CR 转换为"=0D"，LF 转换为"=0A"。

- 规则 4：QP 编码的消息，每行的长度不能超过 76 个字符，因此 QP 编码在每行的末尾加上"软换行"（Soft Line Break），即每一行的最后一个字符是"="。注意，软换行不是实际的换行，解码的文本中不会出现软换行。

例如，对于"If you believe that truth=beauty, then surely mathematics is the most beautiful branch of philosophy."，QP 编码后的结果是：

If you believe that truth=3Dbeauty, then surely=20=

mathematics is the most beautiful branch of philosophy.

按规则 1，原消息"truth=beauty"编码成"truth=3Dbeauty"。

按规则 2，原消息"surely "（最后有一个空格）编码成"surely=20"。

按规则 4，在"surely=20"之后加上软换行，故最终编码成"surely=20="。

（2）Base64 编码

Base64 编码采用 64 个可打印的 ASCII 字符来表示二进制数据。首先将二进制数据划分为 24 位长的比特组合，然后再将这些 24 位长的比特组合划分为 4 个 6 位长的位串，6 位长的位串共有 64 种组合，于是从 95 个可打印的 ASCII 字符中选取 64 个可打印的字符来表示 6 位长的位串。选取的 64 个可打印的 ASCII 字符如表 5-10 所示。

表 5-10　Base64 字符表

码值	字符	码值	字符	码值	字符	码值	字符
0	A	16	Q	32	g	48	w
1	B	17	R	33	h	49	x
2	C	18	S	34	i	50	y
3	D	19	T	35	j	51	z
4	E	20	U	36	k	52	0
5	F	21	V	37	l	53	1
6	G	22	W	38	m	54	2

码值	字符	码值	字符	码值	字符	码值	字符
7	H	23	X	39	n	55	3
8	I	24	Y	40	o	56	4
9	J	25	Z	41	p	57	5
10	K	26	a	42	q	58	6
11	L	27	b	43	r	59	7
12	M	28	c	44	s	60	8
13	N	29	d	45	t	61	9
14	O	30	e	46	u	62	+
15	P	31	f	47	v	63	/

图 5-50 给出了一个 Base64 编码的例子。

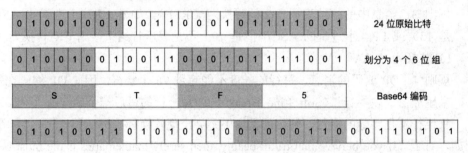

图 5-50　一个 Base64 编码的例子

从上述例子可以看出，一个 24 位的原始比特串，经 Base64 编码后变成了 32 位，开销是 8 位，占 32 位的 25%。

5.7　本章实验

5.7.1　在 VMware 中安装 Ubuntu 22.04 LTS

通过前面的学习，我们已经知道，Linux 系统非常适合用来提供互联网应用服务，因此，掌握最基本的 Linux 的操作是计算机网络从业者的基本技能之一。目前，市面上有多种类型的 Linux 发行套件，这些套件有些是桌面版，类似于 Windows 桌面版，它提供了图形用户界面（可以不安装图形用户界面），主要的使用者是普通的个人用户；有些是服务器版，主要用于提供互联网应用服务且通常不安装图形用户界面（也可以安装），管理这些服务器通常采用远程登录的方式。

本章实验的任务是在 VMware 中安装 Ubuntu 服务器版，以便在 Linux 系统中搭建各种互联网应用服务，例如 WWW 服务、DNS 服务及 FTP 服务等。

（1）参考相关资料下载并安装 VMware Workstation 或 VMware Fusion。本书使用 VMware Fusion。

（2）在 VMware 中创建虚拟机（硬件）。

（3）在虚拟机（硬件）中安装 Linux 操作系统，可以下载 Linux 操作系统直接安装，也可以直接导入已有的 Linux 虚拟机（可以下载得到，免去安装操作系统的过程）。本书使用 Ubuntu Server 22.04 虚拟机（文件名是 UbuntuServer_22.04_VM.7z）。

（4）掌握从宿主计算机通过远程登录工具（例如 Putty）登录虚拟机的方法。

5.7.2 节和 5.7.3 节的实验均是通过远程登录的方式进行管理和配置的。

5.7.2 安装配置 DNS

在 Linux 中，由软件 BIND（Berkeley Internet Name Domain）提供 DNS 服务，BIND 是一款开源的 DNS 服务器软件，该软件早期是由加州大学 Berkeley 分校开发和维护的，目前由互联网系统协会（Internet Systems Consortium，ISC）负责开发和维护。BIND 是互联网中最为主流的开源 DNS 软件，占了市面上 DNS 服务器软件约 90%的份额，目前最新的版本是 BIND 9。BIND9 支持多种类型的 Linux 发行套件，例如 Debian、CentOS、Fedora 和 Ubuntu 等。

本节实验的任务是在 Linux 系统中配置 DNS 服务，该 DNS 管理的域是 mynet.com。安装环境是 5.7.1 节中安装的 Linux 虚拟机（Ubuntu Server 22.04），该虚拟机的用户名是 ubuntu，密码是 ubuntu。

1. 下载并安装 BIND9

（1）源码安装

如果采用源码安装，需要到官网下载 BIND 源程序。在 Linux 中，源码安装较为复杂，不建议采用这种安装方法。

（2）apt-get 安装

apt-get 是 Ubuntu 中管理软件包的工具，可以用来安装和卸载软件包，还可以升级软件包。在 Linux 中执行以下命令即可安装 BIND9：

```
sudo apt-get install bind9
```

2. 配置 DNS

Linux 被称为"文本驱动的操作系统"，即 Linux 都是通过文本文件来配置和管理软件的各种特性的，这种管理方法使管理者能够更好地理解这些特性。BIND9 运行所需的相关配置文件被保存在/etc/bind 中，其中最为主要的几个配置文件分别是：主配置文件（named.conf）、选项文件（named.conf.options）、指定区域文件名的文件（named.conf.default-zones）、正向解析文件（域名到 IP 的解析）和反向解析文件（IP 到域名的解析）。对于配置域 mynet.com 中的域名解析，也是通过配置这几个文件来实现的。图 5-51 给出了 BIND9 的部分文件的组织结构图。

图 5-51 BIND9 的部分文件

（1）主配置文件 named.conf

主配置文件是 BIND 主进程 named 启动时需要使用的一个文件，文件内容如下：

```
01: ubuntu@ubuntuserver2204:/etc/bind$ more named.conf
02: ...
03: include "/etc/bind/named.conf.options";
04: include "/etc/bind/named.conf.local";
05: include "/etc/bind/named.conf.default-zones";
```

可以看出，name.conf 引用了 DNS 解析所需要的默认配置文件，其中，文件 named.conf.local（本实验中无须更改）和 named.conf.options 是 DNS 的两个核心文件，在这两个文件中配置了 DNS 的基础服务。文件 named.conf.default-zones 中最重要的内容是用区域（zone）来指明本地域名解析所需要的正向和反向解析文件。默认情况下，DNS 使用 UDP 协议且监听端口 53（IPv4），这些信息需要在文件 named.conf.options 中加以指定。

（2）修改选项文件

修改后的选项文件的内容如下：

```
01: ubuntu@ubuntuserver2204:/etc/bind$ more named.conf.options
02: options {
03:         directory "/var/cache/bind";
04:         ...
05:         forwarders {
06:                 8.8.8.8;
07:                 8.8.4.4;
08:                 233.5.5.5;
09:                 233.6.6.6;
10:         };
11:         ...
12:         dnssec-validation auto;
13:
14:         listen-on port 53 { any; };
15:         allow-query { any; };
16:         listen-on-v6 { any; };
17: };
```

第 14～15 行，需要手动添加，即让 DNS 监听端口 53 并允许所有主机查询。

第 06～09 行，需要手动修改，用来设置 DNS 转发器，当本 DNS 服务器不能解析时，交由转发器中指定的域名服务器进行解析。

（3）指定区域（zone）文件

区域文件是指保存资源记录（Record Resource，RR）信息的文件，区域文件又被分为正向解析区域文件和反向解析区域文件，这两个文件是在文件 named.conf.default-zones 中被指定的，即指定正向解析使用的文件和反向解析使用的文件，这两个文件需要手动创建。文件 named.conf.default-zones 的部分内容如下，其中最后的两个 zone 分别指定了这两个文件。

```
01: ubuntu@ubuntuserver2204:/etc/bind$ more named.conf.default-zones
02: // prime the server with knowledge of the root servers
03: zone "." {
```

```
04:              type hint;
05:              file "/usr/share/dns/root.hints";
06: };
07: ...
08: zone "localhost" {
09:              type master;
10:              file "/etc/bind/db.local";
11: };
12:
13: zone "127.in-addr.arpa" {
14:              type master;
15:              file "/etc/bind/db.127";
16: };
17:
18: zone "0.in-addr.arpa" {
19:              type master;
20:              file "/etc/bind/db.0";
21: };
22:
23: zone "255.in-addr.arpa" {
24:              type master;
25:              file "/etc/bind/db.255";
26: };
27:
28: zone "mynet.com" {
29:              type master;
30:              file "/etc/bind/db.mynet.com2ip";
31: };
32:
33: zone "1.168.192.in-addr.arpa" {
34:              type master;
35:              file "/etc/bind/db.ip2mynet.com";
36: };
```

第 28～31 行，指定了域 mynet.com 正向解析的区域文件：db.mynet.com2ip，该文件需要人为创建。

第 33～36 行，指定了域 mynet.com 反向解析的区域文件：db.ip2mynet.com，该文件也需要人为创建。由于在域 mynet.com 中规划使用的网络是 192.168.1.0/24，故反向解析的域是：1.168.192.in-addr.arpa。

（4）编辑正向解析文件 db.mynet.com2ip

在/etc/bind 下创建文件 db.mynet.com2ip。该文件的格式与 BIND9 提供的文件 db.local 的一致，因此，可以先用"sudo cp db.local db.mynet.com2ip"命令在/etc/bind 下生成一个文件 db.mynet.com2ip，然后再使用"sudo vim db.mynet.com2ip"命令来修改该文件，在其中添加 RR。有关 vim 的基本操作请参考相关资料。

```
ubuntu@ubuntuserver2204:/etc/bind$ sudo cp db.local db.mynet.com2ip
ubuntu@ubuntuserver2204:/etc/bind$ sudo vim db.mynet.com2ip
```

在本实验中，正向解析文件编辑之后的内容如下：

```
01: ubuntu@ubuntuserver2204:/etc/bind$ more db.mynet.com2ip
02: ;
03: ; BIND data file for local mynet.com
04: ;
05: $TTL    604800
06: @       IN      SOA     dns1.mynet.com root.mynet.com (
07:                              2         ; Serial
08:                           604800       ; Refresh
09:                            86400       ; Retry
10:                          2419200       ; Expire
11:                           604800 )     ; Negative Cache TTL
12: ;
13: @       IN      NS      dns1
14:         IN      NS      dns2
15:         IN      MX      10      mail1
16:         IN      MX      20      mail2
17:         IN      HINFO   "6-core Intel Core i6" "macOS Catalina"
18:         IN      TXT     "Welcome to My doman server."
19: ftp     IN      CNAME   server
20: www     IN      CNAME   server
21: dns1    IN      A       192.168.1.9
22: dns2    IN      A       192.168.1.10
23: mail1   IN      A       192.168.1.9
24: mail2   IN      A       192.168.1.10
25: server  IN      A       192.168.1.9
```

在区域文件中，";"表示注释，"@"表示当前区域 mynet.com。

第 06～11 行，起始授权（Start Of Authority，SOA）部分。

第 13～25 行，资源记录（RR）部分。注意，第 13 行第 1 列的"@"表示 mynet.com，其后第 14～18 行的第 1 列是空，也表示 mynet.com（省略了@）。有关资源记录的类与类型，请参考 5.1.3 节。

（5）编辑反向解析文件 db.ip2mynet.com

与编辑正向解析文件类似，首先从 BIND9 提供的文件 db.127 拷贝生成文件 db.ip2mynet.com，然后再用 vim 修改该文件。在本实验中，反向解析文件编辑之后的内容如下：

```
01: ubuntu@ubuntuserver2204:/etc/bind$ more db.ip2mynet.com
02: ;
03: ; BIND data file for local 192.168.1.0 net
04: ;
05: $TTL    604800
06: @       IN      SOA     dns1.mynet.com. root.mynet.com. (
07:                              2         ; Serial
08:                           604800       ; Refresh
09:                            86400       ; Retry
10:                          2419200       ; Expire
11:                           604800 )     ; Negative Cache TTL
```

```
12: ;
13: @                IN      NS      dns1.mynet.com.
14: @                IN      NS      dns2.mynet.com.
15: dns1             IN      A       192.168.1.9
16: dns2             IN      A       192.168.1.10
17: 9                IN      PTR     dns1.mynet.com.
18: 10               IN      PTR     dns2.mynet.com.
19: 9                IN      PTR     www.mynet.com.
20: 9                IN      PTR     ftp.mynet.com.
21: 9                IN      PTR     mail1.mynet.com.
22: 10               IN      PTR     mail2.mynet.com.
```

编辑该文件时，需要特别注意的是，域名最后有一个 "."。

3. 配置文件排错及 DNS 服务启动

如果在上述编辑后的文件中存在一些错误，则 BIND 进程无法启动或解析无法完成，BIND9 提供了检查配置文件是否存在错误的命令 named-checkconf 和 named-checkzone，前者用于检查配置文件的正确性，后者用于检查区域文件的正确性。

（1）检查配置文件是否存在错误

```
ubuntu@ubuntuserver2204:/etc/bind$ named-checkconf -z named.conf
zone localhost/IN: loaded serial 2
zone 127.in-addr.arpa/IN: loaded serial 1
zone 0.in-addr.arpa/IN: loaded serial 1
zone 255.in-addr.arpa/IN: loaded serial 1
zone mynet.com/IN: loaded serial 2
zone 1.168.192.in-addr.arpa/IN: loaded serial 2
```

（2）检查区域文件是否存在错误

```
ubuntu@ubuntuserver2204:/etc/bind$ named-checkzone mynet.com db.mynet.com2ip
zone mynet.com/IN: loaded serial 2
OK
ubuntu@ubuntuserver2204:/etc/bind$ named-checkzone mynet.com db.ip2mynet.com
zone mynet.com/IN: loaded serial 2
OK
```

（3）重新启动 BIND 服务

当以上配置文件和区域文件的检查过程全部正确无误时，则可重新启动 BIND 进程。

```
systemctl restart bind9
```

4. 验证 DNS 服务

（1）查询域 mynet.com 中的域名服务器，从上述配置文件中不难看出管理域 mynet.net 的权威域名服务器的 IP 地址是 192.168.1.9。

```
ubuntu@ubuntuserver2204:~$ dig @192.168.1.9 mynet.com ns +noall +answer
mynet.com.          604800  IN      NS      dns2.mynet.com.
mynet.com.          604800  IN      NS      dns1.mynet.com.
```

（2）查询域 mynet.com 中的邮件服务器

```
ubuntu@ubuntuserver2204:~$ dig @192.168.1.9 mynet.com mx +noall +answer
mynet.com.              604800    IN      MX       20 mail2.mynet.com.
mynet.com.              604800    IN      MX       10 mail1.mynet.com.
```

（3）解析域名 www.mynet.com

```
ubuntu@ubuntuserver2204:~$ dig @192.168.1.9 www.mynet.com a +noall +answer
www.mynet.com.          604800    IN      CNAME    server.mynet.com.
server.mynet.com.       604800    IN      A        192.168.1.9
```

（4）解析域名 ftp.mynet.com

```
ubuntu@ubuntuserver2204:~$ dig @192.168.1.9 ftp.mynet.com a +noall +answer
ftp.mynet.com.          604800    IN      CNAME    server.mynet.com.
server.mynet.com.       604800    IN      A        192.168.1.9
```

（5）查询域 mynet.com 中的一些信息

```
ubuntu@ubuntuserver2204:~$ dig @192.168.1.9 mynet.com txt +noall +answer
mynet.com.              604800    IN      TXT      "Welcome to My doman server."
```

（6）查询域名服务器的硬件信息

```
ubuntu@ubuntuserver2204:~$ dig @192.168.1.9 mynet.com hinfo +noall +answer
mynet.com.      604800   IN      HINFO   "6-core Intel Core i6" "macOS Catalina"
```

（7）反向解析 192.168.1.9

```
ubuntu@ubuntuserver2204:~$ dig @192.168.1.9 -x 192.168.1.9 +noall +answer
9.1.168.192.in-addr.arpa. 604800 IN      PTR      ftp.mynet.com.
9.1.168.192.in-addr.arpa. 604800 IN      PTR      mail1.mynet.com.
9.1.168.192.in-addr.arpa. 604800 IN      PTR      dns1.mynet.com.
9.1.168.192.in-addr.arpa. 604800 IN      PTR      www.mynet.com.
```

（8）反向解析 192.168.1.10

```
ubuntu@ubuntuserver2204:~$ dig @192.168.1.9 -x 192.168.1.10 +noall +answer
10.1.168.192.in-addr.arpa. 604800 IN     PTR      mail2.mynet.com.
10.1.168.192.in-addr.arpa. 604800 IN     PTR      dns2.mynet.com.
```

5. 权威回答与非权威回答

查询域名 www.mynet.com 和域名 www.baidu.com。由于域名 www.mynet.com 在本域名服务器所管辖的域中，域名服务器直接回答，所以域名服务器的回答是权威回答。由于域名 www.baidu.com 不在本域名服务器所管辖的域中，需要向其他域名服务器询问得到，所以域名服务器的回答是非权威回答。

```
01: ubuntu@ubuntuserver2204:~$ nslookup
02: > server 192.168.1.9
03: Default server: 192.168.1.9
```

```
04: Address: 192.168.1.9#53
05: > www.mynet.com
06: Server:          192.168.1.9
07: Address:         192.168.1.6#53
08:
09: www.mynet.com   canonical name = server.mynet.com.
10: Name:   server.mynet.com
11: Address: 192.168.1.9
12: > www.baidu.com
13: Server:          192.168.1.9
14: Address:         192.168.1.9#53
15:
16: ** server can't find www.baidu.com: SERVFAIL
17: > www.baidu.com
18: Server:          192.168.1.9
19: Address:         192.168.1.6#53
20:
21: Non-authoritative answer:
22: www.baidu.com   canonical name = www.a.shifen.com.
23: Name:   www.a.shifen.com
24: Address: 14.119.104.189
25: Name:   www.a.shifen.com
```

第 21 行，查询域名 www.baidu.com 时，本域名服务器给出的是非权威回答（Non-authoritative answer）。

5.7.3 安装配置 Web 服务

对于公司（或单位）而言，建立自己的官方 Web 服务是一件非常重要的工作，通过搭建自己的 Web 服务，不但使公司具有了更加方便的对外宣传窗口，而且公司也可使用基于 Web 的 OA 系统和配置基于 Web 的电子邮件系统等。目前，全球已有超过 1 亿的活动 Web 站点。

在互联网中，用于架设 Web 站点的服务器软件有很多，例如 Apache、Nginx 和 IIS 等。截止到 2023 年 3 月，Nginx 以占比约 26%排名第一，而 Apache 以占比约 21%排名第三（历史上曾占比约 70%）。

Apache 来源于 NCSAhttpd，在经过多次修改之后，它已经成为互联网中最为流行的 Web 服务器软件。Apache 是一款开源软件，这使得世界上任何有能力的人都能够为它不断地开发新功能、不断地增加各种新的特性、不断地完善其存在的问题。因此，有 Apache 来源于"a patchy server"的发声，即充满补丁的服务器。简单、高效、速度快及性能稳定是 Apache 的几个重要特点。Apache 可在其官网直接下载得到。

本实验的任务是使用 Apache2 来架设公司的默认 Web 站点及其他站点，并简单分析 Apache2 的一些安全配置问题。

1. Linux 中安装 Apache

我们仍在 Linux 虚拟机中安装 Apache，和安装 BIND 9 类似，使用 Linux 提供的管理软件包的工具进行安装。注意，Linux 虚拟机的 IP 地址是 192.168.1.9，并且已经启用了 DNS 服务。

（1）安装 Apache2

```
ubuntu@ubuntuserver2204:~$ sudo apt-get install apache2
```

查看 Apache2 的运行状态：

```
ubuntu@ubuntuserver2204:~$ sudo systemctl status apache2
● apache2.service - The Apache HTTP Server
     Loaded: loaded (/lib/systemd/system/apache2.service; enabled; vendor preset:
enabled)
     Active: active (running) since Sat 2023-03-25 11:52:26 UTC; 51s ago
       Docs: https://httpd.apache.org/docs/2.4/
   Main PID: 2006 (apache2)
      Tasks: 55 (limit: 4531)
     Memory: 4.9M
        CPU: 30ms
     CGroup: /system.slice/apache2.service
             ├─2006 /usr/sbin/apache2 -k start
             ├─2007 /usr/sbin/apache2 -k start
             └─2008 /usr/sbin/apache2 -k start

Mar 25 11:52:26 ubuntuserver2204 systemd[1]: Starting The Apache HTTP Server...
Mar 25 11:52:26 ubuntuserver2204 apachectl[2004]: AH00558: apache2: Could not
reliably determine the server's >
Mar 25 11:52:26 ubuntuserver2204 systemd[1]: Started The Apache HTTP Server.
```

从上述输出的信息中可以看出，Apache2 已经被正确安装且已正常启动。

（2）访问默认站点

Apache2 在被正确安装后，便提供了一个默认的站点。我们将宿主计算机中的 DNS 服务器指定为 5.7.1 节的 Linux 虚拟机（192.168.1.9），然后在宿主计算机的浏览器地址栏中输入 www.mynet.com（如果没有配置 DNS 服务器，则输入 Linux 虚拟机的 IP 地址），若浏览器中呈现了图 5-52 所示的默认页面（部分截图），则说明 Apache2 的默认站点已被正确启用。

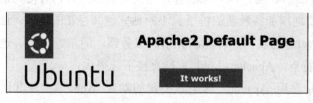

图 5-52　Apache2 提供的默认页面

2. Apache2 的文件结构

默认情况下，在 Apache2 中运行的所有 Web 站点的页面都存放于/var/www 目录下，例如，Apache2 的默认站点的页面存放于/var/www/html 目录下，默认页面的名称为 index.html。Apache2 配置文件的文件结构如下（注意，可能需要安装 tree 工具）：

```
01: ubuntu@ubuntuserver2204:/etc/apache2$ tree
02: .
03: ├── apache2.conf          全局配置文件
04: ├── conf-available        可用的配置文件
05: ├── conf-enabled          已经启用的配置文件
06: ├── envvars               环境变量
07: ├── magic
08: ├── mods-available        已安装的模块
09: │   ├── dir.conf
10: ├── mods-enabled          已启用的模块
11: ├── ports.conf            HTTP 监听端口
12: ├── sites-available       可用的站点
13: │   ├── 000-default.conf
14: │   └── default-ssl.conf
15: └── sites-enabled         已启用的站点，是可用站点的软链接
16:     └── 000-default.conf -> ../sites-available/000-default.conf
```

在 Apache2 启动时，全局配置文件 apache2.conf 被自动读取，其他的具有不同功能的配置选项被分配到了不同的配置文件中，例如，文件 port.conf 中配置了 Apache2 监听的端口，而 sites-enabled 目录中保存了已启用的站点的配置文件（说明 Apache2 可支持多个 Web 站点）。这些具有不同功能的配置文件，被 apache2.conf 通过 include 加载到自己的配置文件中，这种按功能分割配置文件的方式，更加清晰且易于管理。

在上述文件结构中，第 12～16 行是与 Web 站点相关的配置文件，当前 Apache2 中只定义了一个默认站点，其配置文件是 000-default.conf。注意，sites-available 目录下的是真正的配置文件，而 sites-enabled 目录下的是文件 000-default.conf 的软链接。

（1）配置文件 apache2.conf 的部分内容

```
01: Timeout 300
02: KeepAlive On
03: MaxKeepAliveRequests 100
04: KeepAliveTimeout 5
05: <Directory /var/www/>
06:         Options Indexes FollowSymLinks
07:         AllowOverride None
08:         Require all granted
09: </Directory>
10: IncludeOptional mods-enabled/*.load
11: IncludeOptional mods-enabled/*.conf
12: Include ports.conf
13: IncludeOptional conf-enabled/*.conf
```

```
14: IncludeOptional sites-enabled/*.conf
```

第 01~04 行是和 TCP 连接有关的参数：

Timeout 300，请求超时时间是 300s。

KeepAlive On，启用持续连接。

MaxKeepAliveRequests 100，一个持续连接最多可请求对象的数量是 100 个。

KeepAliveTimeout 5，两个持续连接的间隔时间是 5s，即在前一个持续连接被关闭 5s 后才能再次建立一个新的持续连接。

第 05~09 行，设置了 Web 站点的目录的属性。

第 10~14 行，加载其他配置文件，其中第 14 行用于加载已启用的站点。

（2）配置文件 port.conf 的内容

该配置文件用于指定 Web 站点使用的端口。

```
01: ubuntu@ubuntuserver2204:/etc/apache2$ more ports.conf
02:
03: Listen 80
04:
05: <IfModule ssl_module>
06:         Listen 443
07: </IfModule>
08:
09: <IfModule mod_gnutls.c>
10:         Listen 443
11: </IfModule>
```

在该配置文件中，管理员可以增加监听端口，实现以单一 IP 多端口的方式在 Apache2 上建立多个 Web 站点。

（3）配置文件 dir.conf 的内容

该配置文件用于设置默认的 Web 站点首页，即在 URL 中没有指定访问的具体对象时，哪些默认对象可以返回给客户。

```
01: ubuntu@ubuntuserver2204:/etc/apache2/mods-available$ more dir.conf
02: <IfModule mod_dir.c>
03:         DirectoryIndex  index.html  index.cgi  index.pl  index.php  index.xhtml
index.htm
04: </IfModule>
```

在该文件中，管理员可以指定多个文件作为默认页面返回给客户，若排在前面的文件不存在，则依次向后查找文件。若 Web 站点的根目录下，没有配置文件 dir.conf 中指定的默认文件，那么 Web 服务器如何响应客户没有指定具体访问对象的请求呢？有关这方面的内容，请参考后面的"Apache2 的一些安全性配置"的相关内容。

（4）000-default.conf

这是 Apache2 被安装之后提供的一个默认站点的配置文件，其内容如下：

```
01: ubuntu@ubuntuserver2204:/etc/apache2/sites-available$ more 000-default.conf
```

```
02: <VirtualHost *:80>
03:        ...
04:        ServerAdmin webmaster@localhost
05:        DocumentRoot /var/www/html
06:        ...
07:
08:        ErrorLog ${APACHE_LOG_DIR}/error.log
09:        CustomLog ${APACHE_LOG_DIR}/access.log combined
10:
11: </VirtualHost>
```

在 Apache2 中，Web 站点是以虚拟主机的形式定义的，上述文件中指定了默认站点监听端口 80，如果需要更改监听端口为 8080，则将第 02 行中的 80 更改为 8080，同时，还需要在配置文件 ports.conf 中增加一行：Listen 8080。在上述文件的第 05 行，还指明了默认站点的页面的存储位置是/var/www/html。

3. 创建公司首页

通过上述分析可以知道，要创建公司官网，只需要在/var/www/html 目录下放入公司官网站点的页面即可。假设公司官网站点就一个首页面，则只需要创建一个在配置文件 dir.conf 中指定的文件即可。由于/var/www/html 目录下已经有了 Apache2 创建的图 5-52 所示的首页（index.html），因此，首先需要将该首页文件删除或更名，本实验将其更名为 index.html.before。

```
ubuntu@ubuntuserver2204:/var/www/html$ sudo mv index.html index.html.before
```

然后用 sudo vim index.html 创建一个简单的公司官网站点的首页（也可以在本地创建，然后上传到服务器中）。该文件的内容如下（参考 html 语言）：

```
ubuntu@ubuntuserver2204:/var/www/html$ more index.html
<!DOCTYPE html>
<html>
  <head>
    <meta charset="utf-8" />
    <title>XXX 公司官网</title>
    <style>
      .center-box{
        text-align: center;
      }
      .baincheng-sp{
        display: inline-block;
        width: 500px;
      }
    </style>
  </head>
  <body>
```

```
    <div class="center-box">
      <span class="baincheng-sp">
            <p> 欢迎光临本公司</p>
            <p> 网页正在开发中</p>
      </span>
    </div>
  </body>
</html>
```

再次从浏览器中访问 www.mynet.com，浏览器的显示结果如图 5-53 所示。

图 5-53　公司官网首页

4. 创建公司的文件下载站点

公司需要一个文件下载站点，供所有员工下载文件，我们可以用以下方法再来创建一个公司的文件下载的 Web 站点。

（1）在/etc/apache2/sites-available 目录下，增加一个用于文件下载站点的配置文件 001-download.conf，该文件的内容可参考默认站点的配置文件进行修改。在/etc/apache2/sites-available 目录下，首先执行以下命令：

sudo cp 000-default.conf 001-download.conf

然后再用 sudo vim 001-download.conf 命令编辑该文件，最终该文件的内容如下：

```
01: <VirtualHost *:80>
02:
03:        ...
04:        ServerAdmin webmaster@localhost
05:        ServerName ftp.mynet.com
06:        DocumentRoot /var/www/download
07:        ...
08:        ErrorLog ${APACHE_LOG_DIR}/error.log
09:        CustomLog ${APACHE_LOG_DIR}/access.log combined
10:
11: </VirtualHost>
```

第 01 行指定了文件下载站点仍使用端口 80。

第 05 行指定了文件下载站点的域名，通过该域名就能访问该站点（需要完成 5.7.2 节的实验）。

第 06 行指定了文件下载站点的页面存放的目录是/var/www/download，为此需要在/var/www 目录下创建目录 download。

```
ubuntu@ubuntuserver2204:/var/www$ sudo mkdir download
```

（2）在 sites-enabled 目录下创建软链接。

```
sudo ln -s /etc/apache2/sites-available/001-download.conf /etc/apache2/sites-enabled/
```

（3）在/var/www/download 目录下创建文件下载站点的首页文件，该文件的文件名也是 index.html（可以用 vim 命令创建）。

（4）重新启动 Apache2：

```
sudo systemctl restart apache2
```

在浏览器的地址栏中输入 ftp.mynet.com 来访问公司的文件下载站点，结果如图 5-54 所示。

图 5-54　公司软件下载首页

通上述实验，我们了解到，Apache2 可以基于域名为多个站点提供页面访问服务。事实上，Apache2 还可以基于不同的端口来提供类似的服务，读者可参考相关资料进行配置与管理。

5. Apache2 的一些安全性配置

对于站点的访问，Apache2 提供了多种安全措施，例如，限制某些 IP 不能访问、访问某些站点需要认证、不允许列站点目录下的文件，等等。

我们以不允许列站点目录下的文件来进行说明。对于前面的公司官网站点，如果该站点目录下没有配置文件 dir.conf 中指定的默认首页文件，那么访问该站点时会出现什么情况呢？

（1）将站点的首页文件更名

```
ubuntu@ubuntuserver2204:/var/www/html$ sudo mv index.html index.html.tmp
```

站点的首页文件更名之后，站点目录下再无其他配置文件 dir.conf 指定的默认首页文件，此时如果从浏览器访问公司官网，则会出现如图 5-55 所示的结果。

可以看出，浏览器将公司官网站点下的所有文件全部列出，让客户选择浏览，这显然是不安全的。在 Apache2 中，将这种列站点目录下的文件的功能关闭之后，就不会出现这种问题了。

图 5-55　浏览器列出了公司官网站点下的所有文件

（2）修改配置文件 apache2.conf

用 vim 命令修改 apache2.conf 配置文件，将以下原始内容中的"Indexes"删除即可。

- 原始内容

```
<Directory /var/www/>
    Options Indexes FollowSymLinks
    AllowOverride None
    Require all granted
</Directory>
```

- 更改之后的内容

```
<Directory /var/www/>
    Options FollowSymLinks
    AllowOverride None
    Require all granted
</Directory>
```

重新启动 Apache2，然后再次访问没有配置文件 dir.conf 指定的默认首页文件的公司官网站点，则会出现如图 5-56 所示的结果。

```
ubuntu@ubuntuserver2204:/etc/apache2$ systemctl restart apache2
```

从图 5-56 可以看到，在没有默认首页文件的情况下，公司官网站点的访问被禁止了（报 403 Forbidden 错误），页面中显示"You don't have permission to access this resource."。

图 5-56　站点禁止访问

（3）修改站点监听端口

当公司不想让客户以默认端口 80 访问公司官网站点时，可以更改站点使用的端口，例如更改为 8080，此时需要修改以下两个配置文件中的内容。

在文件/etc/apache2/ports.conf 中增加一行 Listen 8080。

在文件 sites-enabled/000-default.conf 中，将<VirtualHost *:80>中的"80"更改为"8080"。

重新启动 Apache 2（sudo systemctl restart apache2）。

此时，若要正常访问公司官网，则需要输入"www.mynet.com:8080"或"服务器的 IP 地址:8080"，结果如图 5-57 所示。

图 5-57 公司官网站点使用端口 8080 时的访问方法

5.7.4 域名解析客户程序设计

本实验的任务是用 Python 和 Scapy 编写一个简单的 DNS 客户端解析程序，以便更好地理解 DNS 报文的格式、资源记录的类型等概念。

在 5.1.6 节中，已经给出了 DNS 报文的格式，这里以几行代码的运行结果来展示 DNS 报文的格式（在 Scapy 中按行执行以下代码，即逐行输入并回车）。

（1）简单的代码

```
01: dnsServer = '192.168.1.1'
02: qname = 'www.baidu.com'
03: qtype = 'A'
04:
05: pkt = IP(dst=dnsServer)/UDP(sport=58888, dport=53)/DNS(
06:         id=6868, opcode=0, rd=1, qd=DNSQR(qname=qname, qtype=qtype))
07:
08: ans = sr1(pkt, timeout=1, verbose=False)
09:
10: ans['DNS'].show()
```

第 05～06 行（实为一行，在 Scapy 中按一行输入），定义了一个用于 DNS 查询的 pkt：pkt 在运输层上使用 UDP 协议，目的端口是 DNS 服务器使用的默认端口 53，源端口是 58888；pkt 的目的 IP 地址是 DNS 服务器的 IP 地址；pkt 在应用层上定义了一个 DNS 查询报文，查询的域名是 www.baidu.com，查询类型是 A，即根据域名得到 IP 地址。

第 08 行是通过 Scapy 提供的发送三层包的函数 sr1 将 pkt 发送给域名服务器，且仅发送一个包，返回的结果保存在 ans 中。以下的运行结果是 ans 中的内容，是通过运行第 10 行代码得到的。

（2）运行结果

```
01: ----------[ DNS 首部 ]----------
02:   id= 6868
03:   qr= 1
04:   opcode= QUERY
05:   aa= 0
06:   tc= 0
07:   rd= 1
08:   ra= 1
09:   z= 0
10:   ad= 0
11:   cd= 0
12:   rcode= ok
13:   qdcount= 1
14:   ancount= 3
15:   nscount= 0
16:   arcount= 0
17: ----------[ DNS 查询问题区域 ]----------
18:   \qd\
19:    |###[ DNS Question Record ]###
20:    |  qname= 'www.baidu.com.'
21:    |  qtype= A
22:    |  qclass= IN
23: ----------[ DNS 回答区域（资源记录） ]----------
24:   \an\
25:    |###[ DNS Resource Record ]###
26:    |  rrname= 'www.baidu.com.'
27:    |  type= CNAME
28:    |  rclass= IN
29:    |  ttl= 1075
30:    |  rdlen= None
31:    |  rdata= 'www.a.shifen.com.'
32:    |###[ DNS Resource Record ]###
33:    |  rrname= 'www.a.shifen.com.'
34:    |  type= A
35:    |  rclass= IN
36:    |  ttl= 172
37:    |  rdlen= None
38:    |  rdata= 14.215.177.38
39:    |###[ DNS Resource Record ]###
40:    |  rrname= 'www.a.shifen.com.'
41:    |  type= A
```

```
42:    |  rclass= IN
43:    |  ttl= 172
44:    |  rdlen= None
45:    |  rdata= 14.119.104.189
46:  ns= None
47:  ar= None
```

上述运行结果是一个查询回答报文，查询的域名是 www.baidu.com。

第 02~16 行是 DNS 报文的首部，其中第 03~12 行是首部中的标志位，第 13~16 行是首部数量区域，qdcount=1 指查询的问题数量是 1，ancount=3 则指明查询结果（资源记录）有 3 条。

第 20~22 行是 DNS 报文的查询问题区域，指明了查询的域名，查询类型和查询类。

第 25~45 行是 DNS 报文的回答区域（资源记录区域），即域名 www.baidu.com 的查询结果（查询类型是 A）。其中，第 26~31 行是域名的别名记录，第 33~38 行是别名的 IP 地址，第 40~45 行也是别名的 IP 地址。即查询域名 www.baidu.com 的 A 类型的资源记录有三个结果，其中一个是域名的别名，另外两个是别名的 IP 地址，这三个结果是以数组的形式组织在一起的，其中，an[0]是别名资源记录，an[1]和 an[2]均是 IP 地址资源记录。

根据以上 DNS 报文的格式和简单代码的分析，我们可以写出较为简单的 DNS 客户程序。

```python
01: # 5-1_Dns_client.py DNS 客户程序
02: # 仅实现了 A 记录查询，其他类型读者自己完成
03: # DNS 服务器在 server_list 中随机选择
04:
05: from scapy.all import *
06:
07:
08: def find_dns_server():
09:     '''随机选择一个 DNS 服务器'''
10:     server_list = ['114.114.114.114', '8.8.8.8',
11:                    '8.8.8.4', '180.76.76.76',
12:                    '119.29.29.29', '223.5.5.5',
13:                    '223.6.6.6', '166.111.4.100'
14:                    ]
15:     ser_dns = server_list[random.randint(0,7)]
16:
17:     return ser_dns
18:
19:
20: def is_error_qtype(qtype):
21:     '''判断查询类型是否正确'''
22:     qr_type = {1: 'A', 2: 'NS', 5: 'CNAME', 6: 'SOA',
23:                12: 'PTR', 13: 'HINFO', 15: 'MX', 16: 'TXT'
24:                }
25:
```

```python
26:        for i in qr_type:
27:            if qtype not in qr_type.values():
28:                return 1
29:
30:
31: def dns_lookup(qname, qtype):
32:     '''dns 域名解析'''
33:     dnsServer = find_dns_server()
34:     # 选择一个 DNS 服务器
35:     pkt = IP(dst=dnsServer)/UDP(sport=58888, dport=53)/DNS(
36:         id=6868, opcode=0, rd=1, qd=DNSQR(qname=qname,qtype=qtype))
37:
38:     if qtype == 'A':
39:         try:
40:             ans=sr1(pkt, timeout=1, verbose=False)
41:             dns_result=ans['DNS']
42:             if dns_result.ancount==0:
43:                 # 回答数量是 0
44:                 print('域名 {} 查询失败, 查询类型是 {}。'.format(qname, qtype))
45:                 exit(0)
46:
47:             print('DNS 服务器 {} 的查询结果如下: '.format(dnsServer))
48:             print('Qtype: {}'.format('A'))
49:             for i in range(dns_result.ancount):
50:                 # 逐条输出资源记录
51:                 if dns_result.an[i].type == 5:
52:                     # 处理别名
53:                     cname = dns_result.an[i].rdata.decode()
54:                     print('{}  canonical name = {}'.format(
55:                         dns_result.an[i].rrname.decode(),cname))
56:                 else:
57:                     # 输出 IP 地址
58:                     print('Name:   {}'.format(dns_result.an[i].rrname.decode()))
59:                     print('Address:   {}'.format(dns_result.an[i].rdata))
60:         except Exception as e:
61:             print('Error. {}'.format(str(e)))
62:     else:
63:         # 这里可以加上其他类型查询的代码
64:         print('抱歉, {} 查询类型功能还未实现。'.format(qtype))
65:
66:
67: def main():
68:     args = sys.argv
69:     if len(args)<3:
70:         print('命令格式: python 5-1_Dns_client.py www.baidu.com A', end='')
71:         print(', A 表示查询类型。')
72:         # A 表示查询类型
73:         exit(0)
```

```
74:
75:     qname = str(args[1])
76:     # 保存查询名
77:     qtype = str(args[2]).upper()
78:     # 保存大写的查询类型
79:     if is_error_qtype(qtype):
80:         # 查询类型不正确
81:         print('查询类型错误! ')
82:         exit(0)
83:
84:     dns_lookup(qname, qtype)
85:
86:
87: if __name__ == '__main__':
88:     main()
```

程序运行结果如下:

```
01: $ python 5-1_Dns_client.py www.baidu.com A
02:
03: DNS 服务器 180.76.76.76 的查询结果如下:
04: Qtype: A
05: www.baidu.com.  canonical name = www.a.shifen.com.
06: Name:      www.a.shifen.com.
07: Address:   14.119.104.189
08: Name:      www.a.shifen.com.
09: Address:   14.215.177.38
```

在上述运行结果中,第 05 行输出了别名资源记录,第 06~07 行输出了别名的一个 IP 地址,第 08~09 行输出了别名的另一个 IP 地址。

习题

5-01 例 5-3 中的资源记录是否可以改成如下所示的内容?它与使用 CNAME 相比,哪一种方式更好?

```
01: mydomain.com              62      IN   A    111.222.222.111
02: www.blog.mydomain.com     544     IN   A    111.222.222.111
03: ftp.mydomain.com          544     IN   A    111.222.222.111
04: mail.mydomain.com         544     IN   A    111.222.222.111
05: bbs.mydomain.com          554     IN   A    111.222.222.111
```

5-02 参考相关资料,利用域名测试命令 nslookup 和 dig(Linux 中自带,Windows 中需要下载安装)进行各种类型的域名解析。

5-03 分析下面第一条命令和第二条命令的输出结果,执行第三条命令并分析结果。其中,dns.sjtu.edu.cn 和 dns.tsinghua.edu.cn 均是域名服务器。

第一条命令的输出结果:

```
kwn@ubuntu1604:~$ dig @dns.sjtu.edu.cn www.sjtu.edu.cn
```

```
...
;; QUESTION SECTION:
;www.sjtu.edu.cn.                    IN      A

;; ANSWER SECTION:
www.sjtu.edu.cn.          3600      IN      A       202.120.2.119
```

第二条命令的输出结果：

```
kwn@ubuntu1604:~$ dig @dns.sjtu.edu.cn www.tsinghua.edu.cn
...
;; QUESTION SECTION:
;www.tsinghua.edu.cn.                IN      A
```

第三条命令：

```
kwn@ubuntu1604:~$ dig @dns.tsinghua.edu.cn www.tsinghua.edu.cn
```

5-04 试分析以下抓包结果，说明这是何种 DNS 查询类型的返回结果，域名是什么，IP 地址是什么。

```
01: Internet Protocol Version 4, Src: 8.8.8.8, Dst: 192.168.1.9
02: User Datagram Protocol, Src Port: 53, Dst Port: 56074
03: Domain Name System (response)
04:     Transaction ID: 0x4774
05:     Flags: 0x8180 Standard query response, No error
06:     Questions: 1
07:     Answer RRs: 1
08:     Authority RRs: 0
09:     Additional RRs: 0
10:     Queries
11:         73.60.4.18.in-addr.arpa: type PTR, class IN
12:             Name: 73.60.4.18.in-addr.arpa
13:             Type: PTR (domain name PoinTeR) (12)
14:             Class: IN (0x0001)
15:     Answers
16:         73.60.4.18.in-addr.arpa: type PTR, class IN, multics.mit.edu
17:             Name: 73.60.4.18.in-addr.arpa
18:             Type: PTR (domain name PoinTeR) (12)
19:             Class: IN (0x0001)
20:             Time to live: 1800 (30 minutes)
21:             Data length: 17
22:             Domain Name: multics.mit.edu
```

5-05 为什么说由客户主动发起 DNS 查询的方式有效地防止了对 DNS 服务器的 Flood 攻击？（Flood 攻击：通过发送海量的 DNS 查询报文来耗尽网络带宽和 DNS 服务器的资源，从而使 DNS 服务器无法正常提供服务）。

5-06 试分析以下 nslookup 命令的执行过程和结果。

```
01: $nslookup
02:
```

```
03: > server ns1.buaa.edu.cn
04: Default server: ns1.buaa.edu.cn
05: Address: 202.112.128.51#53
06: > www.buaa.edu.cn
07: Server:        ns1.buaa.edu.cn
08: Address: 202.112.128.51#53
09:
10: Name:    www.buaa.edu.cn
11: Address: 106.39.41.16
12: > www.sjtu.edu.cn
13: Server:        ns1.buaa.edu.cn
14: Address: 202.112.128.51#53
15:
16: ** server can't find www.sjtu.edu.cn: REFUSED
```

5-07 试分析以下的 DNS 回答报文。

```
01: Domain Name System (response)
02:     Transaction ID: 0x0bf9
03:     Flags: 0x8100 Standard query response, No error
04:     Questions: 1
05:     Answer RRs: 0
06:     Authority RRs: 4
07:     Additional RRs: 17
08:     Queries
09:         www.qq.com: type A, class IN
10:     Authoritative nameservers
11:         www.qq.com: type NS, class IN, ns ns-cmn1.qq.com
12:         www.qq.com: type NS, class IN, ns ns-tel1.qq.com
13:         www.qq.com: type NS, class IN, ns ns-cnc1.qq.com
14:         www.qq.com: type NS, class IN, ns ns-os1.qq.com
15:     Additional records
16:         ns-cmn1.qq.com: type A, class IN, addr 121.51.94.181
17:         ns-cmn1.qq.com: type A, class IN, addr 121.51.49.22
18:         ns-cmn1.qq.com: type A, class IN, addr 121.51.160.207
...
```

5-08 启动 Wireshark 抓包程序，然后分别执行命令 dig www.baidu.com @202.120.2.90 和 dig www.sjtu.edu.cn @202.120.2.90，试分析抓包结果（域名服务器 202.120.2.90 管辖的域是 sjtu.edu.cn）。

5-09 假设 HTTP 客户向服务器请求 3 个对象，试分析在非持续连接和持续连接的情况下所消耗的 RTT。

5-10 如果在某网站上注册过账户，请在浏览器中用该账户登录该网站，然后在浏览器的地址栏中输入：javascript:alert (document.cookie)，试分析输出结果。

5-11 启动 Wireshark 抓包程序，然后通过浏览器首次访问某网站，接着再次访问该网站（例如刷新），试分析抓包结果中的 HTTP 协议。

5-12 利用 Python，编写一个向 TFTP 服务器进行写文件操作的程序。

5-13 为什么 FTP 命令是带外传输的？这种方式有什么优点？

5-14 试用 FTP 命令向 FTP 服务器上传或下载文件（需要自己配置一个 FTP 服务器）。

5-15 在自己的计算机中安装 VMware 软件，并安装一个 Linux 虚拟机（无图形界面），然后从宿主计算机利用 telnet 命令或 SSH 工具登录该 Linux 虚拟机。

5-16 在 Telnet 一次一字符的传输方式中，如果不考虑建立 TCP 连接以及选项协商过程，当客户键入 "Hello World!" 时，试分析运输层上的传输效率（TCP 首部长度为 20 字节）。

5-17 在 Telnet 中，服务器会回显用户键入的字符，请问：当客户键入登录 Telnet 服务器的密码时，服务器会回显这些密码字符吗？

5-18 试用 Python 编写一个基于 SMTP 协议的简单的发送电子邮件的程序。

5-19 试以 Foxmail 或 Outlook 作为电子邮件系统的用户代理，添加邮件账户并收发电子邮件。

5-20 试将比特串 11010100 10101101 01100110 进行 Base64 编码，得到最终传输的可打印的 ASCII 字符。

5-21 一个 Base64 编码串是 SGVsbG8h，试解码还原原始数据。

5-22 试用 telnet 命令发送和接收电子邮件。

5-23 试用 Windows 提供的 IIS 架设自己的 Web 站点和 FTP 服务器。

5-24 试用 Apache2 提供的基于端口的方式，为不同的站点提供页面访问服务（Web 服务）。

5-25 尝试在 Apache2 中创建个人站点，然后用 html 语言编写一个个人简历页面并以此页面作为该站点的首页。

5-26 用于 Linux 的 FTP 服务器软件有很多，参考相关资料，尝试在 Linux 系统中使用 vsftpd 搭建公司的 FTP 服务器，为公司员工提供文件上传及下载服务。

5-27 在 Windows 系统中，使用 Filezilla 服务器软件配置 FTP 服务，然后再用 Filezilla 客户端软件登录 FTP 服务器，实现用户文件的上传与下载。

附录 A　计算机网络常用缩略词

AIMD（Additive Increase Multiplicative Decrease）加法增大乘法减小

API（Application Programming Interface）应用编程接口

AQM（Active Queue Management）主动队列管理

ARP（Address Resolution Protocol）地址解析协议

ARPA（Advanced Research Project Agency）美国国防部远景研究规划局

ARQ（Automatic Repeat reQuest）自动重传请求

AS（Autonomous System）自治系统

ASCII（American Standard Code for Information Interchange）美国信息交换标准码

BGP（Border Gateway Protocol）边界网关协议

BIND（Berkeley Internet Name Domain）伯克利因特网名字域

CDMA（Code Division Multiple Access）码分多址

CDN（Content Distribution Network）内容分发网络

CIDR（Classless Inter-Domain Routing）无类域间路由选择

CNAME（Canonical NAME）规范名

CRC（Cyclic Redundancy Check）循环冗余校验

CSMA（Carrier Sense Multiple Access）载波监听多点接入

CSMA/CD（Carrier Sense Multiple Access/Collision Detection）载波监听多点接入/冲突检测

DF（Don't Fragment）不能分片

DHCP（Dynamic Host Configuration Protocol）动态主机配置协议

DNS（Domain Name System）域名系统

DV（Distance-Vector）距离向量

EGP（External Gateway Protocol）外部网关协议

EIA（Electronic Industries Association）美国电子工业协会

E-mail（Electronic-mail）电子邮件

EOT（End Of Transmission）传输结束

FCS（Frame Check Sequence）帧检验序列

FDM（Frequency Division Multiplexing）频分复用

FEC（Forwarding Equivalence Class）转发等价类

FEC（Forward Error Correction）前向纠错

FIFO（First In First Out）先进先出

FQDN（Fully Qualified Domain Name）完全合格的域名

FSM（Finite-State Machine）有限状态机

FTP（File Transfer Protocol）文件传送协议

G/L（Global/Local）全球/本地管理（位）

GBN（Go-Back-N）回退 N 步

HDLC（High-level Data Link Control）高级数据链路控制

HTML（HyperText Markup Language）超文本标记语言

HTTP（HyperText Transfer Protocol）超文本传输协议

IAB（Internet Architecture Board）互联网体系结构委员会

IANA（Internet Assigned Numbers Authority）互联网赋号管理局

ICANN（Internet Corporation for Assigned Names and Numbers）互联网名字和号码分配机构

ICMP（Internet Control Message Protocol）网际控制报文协议

IEEE（Institute of Electrical and Electronics Engineering）（美国）电气与电子工程师协会

IETF（Internet Engineering Task Force）互联网工程部

IGMP（Internet Group Management Protocol）网际组管理协议

IGP（Interior Gateway Protocol）内部网关协议

IIS（Internet Information Services）微软提供的互联网信息服务

IMAP（Internet Message Access Protocol）网际报文存取协议

IP（Internet Protocol）网际协议

IRSG（Internet Research Steering Group）互联网研究指导小组

IRTF（Internet Research Task Force）互联网研究部

ISM（Industrial,Scientific, and medical）工业、科学与医药（频段）

ISN（Initial Sequence Number）初始序号

ISO（International Organization for Standardization）国际标准化组织

ISOC（Internet Society）互联网协会

ISP（Internet Service Provider）互联网服务提供者

ITU（International Telecommunication Union）国际电信联盟

ITU-T（ITU Telecommunication Standardization Sector）国际电信联盟电信标准化部门

IXP（Internet Exchange Point）互联网交换点

LACNIC（Latin American & Caribbean Network Internet Center）拉美与加勒比海网络信息中心

LAN（Local Area Network）局域网

LCP（Link Control Protocol）链路控制协议

LDP（Label Distribution Protocol）标签分发协议

LS（Link State）链路状态

LSP（Label Switched Path）标签交换路径

LSR（Label Switched Router）标签交换路由器

MAC（Medium Access Control）媒体接入控制

MAN（Metropolitan Area Network）城域网

MD（Message Digest）报文摘要

MF（More Fragment）还有分片

MIME（Multipurpose Internet Mail Extensions）通用互联网邮件扩充

MPLS（Multi-Protocol Label Switching）多协议标签交换

MSL（Maximum Segment Lifetime）最长报文段寿命

MSS（Maximum Segment Size）最大报文段长度

MTU（Maximum Transmission Unit）最大传输单元

NAT（Network Address Translation）网络地址转换

NCP（Network Control Protocol）网络控制协议

NIC（Network Interface Card）网络接口卡、网卡

NSF（National Science Foundation）（美国）国家科学基金会

NVT（Network Virtual Terminal）网络虚拟终端

OSF（Open Software Foundation）开放软件基金

OSI（Open Systems Interconnection）开放系统互连

OSPF（Open Shortest Path First）开放最短路径优先

OUI（Organizationally Unique Identifier）机构唯一标识符

PDU（Protocol Data Unit）协议数据单元

PING（Packet InterNet Groper）分组网间探测

POP（Post Office Protocol）邮局协议

POSIX（Portable Operation System Interface）可移植操作系统接口

PPP（Point-to-Point Protocol）点对点协议

PPPoE（Point-to-Point Protocol over Ethernet）以太网上的点对点协议

QAM（Quadrature Amplitude Modulation）正交幅度调制

QoS（Quality of Service）服务质量

RA（Registration Authority）注册管理机构

RARP（Reverse Address Resolution Protocol）逆地址解析协议

RED（Random Early Detection）随机早期检测

RFC（Request For Comment）请求评论

RIP（Routing Information Protocol）路由信息协议

RR（Resource Record）资源记录

RTO（Retransmission Time-Out）超时重传时间

RTT（Round-Trip Time）往返时间

SACK（Selective ACK）选择确认

SDN（Software Defined Network）软件定义网络

SMTP（Simple Mail Transfer Protocol）简单邮件传输协议

SNMP（Simple Network Management Protocol）简单网络管理协议

SR（Selective Repeat）选择重传

STDM（Statistic TDM）统计时分复用

STP（Shielded Twisted Pair）屏蔽双绞线

TCB（Transmission Control Block）传输控制程序块

TCP（Transmission Control Protocol）传输控制协议

TDM（Time Division Multiplexing）时分复用

TFTP（Trivial File Transfer Protocol）简单文件传输协议

TIA（Telecommunication Industries Association）电信行业协会

TLD（Top-Level Domain）顶级域

TLV（Type-Length-Value）类型-长度-值

TTL（Time To Live）生存时间

UA（User Agent）用户代理

UDP（User Datagram Protocol）用户数据报协议

URL（Uniform Resource Locator）统一资源定位符

UTP（Unshielded Twisted Pair）无屏蔽双绞线

VC（Virtual Circuit）虚电路

VLAN（Virtual LAN）虚拟局域网

VID（VLAN ID）VLAN 标识符

VLSM（Variable Length Subnet Mask）变长子网掩码

VPN（Virtual Private Network）虚拟专用网

W3C（World Wide Web Consortium）万维网联盟

WAN（Wide Area Network）广域网

WG（Working Group）工作组

WWW（World Wide Web）万维网

XID（Transaction ID）事务标识

参考文献

1. 福尔，史蒂文斯. TCP/IP 详解 卷 1：协议[M]. 吴英，张玉，许昱玮，译. 北京：机械工业出版社，2016.

2. 库罗斯，罗斯. 计算机网络：自顶向下方法[M]. 陈鸣，译. 北京：机械工业出版社，2017.

3. 特南鲍姆，费姆斯特尔，韦瑟罗尔. 计算机网络[M]. 潘爱民，译. 6 版. 北京：清华大学出版社，2022.

4. 谢希仁. 计算机网络[M]. 8 版. 北京：电子工业出版社，2021.

5. 陈鸣. 计算机网络：原理与实践[M]. 北京：高等教育出版社，2013.

6. Larry Peterson, Bruce Davie. Computer Networks: A Systems Approach [M]. 5th ed. San Francisco: Morgan Kaufmann, 2019.

7. 卫斯理春. Python 核心编程[M]. 孙波翔，译. 3 版. 北京：人民邮电出版社，2016.

8. 马瑟斯. Python 编程：从入门到实践[M]. 袁国忠，译. 3 版. 北京：人民邮电出版社，2023.

9. 崔北亮. CCNA 认证指南[M]. 北京：电子工业出版社，2009.

10. 拉莫尔. CCNA 学习指南[M]. 袁国忠，徐宏，译. 7 版. 北京：人民邮电出版社，2012.